Leitfäden der angewandten Informatik

Bauknecht / Zehnder: **Grundzüge der Datenverarbeitung**
Methoden und Konzepte für die Anwendungen
3. Aufl. 293 Seiten. DM 32,–

Beth / Heß / Wirl: **Kryptographie**
205 Seiten. Kart. DM 24,80

Bunke: **Modellgesteuerte Bildanalyse**
309 Seiten. Geb. DM 48,–

Craemer: **Mathematisches Modellieren dynamischer Vorgänge**
288 Seiten. Kart. DM 36,–

Frevert: **Echtzeit-Praxis mit PEARL**
216 Seiten. Kart. DM 28,–

Gorny/Viereck: **Interaktive grafische Datenverarbeitung**
256 Seiten. Geb. DM 52,–

Hofmann: **Betriebssysteme: Grundkonzepte und Modellvorstellungen**
253 Seiten. Kart. DM 34,–

Hultzsch: **Prozeßdatenverarbeitung**
216 Seiten. Kart. DM 22,80

Kästner: **Architektur und Organisation digitaler Rechenanlagen**
224 Seiten. Kart. DM 23,80

Mresse: **Information Retrieval – Eine Einführung**
280 Seiten. Kart. DM 36,–

Müller: **Entscheidungsunterstützende Endbenutzersysteme**
253 Seiten. Kart. DM 26,80

Mußtopf / Winter: **Mikroprozessor-Systeme**
Trends in Hardware und Software
302 Seiten. Kart. DM 29,80

Nebel: **CAD-Entwurfskontrolle in der Mikroelektronik**
211 Seiten. Kart. DM 32,–

Retti et al.: **Artificial Intelligence – Eine Einführung**
X, 214 Seiten. Kart. DM 32,–

Schicker: **Datenübertragung und Rechnernetze**
2. Aufl. 242 Seiten. Kart. DM 32,–

Schmidt et al.: **Digitalschaltungen mit Mikroprozessoren**
2. Aufl. 208 Seiten. Kart. DM 23,80

Schmidt et al.: **Mikroprogrammierbare Schnittstellen**
223 Seiten. Kart. DM 32,–

Schneider: **Problemorientierte Programmiersprachen**
226 Seiten. Kart. DM 23,80

Schreiner: **Systemprogrammierung in UNIX**
Teil 1: Werkzeuge. 315 Seiten. Kart. DM 48,–
Teil 2: Techniken. 408 Seiten. Kart. DM 58,–

Singer: **Programmieren in der Praxis**
2. Aufl. 176 Seiten. Kart. DM 26,–

Specht: **APL-Praxis**
192 Seiten. Kart. DM 22,80

Vetter: **Aufbau betrieblicher Informationssysteme
mittels konzeptioneller Datenmodellierung**
2. Aufl. 317 Seiten. Kart. DM 34,–

Weck: **Datensicherheit**
326 Seiten. Geb. DM 42,–

Wingert: **Medizinische Informatik**
272 Seiten. Kart. DM 23,80

Wißkirchen et al.: **Informationstechnik und Bürosysteme**
255 Seiten. Kart. DM 26,80

Wolf/Unkelbach: **Informationsmanagement in Chemie und Pharma**
244 Seiten. Kart. DM 34,–

Zehnder: **Informationssysteme und Datenbanken**
255 Seiten. Kart. DM 32,–

Zehnder: **Informatik-Projektentwicklung**
223 Seiten. Kart. DM 32,–

Preisänderungen vorbehalten

 B. G. Teubner Stuttgart

Leitfäden der angewandten Informatik

A.-T. Schreiner
System-Programmierung in UNIX
Teil 2: Techniken

Leitfäden der angewandten Informatik

Herausgegeben von

Prof. Dr. L. Richter, Zürich
Prof. Dr. W. Stucky, Karlsruhe

Die Bände dieser Reihe sind allen Methoden und Ergebnissen der Informatik gewidmet, die für die praktische Anwendung von Bedeutung sind. Besonderer Wert wird dabei auf die Darstellung dieser Methoden und Ergebnisse in einer allgemein verständlichen, dennoch exakten und präzisen Form gelegt. Die Reihe soll einerseits dem Fachmann eines anderen Gebietes, der sich mit Problemen der Datenverarbeitung beschäftigen muß, selbst aber keine Fachinformatik-Ausbildung besitzt, das für seine Praxis relevante Informatikwissen vermitteln; andererseits soll dem Informatiker, der auf einem dieser Anwendungsgebiete tätig werden will, ein Überblick über die Anwendungen der Informatikmethoden in diesem Gebiet gegeben werden. Für Praktiker, wie Programmierer, Systemanalytiker, Organisatoren und andere, stellen die Bände Hilfsmittel zur Lösung von Problemen der täglichen Praxis bereit; darüber hinaus sind die Veröffentlichungen zur Weiterbildung gedacht.

System-Programmierung in UNIX

Teil 2: Techniken

Von Axel-Tobias Schreiner, Ph. D.
Professor an der Universität Ulm

Mit zahlreichen Beispielen, Aufgaben
und Lösungen

 B. G. Teubner Stuttgart 1986

Prof. Axel-Tobias Schreiner, Ph. D.

Geboren 1947 in Aalen. 1968 Vordiplom (Mathematik) in Stuttgart, 1969 Master of Science (Mathematik) in DeKalb (Illinois) an der Northern Illinois University, 1974 Doctor of Philosophy (Computer Science) in Urbana (Illinois) bei H. G. Friedman Jr. mit einer Arbeit über eine Systemimplementierungssprache. 1975 Habilitation (angew. Mathematik-Informatik) in Ulm. Seit 1976 Wiss. Rat und Professor, Leiter der Sektion Informatik der Universität Ulm. Seit 1975 verschiedene Gastprofessuren in Urbana.

CIP-Kurztitelaufnahme der Deutschen Bibliothek

Schreiner, Axel-Tobias:
System-Programmierung in UNIX / von Axel-Tobias Schreiner. – Stuttgart: Teubner
    (Leitfäden der angewandten Informatik)
Teil 2. Techniken: mit zahlr. Beispielen, Aufgaben u. Lösungen. – 1986.
    ISBN 978-3-519-02471-2   ISBN 978-3-322-94668-3 (eBook)
    DOI 10.1007/978-3-322-94668-3

Gesamtherstellung: Druckerei Appl, Wemding
Umschlaggestaltung: M. Koch, Reutlingen

Vorwort

Das vorliegende Buch ist der zweite Band, der als Ausarbeitung der *Software* Vorlesungen entstand, die ich jeweils im zweiten Studienjahr im Nebenfach Informatik an der Universität Ulm anbiete. Die Vorlesungen führen in systemnahe Programmierung ein, also in den unmittelbaren Umgang mit Maschine und Betriebssystem.

Im ersten Band wurden Rechnerarchitekturen, Assembler- und Makro-Programmierung in groben Zügen sowie vor allem die Programmiersprache C besprochen, in der praktisch die gesamte systemnahe Programmierung bei UNIX[1] erfolgt.

Dieser zweite Band befaßt sich vor allem mit den Systemaufrufen zum Datei- und Prozeßmanagement bei UNIX. *minx*, ein Filemanager, der ein UNIX Dateisystem nachbildet und auch zum Beispiel unter MS-DOS auf Rechnern wie dem IBM-PC lauffähig ist, dient dazu, die Implementierung des UNIX Dateisystems und der einschlägigen Kommandos für Zugriff und Pflege zu zeigen.

Der Leser sollte einfache Datenstrukturen, problemorientierte Programmierung und vor allem C und Hilfsprogramme wie *make* beherrschen, die im ersten Band besprochen wurden. Die Kapitel wurden weitergezählt um Verweise auf den ersten Band zu vereinfachen.

Das achte Kapitel gehört eigentlich noch zu den 'Werkzeugen' des ersten Bandes. Hier werden die Funktionen der *stdio*-Bücherei besprochen, mit denen Ein- und Ausgabe der meisten C Programme realisiert werden. Der wichtigste Aspekt dieser Funktionen ist ihre Portabilität, die über das UNIX System hinausreicht. Mit zunehmender Verbreitung intelligenterer Bildschirm-Terminals gewinnt auch die Programmierung von Dialogen an Bedeutung, die den ganzen Bildschirm verwenden und nicht mehr zeilenorientiert sind. Am Beispiel des obligaten Textbetrachters zeigt das Kapitel deshalb auch *termcap*, *curses* und *termlib*, die UNIX Werkzeuge zur portablen Formulierung von Bildschirm-Dialogen.

Systemaufrufe zum Datei- und Prozeßmanagement bilden den primären Inhalt systemnaher Programmierung. Wir nehmen heute zwar UNIX Kommandos wie *ls*, *mkdir* oder *pwd* als gegeben hin, aber ihre Implementierung ist eigentlich eine ideale, weil realistische, elementare Anwendung der meisten Systemaufrufe. Im neunten Kapitel werden daher die Systemaufrufe zum Dateimanagement an Hand von einfachen Implementierungen der Kommandos zur Manipulation von Dateien gezeigt. Sie illustrieren am besten, wie die Systemaufrufe für Standardprobleme eingesetzt werden. Kann man solche Kommandos implementieren, kennt man ihre Grenzen und kann sie wohl auch am besten nutzen.

Das Schicksal von [Lio77a] zeigt, was mit Recht passiert, wenn man am Quelltext darstellt, wie UNIX implementiert ist. Trotzdem sollte man eigentlich erfahren, welche Probleme zum Beispiel die Implementierung des Dateisystems aufwirft. Im zehnten

---

[1] UNIX ist ein eingetragenes Warenzeichen der Bell Laboratories. Das UNIX Betriebssystem wird (für Europa) in Lizenz vergeben durch UNIX Europe limited, London.

Kapitel wird daher ein Filemanager implementiert, der meines Erachtens die wesentlichen Aspekte illustriert, und der UNIX Dateimanagement als Übungsgelände zum Einbau eigener Algorithmen oder auch nur zur Ablaufverfolgung selbst auf Systemen wie MS-DOS zugänglich macht. Ich habe in diesem Kapitel auch versucht zu demonstrieren, wie man ein größeres Programm strukturiert, welche Programmiertechniken man zweckmäßigerweise verwendet, und wie man Module schrittweise funktionsfähig macht und testet.

Auch *fsck*, das Kommando zur Pflege des Dateisystems, nimmt man heute als gegeben hin. Es ist ohnedies bei Produktionssystemen nur schwer möglich, Übungssituationen im Bereich von Management und Pflege eines Dateisystems zu schaffen. Mit *minx* stehen sie jedoch zur Verfügung, und im elften Kapitel werden die streng genommen veralteten, aber leicht verständlichen und überschaubaren Kommandos *icheck* und *dcheck* realisiert, mit deren Hilfe eigentlich auch *fsck* seine Reparaturen vornimmt. Das Kapitel schafft die Voraussetzungen, damit man ohne böse Konsequenzen Erfahrungen bei Pflege und Management der UNIX Dateisysteme sammeln und die wesentlichen Vorgänge verstehen und beherrschen kann.

Das zwölfte Kapitel schließlich befaßt sich mit dem Prozeßbegriff und erläutert die Vokabeln für Prozeßmanagement und -kommunikation. Auch hier werden eine Reihe von wesentlichen Techniken vorgeführt: Ausführung von Kommandos im Stil von Unterprogrammen oder als Pre- oder Postprozessoren, Umgang mit Signalen, Prozeßkommunikation zur Kontrolle von gleichzeitigem Terminal-Zugriff, Synchronisation am Beispiel von Stapelverarbeitung, usw. Abschnitt 12.2 über Signale und Prozeßkommunikation beruht auf [Sch84c] und [Sch85a].

Prozeß- und Dateimanagement beeinflussen sich natürlich gegenseitig und man kann eine Beschreibung kaum so organisieren, daß sie ohne Vorgriffe auf später besprochene Themen auskommt. Ich behandle das Dateimanagement zuerst und habe dabei versucht, späteres Nachschlagen durch entsprechende Querverweise und durch ein ausführliches Sachverzeichnis zu erleichtern. Eine wesentliche Einschränkung der Programme zum Dateimanagement ist jedoch, daß sie ohne Rücksicht auf Signale codiert wurden; hoffentlich nimmt der Leser dies am Schluß des Buchs als Anstoß zu eigenen Überlegungen!

Es erschien nicht sinnvoll, die UNIX Dokumentation ausführlich nachzuerzählen, denn ich ging davon aus, daß der Leser Zugriff auf ein UNIX System hat. Angaben der Form *name*(a) beziehen sich deshalb wie bei UNIX üblich auf die Dokumentation [Bel82a], und zwar auf den Begriff *name* im Abschnitt *a*. Abschnitt 1 beschreibt dort die Dienstprogramme, also die Kommandos. Abschnitt 2 erläutert die Systemaufrufe und Abschnitt 3 diskutiert die anderen Büchereifunktionen. Außerdem sollte man die öffentlichen Definitionsdateien im Katalog */usr/include* als Dokumentation betrachten. Manche Kommandos und Funktionen werden aber auch im vorliegenden Buch ausführlicher erklärt; eine entsprechende Liste findet man im Anschluß an das Inhaltsverzeichnis.

Bei der Verwendung deutscher Begriffe habe ich mich an den Stil unserer Übersetzungen von [Ban82a] und [Ker77a] gehalten. Zwei wichtige Begriffe sind *Dateisystem* und *Dateihierarchie*. Die Dateihierarchie ist die Gesamtheit aller Dateien, die im laufenden System zugänglich sind. Sie kann sich über mehrere Dateisysteme erstrecken, die sich jeweils auf einem (logischen) Datenträger befinden.

Der Text der Programmbeispiele ist mehr nach didaktischen Gesichtspunkten angeordnet, in Dateien organisiert befinden sich die vollständigen Texte auf einem Datenträger, der über den Verlag bezogen werden kann. Die Eingabeaufforderungen **$** und **#** des UNIX Kommandoprozessors, der *Shell*, werden bei den Beispielen explizit gezeigt.

Dieses Buch befaßt sich eigentlich nicht mit Shell-Programmierung als solcher, denn dazu müßte man vor allem auch die zugehörigen Dienstprogramme besprechen und zum Beispiel *awk* allein würde schon den Rahmen dieses Buchs sprengen. Die Fähigkeiten der Shell bauen aber auf den Systemaufrufen auf, und ich habe deshalb an vielen Stellen erklärt, wie meiner Meinung nach Shell und Systemaufrufe zusammenarbeiten. Liest man Beschreibungen wie [Ban82a] oder [Bou83a], sollten dadurch die Vorgänge in der Shell leichter zu durchschauen sein.

Das Buch enthält über 100 'Denkpausen'. Ich möchte damit an manchen Stellen zu kurzem Nachdenken und nur manchmal zu eigenen Entwicklungen anregen; offensichtlich phantasielose Fleißaufgaben habe ich nach Möglichkeit vermieden. In vielen Fällen folgt die Antwort im Text kurz nach der Denkpause, im Anhang 1 sind fast 90 Lösungen skizziert.

Englisch ist heute wohl die Sprache der Informatik. Die meisten Publikationen erscheinen zuerst im englischen Sprachraum und die reservierten Worte der Programmiersprachen sind englisch. Ich selbst verwende normalerweise englische Begriffe als Variablennamen und formuliere Fehlermeldungen, Dokumentation und Kommentare in englischer Sprache, um die Programmtexte sprachlich einheitlich zu gestalten. Auch die Weitergabe von Programmen wird dadurch wesentlich erleichtert. Dem Stil unserer Übersetzungen folgend, habe ich für dieses Buch Kommentare und Fehlermeldungen ins Deutsche übersetzt, allerdings, größerem Realismus zuliebe, mit einer Ausnahme: *minx* enthält englische Ausgaben. Dies bleibt im *minx*-Manual im Anhang 2 sichtbar.

Meine Ulmer Mitarbeiter und Studenten haben auch zu diesem Band wieder sehr viel beigetragen: Peter Horn leitete das erste Übungsprojekt mit *minx*, eine Freiraumverwaltung mit *bitmap*, Thomas Mandry sah vor allem Kapitel 8 und *crt* kritisch durch, und mit ihnen und Dr. Ernst Janich habe ich wie immer meine Ideen und Entwürfe diskutiert und weiterentwickelt.

Mein besonderer Dank gilt aber Frau Kinzler, in deren Haus in der Ramsau beide Bände zu großen Teilen entstanden sind, sowie meiner Familie, die inzwischen drei Urlaube mit Osborne, Rainbow, *minx*, dem Buch und mir (etwa in dieser Reihenfolge) verbracht hat.

Das Buch entstand auf meinem DEC Rainbow unter MS-DOS und VENIX, die Programme wurden auch auf den UNIX Systemen der Sektion Informatik der Universität Ulm getestet.

Ameland, September 1985

Axel T. Schreiner.

Inhaltsverzeichnis

Manualseiten

1. Kommandos

2. Systemaufrufe

3. Büchereifunktionen

Kapitel 8: Portable Ein- und Ausgabe – "stdio" und "termcap"

Die Programmiersprache C enthält keine speziellen Vokabeln zur Formulierung von Ein- und Ausgabeoperationen. Wie wir im ersten Band gesehen haben, werden statt dessen Prozeduren und Funktionen verwendet, die selbst in C programmiert werden können, und die auf der untersten Ebene direkt auf die Leistungen des umgebenden Betriebssystems zugreifen.

Entscheidend für die Portabilität von C Programmen ist natürlich, daß für Ein- und Ausgabe ein Paket von Funktionen verwendet wird, das standardisiert ist, und das bei jeder Implementierung von C – für UNIX oder auch für andere Systeme – zur Verfügung steht. In diesem Kapitel werden wir uns mit der sogenannten *stdio*-Bücherei beschäftigen, die heute bei praktisch allen kommerziellen Implementierungen von C zum Lieferumfang gehört. Verwendet ein Programm nur *stdio*-Funktionen, so kann es erfahrungsgemäß problemlos auf verschiedenen Systemen eingesetzt werden. Die Anpassung eines solchen Programms an ein spezielles System besteht dann in der Regel nur noch darin, lokal gültige Dateinamen zu verwenden.

Implementierungen von *stdio*-Funktionen findet man zum Beispiel in [Ker77a], [Com84a] und ziemlich vollständig, für CP/M, in [Hen84b].

8.1 Dateianschluß

Zentral für Ein- und Ausgabeoperationen in einem Programmiersystem ist immer die Abstraktion der Verbindung zwischen einem Prozeß, also einem Programm während seiner Ausführung, und einer Datei oder auch einem peripheren Gerät. In Pascal gibt es dafür den **file** Datentypkonstruktor. Im *stdio*-Paket wird die Verbindung durch einen *Filepointer* repräsentiert, einen Zeigerwert, der jeweils auf eine vom *stdio*-Paket intern verwaltete Struktur verweist. Mit Hilfe der uns schon bekannten Definitionsdatei *stdio.h* ist die Vereinbarung einer entsprechenden Variablen, zum Beispiel

```
#include <stdio.h>

FILE * eingabe;
```

zwischen verschiedenen Systemen übertragbar. Die Vereinbarung der **FILE**-Struktur selbst ist systemabhängig und bleibt in der Definitionsdatei verborgen.

Zu Beginn seiner Ausführung besitzt jeder Prozeß normalerweise bereits drei Dateiverbindungen, die durch konstante Filepointer dargestellt werden: **stdin** repräsentiert die *Standard-Eingabe*, **stdout** die *Standard-Ausgabe* und **stderr** die *Diagnose-Ausgabe*. Diese Filepointer sind im Normalfall mit dem Terminal verbunden, sie können allerdings mit Hilfe der Kommandosprache beeinflußt werden. **stderr** bleibt nach Konvention immer mit dem Terminal verbunden und wird bevorzugt für Fehlermeldungen verwendet.

Die Anzahl der gleichzeitig für einen Prozeß möglichen Dateiverbindungen ist systemabhängig begrenzt, in der Regel auf 15 oder 20. Innerhalb dieser Grenze kann man Dateiverbindungen zu existenten oder dabei neu kreierten Dateien mit der Funktion **fopen()** einrichten und mit der Funktion **fclose()** wieder lösen.

```
NAME                                    FOPEN(3), FCLOSE(3)
      fopen() - Dateinamen mit Prozess verbinden
      fclose() - Dateiverbindung loesen

SYNOPSIS
      #include <stdio.h>


      FILE * fopen(name, mode) char * name, * mode;
      int fclose(fp) FILE * fp;
```

fopen() verbindet den Prozeß mit der Datei **name**, die als Zeichenkette, also mit einem Nullzeichen abgeschlossen, angegeben wird. Der Dateiname unterliegt dabei den Regeln des umgebenden Betriebssystems. Ist die Verbindung möglich, liefert **fopen()** einen entsprechenden Filepointer als Resultat. Ein Nullzeiger, als **NULL** in *stdio.h* definiert, bedeutet, daß die Verbindung nicht eingerichtet werden konnte.

mode definiert die Art des gewünschten Zugriffs. **"r"** (read) verlangt Lesezugriff, **"w"** (write) und **"a"** (append) verlangen Schreibzugriff. Bei Lesezugriff muß die angegebene Datei natürlich schon existieren, bei Schreibzugriff wird die Datei falls nötig neu erzeugt. Bei einer existenten Datei sorgt **"w"** dafür, daß der gesamte Dateiinhalt zuerst gelöscht wird, **"a"** dient dazu, an das Ende der Datei anzufügen.

UNIX erlaubt zwar, daß ein Prozeß eine Dateiverbindung gleichzeitig zum Lesen und Schreiben verwendet, siehe Abschnitt 9.3.5. Andere Betriebssysteme sind nicht so flexibel, folglich sollte **mode** im Interesse der Portabilität von Programmen nur die angegebenen Werte besitzen, wenn auch manche Implementierungen (zum Beispiel von Berkeley) noch andere Möglichkeiten bieten.

Transferoperationen erfolgen im *stdio*-Paket normalerweise gepuffert, das heißt, die Daten werden beim Prozeß zwischengespeichert und nur in größeren Mengen zwischen Prozeß und Peripherie transportiert. Der Schreibzugriff auf eine Datei muß daher korrekt abgeschlossen werden, sonst gehen möglicherweise Daten durch die Zwischenspeicherung verloren.

Endet ein Prozeß planmäßig, also durch eine (implizite oder explizite) **return**-Anweisung in der **main()**-Funktion oder durch Aufruf der **exit()**-Funktion, so werden alle dem *stdio*-Paket bekannten, offenen Dateiverbindungen korrekt abgeschlossen. Wird der Prozeß überraschend durch ein Signal (siehe Abschnitt 12.2) abgebrochen, können Daten verlorengehen.

Dateiverbindungen können auch explizit durch Aufruf von **fclose()** für die betroffenen Filepointer gelöst werden. Zwischengespeicherte Daten werden dadurch bei Schreibzugriff noch transferiert und die zugehörige **FILE**-Struktur ist anschließend für **fopen()** wieder verfügbar. Will man nur sicherheitshalber die Zwischenspeicherung aktualisieren, kann man **fflush()** an Stelle von **fclose()** aufrufen.

```
NAME                                    FFLUSH(3)
     fflush() - zwischengespeicherte Daten transferieren

SYNOPSIS
     #include <stdio.h>


     int fflush(fp) FILE * fp;
```

fflush() sorgt wie **fclose()** dafür, daß zwischengespeicherte Daten bei Schreibzugriff sofort transferiert werden. Anders als bei **fclose()** bleibt aber anschließend die Dateiverbindung weiter bestehen.

fclose() und **fflush()** liefern normalerweise den Resultatwert null. Ist kein geeigneter Filepointer angegeben, ist das Resultat der in *stdio.h* definierte Wert **EOF**.

Man kann die Zwischenspeicherung bei einer Dateiverbindung auch unterdrücken. Dies führt zwar zu einem beachtlichen Effizienzverlust, kann aber bei manchen Dialogprogrammen notwendig sein. Verbindungen zum Terminal sind normalerweise implizit ungepuffert.

```
NAME                                    SETBUF(3)
     setbuf() - Zwischenspeicherung kontrollieren

SYNOPSIS
     #include <stdio.h>

     setbuf(fp, NULL) FILE * fp;
     setbuf(fp, buf) FILE * fp; char buf[BUFSIZ];
```

In der ersten Form unterdrückt **setbuf()** die Zwischenspeicherung für die durch **fp** repräsentierte Dateiverbindung. In der zweiten Form kann der Zwischenspeicher für eine Dateiverbindung explizit bereitgestellt werden. Er muß die in *stdio.h* definierte Länge **BUFSIZ** besitzen. **setbuf()** kann natürlich nur unmittelbar nach Eröffnung der Dateiverbindung vor dem ersten Transfer verwendet werden.

Soll eine Dateiverbindung ersetzt werden, kann die Funktion **freopen()** verwendet werden:

```
        NAME                                      FREOPEN(3)
              freopen() - Dateiverbindung ersetzen

        SYNOPSIS
              #include <stdio.h>

              FILE * freopen(name, mode, fp)
                char * name, * mode; FILE * fp;
```

freopen() löst eine für **fp** eventuell noch bestehende Dateiverbindung und verknüpft dann diesen vorgegebenen Filepointer mit dem angegebenen Dateinamen für die gewünschte Zugriffsart. Kann die neue Verbindung eingerichtet werden, ist der Resultatwert der Wert von **fp**, andernfalls erhält man als Resultat einen Nullzeiger, also **NULL**.

Da **fp** als Wert übergeben wird, kann man auch eine Konstante angeben. **freopen()** dient also primär dazu, vom Prozeß selbst aus die vorgegebenen Dateiverbindungen für **stdin**, **stdout** und eventuell auch **stderr** zu verändern.

8.2 Transferoperationen

Wir kennen schon die Funktionen **getchar()** für Einzelzeichentransfer von der Standard-Eingabe und **putchar()** zur Standard-Ausgabe. Analoge Funktionen existieren für explizit angegebene Filepointer:

```
        NAME                                GETC(3), PUTC(3)
              getchar(), getc(), fgetc() - Einzelzeicheneingabe
              putchar(), putc(), fputc() - Einzelzeichenausgabe

        SYNOPSIS
              #include <stdio.h>

              int getchar()            int putchar(ch)
              int getc(fp)             int putc(ch, fp)
              int fgetc(fp)            int fputc(ch, fp)
                FILE * fp;               int ch; FILE * fp;
```

Nur **fgetc()** und **fputc()** sind Funktionen, besitzen also eine Adresse und können Argumente mit Nebeneffekten korrekt verarbeiten, die anderen Funktionen sind meistens als Makros realisiert. Die Eingabefunktionen liefern entweder einen Wert im Wertebereich des Typs **char**, nämlich das nächste Eingabezeichen, oder den Wert **EOF**, wenn kein Eingabezeichen mehr verfügbar ist. **EOF** ist kein Wert im Bereich des Typs **char**, folglich sollte man das Resultat der Eingabefunktionen niemals an eine Variable mit Typ **char** zuweisen, bevor mit **EOF** verglichen wurde. Die Ausgabefunktionen transferieren ein Einzelzeichen – in der Regel in den Zwischenspeicher –

und liefern das Zeichen als Resultat. **EOF** als Resultat zeigt an, daß die Ausgabe nicht erfolgreich verlaufen ist – dies deutet zum Beispiel auf einen Überlauf des peripheren Speichers oder auf eine Unterbrechung durch Signale hin.

In UNIX ist jede Datei nur ein Vektor von Einzelzeichen, die allerdings nicht unbedingt druckbar sein müssen. Das Programm

```
#include <stdio.h>

main()
{       register int ch;

        while ((ch = getchar()) != EOF)
                if (putchar(ch) != ch)
                        exit(1);        /* Fehler */
        return 0;                       /* Erfolg */
}
```

dient also zur Kopie beliebiger Dateiinhalte. Bei anderen Betriebssystemen können so bei 'binären' Dateien, also zum Beispiel bei übersetzten Programmen oder Montageobjekten, unter Umständen Steuerzeichen verlorengehen – leider ein nicht portabel lösbares Problem.

Neben Funktionen zum Transfer einzelner Zeichen gibt es auch noch Funktionen für verschiedene Aggregate.

```
NAME                                    GETS(3), PUTS(3)
      gets(), fgets() - String-Eingabe
      puts(), fputs() - String-Ausgabe

SYNOPSIS
      #include <stdio.h>

      char * gets(buf)                  puts(buf)
      char * fgets(buf, len, fp)        fputs(buf, fp)

          char * buf; int len; FILE * fp;
```

gets() liest eine Zeile, also Zeichen bis einschließlich zum nächsten Zeilentrenner, von der Standard-Eingabe und legt die Zeichen in **buf** ab. Der Zeilentrenner wird dabei durch ein Nullzeichen ersetzt. **buf** muß genügend Platz für die ganze Zeile bieten. **fgets()** liest Zeichen von der angegebenen Dateiverbindung bis entweder ein Zeilentrenner eingelesen wurde oder bis **len − 1** Zeichen übertragen wurden. Ein Nullzeichen wird in beiden Fällen angefügt; im Gegensatz zu **gets()** befindet sich hier also der Zeilentrenner **\n** anschließend ebenfalls in der Zeichenkette bei **buf**. Der Resultatwert beider Funktionen ist normalerweise das Argument **buf** oder ein Nullzeiger am Dateiende oder im Fehlerfall.

puts() gibt die angegebene Zeichenkette bis vor ihr abschließendes Nullzeichen und anschließend einen Zeilentrenner als Standard-Ausgabe aus. **fputs()** verwendet die angegebene Dateiverbindung zur Ausgabe und fügt keinen Zeilentrenner hinzu.

Mit einem genügend großen Puffer könnte man folgendermaßen zeilenweise kopieren:

```
#include <stdio.h>

main()
{       char buf[BUFSIZ];

        while (gets(buf))
                puts(buf);
        return 0;
}
```

Zuverlässiger ist folgendes Verfahren:

```
#include <stdio.h>

main()
{       char buf[BUFSIZ];

        while (fgets(buf, sizeof buf, stdin))
                fputs(buf, stdout);
        return 0;
}
```

Hier kann durch Überschreiten des Puffers nichts zerstört werden. Bei beiden Programmen wird allerdings ein Fehler beim Kopieren nicht entdeckt und Nullzeichen sorgen ebenfalls für Fehler.

```
NAME                                    FREAD(3), FWRITE(3)
        fread() - Eingabe eines Vektors
        fwrite() - Ausgabe eines Vektors

SYNOPSIS
        #include <stdio.h>

        int fread(ptr, len, n, fp) FILE * fp;
        int fwrite(ptr, len, n, fp) FILE * fp;
```

fread() und **fwrite()** transferieren beliebige, binäre Information zwischen einem Vektor und einer Datei. Die Dateiverbindung repräsentiert dabei der Filepointer **fp**. Der Vektor beginnt beim Zeigerwert **ptr** und besteht aus **n** Elementen der Länge

len. In der Regel ist **len == sizeof(* ptr)**. Beide Funktionen liefern die Anzahl der übertragenen Vektorelemente; bei Fehlern und am Dateiende ist der Resultatwert null.

Ein Kopierprogramm hat mit diesen Funktionen etwa folgende Form:

```
#include <stdio.h>
#define DIM(x)  (sizeof (x) / sizeof (x)[0])

main()
{       register int n;
        char buf[BUFSIZ];

        while (n = fread(buf, sizeof(*buf), DIM(buf), stdin))
                if (fwrite(buf, sizeof(*buf), n, stdout) != n)
                        exit(1);        /* Fehler */
        return 0;                       /* Erfolg */
}
```

Auch hier werden nur Ausgabefehler erkannt. Als Datentyp für Vektorelemente muß hier übrigens unbedingt **char** dienen, da sonst eine Datei mit ungerader Länge nicht korrekt kopiert würde. Umgekehrt kann man mit einer entsprechenden Wahl des Elementtyps eine bestimmte Maßeinheit für die Länge der Ausgabe erzwingen, das ist zum Beispiel bei Magnetbandgeräten gelegentlich nützlich.

```
NAME                                      GETW(3), PUTW(3)
        getw(), putw() - binaere Ein- und Ausgabe von Worten

SYNOPSIS
        #include <stdio.h>

        int getw(fp) FILE * fp;
        int putw(i, fp) int i; FILE * fp;
```

getw() und **putw()** sind praktisch Sonderfälle von **fread()** und **fwrite()** zum Transfer eines einzigen Werts vom Typ **int**, der hier allerdings direkt als Resultatwert erscheint. Wie gerade besprochen, kann man mit diesen Funktionen eine Datei mit ungerader Länge nicht korrekt kopieren.

8.3 Positionierung

Transfers erfolgen normalerweise sequentiell, jede Operation schließt in bezug auf die Peripherie direkt an den Endpunkt der vorhergehenden Operation an. Bei Dateien und bei Zugriff auf manche Geräte – insbesondere Magnetband und Plattenlaufwerk – kann man vor einem Transfer explizit positionieren:

```
    NAME                                    FSEEK(3), FTELL(3)
        fseek() - Positionieren in einer Datei
        ftell() - Position feststellen

    SYNOPSIS
        #include <stdio.h>

        int fseek(fp, pos, from)
        long ftell(fp)

            FILE * fp; long pos; int from;
```

fseek() legt **pos** als Anfangspunkt für die nächste Transferoperation in bezug auf den Filepointer **fp** fest. **fseek()** liefert null oder −**1** als Resultat, je nachdem ob die Positionierung erfolgreich verläuft oder nicht.

ftell() liefert die aktuelle Position. Uneingeschränkt portabel ist die Verwendung von **fseek()** nur, wenn die gewünschte Zielposition **pos** ein früher von **ftell()** gelieferter Resultatwert ist und wenn **from** den Wert null besitzt. Bei UNIX und vielen anderen Systemen wird die Position jedoch als Distanz (in Bytes) vom Anfang der Datei gemessen. In diesem Fall kann man einen beliebigen Wert für **pos** angeben, und **from** definiert, wie dieser Wert interpretiert werden soll:

from	**pos** relativ zu
0	Dateianfang
1	aktueller Position
2	Dateiende

Zum Dateiende positioniert man zum Beispiel mit

```
fseek(stdin, 0L, 2);
```

den Dateianfang erreicht man mit Hilfe von

```
rewind(stdin);
```

als bequemem Ersatz für

```
fseek(stdin, 0L, 0);
```

und eine Zeile kann man folgendermaßen mehrfach lesen – natürlich nicht vom Terminal:

```
long pos;
char line[LEN];

pos = ftell(stdin);
gets(line);
fseek(stdin, pos, 0);
```

Man beachte, daß die Positionsangabe den Typ **long** besitzen muß – dies ist eine häufige Fehlerquelle bei Programmen, die von 32-Bit zu 16-Bit Systemen übertragen werden.

Denkpause 8.1 Das Kommando *tail* gibt die letzten Zeilen einer Textdatei aus. Dies sollte wenn möglich geschehen, ohne daß zuerst die ganze Datei gelesen wird. ➾

Denkpause 8.2 Was passiert, wenn man zum Beispiel

```
$ ls | tail
```

ausführt? ➾

Wenigstens bei UNIX darf man bei Schreibzugriff hinter das aktuelle Ende einer Datei positionieren. Entsteht dadurch ein 'Loch', findet man beim Lesen später Nullzeichen vor. Auf der Platte benötigt ein genügend großes Loch keinen Platz! Das folgende Programm notiert oder berichtet für seinen Benutzer den Zeitpunkt seines letzten Aufrufs:

```
#define NOTEFILE "Zeitpunkt"

#include <stdio.h>
#define eq(a,b) (strcmp((a), (b)) == 0)

main(argc, argv)
        int argc;
        char ** argv;
{       long t, time();
        long pos = getuid() * sizeof t;
        char * ctime();

        if (eq(argv[0], "note"))
        {       t = time((long *) 0);
                if (freopen(NOTEFILE, "a", stdout)
                    && fseek(stdout, pos, 0) == 0
                    && fwrite(& t, sizeof t, 1, stdout) == 1)
                        return 0;
        }
        else if (freopen(NOTEFILE, "r", stdin)
                && fseek(stdin, pos, 0) == 0
                && fread(& t, sizeof t, 1, stdin) == 1
                && t)
        {       fputs(ctime(& t), stdout);
                return 0;
        }
        fputs("Fehler\n", stderr);
        return 1;
}
```

NOTEFILE ist als Name einer Datei definiert, in der wir im Stil eines Vektors **long**-Werte ablegen. Als Index in den Vektor dient dabei die Benutzernummer des Prozesses, die man mit **getuid**(2) erfahren kann. **time**(2) liefert die aktuelle Uhrzeit – gemessen in Sekunden seit dem Beginn des Jahres 1970 – als **long**-Wert oder in die **long**-Variable, deren Adresse als Argument übergeben wird. Wird unser Programm unter dem Namen **note** aufgerufen, schreiben wir die Uhrzeit in die entsprechende Position der Datei. Wird das Programm unter einem anderen Namen aufgerufen, versuchen wir 'unseren' Zeitpunkt der Datei zu entnehmen, mit der dafür vorgesehenen Funktion **ctime**(3) umzuwandeln und auszugeben. Unser Zeitpunkt sollte dabei von null verschieden sein, denn sonst ist zu vermuten, daß er noch nie notiert wurde.

8.4 Umwandlungen

Wir haben bereits **printf()** und **scanf()** kennengelernt, Funktionen, die nicht nur Zeichen transferieren, sondern die Text unter Kontrolle von Formatelementen umwandeln. Auch hier existieren Varianten, die für beliebige Filepointer verwendet werden können:

```
    NAME                                    PRINTF(3), SCANF(3)
        scanf(), fscanf(), sscanf() - formatierte Eingabe
        printf(), fprintf(), sprintf() - formatierte Ausgabe

    SYNOPSIS
        #include <stdio.h>

        int scanf(format [, arg ...])
        int fscanf(fp, format [, arg ...])
        int sscanf(s, format [, arg ...])

        printf(format [, arg ...])
        fprintf(fp, format [, arg ...])
        sprintf(s, format [, arg ...])

        char * format, * s; FILE * fp;
```

scanf() transferiert von der Standard-Eingabe, **fscanf()** von der angegebenen Dateiverbindung und **sscanf()** aus der Zeichenkette **s**. Unter Kontrolle der Zeichenkette **format** werden die transferierten Zeichen zusammengefaßt, umgewandelt, und mit Hilfe der als **arg** angegebenen Zeigerwerte abgelegt. Die Anzahl der erfolgreich umgewandelten und zugewiesenen Werte ist der Resultatwert, am Dateiende liefern **scanf()** und **fscanf()** jeweils **EOF**. Null als Resultatwert ist ein Hinweis darauf, daß kein Wert umgewandelt wurde; wie weit **format** wirklich befolgt wurde, ist dabei nicht direkt festzustellen.

Die **printf**-Funktionen wandeln unter Kontrolle der Zeichenkette **format** die angegebenen Werte in eine Zeichenkette um, die bei **printf()** zur Standard-Ausgabe, bei **fprintf()** zur angegebenen Dateiverbindung und bei **sprintf()** in den Zeichenvektor **s** transferiert wird. **s** wird mit einem Nullzeichen abgeschlossen und muß genügend Platz bieten.

Die Zeichenkette **format** besteht aus Zeichen, die in der Eingabe wie angegeben auftreten müssen, beziehungsweise die unverändert ausgegeben werden. Dazwischen kann man Formatelemente angeben, die Umwandlungen steuern. Formatelemente beginnen immer mit **%** und enden mit einem Zeichen, das die Umwandlung steuert.

Zur Steuerung von **scanf** hat ein Formatelement folgende Form:

        % * breite attr umwandlung

* wird angegeben, wenn zwar umgewandelt werden soll, wenn aber keine Zuweisung über den nächsten als **arg** angegebenen Zeigerwert erfolgen soll. **breite** ist eine Ziffernkette, deren dezimaler Wert die maximale Anzahl Zeichen festlegt, die für dieses Formatelement bearbeitet werden sollen. **attr** ist **l** (long), wenn an **long** beziehungsweise **double** zugewiesen wird – alternativ kann in diesem Fall die **umwandlung** auch als Großbuchstabe angegeben werden. **attr** ist **h** (half), wenn an **short** zugewiesen wird. **int *** als Argument ist nämlich nicht unbedingt portabel. **umwandlung** schließlich entstammt folgender Tabelle:

Zeichen	Argumenttyp	Umwandlung
c	**char[1]**	keine; Eingabe eines Zeichens
d	**int ***	dezimal
e	**float ***	Synonym für **f**
f	**float ***	Gleitkomma
o	**int ***	oktal
s	**char ***	keine; Eingabe einer Zeichenkette
x	**int ***	hexadezimal
[*x*...]	**char ***	keine; Eingabe einer Zeichenkette
[∧ *y*...]	**char ***	keine; Eingabe einer Zeichenkette
%		keine; Erkennen von **%**

Zwischenraumzeichen im **format** (aber nicht im Formatelement) werden bei **scanf** ignoriert, Zwischenraumzeichen in der Eingabe trennen umzuwandelnde Felder, werden aber sonst ignoriert. Bei **%c** wird allerdings das *nächste* Eingabezeichen verwendet. Das nächste Eingabezeichen nach Zwischenraum erhält man mit **%1s**.

Denkpause 8.3   Zu den Zwischenraumzeichen gehören auch Zeilentrenner; ein einziger Aufruf von **scanf()** verarbeitet deshalb unter Umständen mehrere Eingabezeilen. Wie verhindert man das? ➪

Mit **%[***x*...**]** kann man Zeichenketten erfassen, die ganz bestimmte Zeichen (auch Zwischenraum) *x* enthalten, bei **%[∧ *y*...]** enthält die erfaßte Zeichenkette *y* gerade nicht. Die Felder einer Zeile der Paßwortdatei */etc/passwd* sind mit Doppelpunkten getrennt. Man könnte sie zum Beispiel folgendermaßen decodieren:

```
#include <stdio.h>
#define LEN     30

char buf[BUFSIZ];          /* Eingabezeile */
char name[9];              /* Benutzername */
short uid, gid;            /* Benutzer- und Gruppennummer */
char info[LEN];            /* freie Information, z.B. Name */
char home[LEN];            /* erster Arbeitskatalog */
char shell[LEN];           /* Kommandoprozessor (statt /bin/sh) */

if (gets(buf))
        sscanf(buf, "%[^:]:%*[^:]:%hd:%hd:%[^:]:%[^:]:%s",
            name, & uid, & gid, info, home, shell);
```

Zur Steuerung von **printf** hat ein Formatelement folgende Form:

```
% - 0 breite . anzahl attr umwandlung
```

– wird angegeben, wenn das Resultat der Umwandlung nach links statt nach rechts ausgerichtet werden soll. **0** wird angegeben, wenn zum Ausrichten mit **0** statt mit Leerstellen aufgefüllt werden soll. **breite** ist eine Ziffernkette, deren dezimaler Wert die *minimale* Anzahl Zeichen festlegt, die das Resultat der Umwandlung in Anspruch nehmen soll. **.anzahl** wird angegeben um die maximal auszugebende Anzahl Zeichen einer Zeichenkette oder die Anzahl Ziffern nach dem Dezimalpunkt bei **%e** und **%f** festzulegen. **attr** ist **l** (long), wenn **long** umgewandelt werden soll – alternativ kann in diesem Fall die **umwandlung** auch als Großbuchstabe angegeben werden. **umwandlung** schließlich entstammt folgender Tabelle:

Zeichen	Argumenttyp	Umwandlung
c	**char**	keine; Ausgabe eines Zeichens
d	**int**	dezimal
e	**double**	Gleitkomma im Format [–]d.dddE[+–]dd
f	**double**	Gleitkomma im Format [–]ddd.ddd
g	**double**	Gleitkomma möglichst kompakt
o	**int**	oktal
s	**char ***	keine; Ausgabe einer Zeichenkette bis \0
u	**unsigned**	dezimal ohne Vorzeichen
x	**int**	hexadezimal
%		keine; Ausgabe von %

Für **breite** und **anzahl** kann ***** an Stelle einer Ziffernkette auftreten, in diesem Fall wird jeweils der Wert des nächsten Arguments verwendet. Eine Zeichenkette kann man dann zum Beispiel folgendermaßen zentrieren:

```
int breite = 80;
char * string = "Eine Ueberschrift";

printf("%*s\n", (breite + strlen(string))/2, string);
```

8.5   Andere Funktionen

```
NAME                                          UNGETC(3)
      ungetc() - Zeichen in die Eingabe zurueckstellen

SYNOPSIS
      #include <stdio.h>

      int ungetc(ch, fp) int ch; FILE * fp;
```

Mit **ungetc()** kann man ein einzelnes Zeichen wieder in die Eingabe zurückstellen. Bei der nächsten Eingabe vom betroffenen Filepointer **fp** wird das Zeichen dann als erstes gelesen. **fseek()** löscht in jedem Fall ein zurückgestelltes Zeichen. Normalerweise liefert **ungetc()** das zurückgestellte Zeichen auch wieder als Resultat. **EOF** ist das Resultat im Fehlerfall, **EOF** selbst kann man nicht zurückstellen.

```
NAME                      FEOF(3), FERROR(3), CLEARERR(3)
      feof() - Ende der Eingabe
      ferror() - Transferfehler
      clearerr() - Fehlerbedingung loeschen

SYNOPSIS
      #include <stdio.h>

      int feof(fp) FILE * fp;
      int ferror(fp) FILE * fp;
      clearerr(fp) FILE * fp;
```

Im Abschnitt 6.6 wurde der Makro **feof()** eingeführt, mit dem man ohne Transferversuch feststellen kann, ob bei einem Filepointer schon das Ende der Eingabe erreicht wurde.

Das Ende der Eingabe wird bei vielen *stdio*-Funktionen durch den Funktionswert **EOF** oder durch einen Nullzeiger angezeigt. **EOF** ist ein **int**-Wert, muß also zum Beispiel als Resultat von **putw()** akzeptiert werden. Das Ende der Eingabe kann man nach einem Aufruf von **putw()** nur mit **feof()** feststellen.

Nach Konvention gilt der Transfer von null Zeichen als Ende der Eingabe; am Terminal erreicht man dies, wenn man *control-D* am Anfang einer Zeile eingibt. Versucht der Prozeß weiter, vom Terminal zu transferieren, kann beziehungsweise muß auch weiter eingegeben werden. Auch in dieser Situation verwendet man **feof()**, wie das im Abschnitt 6.6 vorgeführt wurde.

Analog kann man mit dem Makro **ferror()** feststellen, ob bei einem Transfer ein Fehler passiert ist. Die Fehlerbedingung bleibt erhalten, bis die Dateiverbindung gelöst wird oder die Fehlerbedingung mit **clearerr()** in der **FILE**-Struktur gelöscht wird. **ferror()** ist zur Kontrolle von **puts()**, **putw()** oder **printf()** unabdingbar.

```
NAME                                               PERROR(3)
      perror() - Interpretation von Systemfehlern

SYNOPSIS
      perror(s) char * s;
```

Die Funktionen des *stdio*-Pakets müssen intern Leistungen des Betriebssystems in Anspruch nehmen. UNIX stellt bei Fehlern jeweils noch eine Fehlernummer zur Verfügung, die erst verändert wird, wenn ein neuer Fehler gemeldet wird. Bis dahin kann mit **perror()** ein entsprechender Text auf **stderr** ausgegeben werden. Das Argument **s** wird vor der Fehlermeldung ausgegeben und dient zur näheren Kennzeichnung der Fehlerposition im Programm oder anderer Umstände. Die möglichen Fehlernummern und die zugehörigen Texte findet man in der Einleitung zum zweiten Abschnitt von [Bel82a] und in der öffentlichen Definitionsdatei *errno.h*.

In der Regel wird man **perror()** aufrufen, wenn zum Beispiel ein Aufruf von **fopen()** erfolglos verläuft. Als Argument gibt man in diesem Fall gewöhnlich den Dateinamen an, für den die gewünschte Dateiverbindung nicht eingerichtet werden konnte:

```
#include <stdio.h>

main()
{       FILE * in, * out;
        char nm[BUFSIZ];
        register int ch;

        while ((fputs("Original ? ", stderr), gets(nm)) && *nm)
        {       if (! (in = fopen(nm, "r")))
                {       perror(nm);
                        continue;
                }
                if ((fputs("Kopie ? ", stderr), gets(nm)) && *nm)
                        if (! (out = fopen(nm, "w")))
                                perror(nm);
                        else
                        {       while ((ch = getc(in)) != EOF)
                                        putc(ch, out);
                                if (ferror(in) || ferror(out))
                                        perror("i/o");
                                fclose(out);
                        }
                fclose(in);
                if (feof(stdin))
                        break;
        }
        return 0;
}
```

Dieses Programm fordert im Dialog Dateinamen für Eingabe und Ausgabe an und kopiert, wenn auf die Eingabedatei zugegriffen werden kann und wirklich zwei Namen angegeben wurden. Das Programm kann durch eine leere Eingabe bei der Frage nach dem **Original** oder durch ein Dateiende bei jeder der beiden Abfragen beendet werden. In UNIX Kreisen würde man zwar ein derartiges Kopierprogramm nicht für interaktive Abfrage der Dateinamen konzipieren – man würde wie für *cp*(1) die Dateinamen als Kommandoargumente verlangen – aber das Beispiel zeigt die hier besprochenen Funktionen im typischen Einsatz.

UNIX repräsentiert die Verbindung zwischen einem Prozeß und einem Dateinamen als sogenannten *Filedeskriptor*, als kleinen **int**-Wert. Wir werden uns im Kapitel 9 mit Filedeskriptoren ausgiebig befassen. Hier seien der Vollständigkeit halber noch zwei Funktionen erwähnt, die für das *stdio*-Paket bei UNIX den Zusammenhang zwischen Filepointer und Filedeskriptor herstellen:

```
NAME                                    FILENO(3), FDOPEN(3)
        fileno() - Filedeskriptor fuer Filepointer
        fdopen() - Filepointer fuer Filedeskriptor

SYNOPSIS
        #include <stdio.h>

        int fileno(fp) FILE * fp;
        FILE * fdopen(fd, mode) int fd; char * mode;
```

fileno() liefert den zu einem Filepointer gehörenden Filedeskriptor. **fdopen()** konstruiert einen Filepointer für einen bereits existierenden Filedeskriptor. Der durch **mode** verlangte Zugriff sollte mit dem für den Filedeskriptor möglichen Zugriff verträglich sein. **fdopen()** dient primär zur Kontrolle der Filedeskriptoren, die für einen Filepointer verwendet werden. Eine wichtige Anwendung sehen wir im Abschnitt 12.3.2.

8.6 Filter

Ein *Filter* ist ein Programm, das Text kopiert und dabei Umwandlungen vornimmt. Nach Konvention bearbeitet ein solches Programm entweder der Reihe nach alle Dateien, die als Kommandoargumente angegeben sind, oder es bearbeitet seine Standard-Eingabe. Der umgewandelte Text erscheint in jedem Fall als Standard-Ausgabe. Wichtig für den Benutzer ist, daß nach Konvention ein Filter nie die Dateien verändert, die als Kommandoargumente angegeben wurden.

Typische Filter sind zum Beispiel die Kommandos *pr* zur Anordnung von Text auf Seiten, *tr* zum Ersatz einzelner Buchstaben, *sed* zur Anwendung von Editor-Kommandos auf eine Folge von Zeilen sowie die Textformatierer *nroff* und *troff* und ihre ganzen Hilfsprogramme. Weniger typische Filter sind Kommandos wie *cat*, das eine Reihe von Dateien zur Standard-Ausgabe kopiert, *tee*, das von der Standard-Eingabe zur Standard-Ausgabe und gleichzeitig in eine Datei kopiert, *wc*, das Zeichen, Worte und Zeilen zählt sowie Textbetrachter wie *more* oder *pg* und Druckprogramme wie *lpr*. Auch das Sortierprogramm *sort* verhält sich als Filter, wenn auch alle Zeilen erst gesammelt werden müssen, bevor man mit dem Sortieren beginnen kann.

Die Eleganz von Filtern besteht darin, daß man mit der *Shell*, dem Kommandoprozessor, sehr leicht die Standard-Ausgabe eines Prozesses zur Standard-Eingabe des nächsten Prozesses machen kann. Filter lassen sich dadurch leicht zur Lösung komplizierterer Probleme kombinieren. Wir werden uns mit der Realisierung dieser sogenannten *Pipes* im Abschnitt 12.3 befassen.

Ein Filter hat in der Regel folgendes Hauptprogramm:

```
#include <stdio.h>
#define eq(a,b) (strcmp((a), (b)) == 0)

main(argc, argv)
        int argc;
        char ** argv;
{       FILE * fp;
        int result = 0;

        ++ argv, -- argc;         /* Optionen verarbeiten */

        if (! argc)
                return action("<stdin", stdin);
        do
                if (eq(*argv, "-"))
                        result |= action("<stdin", stdin);
                else if (fp = fopen(*argv, "r"))
                {       result |= action(*argv, fp);
                        fclose(fp);
                }
                else
                {       perror(*argv);
                        result = -1;
                }
        while (++argv, --argc);
        return result != 0;
}
```

Zuerst werden die Optionen gesammelt, die den Dateiargumenten vorausgehen müssen. Sind dann keine Argumente mehr übrig, bezieht sich **action()**, die Aktion des Filters, auf die Standard-Eingabe. Sind Argumente übrig, muß es sich um Dateinamen handeln, die der Reihe nach für Lesezugriff verbunden und mit **action()** bearbeitet werden. Ein Argument – kann man dabei als Zugriff auf die Standard-Eingabe des Filters interpretieren, wie das zum Beispiel bei *cat* geschieht.

action() hat zwei Argumente: die Dateiverbindung, die bearbeitet werden soll, und den Namen der Datei, der bei Fehlermeldungen eingefügt werden sollte. Für *wc* verwendet man zum Beispiel folgende Funktion:

```
int action(fnm, fp)
        char * fnm;
        FILE * fp;
{       long lines = 0, words = 0, chars = 0;
        int inword = 0, ch;

        while ((ch = getc(fp)) != EOF)
        {       switch(ch) {
                case '\n':
                        ++ lines;
                case '\t':
                case ' ':
                        inword = 0;
                        break;
                default:
                        if (! inword)
                                ++ words, inword = 1;

                }
                ++ chars;
        }
        printf("%ld\t%ld\t%ld", lines, words, chars);
        if (fp != stdin)
                putchar('\t'), puts(fnm);
        else
                putchar('\n');
        return 0;
}
```

Denkpause 8.4 Man kann jetzt sehr viele existente Kommandos nochmals implementieren. Interessanter sind aber eigene, neue Filter, zum Beispiel:

```
$ line 1-10 datei       ;; Zeilenbereich extrahieren
$ column 3,2,1 datei    ;; Spalten vertauschen
$ entab -t8 datei       ;; Tabulatorzeichen einfuegen
$ detab -t8 datei       ;; Tabulatorzeichen interpretieren
$ comment -w80 quelle.c ;; Zeilenkommentare rechts ausrichten
```

Man darf dabei aber nicht vergessen, daß sehr viele Textumwandlungen mit programmierbaren Filtern wie *sed* oder *awk* formuliert werden können. Eine solche Lösung benötigt vielleicht mehr Rechenzeit als ein spezielles C Programm, aber sie steht wesentlich schneller zur Verfügung, wenn man diese Werkzeuge gut beherrscht. ☞

8.7   Text seitenweise betrachten – "crt"

Als größeres Beispiel für die Verwendung praktisch aller *stdio*-Funktionen betrachten wir ein Programm, mit dem Text am Terminal betrachtet werden kann. *crt* soll jeweils eine Seite ausgeben und dann dem Leser verschiedene Möglichkeiten anbieten, wie vor- und zurückzublättern, nach einem Textmuster zu suchen, den betrachteten Text zu kopieren oder an einen anderen Prozeß weiterzuleiten, usw. *crt* hat damit die Fähigkeiten des in Berkeley entwickelten Kommandos *more*, aber wie das Kommando *pg* bei UNIX System 5 kann *crt* auch dann zurückblättern, wenn der betrachtete Text als Standard-Eingabe angeliefert wird, also möglicherweise gerade von einem anderen Prozeß erzeugt wird. Im Gegensatz zu den beiden anderen Kommandos kann *crt* den betrachteten Text auch noch weiterleiten oder in eine Datei ablegen.

```
OPTIONS
    -l address    line to start at (number, $, /? pattern)
    -r # -s #     screen size, amount to scroll
    -w file       processor will 'tee'
    | cmd         processor will 'tee'
    > file        processor will 'tee'

COMMANDS
    [+-] 123 [f]  [relative] line number [in file]
    +- f          next or previous file
    $ [f]         last line [of file] to bottom of screen
    / pat ? pat   scan: down from top+1, up from bottom-1
    a (W) file    append to file
    b             back: scroll
    d             down: 1/2 scroll
    kl (ml)       keep position; retrieve as 'l (a..z)
    p (.)         replot current screen
    q (^D)        quit, passing rest of input
    DEL (signal)  quit, abandoning rest of input
    r rows        screen size (including command line)
    s scr         amount to scroll
    u             up: 1/2 scroll
    w (>) file    write to file
    ! cmd         shell escape
    & cmd         pipe to command (should not use stdout)
    | cmd         pipe to command and quit (stdout ok)
    other         forward: scroll
```

In diesem Abschnitt betrachten wir nur den zentralen Algorithmus für *crt*. Existiert erst einmal eine gute Implementierung für die eigentliche Aufgabe von *crt*, nämlich für Positionierung und Seitenausgabe bei einer beliebigen Dateiverbindung, kann man sehr leicht eine komfortable Benutzerschnittstelle hinzufügen. Als Anregung mag die Seite (links) dienen, die auf Anforderung bei der Benutzung von *crt* am Terminal ausgegeben wird.[1]

8.7.1 Aufgabenverteilung – "main()"

Abgesehen von der Verarbeitung von Kommandoargumenten und damit verbundenen Initialisierungen und Aufräumungsarbeiten hat das Hauptprogramm von *crt* folgende Form:

```
crtinit();
lineinit();

do
        page();
while (query());

crtdone();
```

crt soll am Terminal schirmorientiert arbeiten, die Funktionen **crtinit()** und **crtdone()** müssen sich um eventuell notwendige Umschaltungen bemühen. Durch die Vielfalt der heute verfügbaren Terminals ist portable Programmierung von schirmorientierter Ein- und Ausgabe nicht gerade einfach. Wir werden deshalb zunächst nur möglichst geräteunabhängige Funktionen postulieren und diese dann im nächsten Abschnitt näher untersuchen. In allererster Näherung tun diese Funktionen schlicht nichts.

page() leistet die eigentliche Arbeit: Beginnend mit der Zeile **top** an der Oberkante des Terminals oder endend mit der Zeile **bottom** an der Unterkante des Terminals wird eine Textseite ausgegeben. **top** und **bottom** sind globale Variablen; eine ebenfalls globale Variable **frombot** entscheidet, ob in bezug auf **top** oder **bottom** positioniert werden soll. **page()** setzt **top** und **bottom** auf die Zeilennummern, die tatsächlich den Bildschirm begrenzen. Wir verlangen natürlich, daß lange Zeilen am Bildschirmrand gebrochen werden, daß keine unvollständigen Zeilen ausgegeben werden, und daß der Bildschirm nicht überläuft. Die erste Zeile des Texts soll sich auch beim Zurückblättern nur an der Oberkante des Bildschirms befinden, die letzte Zeile wird immer auf die Unterkante des Bildschirms ausgerichtet.

Hat **page()** in **top** und **bottom** die aktuellen Zeilennummern hinterlegt, kann **query()** eine neue Seite vorschlagen: Definiert man zum Beispiel **top** neu als **bottom + 1** und löscht **frombot**, wird vorwärtsgeblättert. Definiert man **bottom** als **top − 1** und setzt **frombot**, wird rückwärtsgeblättert. Setzt man **top** auf **1** oder

---

[1]   In's Deutsche übersetzt, paßt die Ausgabe nicht mehr auf einen Bildschirm . . .

bottom auf eine möglichst große Zahl, wird **page()** Anfang oder Ende des Texts ausgeben. Eine Vielzahl anderer Möglichkeiten ist denkbar – **query()** hängt eigentlich nur von den Wünschen des Benutzers ab und wird vermutlich mit zunehmender Akzeptanz des Programms erweitert werden.

Wir wollen natürlich immer von Zeilennummern und Zeilenanfängen ausgehen. Damit eine Positionierung möglichst effizient erfolgen kann, werden wir uns die Zeilenanfänge als Resultate von **ftell()** merken müssen, wenn wir sie erstmals in der Eingabe erreichen. Diese Information speichern wir dynamisch, um den Speicherbedarf unseres Programms möglichst optimal an die Dateigröße der jeweiligen Eingabedatei anzupassen. **lineinit()** rufen wir auf, um die dynamischen Datenflächen entsprechend vorzubereiten.

8.7.2   Benutzerschnittstelle – "query()"

In erster Näherung könnte **query()** etwa folgende Form haben:

```
#include <ctype.h>
#define BLEN    40                    /* moegliche Eingabelaenge */

int top, bottom;                      /* Schirmkanten */
int infinity = (unsigned) -1 >> 1;    /* Zeile nach Textende */
char frombot;

static int query()
{       char buf[BLEN], * cp;

        for (;;)
        {       crtbottom();
                if (! crtins(buf)) /* Eingabeende */
                        return 0;  /* Ausgabe beenden */
                for (cp = buf; isascii(*cp) && isspace(*cp); ++ cp)
                        ;          /* Zwischenraum ignorieren */
                switch (*cp) {
                case 'b':          /* b: rueckwaerts */
                        if (top)
                        {       bottom = top-1;
                                frombot = 1;
                                break;
                        }
                        continue;
```

```
        default:                /* vorwaerts */
                if (bottom < infinity-1)
                {       top = bottom+1;
                        frombot = 0;
                        break;
                }
                continue;
        }
        return 1;
    }
}
```

crtbottom() und **crtins()** gehören zur Abstraktion der Fähigkeiten des Terminals: möglicherweise wollen wir die Wünsche des Benutzers immer auf der letzten Schirmzeile entgegennehmen. **crtins()** liest deshalb an der von **crtbottom()** festgelegten Schirmposition ein Kommando ein und liefert einen von null verschiedenen Wert, wenn wirklich eine Eingabe zur Verfügung steht. Im Moment kann **crtbottom()** eine leere Funktion sein und hinter **crtins()** verbirgt sich natürlich **gets()**.

Führenden Zwischenraum bei der Eingabe ignorieren wir. **b** (back) dient zum Zurückblättern und jede andere Eingabe soll in der Textausgabe vorwärts positionieren. Wir verlassen **query()** allerdings nur, wenn tatsächlich eine Bewegung im Text möglich ist. Ist **top** null, befinden wir uns also am Textanfang, können wir nicht zurückblättern. Ist **bottom** am Textende, können wir nicht mehr vorwärtsblättern. Wenn wir den gesamten Text untersucht haben, kennen wir die letzte Zeilennummer. Bis dahin ist **infinity** eine möglichst große (portable) Zahl.

8.7.3 Positionierung und Ausgabe – "page()"

page() ist die wichtigste Funktion. Auch hier verdrängen wir Teilprobleme in weitere, primitivere Funktionen:

```
#include <stdio.h>
#include <ctype.h>

FILE * view;                    /* Text */
static struct line {            /* Zeilenanfaenge */
        long beg;               /* ftell() */
        char crt;               /* Schirmzeilen */
        } * line;               /* dynamischer Vektor */

page()
{       register FILE * fp = view;
        register int ch;
        int lno;
```

```
crttop();
if (frombot? bseek(): tseek())
{       if (fseek(fp, line[top].beg, 0) == -1)
                fatal("cannot position");
        for (lno = top; lno++ <= bottom; )
        {       while ((ch = getc(fp)) != EOF)
                {       if (isascii(ch) && isprint(ch))
                                crtout(ch);
                        if (ch == '\n')
                                break;
                }
                if (ch == EOF)
                        break;
        }
}
frombot = 0;
}
```

crttop() kann dafür sorgen, daß wir bei der Schirmausgabe an der Schirmoberkante beginnen. **crtout()** muß ein einzelnes Zeichen ausgeben – wir übergeben dabei nur druckbare Zeichen und Zwischenraumzeichen. Später können wir hier noch Ersatzdarstellungen für nicht druckbare Zeichen oder auch zum Beispiel Unterstreichungen einfügen. **crtout()** sollte eine lange Zeile über mehrere Schirmzeilen verteilen – wir werden jedoch dafür sorgen, daß insgesamt der Platz auf dem Schirm ausreicht. Im Moment genügt für **crttop()** wieder eine leere Funktion und **crtout()** kann mit **putchar()** realisiert werden.

Die Positionierung, also die Berechnung der tatsächlich möglichen Werte für **top** und **bottom**, überlassen wir zwei neuen Funktionen: **tseek()** versucht, **top** zur Schirmoberkante zu bringen, **bseek()** versucht, **bottom** zur Schirmunterkante zu bringen. Beide Funktionen liefern null, falls dies unmöglich ist, weil nämlich gar kein Text zur Verfügung steht. Sind **top** und **bottom** bestimmt, enthält **line[]**, unser Speicher für Zeilenanfänge, eine Position in der an **view** angeschlossenen Datei, von der ab die eigentliche Ausgabe erfolgen kann.

Die Berechnung der Positionierung von der eigentlichen Kopie zum Schirm zu trennen ist zwar ineffizient, denn jede Zeile muß zweimal gelesen werden, aber wir vereinfachen dadurch den Algorithmus erheblich, und wir können vermeiden, daß am unteren Schirmrand eine Zeile nur noch teilweise ausgegeben werden kann, oder daß die letzte Textseite nur noch aus wenigen Zeilen am oberen Schirmrand besteht. Gerade beim Betrachten der Ausgabe eines anderen Prozesses will man in der Regel möglichst viele Zeilen am Ende der Ausgabe sehen.

bseek() soll **top** in Abhängigkeit von **bottom** berechnen. **bottom** kann natürlich nur eine mögliche Zeilennummer sein, muß also kleiner sein als **infinity**. Bevor wir **top** berechnen können, müssen wir den Platzbedarf aller Zeilen bis einschließlich **bottom** kennen. **limit** soll die letzte Zeilennummer sein, deren Zeilenanfang und

Platzbedarf auf dem Schirm bekannt ist – damit ist natürlich auch noch der Zeilenanfang der Zeile **limit + 1** im Text bekannt. Falls **limit** noch nicht bis zum gewünschten **bottom** reicht, soll die Funktion **newline()** neue Zeilen einlesen und **limit** entsprechend vergrößern. Erreicht **newline()** dabei das Textende, kenntlich am Funktionswert null, muß **infinity** korrigiert werden. **bottom** kann in diesem Fall natürlich nur den Wert **limit** annehmen.

Ist **infinity** jetzt null, steht gar kein Text zur Verfügung. Andernfalls kennen wir den Platzbedarf aller Zeilen bis hin zu **bottom** und können **top** rückwärts, ausgehend von **bottom**, im Rahmen von **rows**, den auf dem Schirm möglichen Zeilen, bestimmen. Sollten wir dabei die Zeile null, also den Textanfang, erreichen, positionieren wir vorsichtshalber noch in bezug auf **top**, damit wir am Textanfang nicht etwa weniger als einen Schirm ausgeben.

```
        extern int rows;              /* moegliche Schirmzeilen */
        static int limit = -1;        /* letzte bekannte Zeile */


        static int bseek()
        {       register int r;

                if (bottom >= infinity)  /* hinter Textende */
                        bottom = infinity - 1;
                while (limit < bottom)
                        if (! newline()) /* Textende?? */
                        {       bottom = limit;
                                break;
                        }
                if (! infinity)
                        return 0;        /* kein Text */
                for (top = bottom, r = line[bottom].crt; top-- > 0; )
                        if ((r += line[top].crt) >= rows)
                                break;
                return ++ top == 0? tseek(): 1;

        }
```

tseek() ist ein bißchen komplizierter als **bseek()**, wird aber ganz ähnlich konstruiert: **top** kann natürlich nur eine mögliche Zeilennummer sein. Kennen wir die Zeilen bis hin zu **top** noch nicht, müssen wir sie mit **newline()** untersuchen. Erreichen wir dabei schon das Textende, versuchen wir mit **bseek()** auf das Textende zu positionieren (dies kann nicht zu einer endlosen Rekursion führen).

Anschließend berechnen wir **bottom** ausgehend von **top** in Abhängigkeit vom Platzbedarf der Zeilen und im Rahmen der möglichen Schirmzeilen. Überschreiten wir dabei **limit**, bemühen wir wieder **newline()**. Sollten wir das Textende erreichen und ist **top** *nicht* am Textanfang, können wir versuchen mit **bseek()** auf **bottom** zu positionieren um auch die letzte Schirmseite vollständig zu füllen. Andernfalls füllt unser Text keine ganze Schirmseite und **top** und **bottom** sind bereits optimal bestimmt.

```
static int tseek()
{        register int r;

         if (top < infinity)                  /* vor Textende */
         {       while (limit < top)
                         if (! newline())
                                 goto tail;
                 bottom = top, r = line[top].crt;
                 for (;;)
                 {       if (++bottom > limit)
                                 if (! newline())
                                         if (top)
                                                 goto tail;
                                         else
                                                 break;
                         if ((r += line[bottom].crt) >= rows)
                                 break;
                 }
                 -- bottom;
                 return 1;
         }

tail:    bottom = infinity - 1;
         return bseek();
}
```

8.7.4   Eingabe - "newline()"

newline() liest den Text sequentiell zeilenweise und bestimmt den Platzbedarf jeder Zeile auf dem Schirm:

```
extern int cols;                              /* Schirmbreite */

int newline()
{        register int ch, col = 0;

         if (infinity)
         {       if (fseek(view, line[limit+1].beg, 0) == -1)
                         fatal("seek error on input file");
                 while ((ch = getc(view)) != EOF)
                         switch (ch) {
                         case '\t':
                                 col += 8, col &= ~7;
                                 continue;
```

```
                            default:
                                    if (isascii(ch) && isprint(ch))
                                            ++ col;
                                    continue;
                            case '\n':
                                    ++ limit;
                                    mark(ftell(view), col);
                                    return 1;
                            }
                    infinity = limit + 1;
            }
        return 0;
}
```

Zuerst müssen wir natürlich im Text, also bei **view**, auf den letzten bekannten Zeilen-anfang positionieren. Anschließend lesen wir Zeichen und bestimmen ihren Platzbe-darf, bis wir entweder das Textende oder einen Zeilentrenner erreichen. Erreichen wir einen Zeilentrenner, schreiben wir uns in **limit** eine vollständig bekannte neue Zeile gut und notieren den Anfang der neuen Zeile und den Platzbedarf der vorher-gehenden:

```
#define LINIT    512         /* Anfangsgroesse */
#define LINCR    256         /* Erweiterung */
static int maximum = LINIT;  /* DIM(line) */

static mark(beg, col)
        long beg;            /* Zeilenanfang [limit+1] */
        int col;             /* Zeichen [limit] */
{       char * realloc();

        if (limit+1 >= maximum)
        {       maximum += LINCR;
                if (! (line = (struct line *)
                        realloc(line,
                                maximum * sizeof(struct line))))
                        fatal("no room");
        }
        line[limit+1].beg = beg;
        line[limit+1].crt = 1;
        if (col)
                line[limit].crt = (col + cols-1) / cols;
}
```

Da wir **line[]** dynamisch dimensionieren, müssen wir diesen Vektor ab und zu um **LINCR** Elemente vergrößern. In jedem Fall notieren wir uns dann die entsprechen-den Angaben für die neue Zeile. Dabei ist zu berücksichtigen, daß eine leere Zeile natürlich auch als leere Zeile auf dem Schirm dargestellt werden wird, daß sie also auch eine Schirmzeile benötigt.

Zum Schluß müssen wir uns noch die Initialisierung von **line[]** überlegen: **newline()** wird von **page()** aus sofort aufgerufen und greift dann bereits auf **line[limit + 1]** zu. **limit** haben wir zwar korrekt mit **– 1** initialisiert, das heißt, wir kennen den Platzbedarf der ersten Zeile (null) und den Anfang der zweiten Zeile noch nicht. **line[]** soll jedoch dynamisch angelegt werden, folglich können wir auf **line[0]** nicht zugreifen. **lineinit()** muß also **line[]** anlegen und wenigstens **line[0]** initialisieren:

```
lineinit()
{       char * malloc();

        if (! (line = (struct line *)
                    malloc(maximum * sizeof(struct line))))
                fatal("no room");
        line[0].beg = 0L;
        line[0].crt = 1;
        newline();
}
```

Wir lesen außerdem eine Zeile vorab ein. Dadurch würden wir zum Beispiel einen leeren Text sofort entdecken. Mit diesem Aufruf von **newline()** erhält auch **limit** den Wert null. Repräsentieren wir Zeilennummern prinzipiell als **unsigned** an Stelle von **int**, ist dieser Aufruf von **newline()** notwendig, damit die Vergleiche mit **limit** anschließend korrekt funktionieren können. Vorsicht ist dann allerdings geboten: **(unsigned) – 1** oder gar **(unsigned short) – 1** wird nicht bei jeder C Implementierung zu **(unsigned) 0** wenn in **newline()** inkrementiert wird. Hier müßte man noch entsprechend korrigieren.

8.7.5   Dateianschluß

Bisher erwarten wir, daß mit **view** der Text erreicht werden kann, den wir betrachten wollen. Wir verlangen außerdem, daß für **view** beliebige **fseek()**-Operationen möglich sind. Im einfachsten Fall, wenn wir nämlich eine Datei betrachten, deren Name als Kommandoargument für *crt* angegeben wurde, können wir **view** mit Hilfe von **fopen()** verbinden.

Betrachten wir allerdings die Standard-Eingabe – zum Beispiel weil beim Aufruf von *crt* kein Argument angegeben wurde – kann diese Eingabe auch gerade von einem anderen Prozeß erzeugt werden, der mit unserem Prozeß mit einer *Pipe* (siehe Abschnitt 12.3) verbunden ist. In diesem Fall sind **fseek()**-Operationen nicht zulässig. Hier müssen wir die Standard-Eingabe in eine Datei kopieren und diese Datei mehr oder weniger gleichzeitig am Schirm darstellen, um ein Zurückblättern ermöglichen zu können.

Wir sollten uns auch überlegen, wie **crtins()** zu seiner Eingabe kommen soll, und mit welchem Filepointer die Schirmausgabe wirklich zum Terminal gelangt. Im Hauptprogramm machen wir deshalb ungefähr folgendes:

```
#define TTY        "/dev/tty"                /* Terminal */

    --argc, ++ argv;                         /* Optionen?? */

    switch (argc) {
    case 1:                                  /* Dateiname */
            if (! (view = fopen(*argv, "r")))
                    perror(*argv), exit(1);
            break;
    case 0:                                  /* Standard-Eingabe */
            if (! (view = fdopen(dup(fileno(stdin)), "r")))
                    perror("stdin"), exit(1);
            if (! freopen(TTY, "r", stdin))
                    perror(TTY), exit(1);
            tmpopen((char *) 0);
            break;
    default:
            USAGE;
    }
```

Zuerst verarbeiten wir vielleicht einige Optionen – wir könnten zum Beispiel **top** oder **bottom** initialisieren und mit der Ausgabe an einer beliebigen Stelle beginnen. Ist dann noch ein Kommandoargument übrig, muß es sich um einen Dateinamen handeln, den wir mit **view** verknüpfen. In diesem Fall gehen wir davon aus, daß die Standard-Eingabe mit dem Terminal verknüpft ist, damit wir dann von **stdin** bei **crtins()** einlesen können.

Ist kein Kommandoargument übrig, wollen wir die Standard-Eingabe betrachten. **view** sollte allerdings von **stdin** verschieden sein, damit wir **stdin** trotzdem mit dem Terminal verbinden können. Erfreulicherweise kann man bei UNIX einen Filedeskriptor mit **dup**(2) kopieren und mit **fdopen()** wieder mit einem Filepointer umgeben. Damit ist **stdin** verfügbar um mit **freopen()** mit dem Terminal verbunden zu werden. */dev/tty* bezieht sich immer auf das Terminal, das einen Prozeß kontrolliert, also in der Regel auf das, an dem der Benutzer sitzt.

Üblicherweise hat ein Programm wie *crt* das Terminal als Standard-Ausgabe. Wir wollen aber auch zwischen zwei Prozessen oder vor Ablage in einer Datei spionieren:

```
tbl quelle | crt | nroff | lpr
a.out | crt > kopie
```

Dazu verfahren wir für **stdout** ganz ähnlich wie vorher für **stdin**:

```
FILE * tee;

        if (! isatty(fileno(stdout)))
        {        if (! (tee = fdopen(dup(fileno(stdout)), "w")))
                        perror("stdout"), exit(1);
                if (! freopen(TTY, "w", stdout))
                        perror(TTY), exit(1);
        }
```

isatty(3) ist von null verschieden, wenn der als Argument angegebene Filedeskriptor mit einem Terminal verbunden ist.[2] Führt **stdout** also nicht zum Terminal, verlagern wir diese Dateiverbindung (nicht portabel) zu einem neuen Filepointer **tee** und verbinden **stdout** anschließend mit dem Terminal. Unsere Schirmausgabe kann damit auf alle Fälle auf **stdout** erfolgen.

Auf **tee** müssen wir natürlich den Text kopieren. Dies geschieht in der Funktion **newline()**, da dort ja der ganze Text erstmals betrachtet wird. Wir ändern **newline()** folgendermaßen:

```
int newline(flag)
        int flag;
{       register int ch, col = 0;

        if (infinity)
        {       if (fseek(view, line[limit+1].beg, 0) == -1)
                        fatal("seek error on input file");
                while ((ch = getc(view)) != EOF)
                {       if (tee)
                                putc(ch, tee);
                        if (! flag)
                                continue;
                ...
```

Bei allen bisherigen Aufrufen von **newline()** setzen wir **1** als Argument ein. Im Hauptprogramm müssen wir dann noch im Zweifelsfall den Rest des Texts durchkopieren. Dies geschieht durch folgenden Aufruf gegen Ende des Hauptprogramms:

```
        if (tee)
                newline(0);
```

---

[2] **isatty()** ist leider auch mit einigen anderen Geräten einverstanden. Solche Fälle sind aber zum Glück wenig wahrscheinlich!

8.7.6   Eine temporäre Datei

Betrachten wir über **view** die ursprüngliche Standard-Eingabe, kann es sich dabei um Ausgabe von einem Prozeß handeln. Für **view** können wir dann **fseek()** nicht aufrufen, und wir haben im vorigen Abschnitt beschlossen, in diesem Fall eine Kopie der Eingabe anzulegen. Die Vorbereitungen übernimmt die Funktion **tmpopen()**:

```
#define TMP      "/tmp/crtXXXXXX"

static FILE * tmpin, * tmpout;

tmpopen(fnm)
        register char * fnm;
{       static char * template;

        if (! fnm)
        {       if (! template)
                        template = mktemp(TMP);
                fnm = template;
        }
        if (! (tmpout = fopen(fnm, "w"))
           || ! (tmpin = fopen(fnm, "r")))
                perror(fnm), exit(1);
        if (fnm == template)
                unlink(fnm);
}
```

Entweder wir übergeben an **tmpopen()** einen Dateinamen, oder wir lassen die Funktion **mktemp**(3) aus **TMP** einen eindeutigen Dateinamen erzeugen. Argumente für **mktemp()** müssen mit **XXXXXX** enden, denn dort konstruiert diese Funktion einen eindeutigen Namen. Derartige Dateien legt man normalerweise im Katalog */tmp* an. Anschließend erzeugen wir die Datei mit dem ersten Aufruf von **fopen()** und konstruieren zusätzlich noch einen Filepointer für Lesezugriff auf die gleiche Datei. **mktemp()** ist zwar eine UNIX Funktion, aber der doppelte Zugriff auf eine Datei ist in dieser Form durchaus portabel.

Wurde kein Dateiname an **tmpopen()** übergeben, soll *crt* die temporäre Datei bei Prozeßende wieder löschen. Bei UNIX können wir den Dateinamen sofort mit **unlink**(2) wieder entfernen. Die Dateiverbindung bleibt davon unberührt und wenn bei Prozeßende alle Dateiverbindungen gelöst werden, wird die dann namenlose, temporäre Datei automatisch gelöscht. Bei einem anderen Betriebssystem sollten wir eine Funktion **tmpclose()** einplanen, die vor Prozeßende bei Bedarf die temporäre Datei entfernt. Der Vorteil bei UNIX besteht darin, daß die namenlose Datei auch verschwindet, wenn der Prozeß unverhofft zu Ende kommt, also zum Beispiel mit einem Signal abgebrochen wird. Bei anderen Systemen bleibt dann meistens die 'temporäre' Datei doch übrig.

Denkpause 8.5 Wenn man eine temporäre Datei zuerst ganz schreibt und dann ganz liest, kann man auch mit einem Filepointer auskommen:

```
FILE * tmp;

    tmp = tmpfile();

    ... schreiben ...

    tmp = tmpread(tmp);

    ... lesen ...
```

Zur Lösung dieses Problems benötigt man allerdings die Systemaufrufe **close()**, **creat()**, **dup()** und **open()**, die erst im nächsten Kapitel eingeführt werden. ➡

```
int newline(flag)
        int flag;
{       register int ch, col = 0;

        if (infinity)
        {       if (! tmpout
                    && fseek(view, line[limit+1].beg, 0) == -1)
                        fatal("seek error on input file");
                while ((ch = getc(view)) != EOF)
                {       if (tee)
                                putc(ch, tee);
                        if (tmpout)
                                putc(ch, tmpout);
                        if (! flag)
                                continue;
                        switch (ch) {
                        case '\t':
                                col += 8, col &= ~7;
                                continue;
                        default:
                                if (isascii(ch) && isprint(ch))
                                        ++ col;
                                continue;
                        case '\n':
                                ++ limit;
                                mark(ftell(tmpout? tmpout: view),
                                                        col);
                                return 1;
                        }
                }
                infinity = limit + 1;
        }
        return 0;
}
```

Für die Verwendung der temporären Datei müssen wir die Eingabefunktion **newline()** und die Ausgabefunktion **page()** entsprechend einrichten. In **newline()** muß und darf **fseek(view,...** nur aufgerufen werden, wenn **tmpout** nicht verwendet wird. Wird **tmpout** verwendet, müssen Zeichen jeweils auch auf **tmpout** ausgegeben werden. Da **ftell()** bei UNIX durch einen Aufruf von **lseek()** realisiert wird (vergleiche Abschnitt 9.4.6), sollten wir unsere Position mit **ftell()** dann auch bei **tmpout** und nicht bei **view** bestimmen. Endgültig ergibt sich folgendes:

Die Änderung bei **page()** ist subtiler: Wenn wir **view** in **newline()** nach **tmpout** kopieren, bleibt **view** immer auf das aktuelle Textende positioniert. **tmpout** definiert stets das Ende der temporären Datei. Diese temporäre Datei wollen wir jetzt mit Hilfe von **tmpin** lesen. Wir müssen dabei so codieren, daß kein Text im Zwischenspeicher von **tmpout** und **tmpin** hängenbleibt:

```
page()
{       register FILE * fp = tmpin? tmpin: view;
        register int ch;
        int lno;


        crttop();
        if (frombot? bseek(): tseek())
        {       if (tmpout)
                        fflush(tmpout), rewind(tmpin);
                if (fseek(fp, line[top].beg, 0) == -1)
                        perror("seek"), exit(1);
        ...
```

fflush() räumt den Zwischenspeicher von **tmpout** aus, **rewind()** sorgt dafür, daß der Zwischenspeicher von **tmpin** anschließend neu gefüllt wird.

Eine letzte Pointe ist folgende: Wir haben **tmpopen()** so konstruiert, daß ein Dateiname vorgeschrieben werden kann, der dann auch nicht gelöscht wird. Belegen wir diesen Dateinamen, etwa als Option beim Aufruf von *crt*, und sorgen wir ähnlich wie im Zusammenhang mit **tee** dafür, daß auf alle Fälle der ganze Text durch **newline()** bearbeitet wird, können wir so problemlos eine Kopie des betrachteten Texts in einer Datei anlegen.

8.7.7 Mustersuche

Die Benutzerschnittstelle in **query()** kann man sehr leicht erweitern. Wir wollen hier eine sehr komfortable Erweiterung skizzieren, nämlich die Adressierung des nächsten Textteils durch ein Suchmuster.

Mit dem Kommando / wird ein Muster übergeben, mit dem von **top** vorwärts gesucht werden soll. Mit **?** wird ein Muster definiert, das von **bottom** aus rückwärts gesucht wird. Beide Muster können optional auch mit dem einleitenden Zeichen abgeschlossen sein, sofern dieses letzte Zeichen nicht durch \ geschützt ist. Diese Angabe von Mustern gleicht damit dem Stil der Editoren *ed*(1) und *vi*(1).

In **query()** fügen wir dazu folgendes hinzu:

```
switch (*cp) {
case '/':
case '?':
        if ((i = strlen(cp+1)) > 0
            && cp[i] == cp[0] && cp[i-1] != '\\')
                cp[i] = '\0';
        if (err = re_comp(cp+1))
                error(err);
        else if (! (cp[0] == '/'? fwdscan(): bckscan()))
                error("not found");
        else
                break;
        continue;
case 'b':
        ...
```

Wir entfernen zunächst dieses letzte Zeichen, falls nötig, und analysieren und speichern dann das Suchmuster mit **re_comp()**. Bei Fehlern liefert diese Funktion als Resultat eine Zeichenkette, die wir mit Hilfe einer Funktion **error()** ausgeben, also im Moment etwa mit **puts()**.

Ist das Suchmuster akzeptabel, versuchen wir mit einer der Funktionen **fwdscan()** oder **bckscan()** eine geeignete Textzeile zu finden. Diese Funktionen erinnern an **tseek()** und **bseek()**:

```
int fwdscan()
{       register FILE * fp = tmpin? tmpin: view;
        int lno = top;

        while (++ lno < infinity)
        {       if (lno > limit
                    && ! newline(1))
                        break;
                if (tmpout)
                        fflush(tmpout), rewind(tmpin);
                if (match(fp, lno))
                {       top = lno;
                        return 1;
                }
        }
        return 0;
}
```

Ausgehend von **top + 1** gehen wir bis höchstens zum Textende. Unterwegs sorgen wir dafür, daß die gewünschte Zeile im bekannten Bereich liegt. Mit der Funktion **match()** untersuchen wir dann, ob sie dem Suchmuster entspricht. Ist dies der Fall, definieren wir **top** entsprechend – **page()** erledigt dann später die Ausgabe.

```
int bckscan()
{        register FILE * fp = tmpin? tmpin: view;
         int lno = bottom;

         if (tmpout)
                 fflush(tmpout), rewind(tmpin);
         while (lno -- > 0)
                 if (match(fp, lno))
                 {        frombot = 1;
                          bottom = lno;
                          return 1;
                 }
         return 0;
}
```

bckscan() ist einfacher, denn hier sind die möglichen Zeilen bereits früher durch **newline()** erfaßt worden. Auch hier prüfen wir mit Hilfe von **match()** und setzen bei Erfolg **frombot** und **bottom** entsprechend.

match() schließlich muß die gewünschte Zeile (leider) in einen Puffer einlesen und dann mit Hilfe der Funktion **re_exec()** mit dem gespeicherten Suchmuster vergleichen:

```
#define LLEN    128              /* Suchzeilenlaenge */

static int match(fp, lno)
        FILE * fp;
        int lno;
{       char buf[LLEN];
        register char * cp;

        if (fseek(fp, line[lno].beg, 0) == -1)
                perror("seek"), exit(1);
        fgets(buf, sizeof buf, fp);
        cp = buf + strlen(buf)-1;
        if (*cp == '\n')
                *cp = '\0';
        return re_exec(buf) == 1;
}
```

re_exec() liefert genau dann **1**, wenn die angebotene Zeichenkette dem früher mit **re_comp()** gespeicherten Suchmuster genügt.

Woher nimmt man nun **re_comp()** und **re_exec()**? In Berkeley wurden sie vor Jahren aus *ed*(1) extrahiert und stehen als Büchereifunktionen zur Verfügung. Alternativ speichert man bei **re_comp()** die übergebene Zeichenkette, oder behält die früher gespeicherte, wenn eine leere Zeichenkette übergeben wurde. Bei **re_exec()** muß man dann die gespeicherte Zeichenkette mit Hilfe von **strcmp()** in allen möglichen Anfangspositionen mit dem Argument vergleichen. Auf diese Weise kann man wenigstens nach exakt angegebenen Worten suchen.

Ähnliche Algorithmen wie für *ed*(1) findet man zum Beispiel in [Ker76a], [Ric79a] und [Hol84a]. Richards' Algorithmus läßt sich ohne große Mühe um die Fähigkeiten von *egrep*(1) erweitern und entsprechend als Büchereifunktionen verpacken.

8.8 Schirmoperationen am Terminal

Schirmorientierte Ein- und Ausgabe ist attraktiv, wenigstens wenn eine genügend große effektive Transfergeschwindigkeit zur Verfügung steht. Insbesondere bei den neuen UNIX Systemen auf Arbeitsplatzrechnern ist das durchaus der Fall. Schirmeditoren wie *vi*(1) und viele andere sind zweifellos für Text- oder Programmentwicklung ansprechender als ein Zeileneditor wie *ed*(1). Sie sind allerdings dafür auch wesentlich aufwendiger zu erlernen und zu betreiben.

Schirmoperationen beruhen primär auf der Möglichkeit, beliebige Positionen mit Hilfe einer *escape-Sequenz* anzusteuern, einer Zeichenfolge, die mit dem Zeichen *escape* (**'\033'**) beginnt und Schirmkoordinaten enthält. Wesentlich ist auch, daß man Zeilen und den ganzen Schirm mit weiteren *escape*-Sequenzen schnell löschen kann.

Es gibt zwar einen Standard[3] für derartige *escape*-Sequenzen, aber die meisten Terminals erweitern oder ignorieren ihn. Direkt mit *escape*-Sequenzen kann man Schirmoperationen kaum so codieren, daß sie ohne Anpassung auf möglichst vielen Terminals funktionieren.

Für *vi* wurde daher in Berkeley die *terminal capability database*, kurz *termcap*(5), entwickelt, mit der die guten und bösen Eigenschaften von fast beliebig primitiven oder intelligenten Terminals beschrieben werden können. UNIX System 5 enthält *terminfo*, einen ähnlichen Beschreibungsmechanismus. Ein Terminal vollkommen für *termcap* zu beschreiben, ist manchmal sehr schwierig, aber erfreulicherweise sind die meisten Terminals schon in der Literatur und bei der Auslieferung eines UNIX Systems vorhanden. Eine *termcap*-Beschreibung muß außerdem für ein Terminal existieren, bevor es für einen Editor wie *vi* verwendet werden kann.

Für C Programme kann man *termcap* ebenfalls verwenden und damit relativ leicht für sehr portable Schirmdialoge sorgen. Für komplizierte Manöver auf dem Bild-

---

[3]   ANSI X3.41-1977 und ANSI X3.64-1979

schirm, bei denen die Ausgabe aus Effizienzgründen geräteabhängig optimiert werden sollte, kann man das in Berkeley von K. Arnold aus *vi* extrahierte Funktionspaket *curses*[4] verwenden. Direkter Zugriff auf *termcap* ist mit Hilfe der *termlib*-Bücherei möglich. Will man nur wenige *escape*-Sequenzen verwenden und diese nicht im Programm festschreiben, kann man so eine effiziente und kompakte Lösung entwikkeln.

UNIX gilt als benutzerfeindlich, oder mindestens -unfreundlich [Nor81a]. Im Zuge der Entwicklung besserer Benutzeroberflächen und der Verfügbarkeit größerer Terminals mit schnellerem Zugriff werden Bildschirmdialoge immer mehr an Bedeutung gewinnen. *termcap*, *termlib* und *curses* sind – etwa in dieser Reihenfolge – ausgezeichnete Ansätze zur Lösung des damit verbundenen Portabilitätsproblems. Wir wollen deshalb die Verwendung der Funktionspakete wenigstens im Rahmen unseres einfachen Beispiels demonstrieren.

8.8.1 "curses"

"curses" beruht auf folgendem Modell: **initscr()** muß einleitend aufgerufen werden. Diese Funktion verwendet die im Abschnitt 8.8.3 beschriebenen *termlib*-Funktionen, um alles Wissenswerte über das Terminal zu erfahren, und legt dynamisch zwei Datenflächen an, die jeweils einen Bildschirminhalt repräsentieren. **curscr** ist dabei (nach Ansicht von *curses*) der tatsächliche Inhalt des Terminal-Schirms, **stdscr** ist der gewünschte neue Inhalt. Am Anfang sind beide Bildschirminhalte leer und mit einer *escape*-Sequenz wird auch der Terminal-Schirm selbst gelöscht.

curses übernimmt vollkommen die Kontrolle über das Terminal, das übrigens mit **stdin** und **stdout** angesprochen wird. Um zum Schluß wieder klare Verhältnisse herzustellen, muß man unbedingt vor Prozeßende **endwin()** aufrufen. Zwischenzeitlich kann man die Art der Übertragung zum und vom Terminal beliebig steuern:

crmode() und **nocrmode()** schalten Einzelzeicheneingabe (**cbreak**) ein und aus. In der Regel wird man **crmode()** verwenden.

echo() und **noecho()** schalten Echo bei Eingabe am Terminal ein und aus. In der Regel wird man **noecho()** verwenden, damit *curses* nicht gestört werden kann.

nl() und **nonl()** schalten die Übersetzung von \r (also von einem Druck auf die *return*-Taste) in \n ein und aus. Üblich ist zwar **nl()**, aber **nonl()** kann für *curses* selbst effizienter sein.

Es gibt dann eine Reihe von Funktionen, mit denen man Zeichen an beliebigen Stellen in **stdscr** eintragen kann:

getyx(stdscr, zeile, spalte) legt die aktuelle Position in **stdscr** in den Variablen **zeile** und **spalte** ab. Da es sich hier um einen Makro handelt, werden Variablen und keine Adressen als Argumente angegeben.

---

[4] Vermutlich kein Wortspiel mit *cursor*. Zu deutsch sind *curses* Flüche...

addch(ch) trägt ein Zeichen in **stdscr** ein und rückt entsprechend weiter. \n löscht dabei den Rest der aktuellen Zeile in **stdscr**.

addstr(s) char ***** s; trägt eine Zeichenkette ein und rückt weiter.

printw(fmt [, arg...]) char ***** fmt; funktioniert analog zu **printf()**.

move(zeile, spalte) definiert die Position, bei der als nächstes ausgegeben werden soll. **zeile** und **spalte** werden von null und von links oben ausgehend gezählt. Die Schirmdimensionen sind als

```
extern int LINES, COLS;
```

verfügbar.

Hat man mit diesen Funktionen **stdscr** wunschgemäß gefüllt, ruft man **refresh()** auf. Diese Funktion sorgt dafür, daß der Bildschirm dem Inhalt von **stdscr** entspricht. Um die Ausgabe zu minimieren, betrachtet und ändert **refresh()** **curscr**. In der Regel werden nur die Unterschiede zwischen **curscr** und **stdscr** zum Terminal übertragen. Dies ist natürlich nur sinnvoll, wenn inzwischen keine andere Ausgabe zum Terminal erfolgt ist, das heißt, wenn **curscr** wirklich den aktuellen Inhalt des Bildschirms repräsentiert. Im Anschluß an **refresh()** haben **stdscr** und **curscr** gleichen Inhalt.

stdscr bleibt bei **refresh()** unverändert. Es gibt aber verschiedene Funktionen zum Löschen:

clear() löscht den Inhalt von **stdscr**. Die aktuelle Schirmposition ist danach die obere linke Ecke des Schirms.

clrtobot() löscht von der aktuellen Position zum Ende von **stdscr**. Im Gegensatz zu **clear()** wird aber hier bei **refresh()** später der Terminal-Bildschirm überschrieben und nicht zuerst insgesamt gelöscht.

erase() funktioniert wie **clrtobot()**, bezieht sich aber auf den ganzen Schirm.

clrtoeol() löscht bis zum Ende der aktuellen Zeile.

clearok(stdscr, flag) erzwingt für **flag = = 1**, beziehungsweise verhindert für **flag = = 0**, daß der Bildschirm beim nächsten **refresh()** zuerst ganz gelöscht wird. Der Inhalt von **stdscr** bleibt unverändert.

clearok() ist vor allem nützlich, wenn der Bildschirm auch dann neu aufgebaut werden soll, wenn er nach Ansicht von *curses* gar nicht verändert wurde, also zum Beispiel im Rahmen eines *replot*-Kommandos.

erase() sollte man gegenüber **clear()** bevorzugen, wenn sich der neu berechnete **stdscr** nur wenig vom Vorgänger unterscheidet. Sind die Schirme völlig verschieden, hat **clear()** für den Leser am Terminal wesentlich mehr Signalwirkung.

Die eigentliche Stärke der *curses* besteht im **refresh()**-Algorithmus. Dessen Erfolg hängt aber vollkommen davon ab, daß nur die Zeichen zum Bildschirm gelangen, die **refresh()** selbst dorthin schickt. *curses* stellt deshalb auch Eingabefunktionen zur

Verfügung. Dem Autor ist es allerdings bisher nicht gelungen, erfolgreich Zeichenketten mit **getstr()** oder gar formatiert mit **scanw()** einzugeben. Wie im nächsten
Abschnitt gezeigt wird, läßt sich das Problem relativ leicht umgehen.

curses verfügt über viele andere Funktionen zur Definition weiterer Bildschirme und
Fenster, zur Manipulation größerer Objekte am Schirm, usw. Bei genügender Erfahrung eignet sich das *curses*-Paket für sehr komplizierte Schirmdialoge. Da *curses*
alle Eigenschaften des Terminals zugunsten seiner eigenen Funktionen verbirgt, eignet sich das Paket aber auch besonders gut dazu, Prototypen für einfache Schirmdialoge schnell zu realisieren. Hat man die notwendigen Schirmoperationen so erst
einmal erkannt, lohnt sich oft der Aufwand, den Prototyp dann unter Umgehung von
curses auf der Basis von *termlib* effizienter zu implementieren. Wir werden dies an
unserem Beispiel sehen.

8.8.2 Beispiel

Bei der Implementierung von *crt* haben wir unsere Anforderungen an den Schirm-
dialog schon sehr sorgfältig auf wenige Funktionen konzentriert. In diesem Abschnitt
wollen wir diese Funktionen mit *curses* implementieren und dabei auch eine vernünftige Eingabefunktion vorstellen.

crtinit() soll die Schirmverarbeitung initialisieren:

```
#include <curses.h>
#include <signal.h>

static int catch(sig)                    /* Signale abfangen */
        int sig;
{
        crtdone();
        kill(getpid(), sig);
}

crtinit()
{
        initscr();
        if (signal(SIGINT, SIG_IGN) != SIG_IGN)
                signal(SIGINT, catch);
        cols = COLS;
        rows = LINES;
        nonl(); noecho(); crmode();      /* stty nl -echo cbreak */
}
```

curses verwendet sehr viele Makros, die in der Definitionsdatei *curses.h* bereitgestellt sind. Bei der Montage des Programms muß man außerdem die Büchereien
−lcurses und **−ltermlib** (in dieser Reihenfolge) angeben.

crtinit() ruft natürlich **initscr()** auf um die Schirmverarbeitung zu initialisieren. Anschließend übernehmen wir die Schirmdimensionen in die von uns bisher benutzten Variablen **rows** und **cols**. Dies könnte man auch durch entsprechende Preprozessor-Definitionen erreichen. Zum Schluß stellen wir unsere bevorzugten Werte für die Kontrolle des Terminals ein.

signal(2), **kill**(2) und **getpid**(2) werden im Abschnitt 12.2 erklärt. Falls **SIGINT**, also das Drücken der *interrupt*-Taste (*del* oder *break*) nicht ignoriert wird, sorgen wir dafür, daß **crtdone()** aufgerufen wird, bevor der Prozeß abgebrochen wird. Unsere Aufräumungsarbeiten am Bildschirm finden dadurch unter allen Umständen statt.

crtdone() soll die Aufräumungsarbeiten genau dann vornehmen, wenn wir wirklich das *curses*-Paket verwenden. Wir verwenden dazu einen kleinen Trick:

```
crtdone()
{

        if (_tty.sg_ospeed)
        {       move(LINES-1, 0), refresh();
                endwin();
                _tty.sg_ospeed = 0;
                putc('\n', stderr);
        }

}
```

initscr() hinterlegt den ursprünglichen Terminal-Zustand mit **gtty**(2) in der Struktur **_tty**. **sg_ospeed** repräsentiert die Ausgabegeschwindigkeit des Terminals und sollte von null verschieden sein...

Unsere Aufräumungsarbeiten bestehen darin, daß wir noch zur linken unteren Ecke des Bildschirms positionieren und dann erst **endwin()** aufrufen. Geben wir anschließend einen Zeilentrenner aus, sollte sich der Kommandoprozessor später in der unteren linken Bildschirmecke melden. **refresh()** ist notwendig, sonst bliebe **move()** ohne sichtbaren Effekt.

Der Arbeitstakt unseres Programms besteht der Reihe nach aus einem Aufruf von **crttop()**, vielen Aufrufen von **crtout()** zur Ausgabe von einzelnen, druckbaren Zeichen, einem Aufruf von **crtbottom()** und einer Eingabe mit Hilfe von **crtins()**. Die Ausgabefunktionen sind elementar:

```
crttop()
{
        move(0, 0);
}

crtout(ch)
        register int ch;
{

        addch(ch);

}
```

```
crtbottom()
{
        clrtobot();
        move(LINES-1, 0);
}
```

Man beachte, daß bisher **refresh()** noch gar nicht aufgerufen wurde.

Die Eingabefunktion **crtins()** sollte eigentlich aus einem Aufruf von **getstr()** bestehen. **getstr()** liefert aber auch im günstigsten Fall nur eine Zeichenkette, die noch die
Korrekturen des Benutzers enthält. Wir benutzen deshalb lieber Einzelzeicheneingabe mit Hilfe der *curses*-Funktion **getch()** und sorgen für Echo am Schirm und Korrekturen direkt. Dabei ist sehr wichtig, daß man vorher **noecho()** und **crmode()**
setzt, sonst verliert man sehr leicht die Kontrolle über den Zusammenhang zwischen
curscr, **stdscr** und dem wirklichen Bildschirminhalt.

Für unsere Anwendung ist es ganz praktisch, wenn nur dann mehrere Zeichen eingegeben und mit *return* abgeschlossen werden müssen, wenn **query()** auch tatsächlich mehr als ein Zeichen erwartet. **crtins()** erhält hier deshalb als zweites Argument eine Zeichenkette, die alle Zeichen enthält, die eine längere Antwort einleiten.
Die Länge der Antwort sollte man möglicherweise auch als Argument übergeben,
oder man sollte sie von der Schirmposition am Anfang der Eingabe abhängig machen.

```
char * crtins(buf, many)
        char * buf;
        char * many;
{       char * index();
        register char * s = buf;
        register int ch;
        int x, X, Y;
        refresh();
        getyx(stdscr, Y, X);
        for (;;)
        {       switch(ch = getch()) {
```

Zuerst aktualisieren wir die bisherige Ausgabe und notieren die Anfangsposition der
Eingabe. Dann lesen wir einzelne Zeichen ein – hier könnte man auch **getchar()**
verwenden. Diese Zeichen muß man nun analysieren:

```
                case 'D' & 31:                          /* ^D */
                        if (s == buf)
                        {       *s = '\0';
                                move(Y, 0), refresh();
                                return (char *) 0;
                        }
                case '\n':
                case '\r':
                        break;
```

Bei **crmode()** sieht der Prozeß auch das *control-D* Zeichen. *control-D* am Anfang der Eingabe soll nach Konvention das Ende der Kommandoeingabe bedeuten, folglich liefert **crtins()** in diesem Fall einen Nullzeiger. Wurden schon Zeichen eingegeben, beendet *control-D* wie ein Zeilentrenner die Eingabe. Wegen **nonl()** sehen wir die *return*-Taste hier als **\r**.

```
default:
        if (isascii(ch) && isprint(ch))
        {       *s = ch;
                addch(ch), refresh();
                if (s++ == buf && ! index(many, ch))
                        break;
                continue;
        }
```

Ein druckbares Zeichen übertragen wir in den Eingabepuffer. Wir haben **noecho()** gesetzt, damit die Eingabe eines Zeilentrenners auf der letzten Schirmzeile nicht den ganzen Bildschirminhalt nach oben schiebt, und wir müssen deshalb jetzt selbst für ein Echo auf dem Schirm sorgen. Diese Operation ist nicht ganz billig. Ein weiteres Zeichen kann nur noch eingegeben werden, wenn das eingegebene Zeichen ein langes Kommando einleiten kann, oder wenn wir uns schon nicht mehr am Anfang des Kommandos befinden. Hier kann man leicht andere Auswahl- und Abbruchkriterien einfügen.

```
getyx(stdscr, Y, x);
if (x > X)
        if (ch == _tty.sg_erase)
        {       -- s, -- x;
                mvaddch(Y, x, ' ');
                refresh();
                move(Y, x);
        }
        else if (ch == _tty.sg_kill)
        {       s = buf;
                move(Y, X);
                clrtoeol();
                refresh();
        }
continue;
```

Ist das eingegebene Zeichen eine der Korrekturtasten für das Terminal, führen wir bei Bedarf die entsprechende Korrektur aus. Die gültigen Korrekturtasten entnehmen wir der Struktur **_tty**, die **initscr()** initialisiert hat. Bei dieser Reihenfolge der Bearbeitung gehen wir davon aus, daß als Korrekturtasten keine druckbaren Zeichen verwendet werden. Bei einem Terminal ist das ziemlich realistisch, und es ist effizienter.

```
        }
        break;
    }
    *s = '\0';
    move(Y, 0), refresh();
    return buf;
}
```

Erreichen wir das Ende der Eingabe, schließen wir die Zeichenkette mit einem Null-zeichen ab und positionieren zum linken Zeilenrand, um auch am Bildschirm zu si-gnalisieren, daß im Moment keine Eingabe erwünscht ist.

Fehlermeldungen und Prozeßabbruch müssen erfahrungsgemäß immer auf die Schirmverarbeitung Rücksicht nehmen. Eine Fehlermeldung können wir zum Bei-spiel in der vorletzten Zeile am rechten Rand ausgeben und bei geeigneten Termi-nals mit **standout()** und **standend()** graphisch betonen:

```
error(s)
        register char * s;
{
        move(LINES - 2, cols-1 - (strlen(s)+2));
        standout(), addstr(s), standend(), refresh();
}
```

Für Prozeßabbruch definiert man am besten eine Funktion **fatal()**, die ähnlich wie **printf()** aufgerufen wird, und die in diesem Fall **crtdone()** vor **exit()** aufrufen sollte.

Zusammenfassend läßt sich feststellen, daß *crt* sehr leicht mit einer sehr anspre-chenden Schirmverarbeitung ausgestattet werden kann, wenn man das *curses*-Pa-ket benützt. Die Funktion **crtins()** ist natürlich kompliziert, aber man kann sie für vie-le Projekte übernehmen.

8.8.3 "termlib"

termlib ist eine Gruppe von Funktionen, mit der man *termcap*-Definitionen finden und in ein Programm einlesen kann. Zwei weitere Funktionen, **tgoto()** und **tputs()**, dienen dann dazu, die Definitionen zu interpretieren und die resultierenden *escape*-Sequenzen auszugeben. **tgoto()** ist dabei für Positionierung zuständig. **tputs()** in-terpretiert in Abhängigkeit von der Ausgabegeschwindigkeit des Terminals die Ver-zögerungen, die bei manchen Schirmoperationen nötig sind, und die in einer *termcap*-Definition jeweils angegeben sind.

Der Vorteil der *termlib* gegenüber *curses* liegt in einem erheblich geringeren Platz-bedarf (**curscr** und **stdscr** entfallen). Der Nachteil ist, daß *termlib* keine Kenntnis der aktuellen Zustände auf dem Bildschirm besitzt und daher im Gegensatz zu *curses* auch keine Optimierungen vornehmen kann. *curses* kann außerdem fehlende Intelli-genz eines Terminals durch einen Mehraufwand an Ausgabe ersetzen, *termlib* liefert lediglich die *escape*-Sequenzen, die in *termcap* definiert sind.

Betrachten wir nochmals unser Beispiel um zu verstehen, wie man eine *termlib*-Anwendung realisiert. Diesmal beginnen wir mit den Transferoperationen und implementieren die nötige Initialisierung zum Schluß.

```
extern char pflag;              /* != 0: Schirm loeschen */
int LINES;                      /* Schirmzeilen */
static int row, col;            /* aktuelle Position */


static putch(ch)
        register int ch;
{
        putchar(ch);
}

crttop()
{
        if (pflag)
                if (CL)
                        tputs(CL, LINES, putch);
                else
                {       tputs(HO, 1, putch);
                        tputs(CD, LINES, putch);
                }
        else
                tputs(CE, 1, putch);
        row = 0;
}
```

pflag ist eine Option für *crt*: Ist **pflag** gesetzt, löschen wir den Schirm, bevor wir eine neue Seite ausgeben. Im Normalfall geben wir Zeilen sequentiell aus und schieben dadurch den alten Schirminhalt nach oben. **pflag** ist bei schnellen Terminals und bei stark belasteten Systemen angenehmer, da man dann Schirmseiten lesen kann, bevor sie ganz geschrieben sind.

Ist **pflag** gesetzt, löschen wir den Schirm entweder mit einer einzigen *escape*-Sequenz, oder wir positionieren zur linken oberen Bildschirmecke und löschen von dort den 'Rest' des Schirms. **tputs()** gehört zu *termlib*. Das erste Argument ist eine Zeichenkette, die aus *termcap* eingelesen wurde. Das zweite Argument spezifiziert die Anzahl Schirmzeilen, auf die sich die Operation bezieht, damit eine Verzögerung entsprechend berechnet werden kann. Das dritte Argument ist schließlich eine Funktion, die **tputs()** zur Ausgabe der einzelnen Zeichen aufruft. **tputs()** ist damit *nicht* von *stdio* abhängig.

Ist **pflag** nicht gesetzt, gehen wir davon aus, daß wir uns am linken Schirmrand befinden. In diesem Fall löschen wir nur die aktuelle Zeile, um den Text dann fortlaufend auszugeben. **row** enthält die aktuelle Zeilennummer auf dem Bildschirm und muß in **crttop()** auf null gesetzt werden.

crtout() ist relativ aufwendig, denn hier müssen lange Textzeilen auf mehrere Schirmzeilen verteilt werden. Einige Terminals, vor allem Versionen des populären VT100, reagieren recht merkwürdig, wenn exakt am rechten Schirmrand ein Zeilentrenner ausgegeben wird.

```
crtout(ch)
        register int ch;
{

        switch (ch) {
        case '\b':
                if (col)
                {       backspace();
                        putchar(' ');
                        backspace();
                        -- col;

                }
                return;
```

\b sollten wir am linken Schirmrand nicht interpretieren. Wir zählen deshalb die aktuelle Spaltenposition in **col** mit. Da manche Terminals umständliche Vorstellungen von Bewegungen nach links haben, überlassen wir das Problem einer eigenen Funktion.

```
        case '\t':
                if (col == cols)
                {       if (!AM)
                                putchar('\n');
                        col = 0, ++ row;

                }
                else if ((col+8 & ~7) >= cols)
                {       putchar('\n'), col = 0, ++ row;
                        return;

                }
                do
                        putchar(' ');
                while (++ col & 7);
                return;
```

Wir nehmen Tabulatorpositionen in jeder achten Spalte an. Reicht ein Tabulatorzeichen über den rechten Rand, müssen wir zunächst eine Zeile vorrücken. Manche Terminals tun dies allerdings von selbst, wenn der rechte Schirmrand erreicht wird, und wir steuern daher den Vorgang mit einer Eigenschaft aus *termcap*. Das Tabulatorzeichen selbst wird dann mit Leerzeichen simuliert.

Auch bei Zeilentrennern muß man das Verhalten des Terminals am rechten Bildrand kennen, sonst wird nach manchen langen Zeilen am Bildschirm versehentlich eine Leerzeile auftauchen.

```
case '\n':
        if (col != cols || !AM)
                putchar('\n');
        col = 0, ++ row;
        return;
default:
        if (col == cols)
        {       if (!AM)
                        putchar('\n');
                col = 0, ++ row;
        }
        putchar(ch), ++ col;
        return;
        }
}
```

Alle anderen Zeichen wurden gefiltert, bevor sie an **crtout()** übergeben wurden. Wir haben es also nur noch mit druckbaren Zeichen zu tun, die wir in der Regel einfach ausgeben können. Am rechten Rand ist natürlich wieder Vorsicht geboten.

crtbottom() soll zur letzten Zeile auf dem Schirm positionieren. Hier könnte man optimieren. Wir haben in **row** mitgezählt und geben jetzt nur noch genügend Zeilentrenner aus:

```
crtbottom()
{
        while (row < LINES-1)
                putchar('\n'), col = 0, ++ row;
        tputs(CE, 1, putch);
}
```

Da **crtbottom()** auch aufgerufen wird, wenn wir uns schon auf der letzten Zeile befinden – wenn wir nämlich in **query()** eine Eingabe wiederholen lassen – löschen wir vorsichtshalber diese letzte Schirmzeile mit einer *escape*-Sequenz aus *termcap*.

Die Eingabefunktion **crtins()** gleicht sehr stark der Fassung für *curses*, sie verursacht jetzt aber weniger Rechenaufwand:

```
char * crtins(buf, many)
        char * buf;
        char * many;
{       char * index();
        register char * s = buf;
        register int ch;
```

```
for (;;)
{        switch(ch = getchar()) {
         case 'D' & 31:              /* ^D */
              if (s == buf)
              {        *s = '\0';
                       putchar('\r'), col = 0;
                       return (char *) 0;
              }
```

Auch hier positionieren wir zum Schluß zum linken Bildrand als Signal, daß keine weitere Eingabe erwünscht ist. Davon profitiert anschließend **crtbottom()**, wenn nämlich **query()** die Eingabe wiederholen läßt.

```
         case '\n':
              break;
         default:
              if (isascii(ch) && isprint(ch))
              {        crtout(*s = ch);
                       if (s++ == buf
                           && ! index(many, ch))
                               break;
              }
              else if (s > buf)
                       if (ch == tty.sg_erase)
                               crtout('\b'), -- s;
                       else if (ch == tty.sg_kill)
                               do
                                       crtout('\b'), --s;
                               while (s > buf);
              continue;
         }
         break;
   }
   *s = '\0';
   putchar('\r'), col = 0;
   return buf;
}
```

Das Echo erzeugen wir jetzt in jedem Fall mit **crtout()**, denn wir haben diese Funktion ja auch für Korrekturen eingerichtet. Hier ist die Funktion **backspace()**, die eine Korrektur am Schirm einleitet:

```
static backspace()
{
        if (BS)
                putchar('\b');
        else
                fputs(BC, stdout);
}
```

Aus der *termcap*-Definition müssen wir erfahren, ob wir **\b** ausgeben können, oder ob eine *escape*-Sequenz nötig ist.

Wir haben jetzt alle Schirmoperationen implementiert und müssen uns nun noch darum kümmern, die notwendigen Informationen aus *termcap* zu beziehen und den Transfer zum Terminal entsprechend einzustellen – wir gingen davon aus, daß wir selbst das Echo erzeugen, daß Einzelzeichen eingegeben werden können, und daß **\r** bei Eingabe in **\n** übersetzt wird. All dies ist die Aufgabe von **crtinit()**. Zunächst definieren wir die notwendigen Variablen:

```
#include <sgtty.h>
#include <signal.h>

static struct sgttyb tty, mytty;

extern char PC;                    /* fuer tputs() */
extern char * UP;
extern short ospeed;


                         /* aus der termcap-Definition */
static char AM;          /* am    trennt lange Zeilen selbst */
static char BS;          /* bs    \b erlaubt */
static char * BC;        /* bc=   Alternative fuer \b */
static char * CE;        /* ce=   loescht zum Zeilenende */
static char * CL;        /* cl=   loescht Schirm */
static char * CD;        /* cd=   loescht zum Schirmende */
static char * HO;        /* ho=   positioniert nach links oben */
```

struct sgttyb ist in *sgtty.h* definiert und dient zur Steuerung der Transferoperationen beim Terminal. In **tty** werden wir den ursprünglichen Zustand aufbewahren, **mytty** ist der Zustand, den wir für unsere Zwecke erzeugen.

tputs() benötigt einige Angaben, die in dafür reservierten Variablen zur Verfügung gestellt werden müssen.

Anschließend folgen die Angaben, die wir der *termcap*-Definition unseres Terminals entnehmen müssen. Wie in **termcap**(5) nachzulesen ist, enthält eine *termcap*-Definition eine Reihe von Angaben wie

bs	Terminal kann **\b** interpretieren
co ≠ **80**	Terminal hat 80 Spalten pro Zeile
cl = **\EK**	*escape*-Sequenz zum Löschen des Schirms

Die Namen der Angaben bestehen immer aus zwei Buchstaben. Eigenschaften haben keine zugehörigen Werte; sie werden mit der *termlib*-Funktion **tgetflag()** gesucht. Numerischen Angaben folgt nach ≠ ein Zahlenwert, der mit **tgetnum()** berechnet werden kann. Ein solcher Zahlenwert ist immer positiv und **tgetnum()** liefert **-1**, wenn die Angabe nicht existiert. *escape*-Sequenzen sind nach = angegeben und haben eine aufwendige Syntax. Sie werden mit **tgetstr()** aus der *termcap*-Definition extrahiert.

Offen ist natürlich noch, wie wir überhaupt die richtige *termcap*-Definition finden – schließlich gibt es nahezu beliebig viele! Nach Konvention werden irgendwann bei der Anmeldung zu einer Terminal-Sitzung etwa folgende Befehle ausgeführt:

```
TERM=vt100; export TERM
```

TERM ist dadurch eine sogenannte *Shell-Variable*, deren Wert, hier also **"vt100"**, nämlich den Terminal-Namen für *termcap*, ein Programm mit dem Aufruf **getenv("TERM")** erfahren kann, siehe Abschnitt 9.6.2.

Die *termlib*-Funktion **tgetent()** initialisiert den Zugriff auf *termcap* und benötigt dazu einen Puffer, der für die Definition genügend Platz bietet (verlangt sind 1024 Bytes), und den Namen des gesuchten Terminals. **crtinit()** kann damit konstruiert werden:

```
crtinit()
{       char * malloc(), * getenv(), * tgetstr();
        char * term;
        char * termcap = malloc(1024);
        char * buf = malloc(1024);
        char * cp = buf;

        if (! termcap || ! buf)
                fatal("kein Platz");
        if (! (term = getenv("TERM")))
                fatal("crt: TERM??");
        switch (tgetent(termcap, term)) {
```

Wir besorgen uns Speicherplatz und den Namen des Terminals. Für **tgetent()** gibt es drei Möglichkeiten: *termcap*, genauer gesagt die Datei */etc/termcap*, ist nicht verfügbar, in der Datei existiert kein Eintrag für das gesuchte Terminal oder wir haben Glück:

```
        case -1:
                fatal("/etc/termcap ist nicht verfuegbar");
        case 0:
                fatal("%s: ist unbekannt", term);
        }
```

Sind wir bis hierher gekommen, enthält unser Puffer **termcap** die *termcap*-Definition unseres Terminals und wir können die benötigten Angaben suchen:

```
AM = tgetflag("am");
if ((cols = tgetnum("co")) == -1)
        badtermcap(term, "co");
if ((LINES = tgetnum("li")) == -1)
        badtermcap(term, "li");
rows = LINES;
if (! (CE = tgetstr("ce", & cp)))
        badtermcap(term, "ce");
```

Eigenschaften sucht man mit **tgetflag()**, numerische Werte sucht und bewertet man mit **tgetnum()**. *escape*-Sequenzen sucht und kopiert man mit **tgetstr()**. Da die *escape*-Sequenz in *termcap* eine Ersatzdarstellung hat, muß sie kopiert werden. **tgetstr()** hat deshalb als zweites Argument die *Adresse* eines Zeigers, der auf eine geeignete Speicherfläche zeigen muß. **tgetstr()** interpretiert die Ersatzdarstellung, legt die *escape*-Sequenz in der Speicherfläche ab, liefert den Wert des übergebenen Zeigers als Resultat und setzt den Zeiger neu, so daß er anschließend weiterverwendet werden kann, wenn die Speicherfläche groß genug ist. Existiert die gesuchte Angabe nicht in der *termcap*-Definition, liefert **tgetstr()** einen Nullzeiger. Wir haben als **buf** eine geeignete Speicherfläche beschafft, können also weitere *escape*-Sequenzen übertragen:

```
if (BC = tgetstr("pc", & cp))
        PC = *BC, cp = BC;
BC = tgetstr("bc", & cp);
if (! (BS = tgetflag("bs")) && ! BC)
        badtermcap(term, "bs");
if (pflag
    && ! (CL = tgetstr("cl", & cp))
    && ! ((CD = tgetstr("cd", & cp))
        && (HO = tgetstr("ho", & cp))))
        badtermcap(term, "cl");
free(termcap), realloc(buf, cp-buf);
```

Haben wir alle benötigten Angaben der *termcap*-Definition entnommen, können wir die an **tgetent()** übergebene Speicherfläche **termcap** völlig freigeben und die Speicherfläche **buf** für die *escape*-Sequenzen auf die minimal notwendige Länge verkürzen.

Als nächstes holen wir mit dem Systemaufruf **gtty**(2) die aktuellen Parameter, die die Übertragung zum Terminal kontrollieren, und kopieren die Ausgabegeschwindigkeit in die Variable **ospeed**, wo sie **tputs()** erwartet:

```
if (gtty(fileno(stdin), & tty) == -1)
        perror("gtty"), exit(1);
ospeed = tty.sg_ospeed;
```

```
mytty = tty, mytty.sg_flags = CBREAK|CRMOD;
if (stty(fileno(stdin), & mytty) == -1)
        perror("stty"), exit(1);
```

Wir kopieren die Terminal-Parameter und setzen in **sg_flags** neue Werte zur Kontrolle des Transfers: **CBREAK** sorgt dafür, daß bei **getchar()** jedes einzelne Zeichen sofort zur Verfügung steht, **CRMOD** bestimmt, daß die Eingabe \r, also ein Druck auf die *return*-Taste, als Zeilentrenner \n an den Prozeß übergeben wird. **ECHO** ist nicht angegeben, folglich wird eine Eingabe am Terminal nicht auf den Bildschirm kopiert. Die Definitionen für diese Werte stehen in der Definitionsdatei *sgtty.h*. Mit dem Systemaufruf **stty**(2) teilen wir dann die gewünschten Werte dem Betriebssystem mit. Ähnlich wie bei der Lösung mit *curses* müssen wir auch hier dafür sorgen, daß bei einem Druck auf die *interrupt*-Taste (*del* oder *break*) die Terminal-Parameter noch korrigiert werden, bevor der Prozeß abgebrochen wird:

```
if (signal(SIGINT, SIG_IGN) != SIG_IGN)
        signal(SIGINT, catch);
}
```

Da wir uns in der Regel immer am unteren Bildschirmrand befinden, sind die Aufräumungsarbeiten zum Schluß sehr einfach: Wir geben sicherheitshalber einen Zeilenvorschub aus und korrigieren die Terminal-Parameter mit **stty()**:

```
crtdone()
{
        if (ospeed)
        {       putchar('\n');
                stty(fileno(stdin), & tty);
        }
}

static badtermcap(t,s)
        char * t, * s;
{
        fatal("%s: Angabe zu %s??", t, s);
}

error(s)
        char * s;
{
        putchar('\n'), puts(s);
}
```

Weiß man genau, welche Operationen benötigt werden, und ist die Anwendung ähnlich einfach wie hier, ist auch eine Lösung mit *termlib*-Funktionen leicht zu realisieren. Analog zu *curses* besitzt auch diese Lösung den Vorteil, daß keine Terminal-Eigenschaften im Programm festgeschrieben sind, und daß damit das Programm sehr leicht auf UNIX Systeme mit anderen Terminals übernommen werden kann.

Kapitel 9: Systemaufrufe und Kommandos

Dieses Kapitel befaßt sich mit den UNIX Systemaufrufen zum Umgang mit Dateien und Katalogen: mit **creat()** und **mknod()** legt man Dateien und Kataloge an, mit **open()** eröffnet man die Verarbeitung, **read()** und **write()** sind die Transferoperationen, **lseek()** dient zum Positionieren in einer Datei, ermöglicht also wahlfreien Zugriff, und **close()** beendet die Verarbeitung einer Datei. **stat()** und **fstat()** liefern Information über eine Datei, mit **link()** kann man einer Datei einen weiteren Namen zuordnen und **unlink()** entfernt einen Dateinamen und möglicherweise auch die zugehörigen Daten. **chmod()** ändert vor allem den Zugriffsschutz einer Datei und **chown()** definiert die Besitzverhältnisse neu. **chdir()** schließlich erlaubt Wanderungen im vermeintlichen Irrgarten der Kataloge. Alle diese Vokabeln (und noch mehr) sind im zweiten Kapitel im *UNIX Programmer's Manual* [Bel82a] erklärt, Kurzfassungen finden sich auch etwa in [Ban82a], [Bou83a] u.v.a.

Zur Illustration betrachten wir einfache Implementierungen der elementaren Kommandos, mit denen Dateien kreiert, umbenannt, kopiert und gelöscht werden, also *cat*, *mv* und *ln*, *cp* und *rm*. Zusätzlich konstruieren wir auch die Kommandos zur Manipulation von Katalogen, also *mkdir*, mit dem ein Katalog angelegt wird, *ls*, das den Inhalt eines Katalogs ausgibt, also eine Liste von Dateinamen und zugehörigen Informationen, und *rmdir*, das einen (leeren) Katalog entfernt. Wir betrachten auch das Kommando *pwd*, das den Namen des Arbeitskatalogs ausgibt sowie *cd* mit dem man diesen Arbeitskatalog ändern kann. Die Kommandos werden alle im ersten Kapitel von [Bel82a] und in den anderen Büchern über UNIX erklärt.

Die hier vorgeführten Programme sind für dieses Buch neu implementiert worden, sie bilden aber die 'wirklichen' UNIX Kommandos möglichst genau nach und sind (auch) unter UNIX lauffähig. *stdio*-Funktionen verwenden wir hier nur zur Ausgabe von Fehlermeldungen, um den Einsatz der Systemaufrufe selbst möglichst umfassend zu zeigen. Bei den 'wirklichen' Kommandos würde man *stdio* wesentlich mehr einsetzen, um die Portabilität der Programme, zum Beispiel zu UNIX-artigen Umgebungen wie VNX unter VMS, zu verbessern.

9.1 Das UNIX Dateisystem

Hat man die Beispiele des ersten Bandes mit einem UNIX System nachvollzogen, so sollte man schon eine grobe Vorstellung der Verhältnisse im UNIX Dateisystem besitzen. Der vorliegende Abschnitt skizziert kurz die wesentlichen Aspekte; für eine ausführliche Beschreibung oder eine Einführung kann man die schon erwähnte Literatur [Ban82a], [Bou83a], u.v.a. konsultieren. Eine gute Einführung bietet Kernighan's Artikel *UNIX for Beginners* in [Bel82b], der normalerweise zur UNIX Dokumentation gehört. Besonders knapp aber umfassend ist das UNIX Dateisystem auch im sechsten Kapitel in [Hol83a] beschrieben.

Hier sind die Fakten: Eine *Platte* ist für UNIX ein Vektor von *Blöcken* gleicher Größe, in der Regel 512 oder 1024 Bytes. Damit aus der Platte ein *Dateisystem* wird, müssen die Blöcke zusammengefaßt werden. Eine *Datei* ist eine Gruppe von Blöcken, für die es eine eindeutige Beschreibung, eine sogenannte *Inode* gibt. Jeder Block kann höchstens zu einer einzigen Datei gehören; die *freie Liste* ist die Menge aller Blöcke, die zu keiner Datei gehören. Dateien und freie Liste zusammen erfassen alle verfügbaren Blöcke eines Dateisystems.

Aus der Sicht des Benutzers haben Dateien Namen, die allerdings nicht eindeutig sein müssen – mehrere Namen können sich auf die gleiche Datei beziehen, also auf die gleiche eindeutige Inode. Erst wenn der *letzte* Name gelöscht wird, der zu einer bestimmten Inode führt, wird die zur Inode gehörende Gruppe von Blöcken wieder in die freie Liste übernommen, und wird die Inode selbst anderweitig verfügbar.

Auch die Organisation des Dateisystems und jeder Datei als Vektor von Blöcken ist für den Benutzer transparent. Eine Datei ist ein Vektor von Bytes, der im Rahmen der freien Liste beliebig wachsen kann. In dem Vektor kann man beliebig positionieren. Ein angebrochener Block, ein sogenannter *Verschnitt*, entsteht natürlich jeweils am aktuellen Ende einer Datei, aber er bleibt dem Benutzer vollkommen verborgen. Im sogenannten *fast file system* in der Version 4.2 des UNIX Systems von Berkeley wird dieser Verschnitt sogar für andere Dateien verwendet, um die Effizienz der Implementierung des Dateisystems zu verbessern.

In einem Dateisystem bilden die Inodes einen Vektor, die sogenannte *Ilist*. Die Position einer Inode in diesem Vektor, die *Inode-Nummer*, ist die eindeutige Bezeichnung einer Datei in einem Dateisystem. *Dateinamen* sind eine benutzerfreundliche Formulierung der eigentlichen Dateibezeichnungen.

Dateinamen, oder *Pfade*, bestehen aus *Pfadkomponenten*, die durch Schrägstriche / getrennt sind. Die Länge einer Pfadkomponente ist begrenzt (14 Zeichen), davon abgesehen gibt es fast keine Regeln für das Format einer Pfadkomponente. Es ist ganz zweckmäßig, wenn eine Pfadkomponente nur sichtbare Zeichen enthält, und wenn man dabei auch noch die für die *Shell* signifikanten Sonderzeichen vermeidet. Nullzeichen oder / kann die Pfadkomponente nicht enthalten.

Wie führt nun der Pfad zur Inode-Nummer? Hier kommen die *Kataloge* ins Spiel, besondere, als solche markierte Inodes. Eine bestimmte Inode jedes Dateisystems, die *Wurzel* (englisch *root*), ist immer ein Katalog. Ein Katalog ist einfach eine Tabelle von Pfadkomponenten mit jeweils zugehöriger Inode-Nummer. Beginnt ein Pfad mit /, dann wird seine erste Pfadkomponente im Wurzelkatalog gesucht. Dadurch ergibt sich eine Inode-Nummer, die eine Inode bezeichnet. Hat der Pfad noch eine Pfadkomponente, muß diese Inode ihrerseits ein Katalog sein, in dem diese Pfadkomponente dann zu einer Inode-Nummer führt, usw.

Beginnt der Pfad nicht mit /, dann wird seine erste Pfadkomponente im *Arbeitskatalog* gesucht. Der Arbeitskatalog ist für den Prozeß definiert, der den Pfad dem Betriebssystem präsentiert; er kann mit dem Systemaufruf **chdir()** vom Prozeß verändert werden. Die Idee des Wurzelkatalogs als erstem Katalog in einem Pfad, der mit / beginnt, kann übrigens mit **chroot()** auch prozeßabhängig definiert werden.

Die Inodes bilden ein erstes, *lineares* Dateisystem. Pfade werden in diesem linearen Dateisystem mit Hilfe der Kataloge interpretiert. Kataloge und Dateien bilden *nach*

Konvention einen Baum, die *Dateihierarchie*; die einfachen Dateien sind dabei Blätter des Baumes, Verzweigungen müssen Kataloge sein. Mit Systemaufrufen kann der Benutzer nur auf die Dateihierarchie, nicht aber direkt auf das lineare Dateisystem zugreifen.

Strenggenommen bilden die Kataloge keinen Baum. Mit der reservierten Pfadkomponente . verweist jeder Katalog auf sich selbst, mit der reservierten Pfadkomponente .. verweist er auf seinen Vorgänger im Baum. Außerdem können Pfadkomponenten in mehreren Katalogen auf die gleiche Datei verweisen – dadurch entstehen mehrere Pfade, die zur gleichen Datei führen. Nach Konvention sind allerdings die Kataloge durch Pfade immer nur eindeutig erreichbar, abgesehen von den reservierten Pfadkomponenten.

9.2 Standards

Wir wollen in diesem Kapitel eine ganze Reihe von Kommandos implementieren. Im Abschnitt 5.16 wurde besprochen, wie in UNIX Kommandoargumente als Parameter eines C Hauptprogramms bearbeitet werden können. Speziell das Programm *options.c* demonstrierte, wie man mit relativ wenig Aufwand eine Mischung von Optionen, zum Teil selbst mit Wertargumenten, und Dateinamen analysiert. Das resultierende Hauptprogramm ist allerdings noch immer ziemlich umfangreich und bietet viel Spielraum für kleine Variationen, die dann bekanntlich die Benutzung der Programme so abwechslungsreich gestalten.

Man sollte sich unbedingt Standards, am besten in Form von Makros, zurechtlegen, die man grundsätzlich bei jedem Kommando verwendet. Wir wollen hier den Vorschlag aus [Sch84a] übernehmen, der zudem einem in UNIX Kreisen empfohlenen Stil entspricht: [1]

- Optionen müssen mit einem Minuszeichen – beginnen. Alle Optionen müssen allen Dateinamen vorausgehen. Jede Option kann beliebig oft angegeben werden, die letzte Angabe von links her ist im Zweifel verbindlich.

- Die Liste der Optionen endet entweder vor dem ersten Kommandoargument, das nicht mehr mit einem Minuszeichen beginnt, oder mit einem Kommandoargument, das genau aus einem oder aus zwei Minuszeichen besteht. Ein einzelnes Minuszeichen als Kommandoargument gilt als erster Dateiname, zwei Minuszeichen als ein Kommandoargument werden ignoriert, beenden aber die Optionsliste.

- Optionen ohne eigene Wertargumente, oft auch als *Flaggen* bezeichnet, werden durch einzelne Zeichen spezifiziert. Sie können beliebig als separate Optionen oder auch als Kette in einer Option zusammengefaßt angegeben werden.

---

[1] Bei UNIX System V gibt es die Büchereifunktion **getopt()**, die einen ähnlichen Standard realisiert. Unsere Lösung ist aber wohl transparenter und flexibler.

```
-a -bc -da
```

ist also äquivalent zu

```
-abcd
```

• Bei Optionen mit Wertargumenten kann der Wert im gleichen Kommandoargument der Option unmittelbar folgend angegeben werden. Der Wert kann
aber auch als eigenes Kommandoargument der Option folgen. In jedem Fall
endet mit dem Wert die Verarbeitung des Kommandoarguments in bezug auf
Optionen. Folgende Angaben sind also möglich:

```
-v10
-w 10
-abcv10d
```

Wird im letzten Fall **10** als Zahl verarbeitet, dann hat die Angabe **d** keinen Effekt.

• Es ist natürlich ein Fehler, wenn einer Option wider Erwarten kein Wertargument folgt. Im Fehlerfall soll prinzipiell **USAGE**, eine kurze Gebrauchsanweisung für das Kommando, ausgegeben werden.

Die hier aufgestellten Regeln mögen merkwürdig erscheinen. Speziell die Flexibilität
bei der Bearbeitung der Wertargumente und die Möglichkeit zur Zusammenfassung
von Flaggen haben sich aber als sehr benutzerfreundlich erwiesen, da sie eine
Obermenge des in UNIX Kreisen Üblichen darstellen. Die spezielle Behandlung der
Kommandoargumente − und − − hat folgenden Sinn: − − wird als Abschluß einer
Liste von Optionen verwendet, wenn ein Dateiname als solcher verarbeitet werden
soll, der mit einem Minuszeichen beginnt. − als Argument geht zurück auf die im Abschnitt 8.6 erwähnte Konvention, wonach dies die Verwendung der Standard-Eingabe in einer Liste von Dateien bezeichnet:

```
$ cat - standard.brief - | mail
Anrede
^D
Gruss
^D
```

sorgt zum Beispiel dafür, daß man vor und nach einem **standard.brief** persönliche
Worte am Terminal finden kann.

Die Implementierung der oben formulierten Regeln kann in einem konkreten Fall
sehr elegant aussehen:

```
#include <stdio.h>
#include "main.h"

#define show(x)  printf("x = %d\n", x)
#define USAGE    fputs("cmd [-f] [-v #]\n", stderr), exit(1)
```

```
MAIN
{       int f = 0, v = 0;

        OPT
        ARG 'f':                    /* -f, Flagge */
                ++ f;
        ARG 'v': PARM               /* -v #, Option mit Wert */
                v = atoi(*argv);
                NEXTOPT
        OTHER
                USAGE;
        ENDOPT
        show(f), show(v), show(argc);
        if (argc)
                puts(*argv);
}
```

Bei **show()** enthält **argc** die Anzahl *noch nicht* verarbeiteter Argumente, und ***argv** ist das erste davon. Dieses Argument kann ein einzelnes Minuszeichen sein.

Der Trick liegt natürlich in der Definitionsdatei *main.h*: hier müssen für **MAIN**, **OPT**, **ARG**, **PARM**, **NEXTOPT**, **OTHER** und **ENDOPT** Texte definiert werden, die – in der korrekten Reihenfolge verwendet – die gewünschten Standards zur Verarbeitung der Argumente realisieren. Betrachten wir *main.h* mit dem vorigen Beispiel vermischt:

```
#define MAIN    main(argc, argv)                         \
                int argc;                                \
                char ** argv;                            \
                                                         \
                {   int f = 0, v = 0;                    \

#define OPT     while (--argc > 0 && **++argv == '-')     \
                {   switch (*++*argv) {                  \
                case 0:                     /* - */       \
                    --*argv;                             \
                    break;                               \
                case '-':                   /* -- */      \
                    if (! (*argv)[1])                    \
                    {   ++ argv, -- argc;                \
                        break;                           \
                    }                                    \
                default:                    /* -? */      \
                    do                                   \
                    {   switch (**argv) {
```

```
#define ARG                          continue;                        \
                             case

                                '
f':                /* -f */
                                ++ f;

#define ARG                          continue;                        \
                             case

                                '
v':                /* -v # */

#define PARM                         if (*++*argv)                    \
                                     ;                                \
                                else if (--argc > 0)                  \
                                    ++argv;                           \
                                else                                  \
                                {   --*argv, ++argc;                  \
                                    break;                            \
                                }

                                v = atoi(*argv);

#define NEXTOPT                      *argv += strlen(*argv) - 1;

#define OTHER                        continue;                        \
                             }

                             USAGE;

#define ENDOPT                       } while (*++*argv);              \
                                continue;                            \
                             }                                       \
                                break;                               \
                             }
```

Die Definitionen sind vielleicht nicht schön – insbesondere wenn man sie noch kompaktieren muß, damit der C Preprozessor die langen Texte akzeptiert – aber sie müssen nur einmal entwickelt werden um diese Standards für alle Anwendungen verfügbar zu machen. Die Anwendung dokumentiert sich dann fast von selbst:

MAIN steht als Funktionskopf des Hauptprogramms.

OPT steht als Beginn der Schleife, in der die Optionen verarbeitet werden.

ENDOPT beendet diese Schleife.

ARG leitet innerhalb der Schleife die Verarbeitung einer Option ein; darauf folgen der Name der Option als **char** Konstante sowie ein Doppelpunkt. Sollen mehrere Optionen gleich verarbeitet werden, müssen die weiteren als **case** Marken angegeben werden – eine etwas unglückliche Lösung.

PARM folgt der Angabe der Option, wenn diese ein eigenes Wertargument erwartet. Der Wert selbst ist dann als **＊argv** verfügbar.

NEXTOPT wird insbesondere nach der Verarbeitung eines solchen Werts angegeben, um zum nächsten Kommandoargument weiterzugehen.

OTHER *muß* nach allen Optionen stehen; daran anschließend formuliert man in der Regel, was bei Nichterkennen einer Option geschehen soll. **NEXTOPT** ist auch hier eine mögliche Angabe. Die unbekannte Option selbst ist **＊＊argv**.

Nach der **OPT-ENDOPT**-Schleife enthält **argc** die Anzahl der noch nicht verarbeiteten Kommandoargumente, und **＊argv** ist das erste solche Argument.

Zur Implementierung selbst: der Text im Makro **OPT** leistet eigentlich die ganze Arbeit. In der äußeren **while**-Schleife werden die Optionen, also die mit − beginnenden Kommandoargumente, der Reihe nach betrachtet. Der erste **switch** untersucht die drei prinzipiellen Möglichkeiten: bei **case 0** handelt es sich um ein einzelnes Minuszeichen als Argument, bei **case '-'** kann ein Argument aus genau zwei Minuszeichen bestehen. In beiden Fällen werden **argv** und **argc** falls nötig korrigiert und die Optionsschleife wird abgebrochen. Bei **default** wird eine Option, also zunächst eine Folge von Flaggen, mit der inneren **do-while**-Schleife durchlaufen. **PARM** untersucht gegebenenfalls, ob im gleichen Kommandoargument noch Zeichen folgen, oder ob noch wenigstens ein weiteres Argument zur Verfügung steht. **NEXTOPT** arrangiert den Zeiger **＊argv** innerhalb des aktuellen Kommandoarguments so, daß dann die innere Schleife abgebrochen und folglich zu einem neuen Kommandoargument übergegangen wird.

9.3   Existente Dateien kopieren – "cat"

9.3.1   Funktionsbeschreibung

```
NAME                                          CAT(1)
     cat - Dateien kopieren

SYNOPSIS
     cat [arg...]
```

cat kopiert Dateien nacheinander zur Standard-Ausgabe. Ist kein Kommandoargument angegeben, oder wird ein Minuszeichen als Dateiname verwendet, dann wird die Standard-Eingabe kopiert. Nach Voreinstellung sind Standard-Eingabe und -Ausgabe eines Kommandos mit dem Terminal des Benutzers verbunden. Mit Hilfe der Shell kann man Standard-Ein- und Ausgabe eines Kommandos aber auch mit Dateien oder beim UNIX System sogar mit gleichzeitig ablaufenden, anderen Kommandos verbinden (*Pipes*). *cat* wird dadurch ein sehr nützliches Kommando, mit dem man eine Datei kopieren oder am Terminal ausgeben kann, mit dem man vom Terminal Text in eine Datei eintragen kann oder mit dem man eine Reihe von Dateien einem Kommando als Standard-Eingabe liefern kann, das selbst keine Dateien als Argumente akzeptiert.

cat ist einer der im Abschnitt 8.6 besprochenen Filter, ein Programm das entweder als Argumente angegebene Dateien oder seine Standard-Eingabe liest, möglicherweise verändert, und das Resultate seiner Bemühungen als Standard-Ausgabe liefert. Charakteristisch für alle Filter ist, daß sie als Argumente angegebene Dateien selbst nie verändern oder gar löschen. Mit Hilfe der Shell, speziell beim Umlenken der Standard-Ausgabe, kann man allerdings selbst mit *cat* noch Unheil anrichten:

```
$ cat a > a; cat a b > b
$ cat a b >> a
```

Umlenkung findet statt *bevor* das Kommando selbst aufgerufen wird. In den ersten beiden Kommandos wird also die Ausgabedatei zuerst gelöscht und dann als Eingabedatei verwendet – *cat* selbst kann nichts dafür, wenn die Datei gemeuchelt wird. Besonders 'benutzerfreundliche' Versionen von *cat* stellen aber noch diese Tatsache als solche fest und kommentieren entsprechend bissig.

Das dritte Kommando ist noch interessanter: hier wollte man wohl die Datei **b** an die Datei **a** anfügen und sorgte mit dem Shell-Operator **>>** dafür, daß die Ausgabeumlenkung *zum Ende* der Datei **a** erfolgt. Als Konsequenz wird sich *cat* nun bemühen, die Datei **a** mit Kopien ihres ursprünglichen Texts bis zum Ende des Dateisystems zu verlängern!

9.3.2 Hauptprogramm

Das Hauptprogramm für *cat* ist mit unseren Makros schnell formuliert:

```
#define USAGE   fatal("cat [arg...]")
#include "main.h"
```

```
MAIN
{       int result = 0;

        OPT
        OTHER
                USAGE;
        ENDOPT
        if (argc)                   /* Argumente */
                do
                        if (strcmp(*argv, "-"))
                                result |= cat(*argv);
                        else
                                result |= cat((char *) 0);
                while (++argv, --argc);

        else                        /* nur Standard-Eingabe */
                result = cat((char *) 0);

        return result != 0;
}
```

Wir kümmern uns im Hauptprogramm nur um die Analyse der Kommandoargumente. Die eigentliche Verarbeitung einer einzelnen Datei bleibt einer separaten Funktion, hier **cat()**, überlassen. **cat()** hat einen Parameter, entweder den Namen der Datei, die bearbeitet werden soll, oder einen Nullzeiger, für den dann die Standard-Eingabe verwendet wird. Als Resultat liefert **cat()** genau dann null, wenn die Verarbeitung erfolgreich war. Im Fehlerfall sollte **cat()** eine entsprechende Meldung ausgeben, aber (in der Regel) den Prozeß selbst nicht abbrechen, sondern nur ein von null verschiedenes Resultat liefern.

Das Hauptprogramm sammelt alle Resultatwerte der Aufrufe von **cat()** und meldet den Gesamterfolg entsprechend: Funktionswert **0** im Erfolgsfall, also wenn alle Aufrufe von **cat()** ohne Fehler verliefen, und Funktionswert **1** sonst. *Wohin* ein **return** aus dem Hauptprogramm führt, und was mit dem Funktionswert passiert, wird zum Beispiel im Abschnitt 9.6.3 erklärt.

9.3.3   Meldung und Prozeßabbruch – "fatal()"

USAGE ist eine typische Formulierung. Wird eine Option nicht verstanden, oder hat der Kommandoaufruf einen anderen Fehler, so gibt man eine kurze Gebrauchsanweisung aus und beendet den Prozeß, also die Ausführung des Programms. Es ist nützlich, wenn man **USAGE** als Makro am Anfang des Programmtexts vereinbart – man dokumentiert dadurch auch gleich, was das Programm tut.

Die Ausgabe einer Fehlermeldung mit anschließendem Abbruch des Prozesses ist (leider) eine häufige Reaktion. Dafür schreibt man am besten eine Prozedur, die ähnlich wie **printf()** aufgerufen werden kann:

```
#define VARARG   , v1, v2, v3, v4
#include <stdio.h>

fatal(fmt VARARG)                 /* Meldung und Abbruch */
        register char * fmt;
{
        if (fmt && * fmt)
        {       fprintf(stderr, fmt VARARG);
                putc('\n', stderr);
        }
        exit(1);
}
```

Vier Werte zusätzlich zum Format sollten für die meisten Anwendungen genügen, sonst müßte man **VARARG** entsprechend anders definieren.

Man muß sich auch klarmachen, daß eigentlich nur Werte übergeben werden können, die sich hinter dem Typ **int** verbergen können – deklariert man einen Parameter nicht, wird er bekanntlich als **int** vereinbart. Auf einem 16-Bit-System sind **long**-Werte doppelt so lang wie **int**-Werte. Die Übergabe funktioniert in der Regel trotzdem, da **VARARG** ja als Parameterliste und als Argumentliste für **fprintf()** verwendet wird. Ein **long**-Wert zählt jedoch dann als zwei der vier möglichen Argumente für **fatal()**.

fatal() werden wir immer zum Prozeßabbruch verwenden, damit sich dies im Programmtext klar abhebt. Gelegentlich muß eine Fehlermeldung vorher separat erzeugt werden. Es ist daher bei einer Prozedur wie **fatal()** praktisch, wenn sie nur dann etwas ausgibt, wenn tatsächlich ein Format übergeben wird. Auch eine leere Zeichenkette als Format sollte nicht zu einem Zeilentrenner als Ausgabe führen.

9.3.4   Kopieren – "read()" und "write()"

Für Datentransfer gibt es zwei Systemaufrufe:

```
NAME                                    READ(2), WRITE(2)
        read() - zum Prozess transferieren
        write() - zur Peripherie transferieren

SYNOPSIS
        typedef int Fd;

        int read(fd, buf, len)
        int write(fd, buf, len)

        Fd fd; char * buf; int len;
```

read() transferiert bis zu **len** Bytes von der Peripherie zum Programm in den Vektor **buf[]**, der genügend Platz bieten muß. **write()** transferiert entsprechend in der umgekehrten Richtung.

Als Resultat liefern beide Funktionen im Fehlerfall **−1** und normalerweise die Anzahl der tatsächlich transferierten Bytes. Bei **write()** sollte man es auch als Fehler ansehen, wenn weniger als **len** Bytes transferiert werden; bei **read()** kann dies durchaus vorkommen, etwa am Dateiende oder wenn von einem Terminal, das ja in der Regel zeilenweise überträgt, eine Zeile gelesen wird, die aus weniger als **len** Bytes besteht. Nach Konvention gilt die Übertragung von null Bytes bei **read()** als Dateiende.

Die Verbindung zur Peripherie wird bei beiden Systemaufrufen durch einen sogenannten *Filedeskriptor*, einen kleinen **int**-Wert, dargestellt. Zur Betonung vereinbaren und verwenden wir den Typ **Fd** für Filedeskriptoren:

```
typedef int Fd;
```

Filedeskriptoren spielen die Rolle der *stdio*-Filepointer. Die im Abschnitt 8.5 eingeführte *stdio*-Funktion **fileno()** liefert für einen Filepointer den zugehörigen Filedeskriptor. Es gilt

```
(Fd) 0 == fileno(stdin)
(Fd) 1 == fileno(stdout)
(Fd) 2 == fileno(stderr)
```

cat() muß von einer Dateiverbindung, also einem Filedeskriptor, zur Standard-Ausgabe kopieren. Wenn wir vorläufig außer acht lassen, wie der Filedeskriptor verbunden wird, können wir den eigentlichen Kopiervorgang schon formulieren:

```
register Fd fd = 0;      /* Voreinstellung: Standard-Eingabe */
register int n;
char buf[BLOCK];

while ((n = read(fd, buf, sizeof buf)) > 0)
        if (write(1, buf, n) != n)
        {       n = -1;
                break;
        }
```

Am Schluß der Schleife gilt **n == 0** wenn korrekt kopiert wurde und **n == -1** im Fehlerfall. Die Art des Fehlers kann man durch die Büchereifunktion **perror()** auf **stderr** ausgeben lassen.

Wie groß soll man **BLOCK** wählen, die Größe des Vektors im Programm, der als Puffer zwischen Eingabe und Ausgabe dient? Ist **BLOCK** groß, braucht unser Programm viel Platz bei der Ausführung, ist **BLOCK** klein, rufen wir **read()** und **write()** möglicherweise sehr oft auf um auch nur eine kleine Datei zu kopieren. Da diese Funktionen direkt Kontakt zum Betriebssystem aufnehmen, sind sie mit einigem Aufwand verbunden,

```
#define BLOCK   1
```

wäre zum Beispiel extrem ineffizient.

Die korrekte Wahl für **BLOCK** ist tatsächlich systemabhängig. Wie wir später sehen werden, kann man bei UNIX auf Peripheriegeräte genau wie auf Dateien zugreifen. Bei direktem Zugriff auf Plattenlaufwerke über *raw special files* können ungeeignete Werte für **BLOCK** zur logischen Zerstörung des Platteninhalts führen. **BLOCK** sollte ein Vielfaches der Blockgröße des Dateisystems sein. Ein geeigneter, minimaler Wert ist als **BUFSIZ** in *stdio.h* definiert:

```
#include <stdio.h>
#define BLOCK    BUFSIZ
```

Diese Formulierung ist zwar systemabhängig, aber als Quellprogramm doch portabel zu anderen UNIX Systemen.

9.3.5   Dateianschluß – "open()" und "close()"

Um die Funktion **cat()** realisieren zu können, müssen wir noch lernen, wie man den Namen einer existenten Datei, den Parameter der Funktion, in einen Filedeskriptor verwandelt. Dazu dient der **open()** Systemaufruf. Da die Anzahl der gleichzeitig möglichen Dateiverbindungen für einen Prozeß begrenzt ist, muß man die Verbindung zwischen Dateiname und Prozeß auch wieder lösen, einen Filedeskriptor also freigeben können. Dies geschieht mit **close()**.

```
NAME                                    OPEN(2), CLOSE(2)
    open() - existenten Dateinamen mit Prozess verbinden
    close() - Dateiverbindung loesen

SYNOPSIS
    typedef int Fd;

    Fd open(name, rw) char * name; int rw;
    int close(fd) Fd fd;
```

open() sucht nach der Datei **name**, die als Zeichenkette, also mit einem Nullzeichen abgeschlossen, angegeben wird. Existiert die Datei, ist der gewünschte Zugriff erlaubt und steht dem Prozeß noch ein Filedeskriptor zur Verfügung, liefert **open()** einen entsprechenden Filedeskriptor als Resultat. Im Fehlerfall ist das Resultat **-1**.

close() erwartet einen Filedeskriptor als Argument, löst die Dateiverbindung und erklärt den Filedeskriptor für **open()** wiederverwendbar. Als Resultat liefert **close()** wie sehr viele Systemaufrufe 0 bei Erfolg und **-1** bei Fehler. Bei Prozeßende wird **close()** für alle noch existierenden Filedeskriptoren des Prozesses vom Betriebssystem implizit ausgeführt.

Bei **open()** muß man die Art des gewünschten Zugriffs angeben: für **rw** sind die Werte **0** - Lesezugriff, **1** - Schreibzugriff, und **2** - Lese- und Schreibzugriff möglich. Da für Inodes, also für alle Dateien, Zugriffsschutz besteht, hängt der Erfolg von **open()** auch von der Verträglichkeit des gewünschten Zugriffs mit dem Zugriffsschutz der angesprochenen Inodes ab.

Wir können jetzt die fehlenden Teile der **cat()** Funktion realisieren:

```
static int cat(name)
        char * name;            /* == 0: Standard-Eingabe */
{       int result = -1;        /* Fehlerresultat */
        ...

        if (name && (fd = open(name, 0)) < 0)
                perror(name);
        else
        {       while ...
                if (n < 0)
                        perror(name? name: "standard input");
                else
                        result = 0;
        }
        if (fd > 0 && close(fd))
                perror(name), result = -1;
        return result;
}
```

Die mit ... bezeichneten Teile wurden im vorigen Abschnitt gezeigt.

Ist ein **name** angegeben, versuchen wir ihn mit **open()** in einen Filedeskriptor zu verwandeln; andernfalls verwenden wir den Filedeskriptor **0**, der sich auf die Standard-Eingabe bezieht. Haben wir wirklich einen neuen Filedeskriptor verwendet, geben wir ihn im Anschluß an die Kopieroperation mit **close()** wieder frei. Es gilt auch als Fehler, wenn dies nicht möglich sein sollte.

Fehler bei Systemaufrufen berichten wir immer mit der schon im Abschnitt 8.5 eingeführten Funktion **perror()**. Eine Zeichenkette als Argument wird von **perror()** vor der eigentlichen Fehlermeldung ausgegeben; in der Regel zeigt man so den betroffenen Dateinamen.

Den Filedeskriptor **0** für die Standard-Eingabe geben wir mit **close()** nicht frei. Ist eine Datei als Standard-Eingabe verbunden, können wir am Dateiende beliebig oft **read()** ausführen; wir erhalten immer **0** als Resultat.

Ist das Terminal als Standard-Eingabe verbunden, so entsteht **0** als Resultat von **read()**, wenn eine Zeile der Länge null eingegeben wird. Dies ist der Fall, wenn wir *control-D* am Zeilenanfang eingeben – siehe Abschnitt 6.6. Das Terminal bleibt dabei aber verbunden, und wir können später nochmals einen **read()**-Aufruf ausführen und weiter vom Terminal lesen. Bei *cat* ist eine solche Reaktion erwünscht, denn sie ermöglicht erst den im Abschnitt 9.2 erwähnten 'Standardbrief'.

9.3.6 Ausblick

Wir haben das ziemlich triviale Kommando *cat* detailliert besprochen um die grundsätzliche Architektur unserer Kommandos vorzuführen. Wir werden immer im Hauptprogramm die Kommandoargumente überprüfen und die eigentliche Aufgabe des Kommandos für eine einzelne Datei von einer geeigneten Funktion übernehmen lassen. In der Regel wird auch nur das Hauptprogramm einen Prozeßabbruch herbeiführen.

Im Ernstfall würde man **cat()** natürlich mit den *stdio*-Funktionen realisieren. Da diese ihrerseits Systemaufrufe durchführen (müssen), kann man Fehler immer noch mit **perror()** berichten.

Denkpause 9.1 Realisieren Sie **cat()** mit *stdio*-Funktionen. Kopieren Sie mit Ihrem Kommando das übersetzte Programm bei einem UNIX System und verifizieren Sie, daß die Kopie noch funktioniert. Das gleiche Experiment funktioniert bei anderen Betriebssystemen in der Regel nicht. ➪

Datentransfer erfolgt bei *stdio* in der Regel mit Zwischenspeicherung. Diese Zwischenspeicherung ist gelegentlich unerwünscht, weil sie sich am Terminal manifestieren kann. Führt man das 'offizielle' Kommando *cat* aus

```
$ cat
```

muß man am Terminal relativ viel Text eingeben, bevor ein Puffer ausgegeben wird. *cat* hat daher eine Option **– u**, die diese Zwischenspeicherung unterdrückt, mit entsprechendem Verlust an Effizienz:

```
$ cat -u
```

Jetzt erscheint der am Terminal eingegebene Text Zeile für Zeile.

Denkpause 9.2 Die Option **– u** wird mit der *stdio*-Funktion **setbuf()** realisiert, siehe Abschnitt 8.1. ➪

Eingabe vom Terminal wird bei UNIX im Betriebssystem selbst aufbewahrt, bis eine komplette Zeile vorliegt, bis also ein Zeilentrenner oder *control-D* eingegeben wird.[2] Nur dadurch ist eine Zeilenkorrektur auf Betriebssystemebene, also unabhängig vom Prozeß, möglich. Beim Beispiel in Abschnitt 7.3 war diese Zeilenspeicherung unerwünscht und wir haben sie mit einem Kommando unterdrückt. Wir können dies auch hier ausprobieren:

```
$ stty cbreak
$ cat -u
```

Jetzt wird der eingegebene Text zeichenweise kopiert. Das Experiment kann übrigens auch mit unserem *cat*-Kommando erfolgreich durchgeführt werden (warum?).

---

[2] *control-D* wird vom Terminal an einen Prozeß normalerweise nicht weitergegeben.

Korrekturen und *control-D* als Dateiende am Terminal funktionieren jetzt nicht mehr. Diesen Versuch müssen wir also mit der *interrupt*-Taste (*del* oder *break*) abbrechen. **cbreak** ist ein ineffizienter Zustand des Terminals, wir sollten ihn daher mit

```
$ stty -cbreak
```

wieder ausschalten.

Denkpause 9.3 Warum stellt

```
$ stty cbreak; cat -u; stty -cbreak
```

den **cbreak**-Zustand nicht wieder ab? Führen Sie *stty* aus, um sich davon zu überzeugen! ➯

9.4 Information über Dateien – "ls"

9.4.1 Funktionsbeschreibung

```
NAME                                        LS(1)
     ls - Katalog darstellen

SYNOPSIS
     ls [-adilR] [arg...]
```

ls zeigt Dateinamen und auf Wunsch statistische Informationen wie Dateityp, Größe, Besitzer, Zugriffsschutz, Datum der letzten Änderung, usw. Ohne Argumente bezieht sich *ls* auf den Arbeitskatalog, sonst wird über die angegebenen Dateien berichtet. Ist ein Katalog als Argument angegeben, zeigt *ls* normalerweise die Dateien im Katalog; über den Katalog selbst informiert *ls*, wenn die Option **−d** dies verlangt. Die Ausgabe kann nach verschiedenen Kriterien sortiert erfolgen.

Besonders bei den UNIX Versionen von Berkeley umfassen die Optionen für *ls* praktisch das ganze Alphabet – groß und klein. Wir wollen uns hier auf eine kleine Auswahl beschränken:

−a (**a**ll) sorgt dafür, daß auch über Dateien berichtet wird, deren Name mit . beginnt. Normalerweise bleiben diese Dateien bei *ls* verborgen.

−d (**d**irectory) beschränkt die Ausgabe auf einen Katalog an Stelle seines Inhalts.

−i (**i**number) liefert auch die Inode-Nummer einer Datei. Damit kann man nachweisen, daß verschiedene Namen wirklich zur gleichen Inode führen.

−l (**l**ong) zeigt möglichst viel Information über jede Datei. Auch hier beschränken wir uns auf einen Teil der Möglichkeiten.

−R (**R**ecursive) ist unser Zugeständnis an Berkeley: bei dieser Option wird für einen Katalog jeweils der ganze abhängige Unterbaum der Dateihierarchie ausgegeben. Diese Option gibt uns Gelegenheit, die Traversierung einer Dateihierarchie zu betrachten. Mit dieser Option vermeidet man übrigens eine relativ mühsame Alternative:

```
$ find . -type d -a -exec ls {} \;
```

Besonders bei Katalogtraversen formatiert *ls* die Dateinamen sehr sorgfältig. Auch hier nehmen wir Vereinfachungen vor.

9.4.2 Hauptprogramm

Wir müssen die Optionen global verfügbar machen und dann die Argumente der Reihe nach bearbeiten lassen. Dank unserer Makros erfolgt die Bearbeitung der Optionen toleranter als im Original.

```
#define USAGE   fatal("ls [-adilR] [arg...]")
#include "main.h"

static char aflag,          /* != 0: alle Dateien */
            dflag,          /* != 0: Katalog selbst */
            iflag,          /* != 0: Inode-Nummer */
            lflag,          /* != 0: long */
            Rflag;          /* != 0: rekursiv */

MAIN
{       int result = 0;

        OPT
        ARG 'a':
                aflag = 1;
        ARG 'd':
                dflag = 1;
        ARG 'i':
                iflag = 1;
        ARG 'l':
                lflag = 1;
        ARG 'R':
                Rflag = 1;
        OTHER
                USAGE;
        ENDOPT
        if (Rflag)
                dflag = 0;
```

```
             if (argc)
                     do
                             result |= ls(*argv);
                     while (++argv, --argc);
             else
                     result = ls(".");

     return result != 0;
}
```

Die Optionen **−d** und **−R** sind einigermaßen widersprüchlich. Im Zweifel entscheiden wir uns ohne Beschwerde für mehr Information, also für **−R**.

ls() muß sich mit einem Dateinamen auseinandersetzen. Damit diese Funktion immer eine Zeichenkette als Argument erhält, übergeben wir den Arbeitskatalog als *"."* wenn *ls* ohne Dateiargument aufgerufen wurde.

Man muß sich übrigens einmal klarmachen, daß durchaus eine leere Zeichenkette als Kommandoargument übergeben werden kann:

```
     $ ls ''
```

Dadurch entsteht ein Zugriff auf einen Dateinamen der Länge null, und ein solcher Name ist prinzipiell legitim. Gewisse Probleme entstehen allerdings, weil sich zum Beispiel nach Konvention der Interpretation von Pfaden

```
     $ ls /tmp//
```

auf den Katalog **/tmp** und nicht auf eine Datei mit leerem Namen in einem Katalog mit leerem Namen im Katalog **/tmp** bezieht. Es ist wahrscheinlich eine gute Idee, Dateien mit leerem Namen nicht zu erzeugen.

9.4.3   Katalog oder Datei – "stat()"

ls() erhält einen Dateinamen und muß sich mit drei Möglichkeiten auseinandersetzen. Wenn die Datei nicht existiert, oder wenn ein Zugriff nicht möglich ist, erfolgt eine entsprechende Fehlermeldung. Handelt es sich um einen Katalog, bestimmt die Option **−d**, ob Information über den Katalog als Datei, oder über die Dateien im Katalog ausgegeben wird. Handelt es sich um eine Datei, verfährt man wie für einen Katalog wenn die Option **−d** angegeben wurde. Überläßt man die Teilprobleme weiteren Funktionen, ist **ls()** bereits fertig:

```
static int ls(name)
        register char * name;
{
        switch (isdir(name)) {
        case -1:
                perror(name);
                return -1;
```

```
        case 0:
                return file(name);
        case 1:
                return dflag? file(name): directory(name);
        }

}
```

isdir() muß den Typ einer Datei – Katalog oder nicht – feststellen. Dazu dient der Systemaufruf **stat()**:

```
        NAME                                    FSTAT(2), STAT(2)
                stat() - Information ueber eine Datei
                fstat() - Information ueber einen Filedeskriptor


        SYNOPSIS
                typedef int Fd;
                typedef short Mode;           /* Typ und Schutz */

                typedef struct stat {         /* Datei-Information */
                        ...
                        Mode st_mode;
                        ...
                        } Stat;

                int stat(name, sp) char * name; Stat * sp;
                int fstat(fd, sp) Fd fd; Stat * sp;
```

stat() beschafft Informationen über eine Datei per Dateiname, **fstat()** über die Datei, die mit einem Filedeskriptor verbunden ist. Beide Systemaufrufe füllen eine **stat**-Struktur und liefern den Funktionswert **0** bei Erfolg und **-1** bei Fehler, wenn also die Datei unzugänglich ist, nicht existiert, keine Datei mit dem Filedeskriptor verbunden ist, usw.

Die Komponentennamen von **struct stat** sind systemunabhängig, die Typen jedoch nicht. Wir haben das wieder durch entsprechende Typdeklarationen angedeutet. Im Ernstfall beschafft man sich die beim lokalen UNIX System gültigen Vereinbarungen natürlich aus öffentlichen Definitionsdateien, zum Beispiel

```
#include <sys/types.h>
#include <sys/stat.h>
```

Während wir Strukturen immer noch als Typen, und dann mit großem Anfangsbuchstaben, vereinbaren, ist das in den öffentlichen Definitionsdateien in der Regel leider nicht der Fall.

Mit **stat()** ist die Implementierung von **isdir()** kein Problem mehr:

```
int isdir(name)              /* -1: name unzugaenglich */
      register char * name;  /* 1: name ist Katalog */
{     Stat buf;

      if (stat(name, & buf))
            return -1;
      return isdir_(buf.st_mode);
}
```

Die Interpretation der Komponente **st_mode** haben wir noch als Makro **isdir_()** verpackt. Die Verwendung der einzelnen Bits ist ebenfalls in der Definitionsdatei festgelegt:

```
#define S_IFMT  0170000 /* Dateityp Teil */
#define S_IFDIR 0040000 /* Katalog */
#define S_IFCHR 0020000 /* zeichenorientiertes Geraet */
#define S_IFBLK 0060000 /* blockorientiertes Geraet (Platte) */
#define S_IFREG 0100000 /* Datei */
```

Folgende Makros sind dann ganz nützlich:

```
#define istyp_(mode)   ((mode) & S_IFMT)
#define isdir_(mode)   (istyp_(mode) == S_IFDIR)
#define ischr_(mode)   (istyp_(mode) == S_IFCHR)
#define isblk_(mode)   (istyp_(mode) == S_IFBLK)
#define isfile_(mode)  (istyp_(mode) == S_IFREG)
```

istyp_() liefert den Anteil der Komponente **st_mode**, der sich auf den Dateityp bezieht. **isdir_()** und die restlichen Makros formulieren die Bedingungen, daß es sich um einen Katalog, einen bestimmten Gerätetyp, oder schließlich um eine Datei handelt. Diese Makros sind *nicht* in der öffentlichen Definitionsdatei verfügbar, sie helfen aber eine Falle zu vermeiden. In C haben Vergleiche Vorrang vor Bit-Verknüpfungen:

```
buf.st_mode & S_IFMT == S_IFDIR
```

schreibt sich zwar leicht, hat aber nicht den beabsichtigten Effekt (warum?)!

9.4.4   Information über eine Datei – "stat()"

Wenn wir andere Informationen über eine Datei benötigen, können wir ebenfalls **stat()** oder **fstat()** bemühen. Diese Systemaufrufe liefern auch die gesamte statistische Information, die in einer Inode gespeichert ist. Auch hier sind die Typen der Komponenten systemabhängig, die Namen der Komponenten sind portabel. Unsere Funktion **file()**, die eine Datei beschreiben soll, können wir damit leicht realisieren:

```
     NAME                                     FSTAT(2), STAT(2)
          stat() - Information ueber eine Datei
          fstat() - Information ueber einen Filedeskriptor

     SYNOPSIS
          typedef int Fd;
          typedef short Dev;
          typedef short Inumber;
          typedef short Mode;
          typedef short Use;
          typedef long Size;
          typedef char Id;

          typedef struct stat {      /* Datei-Information */
               Dev st_dev;           /* Geraet der Inode */
               Inumber st_ino;       /* Nummer der Inode */
               Mode st_mode;         /* Typ, Schutz */
               Use st_nlink;         /* Anzahl Pfade zu Inode */
               Dev st_rdev;          /* Geraet selbst */
               Size st_size;         /* Dateigroesse */
               Id st_uid, st_gid;    /* Besitzer, Gruppe */
               ...
          } Stat;
```

```
     static int file(name)             /* eine Datei beschreiben */
          register char * name;
     {    register int result = 0;
          Stat buf;

          if (iflag || lflag)
               if (result = stat(name, & buf))
                    perror(name);
```

Zuerst untersuchen wir, ob **stat()** überhaupt aufgerufen werden muß. Ohne Optionen gibt *ls* nur Dateinamen aus und in diesem Fall muß man **stat()** nicht aufrufen – ein wesentlicher Effizienzgewinn.

```
                      else
                      {       if (iflag)
                                      printf("%3d ", buf.st_ino);
                              if (lflag)
                              {       mode(buf.st_mode);
                                      printf("%2d ", buf.st_nlink);
                                      printf("%3d/%-3d ",
                                              buf.st_uid, buf.st_gid);
                                      switch (istyp_(buf.st_mode)) {
                                      case S_IFBLK:
                                      case S_IFCHR:
                                              printf("%2d,%3d ",
                                                      major_(buf.st_rdev),
                                                      minor_(buf.st_rdev));
                                              break;
                                      default:
                                              printf("%6ld ",
                                                      buf.st_size);
                                      }
                              }
                      }
              puts(name);
              return result;
      }
```

Ist ein Aufruf nötig und erfolgreich, ist der Rest ein reines Formatierungsproblem. Die Komponente **st_mode** dekodieren wir am besten in einer separaten Prozedur:

```
      static mode(m)                          /* Typ und Schutz dekodieren */
              register Mode m;
      {       static char typ[] = "??c?d?b?-???????",
                      rwx[][3] = {
                      "---", "--x", "-w-", "-wx",
                      "r--", "r-x", "rw-", "rwx" };

              putchar(typ[m>>12 & 15]);
              printf("%.3s%.3s%.3s",
                      rwx[m>>6 & 7], rwx[m>>3 & 7], rwx[m & 7]);
      }
```

Aus Effizienzgründen verwenden wir zwei konstante Tabellen, die wir mit **static** definierten, initialisierten Zeichenvektoren realisieren. Mit Bit-Manipulationen können wir so die verschiedenen Dateitypen und die Angaben zum Zugriffsschutz sehr leicht darstellen. Der Nachteil der Technik ist natürlich, daß wir in den Bit-Manipulationen Information fixieren, die eigentlich aus der Definitionsdatei bezogen werden sollte.

Diese Version der Prozedur **mode()** hängt sehr stark von der Codierung der Information in **st_mode** ab. Wir halten uns mit den Bit-Definitionen an [Bel82a], beim VENIX System zum Beispiel gelten andere Definitionen und die Tabellen in **mode()** müssen anders codiert werden.

Mit der Bedeutung der anderen Komponenten der **stat**-Struktur sowie mit anderen Dateitypen als Katalogen und normalen Dateien werden wir uns zum Beispiel im Abschnitt 10.14.2 noch befassen. Für die Funktion **file()** ist hier nur noch wesentlich, daß für Dateien und Kataloge die Dateigröße aus **st_size**, für Inodes, die Geräte beschreiben, aber statt dessen die Gerätenummer aus **st_rdev** ausgegeben wird. **major_()** und **minor_()** sind nochmals zwei nützliche Makros, die wir selbst definieren müssen:

```
#define major_(dev)      ((dev) >> 8 & 0xff)
#define minor_(dev)      ((dev) & 0xff)
```

9.4.5   Traverse der Dateihierarchie – "struct direct"

Wie bestimmen wir alle Dateinamen, oder besser alle Pfadkomponenten, in einem Katalog? Im Abschnitt 9.1 wurde erwähnt, daß auch Kataloge Dateien sind, allerdings ausnahmsweise mit einer Feinstruktur, die dem Betriebssystem bekannt ist. Kataloge sind Vektoren von **direct**-Strukturen. Jede solche Struktur enthält eine Inode-Nummer und dazu, falls diese Inode-Nummer von null verschieden ist, eine Pfadkomponente. Genau wie die **stat**-Struktur ist auch die **direct**-Struktur in einer öffentlichen Definitionsdatei systemabhängig definiert:

```
NAME                                          DIR(5)
      dir - Katalogeintrag


SYNOPSIS
      #define DIRSIZ  14              /* max. Laenge */
      typedef short Inumber;


      typedef struct direct |        /* Katalogeintrag */
              Inumber d_ino;         /* !=0: Inode-Nummer */
              char d_name[DIRSIZ];   /* Pfadkomponente */
              } Direct;
```

Auch bei dieser Struktur ist nur Verlaß auf die Namen der Komponenten; die Typen sind möglicherweise systemabhängig. Wir haben dies wieder durch Typdeklarationen angedeutet, und wir haben auch für diese Struktur einen Typnamen vereinbart. Bei einem UNIX System findet man die Struktur mit

```
#include <sys/types.h>
#include <sys/dir.h>
```

Kataloge darf man auch als normaler Benutzer wie gewöhnliche Dateien lesen, nur Schreibzugriff ist prinzipiell nicht erlaubt. Unsere Funktion **directory()**, die den Inhalt eines Katalogs bearbeiten soll, kann also auf den Katalog wie auf eine normale Datei zugreifen. Wir bereiten zunächst noch eine Speicherfläche vor, in der wir Pfade konstruieren können, und beschaffen uns dann mit **open()** einen Filedeskriptor zum Zugriff auf den Katalog:

```
static int directory(name)        /* einen Katalog bearbeiten */
    char * name;
{   char * calloc();
    int result = 0;
    register char * buf;
    register Fd fd;
    int n;
    Direct dir;

    if (! (buf = calloc(strlen(name) + 1 + DIRSIZ + 1, 1)))
    {   fputs("ls: kein Platz\n", stderr);
        return -1;
    }
    if ((fd = open(name, 0)) < 0)
    {   perror(name);
        free(buf);
        return -1;
    }
    printf("%s:\n", name);
```

Hat dies soweit funktioniert, können wir den Katalog wie eine ganz gewöhnliche Datei lesen. Mit Aufrufen von **read()** holen wir uns jeweils eine **direct**-Struktur. Ist die Inode-Nummer von null verschieden, so enthält die Struktur eine Pfadkomponente, die wir dann weiter untersuchen müssen:

```
    while ((n = read(fd, & dir, sizeof dir)) == sizeof dir)
        if (dir.d_ino
            && (aflag || *dir.d_name != '.'))
        {   strcpy(buf, name);
            strcat(buf, "/");
            strncat(buf, dir.d_name, DIRSIZ);
            result |= file(buf);
        }
```

Pfadkomponenten, die mit . beginnen, behandeln wir nur, wenn die Option **−a** angegeben wurde. Soll eine Datei betrachtet werden, konstruieren wir in **buf**, unserer dynamisch erworbenen Speicherfläche, aus dem an **directory()** als Argument übergebenen Katalognamen und aus der Pfadkomponente einen kompletten Pfad und überlassen es unserer Funktion **file()**, diese Datei zu beschreiben.

Haben wir so erfolgreich alle Dateinamen im Katalog untersucht, müßten wir ohne Verschnitt das Dateiende des Katalogs erreichen. Falls die Option **−R** dies verlangt, gehen wir jetzt den Katalog nochmals durch, und bearbeiten diesmal alle Kataloge in diesem Katalog, und zwar mit der Funktion **directory()** selbst. Auf diese Weise traversieren wir die Dateihierarchie in *preorder*, also Wurzeln (Kataloge) vor ihren Unterbäumen.

Beinahe. Wir müssen dazu natürlich nochmals zum Anfang des aktuellen Katalogs zurück, und wir müssen unbedingt die speziellen Einträge . und .. überspringen, sonst wird unsere Traverse endlos!

9.4.6   Positionieren in einer Datei − "lseek()"

```
NAME                                                  LSEEK(2)
     lseek() - Positionieren in einer Datei


SYNOPSIS
     typedef int Fd;

     long lseek(fd, pos, from) Fd fd; long pos; int from;
```

read()- und **write()**-Zugriffe auf einen Filedeskriptor erfolgen immer sequentiell. Der nächste Datentransfer beginnt in der Peripherie immer an dem Punkt, wo der vorhergehende beendet wurde. Für jede Dateiverbindung existiert ein Positionszeiger in bezug auf die Peripherie, der von **open()** auf den Beginn einer Datei eingestellt und von **read()** und **write()** sequentiell weiterbewegt wird.

lseek() dient dazu, diesen Positionszeiger zu verändern, ohne daß ein Datentransfer stattfindet. **pos** definiert den neuen Wert des Positionszeigers, **from** bestimmt, wie der Wert von **pos** zu interpretieren ist:

from	pos relativ zu
0	Dateianfang
1	Positionszeiger
2	Dateiende

Wir werden später sehen, daß man zwar nicht vor den Beginn der Datei positionieren darf, daß man aber bei Schreibzugriff durchaus *hinter* das aktuelle Dateiende positionieren kann − dadurch entstehen 'Löcher' (Nullblöcke) in der Datei, die im Dateisystem keinen Platz benötigen.

lseek() liefert im Erfolgsfall den neuen Wert des Positionszeigers als **long**-Wert. Im Fehlerfall ist das Resultat **-1L**. Eine beliebte Falle auf 16-Bit-Systemen ist übrigens, daß **pos** auch als **long**-Wert angegeben werden muß, also zum Beispiel als **0L** und nicht nur **0**.

In unserer Funktion **directory()** müssen wir zum Anfang des Katalogs zurück. Die Einträge . und .. befinden sich nach Konvention am Anfang des Katalogs, wir verfahren also folgendermaßen:

```
long lseek();

    ...

if (n == 0 && Rflag)
    if (lseek(fd, 2L * sizeof dir, 0) == -1L)
        n = -1;
    else
        ... Katalog nochmals bearbeiten ...

if (n)
    if (n > 0)
    {   fputs(name, stderr);
        fputs(": Katalog defekt\n", stderr);
        result = -1;
    }
    else
        perror(name), result = -1;
close(fd);
free(buf);
return result;
}
```

Kann nicht positioniert werden, sorgen wir dafür, daß später mit **perror()** eine entsprechende Meldung erfolgt. Wir berichten als Fehler auch, daß etwa am Schluß eines Katalogs noch Verschnitt vorkommt – ein Katalog muß eine Länge besitzen, die ein Vielfaches der **direct**-Struktur ist.

Bleibt noch die eigentliche Traverse der Unterbäume, also die rekursive Bearbeitung der Kataloge im aktuellen Katalog durch **directory()**:

```
while ((n=read(fd, &dir, sizeof dir)) == sizeof dir)
    if (dir.d_ino
        && (aflag || *dir.d_name != '.'))
    {   strcpy(buf, name);
        strcat(buf, "/");
        strncat(buf, dir.d_name, DIRSIZ);
        if (isdir(buf) == 1)
            result |= directory(buf);
    }
```

Wir selektieren aus dem Katalog wie vorher, wählen aber diesmal mit der früher besprochenen Funktion **isdir()** nur noch Kataloge aus.

9.4.7 Ausblick

Die 'offizielle' Version von *ls* ist, wie gesagt, erheblich komplizierter. Da die Ausgabe sortiert wird, muß man entweder zwischenspeichern und intern sortieren, oder über eine Pipe das Kommando *sort* bemühen. Letzteres ist zwar im UNIX Stil naheliegend, aber leider kaum möglich, da mit Berkeley auch eine Vielzahl von mehrspaltigen Ausgabeformaten aufgetaucht ist.

Relativ leicht ist noch das Problem der Zugriffszeiten zu lösen. In [Bel82a] kann man bei **stat**(2) nachlesen, daß sich insgesamt drei Zeitstempel, für letzten Zugriff und letzte Änderung der Datei sowie für die letzte Änderung der Inode selbst,[3] in der **stat**-Struktur befinden. Deren Dekodierung übernimmt erfreulicherweise die Funktion **ctime**(3).

Denkpause 9.4 Über die Optionen − **u**, − **t** und − **c** stellt *ls* die drei Zeitstempel zur Verfügung. Stellen Sie entsprechende Versuche an und erweitern Sie die hier besprochene Version. ☞

Die **stat**-Struktur liefert auch Informationen über die Besitzverhältnisse einer Datei, und zwar in Form einer Benutzer- und Gruppennummer. Mit der Option − **n** liefert *ls* dies als Zahlen, also ohne zusätzlichen Aufwand zur Dekodierung, bei −**l** wird der zugehörige Benutzername, bei − **g** der Gruppenname ausgegeben. Die Namen findet man in den Dateien */etc/passwd* beziehungsweise */etc/group*. Die Suche selbst muß linear erfolgen, und sie ist mühsam, deshalb gibt es dafür die Funktionen **getpwuid**(3) und **getgrgid**(3).

Denkpause 9.5 Erweitern Sie *ls* um eine Option wie −**l** oder − **g**. ☞

Denkpause 9.6 An Stelle einer naiven Suche zur Dekodierung von Benutzer- und Gruppennamen kann sich *ls* einen, wenige, oder auch alle bereits verwendeten Namen dynamisch merken. ☞

Die Tabellenformate von *ls* sind nicht besonders nützlich. Die folgende Kombination von Kommandos

```
$ ls | pr -t -l1 -5
```

gibt zum Beispiel in fünf Spalten aus, wobei die Namen zeilenweise von links nach rechts angeordnet sind. Nur ein Tabellenformat, bei dem die Namen spaltenweise sortiert sind, und das die Spaltenbreite an der Länge der Namen orientiert, ist entsprechend schwer zu realisieren.

Auch *ls* kann vollständig mit *stdio* realisiert werden. Zum Transfer von Datenstrukturen dienen **fread()** und **fwrite()**, die Rolle von **lseek()** übernehmen bei *stdio* die Funktionen **fseek()** und **ftell()**.

---

[3] Zum Beispiel für eine Änderung der Zugriffsrechte.

9.5 Wo bin ich – "pwd"

9.5.1 Funktionsbeschreibung und Hauptprogramm

```
NAME                                                    PWD(1)
       pwd - Arbeitskatalog

SYNOPSIS
       pwd
```

pwd zeigt den Pfad, der zum Arbeitskatalog führt.

Ebenso primitiv wie die Funktion des Kommandos ist auch das Hauptprogramm. Wir bestehen allerdings auf einem korrekten Aufruf – bei UNIX wäre es eher üblich, die Argumente in diesem Fall schlicht zu ignorieren.

```
#define USAGE    fatal("pwd")
#include "main.h"

MAIN
{
        OPT
        OTHER
                USAGE;
        ENDOPT
        if (argc)
                USAGE;

        if (pwd())
                fatal(0);
        putchar('\n');
        return 0;
}
```

9.5.2 Aufwärts zur Wurzel – "chdir()"

Wir finden wir nun wirklich zurück zur Wurzel? Prinzipiell müssen wir so lange die Pfadkomponente .. verfolgen, bis wir merken, daß wir die Wurzel erreicht haben. Dies ist dann der Fall, wenn für . und .. *gleiche* Werte bei **st_ino** eingetragen sind:

```
#include <sys/types.h>
#include <sys/dir.h>
#include <sys/stat.h>

static int pwd()                        /* Pfad zum Arbeitskatalog */
{        int n;
         Fd fd;
         Direct dir;
         Stat buf, dbuf;

         if (stat(".", & buf))
         {        perror(".");
                  return -1;

         }
         if (stat("..", & dbuf))
         {        perror("..");
                  return -1;

         }
         if (buf.st_ino == dbuf.st_ino
            && buf.st_dev == dbuf.st_dev)
         {        putchar('/');
                  return 0;

         }
```

Es ist recht unwahrscheinlich, daß die hier nötigen Aufrufe von **stat()** nicht funktionieren. Möglich ist es allerdings: **stat()** benötigt Lesezugriff zum übergeordneten Katalog, während die Suche nach einem Dateinamen in dem Katalog als Ausführungszugriff betrachtet wird. Es kann also passieren, daß wir zwar einen Dateinamen einem Katalog entnehmen können, nicht aber die zugehörige Information aus der Inode.

Der Wurzelkatalog heißt nach Konvention /. Wenn **pwd()** ihn entdeckt hat, ist die Aufgabe der Funktion schnell erfüllt. Befinden wir uns allerdings nicht im Wurzelkatalog, ist das Problem schwieriger. In diesem Fall gehen wir rekursiv vor: wir wechseln in .. als neuen Arbeitskatalog über und rufen **pwd()** auf um dort die gleiche Analyse vorzunehmen.

Ein Prozeß wechselt seinen Arbeitskatalog mit dem Systemaufruf **chdir()**:

```
NAME                                                        CHDIR(2)
       chdir() - Arbeitskatalog wechseln

SYNOPSIS
       int chdir(name) char * name;
```

Wie viele Systemaufrufe liefert auch **chdir()** den Funktionswert **0** bei Erfolg und **-1** im Fehlerfall. Besonders zu beachten ist, daß sich **chdir()** nur auf den Prozeß bezieht, der diesen Systemaufruf durchführt.

```
if (chdir(".."))
{        perror("..");
         return -1;
}
if (pwd())
         return -1;
```

Der letzte Aufruf von **pwd()** hat nun die Wurzel entdeckt, / ausgegeben, und als Resultatwert zu diesem Punkt hoffentlich das Resultat **0** geliefert.

An dieser Stelle der Ausführung von *pwd* ist die Wurzel der Arbeitskatalog unseres Prozesses, *"."* bezieht sich jetzt als Dateiname auf die Wurzel. In diesem, sozusagen vorletzten, Aufruf der Funktion **pwd()** enthält **buf** noch die Information über den Katalog, *aus dem* wir mit **chdir()** zur Wurzel übergewechselt sind und den letzten Aufruf von **pwd()** vorgenommen haben.

Ähnlich wie bei *ls* können wir jetzt den Katalog *"."*, also die Wurzel, durchsuchen und die Inode-Nummer finden, die auf den Katalog verweist, aus dem wir gekommen sind, die sich also in **buf.st_ino** befindet:

```
if ((fd = open(".", 0)) < 0)
{        perror(".");
         return -1;
}
while ((n = read(fd, & dir, sizeof dir)) == sizeof dir)
         if (dir.d_ino == buf.st_ino)
```

Bei dieser Inode-Nummer steht aber die Pfadkomponente, die von der Wurzel zum vorletzten Katalog führt. Wir können diese Pfadkomponente ausgeben und damit eigentlich die Aufgabe der Funktion **pwd()** erfüllen:

```
{        printf("%.*s/", DIRSIZ, dir.d_name);
         close(fd);
```

Dank **chdir()** befinden wir uns aber in der Wurzel. Damit die Rekursion korrekt zu Ende kommt, müssen wir wieder in den Arbeitskatalog zurückkehren, von dem aus wir zur Wurzel übergewechselt sind. **chdir()** bezieht sich auf den Prozeß, nicht etwa auf den Aufruf einer Funktion im Prozeß!

```
         chdir(dir.d_name);
         return 0;
}
```

Hier ist noch eine subtile Falle verborgen: In der **direct**-Struktur sind für die Pfad-komponente exakt **DIRSIZ** Zeichen reserviert. Ist der Name kürzer, wird er mit Null-zeichen aufgefüllt. Ist er aber **DIRSIZ** Zeichen lang, steht *kein* Nullzeichen am Schluß.[4] Wir rufen hier also möglicherweise **chdir()** auf mit einem Namen, der nicht korrekt abgeschlossen ist. In der Regel funktioniert dies, da Namen implizit nach **DIRSIZ** Zeichen abgebrochen werden. Wenn wir wirklich Pech haben, folgt aber der **direct**-Struktur im Speicher gerade ein /...

Denkpause 9.7 Korrigieren Sie dieses Problem. ▱▷

Zum Schluß bleiben noch die Fehler, die im Katalog entdeckt werden können:

```
if (n)
        if (n > 0)
                fputs(": Katalog defekt\n", stderr);
        else
                perror("");
else
        fputs(": Pfad unterbrochen\n", stderr);
close(fd);
return -1;
}
```

Wir könnten Verschnitt vorfinden, **read()** könnte beim Transfer Probleme entwickeln, und auch die Pfadkomponente kann verschwunden sein. Letzteres ist keine leere Drohung: löscht ein anderer Prozeß gerade den Teil der Dateihierarchie, in dem wir unseren Pfad verfolgen, kann dieser Fall eintreten. Sehr freundlich ist das von dem anderen Prozeß natürlich nicht.

9.5.3 Ausblick

Unsere Technik, mit **chdir()** zur Wurzel vorzustoßen, ist ein bißchen riskant: wie gerade erklärt wurde, können wir nicht sicher sein, daß wir auch wieder korrekt zurückfinden. In einem Prozeß, in dem Dateinamen ausgewertet werden müssen, die sich auf den ursprünglichen Arbeitskatalog beziehen können, sollte man **chdir()** erst verwenden, wenn diese Auswertung beendet ist.

Unser Verfahren hat aber noch einen prinzipiellen Fehler. In den Abschnitten 10.12.4 und 11.2 werden wir sehen, daß sich die Dateihierarchie über viele Dateisysteme erstrecken kann. Inode Nummern sind aber nur in bezug auf ein Dateisystem eindeutig. Um die Wurzel zu entdecken, müssen wir auch die Komponente **st_dev** in **buf** und **dbuf** beobachten, und beim Rückweg können wir beim Sprung von Dateisystem zu Dateisystem uns nicht nur auf **d_ino** verlassen, sondern wir müssen nochmals **stat()** für alle Pfadkomponenten **d_name** bemühen, um den richtigen Absprung zu finden.

---

[4] Man muß deshalb **d_name** immer mit **strncmp()** mit anderen Namen vergleichen und mit **%.*s** als Formatelement und **DIRSIZ** als maximaler Länge ausgeben.

Denkpause 9.8 Testen Sie unsere Version von *pwd* in einer Dateihierarchie, die mehrere Dateisysteme umfaßt. Korrigieren Sie den Algorithmus wie angedeutet. ✎▷

9.6   Arbeitskatalog und Suche nach Kommandos

9.6.1   Arbeitskatalog wechseln – "cd"

```
NAME                                                    CD(1)
        cd - Arbeitskatalog wechseln


SYNOPSIS
        cd [ dir ]
```

Mit dem Kommando *cd* kann man den Arbeitskatalog wechseln. Ist kein Argument angegeben, wird der Name des gewünschten Katalogs der Shell-Variablen **HOME** entnommen. Was dort steht kann man mit den Kommandos

```
$ set
```

oder

```
$ echo $HOME
```

feststellen; in der Regel ist **HOME** der Katalog, den man bei der Anmeldung zu einer Terminalsitzung erreicht.

cd ist sehr rasch implementiert:

```
#define USAGE    { fputs("cd [dir]\n", stderr); return 1; }
#include "main.h"

static int cd(name)
        register char * name;
{       register int result;

        if (result = chdir(name))
                perror(name);
        return result;
}

MAIN
{       register char * dir;

        OPT
        OTHER
                USAGE;
        ENDOPT
```

```
                switch (argc) {
                default:
                        USAGE;
                case 0:
                        if (! (dir = getenv("HOME")))
                                dir = ".";
                        break;
                case 1:
                        dir = *argv;
                }
                return cd(dir) != 0;
        }
```

9.6.2   Verdeckte Argumente – "getenv()"

Neu ist hier nur die Büchereifunktion **getenv()**:

```
    NAME                                               GETENV(3)
        getenv() - Wert aus dem Environment

    SYNOPSIS
        char * getenv(name) char.* name;
```

getenv() liefert den **text**, der zum Beispiel mit der Shell-Kommandozeile

```
    $ name='text'; export name
```

über die Shell-Variable **name** zur Verfügung gestellt wird. Auf diese Weise kann man übrigens einem Kommando verdeckt Argumente zuspielen, so wie dies hier bei *cd* geschieht. **HOME** wird nach Konvention bei der Anmeldung zu einer Terminalsitzung aus der Paßwortdatei */etc/passwd* initialisiert.

Denkpause 9.9 Implementieren Sie ein Kommando *show*, das bei einem Aufruf wie

```
    $ show HOME
```

das Offensichtliche tut. Wo liegt dann der Unterschied zwischen folgenden Kommandos:

```
    $ echo $HOME; show HOME; show $HOME
```

Denkpause 9.10 Untersuchen Sie jetzt folgende Aufrufe:

```
$ ( echo 1; name='text' show name
>   echo 2; name='text'; show name
>   echo 3; show name='text'
>   echo 4; show name='text' name
>   echo 5; ( set -k; eval show name='text' name )
>   echo 6; show name
>   echo 7; export name; show name
> )
```

Es ist wichtig, daß **name** bis dahin in der Shell nicht benutzt wurde, und daß Sie die Zeilen exakt in dieser Reihenfolge und direkt hintereinander eingeben. Eine Erklärung der 'Phänomene' führt hier zu weit, Sie können Sie aber aus sh(1) in [Bel82a] dechiffrieren. ➡️

9.6.3 Vererbungslehre – "system()"

Bei *cd* sollten wir allerdings die Pointe nicht vergessen:

```
$ pwd; ./cd /tmp; pwd
```

Beide Aufrufe von *pwd* zeigen den gleichen Arbeitskatalog!

Dies sollte aber nicht überraschen. Hier werden nacheinander drei Kommandos ausgeführt, entstehen also drei Prozesse. Der Systemaufruf **chdir()** wirkt nur auf den Prozeß, der ihn ausführt. Der zweite Aufruf des Kommandos *pwd* ist ein neuer Prozeß, der nichts von der Änderung des Arbeitskatalogs während der Ausführung des Kommandos *./cd* erfährt.

Der Arbeitskatalog gehört zu den Eigenschaften, die ein Prozeß an seine Abkömmlinge vererbt. Wir können dies hier schnell mit der Büchereifunktion **system()** nachprüfen.

```
NAME                                            SYSTEM(3)
      system() - Kommando ausfuehren lassen

SYNOPSIS
      int system(cmd) char * cmd;
```

system() erzeugt einen Prozeß, in dem eine Shell ausgeführt wird, die ihrerseits den in **cmd** enthaltenen Text interpretiert und ausführt. Im einfachsten Fall ist dieser Text ein Kommando. Die volle Funktionalität der Shell steht aber zur Verfügung. Als Resultat liefert **system()** normalerweise den bei **exit()** oder als Funktionswert von **main()** übergebenen Wert des letzten Kommandos, das diese Shell ausgeführt hat.

Für unseren Test fügen wir

```
system("pwd");
```

unmittelbar vor **return** in der Funktion **cd()** ein. Wenn wir jetzt

```
$ ./cd /tmp
```

aufrufen, sehen wir aus der Ausgabe von *pwd*, daß *./cd* den Arbeitskatalog tatsächlich gewechselt hat, und daß dieser Arbeitskatalog an den von **system()** erzeugten Prozeß und von da weiter an *pwd* übergeben wurde. Ein direkter Aufruf von *pwd* zeigt natürlich noch den ursprünglichen Arbeitskatalog.

9.6.4   Ausblick – "sh" und "PATH"

Wie funktioniert *cd* nun wirklich? Während die Shell die meisten Programme in separaten Prozessen zur Ausführung bringt, ist dies bei *cd* offensichtlich nicht möglich. *cd* ist ein Kommando, das im Shell-Prozeß selbst ausgeführt wird, im Wesentlichen so wie hier besprochen. Durch *cd* ändert sich also der Arbeitskatalog der Shell. Dieser wird dann an die Prozesse vererbt, die die Shell erzeugt, und dadurch entsteht der globale Effekt, daß das Kommando *cd* den Arbeitskatalog wechselt.

Denkpause 9.11 Die Dateinamen **cd** und **./cd** sind äquivalent. Warum mußten wir bei unseren Versuchen

```
$ ./cd
```

aufrufen? ⇒

Es gibt eine Shell-Variable **PATH**, die eine Liste von Katalogen enthält, in denen nach Kommandos gesucht wird.

```
$ echo $PATH
```

zeigt typischerweise

```
.:/bin:/usr/bin
```

das heißt, Kommandos werden zuerst im Arbeitskatalog . gesucht[5] und erst anschließend in den öffentlichen Katalogen */bin* und */usr/bin*. Das ist zwar nicht effizient – meistens werden öffentliche Kommandos ausgeführt – aber nur so können wir öffentliche Kommandos transparent durch gleichnamige eigene Kommandos ersetzen.

Denkpause 9.12 Setzen Sie

```
$ PATH=''; export PATH
```

und rufen Sie dann zum Beispiel *date* auf. ⇒

Denkpause 9.13 Ändern Sie **PATH** so daß Kommandos *zuletzt* im Arbeitskatalog gesucht werden. Wie muß man jetzt zum Beispiel ein privates *pwd*-Kommando aufrufen? Wie macht man das, wenn man den Arbeitskatalog nicht kennt, wenn die Technik also in bezug auf einen beliebigen Katalog als Arbeitskatalog funktionieren soll? ⇒

---

[5] . ist nicht notwendig in **PATH**. Eine leere Angabe genügt.

9.7 Kataloge manipulieren – "mkdir" und "rmdir"

9.7.1 Funktionsbeschreibung

```
NAME                            MKDIR(1), RMDIR(1)
    mkdir - Katalog anlegen
    rmdir - Katalog entfernen

SYNOPSIS
    mkdir dir...
    rmdir dir...
```

mkdir erzeugt Kataloge und *rmdir* entfernt sie. In einem Schritt erzeugt *mkdir* allerdings immer nur einen Katalog, am Ende des angegebenen Pfads, und eine Datei dieses Namens darf noch nicht existieren. *rmdir* entfernt einen Katalog nur dann, wenn er leer ist, das heißt, wenn er nur noch die Pfadkomponenten . und .. enthält.

9.7.2 Pfadmassage

Es wird sich zeigen, daß wir für *mkdir* einen Pfad zerlegen müssen, wir benötigen nämlich den Pfad zum übergeordneten Katalog. Die offensichtliche Lösung, /.. an den Pfad anzuhängen, ist nicht möglich, da ja der komplette Pfad noch nicht existieren darf. Die Lösung des Problems führt auch noch zu einer zweiten nützlichen Funktion:

```
NAME                                    BASENAME, DIRNAME
    basename() - letzte Komponente eines Pfads
    dirname() - Pfad zum Katalog, dynamisch gespeichert

SYNOPSIS
    char * basename(name) char * name;
    char * dirname(name) char * name;
```

Bei den Funktionen müssen wir berücksichtigen, daß UNIX eine ziemlich lässige Einstellung in bezug auf 'überzählige' Trenner in Pfaden hat. Betrachten wir zuerst **basename()**:

```
#define NAMESEP '/'

char * basename(name)              /* letzte Pfadkomponente */
        register char * name;
{       register char * cp = name + strlen(name);

        while (cp > name && cp[-1] == NAMESEP)
                -- cp;
```

```
          while (cp > name && cp[-1] != NAMESEP)
                  -- cp;
          return cp;
  }
```

Ausgehend vom Ende des übergebenen Namens gehen wir zurück zum Anfang und überlesen zunächst überzählige Trenner am Schluß. Die zweite **while**-Schleife führt dann an einer Pfadkomponente vorbei. Ein leerer Name wird auch als leere Pfadkomponente geliefert.

dirname() ist komplizierter. Vom Anfang des übergebenen Pfads wollen wir einen Teil liefern. Den Pfad selbst können wir nicht modifizieren, wir müssen als Resultat wohl eine dynamisch gespeicherte Zeichenkette liefern. Das Problem der dynamischen Speicherung einer gewissen Anzahl von Zeichen lösen wir separat:

```
          static char * strnsave(s, n)    /* Zeichen dynamisch speichern */
              char * s;
              int n;
  {           char * calloc(), * strncpy();
              register char * cp = calloc(n+1, 1);

              return cp? strncpy(cp, s, n): cp;
  }
```

strnsave() liefert einen Nullzeiger, oder einen Zeiger auf die dynamisch gespeicherte Zeichenkette.

dirname() ist jetzt fast kein Problem mehr. **basename()** stellt fest, wo die letzte Komponente eines Pfads beginnt. Davor kann sich eine Folge von Pfadtrennern befinden. **strnsave()** kann die dieser Folge im Pfad vorausgehenden Zeichen dynamisch speichern. Nur die Sonderfälle müssen sorgfältig durchdacht werden: besteht der Pfad nur aus **basename()**, muß **dirname()** den Arbeitskatalog als Resultat liefern; enthält der Pfad nur Pfadtrenner und **basename()**, ist die Wurzel das gesuchte Resultat.

```
          static char * dirname(name)     /* Pfad zum Katalog */
              register char * name;
  {           register char * cp = basename(name);

              while (cp > name && cp[-1] == NAMESEP)
                  -- cp;
              return cp == name?
                  strnsave(*cp == NAMESEP? cp: ".", 1)
                  : strnsave(name, cp-name);
  }
```

Ob man am Schluß verschiedene **if**-Anweisungen oder wie hier Auswahloperatoren verwendet, ist eine Geschmacksfrage. Die Auslagerung von Teilproblemen in separate Funktionen empfiehlt sich aber unbedingt. Funktionsaufrufe sind in C nicht mit großem Aufwand zur Laufzeit verbunden. Durch Verpackung in kleine Funktionen kann man sich jeweils auf ein kleines Problem auf einmal konzentrieren.

9.7.3   Ein neuer Katalog – "mknod()" und "link()"

Das Hauptprogramm für *mkdir* ist nicht gerade überraschend:

```
#define USAGE   fatal("mkdir dir...")
#include "main.h"

MAIN
{       int result = 0;

        OPT
        OTHER
                USAGE;
        ENDOPT
        if (! argc)
                USAGE;

        do
                result |= mkdir(*argv);
        while (++argv, --argc);

        return result != 0;

}
```

Wenn man den Funktionsnamen **mkdir()** austauscht, eignet es sich auch gleich für *rmdir*.

Überraschend ist jedoch, wie ein neuer Katalog tatsächlich erzeugt wird. Es gibt nämlich keinen Systemaufruf **mkdir()**! Statt dessen muß man eine Katalog-Inode erzeugen und anschließend die reservierten Pfadkomponenten . und .. eintragen. Dazu dienen folgende Systemaufrufe:

```
NAME                                    LINK(2), MKNOD(2)
        link() - Datei mehrfach benennen
        mknod() - Inode erzeugen

SYNOPSIS
        int link(name, newname)
        int mknod(name, mode, addr)

        char * name, * newname; int mode, addr;
```

link() trägt in die Dateihierarchie einen zusätzlichen Namen **newname** für die durch **name** erreichbare Inode ein. In der Inode wird außerdem notiert, daß ein weiterer Pfad zu ihr führt. Man sieht dies daran, daß der Wert der Komponente **st_nlink** bei einem Aufruf von **stat()**, die sogenannte *link*-Zahl, dann entsprechend größer ist.

Da Inode-Nummern bekanntlich nur in bezug auf ein Dateisystem eindeutig sind, müssen sich der Katalog **dirname(newname)**, in den **newname** letztlich eingetragen wird, und die durch **name** definierte Inode natürlich im gleichen Dateisystem befinden.

mknod() ist ein sehr mächtiger Systemaufruf: In dem durch **dirname(name)** definierten Dateisystem wird eine freie Inode reserviert und mit **name** verknüpft. **mode** wird *ohne Prüfung* für Typ und Schutz der Inode eingetragen, definiert also vollständig, was bei einem Aufruf von **stat()** anschließend als **st_mode** geliefert wird. Durch geeignete Wahl von **mode** kann man Kataloge, Dateien oder andere Arten von Inodes erzeugen.

addr sollte bei Katalogen und Dateien unbedingt den Wert **0** besitzen. Bei Inodes für Geräte, den sogenannten *special files*, definiert **addr** den Wert, den **stat()** später als **st_rdev** liefert, also die Nummer mit der das neue Gerät dann im Betriebssystem intern angesprochen wird. Wir werden auf diesen Punkt im Abschnitt 10.14.2 zurückkommen.

link() und **mknod()** liefern **0** bei Erfolg und **-1** im Fehlerfall.

Mit **mknod()** und **link()** können wir einen neuen Katalog erzeugen und entsprechend initialisieren:

```
#include <sys/types.h>
#include <sys/stat.h>

static int mkdir(name)          /* Katalog anlegen */
        register char * name;
{       char * calloc(), * strcat(), * strcpy();
        int result = -1;
        char * buf = calloc(strlen(name) + sizeof "/..", 1);
        char * dir = dirname(name);

        if (! *name)
                fputs("mkdir: leerer Name\n", stderr);
        else if (! buf || ! dir)
        {       fputs(name, stderr);
                fputs(": kein Platz\n", stderr);
        }
        else if (mknod(name, S_IFDIR | 0755, 0))
                perror(name);
```

Eigentlich sollten wir nicht nur einen leeren Namen verbieten, sondern auch verhindern, daß die reservierten Namen . und .. verwendet werden. Dies erübrigt sich aber, da für existente Kataloge auch diese Einträge bereits existieren und **mknod()** verlangt, daß **basename(name)** noch nicht vorhanden ist.

Damit aus der neuen Inode ein Katalog wird, definieren wir ihre **mode** natürlich als **S_IFDIR**, bezogen aus der Definitionsdatei *sys/stat.h*. **0755** ist der übliche Zugriffsschutz für neue Kataloge.

Die Katalog-Inode existiert. Jetzt müssen wir noch die reservierten Pfadkomponenten eintragen:

```
        else if (link(name, strcat(strcpy(buf, name), "/.")))
        {       perror(buf);
                unlink(name);
        }
        else if (link(dir, strcat(buf, ".")))
        {       perror(dir);
                buf[strlen(buf)-1] = '\0';
                unlink(buf);
                unlink(name);
        }
        else
                result = 0;
        if (buf)
                free(buf);
        if (dir)
                free(dir);
        return result;
}
```

Dabei ist sehr wichtig, daß wir keine Trümmer hinterlassen, falls einer der Aufrufe von **link()** etwa nicht funktioniert.

Der erste Aufruf von **link()** definiert **name/.** als zusätzlichen Pfad, der zu der von **name** beschriebenen Inode führt. Dies erklärt, warum die *link*-Zahl eines Katalogs immer wenigstens **2** ist.

Der zweite Aufruf von **link()** definiert **name/..** als zusätzlichen Pfad, der zu der von **dirname(name)** beschriebenen Inode führt. Dies erklärt, warum die *link*-Zahl eines Katalogs die Anzahl der im Katalog eingetragenen Kataloge plus eins beträgt.

Denkpause 9.14 Ein ganz bestimmter Katalog hat möglicherweise eine größere *link*-Zahl. Welcher? Warum? ☞

9.7.4   Ein Katalog wird entfernt – ″unlink()″

Der Systemaufruf **unlink()** macht die Aktion von **link()** rückgängig:

```
NAME                                         UNLINK(2)
     unlink() - Dateinamen loeschen

SYNOPSIS
     int unlink(name) char * name;
```

Aus **dirname(name)** entfernt **unlink()** den Eintrag, der zu der von **name** beschriebenen Inode führt. Gleichzeitig wird in dieser Inode notiert, daß jetzt ein Pfad
weniger zu ihr führt. Wird die Inode dadurch unerreichbar, das heißt, führen keine
Pfade mehr zu ihr, ist also ihre *link*-Zahl null, wird sie und die mit ihr verknüpfte Datenmenge im Dateisystem zur Wiederverwendung freigegeben, 'die Datei wird gelöscht'.

Besteht noch eine Dateiverbindung von einem Prozeß zu einer Inode ohne Namen,
wird die Inode erst freigegeben, wenn die Dateiverbindung gelöst wird. Man darf also eine Datei löschen, während sie noch mit dem eigenen oder einem fremden Prozeß verbunden ist! Wir sahen im Abschnitt 8.7.6, daß auf diese Weise bei UNIX eine
temporäre Datei zuverlässig beim Abbruch eines Prozesses beseitigt werden kann.

Auch **unlink()** liefert **0** bei Erfolg und **-1** im Fehlerfall.

rmdir ist nicht gerade die einfachste Anwendung für **unlink()**: Zuerst müssen wir
feststellen, ob der Katalog leer ist, das heißt, ob er nur noch die reservierten Pfadkomponenten . und .. enthält. Nur wenn dies der Fall ist, dürfen wir die Pfade zum Katalog mit **unlink()** entfernen und dadurch den Katalog löschen. Dies muß auch in
der richtigen Reihenfolge geschehen!

Die nötigen Prüfungen überlassen wir einer Funktion **empty()**, die den Wert **0** liefern
soll, wenn der Katalog nicht gelöscht werden kann. **empty()** ist auch für entsprechende Fehlermeldungen zuständig. **rmdir()** ist dann relativ leicht zu formulieren:

```
int rmdir(name)                    /* Katalog loeschen */
        register char * name;
{       char * calloc(), * strcat(), * strcpy();
        int result = -1;
        char * buf = calloc(strlen(name) + sizeof "/..", 1);

        if (! name || ! *name)
                fputs("rmdir: leerer Name\n", stderr);
        else if (! buf)
        {       fputs(name, stderr);
                fputs(": kein Platz\n", stderr);
        }
        else if (! empty(name))
                ;
```

Sind wir bis zu diesem Punkt gekommen, kann der Katalog beseitigt werden. Der Reihe nach müssen wir jetzt **name/.**, also den Pfad vom Katalog zum Katalog selbst, **name/..**, also den Pfad vom Katalog zu **dirname(name)**, und schließlich **name**, den verbleibenden Pfad zum Katalog entfernen. Eine gewisse Verzweiflung sollte sich ausbreiten, wenn wir dies nicht insgesamt schaffen – dann haben wir nämlich gerade die Dateihierarchie ein bißchen lädiert!

```
        else if (unlink(strcat(strcpy(buf, name), "/."))
                || unlink(strcat(buf, "."))
                || unlink(name))
            perror(name);
        else
            result = 0;
        if (buf)
            free(buf);
        return result;
}
```

empty(): auf welche bösen Ideen kann denn ein Benutzer kommen? Der Katalog kann noch Pfadkomponenten enthalten. Um dies festzustellen, müssen wir den Katalog ähnlich wie bei *ls* und *pwd* durchsuchen. Dazu müssen wir ihn mit **open()** für Lesezugriff verbinden – dabei klärt sich schon die Frage, ob der gewünschte Pfad überhaupt existiert:

```
#include <sys/types.h>
#include <sys/dir.h>
#include <sys/stat.h>

static int empty(name)          /* != 0: man darf abraeumen */
        register char * name;
{       int result = 0;
        int n;
        Fd fd;
        Direct dir;
        Stat buf;

        if ((fd = open(name, 0)) < 0
```

Existiert der Pfad, führt er vielleicht nicht zu einem Katalog? Da wir die Datei bereits eröffnet haben, können wir dem Betriebssystem Aufwand sparen, wenn wir hier die Datei-Information mit **fstat()** für den Filedeskriptor holen:

```
                || fstat(fd, & buf))
            perror(name);
        else if (! isdir_(buf.st_mode))
        {       fputs(name, stderr);
        {       fputs(": kein Katalog\n", stderr);
```

Ganz unfreundliche Benutzer entfernen vielleicht gern die Wurzel des Dateisystems? Daran anschließend wäre die Platte nicht mehr zu gebrauchen:

```
else if (buf.st_ino == ROOT)
{       fputs(name, stderr);
        fputs(": Wurzelkatalog\n", stderr);
}
```

ROOT soll die Inode-Nummer der Wurzel sein. Diese Nummer ist leider nicht unbedingt portabel, manche UNIX Systeme verwenden Inode 1 als Wurzel, andere verwenden Inode 2. Betrachtet man [Bel82a] als Standard, muß man **ROOT** mit Wert **2** definieren.

Nach diesen Vorbemerkungen können wir untersuchen, ob der Katalog tatsächlich leer ist:

```
else
{       while ((n=read(fd,&dir,sizeof dir))==sizeof dir)
            if (dir.d_ino
                && strcmp(dir.d_name, ".")
                && strcmp(dir.d_name, ".."))
                    break;
        if (n == 0)
            result = 1;
```

Falls wir so ohne Verschnitt das Ende des Katalogs erreichen, kann er gelöscht werden. Sonst ist der Katalog wohl nicht leer. In jedem Fall müssen wir zum Schluß den Filedeskriptor wieder freigeben – das kann eigentlich nicht mehr mißlingen:

```
        else
        {       fputs(name, stderr),
                fputs(": nicht leer\n", stderr);
        }
}
if (close(fd))
        result = 0;
return result;
}
```

9.7.5   Ausblick – Ritchie's Patent

mkdir und *rmdir* sind Kommandos, die gewöhnliche Benutzer durchaus häufig verwenden. Wir haben aber gesehen, daß ihre Implementierung durch die Verwendung von **mknod()** und die Manipulation der reservierten Pfadkomponenten . und .. mit **link()** und **unlink()** beachtlichen Spielraum für Fehler läßt, die die Dateihierarchie gefährden.

Man muß deshalb ein ausgezeichneter Benutzer, der sogenannte *Super-User* sein, wenn man **mknod()** überhaupt, und **link()** und **unlink()** in bezug auf Kataloge ausführen will. Tatsächlich erzwingt nur diese Einschränkung der Systemaufrufe zusammen mit der Architektur der Kommandos *mkdir* und *rmdir*, daß die Dateihierarchie ein Baum ist und daß die reservierten Pfadkomponenten immer existieren. Aus der Sicht des Betriebssystems darf die Dateihierarchie beliebig konstruiert werden. Nur gewisse Dienst- und vor allem Pflegeprogramme profitieren davon, daß die Kataloge einen Baum bilden.

Muß man Super-User werden um Kataloge manipulieren zu dürfen? Ja – für die Ausführung der Systemaufrufe, aber erfreulicherweise doch trotzdem nein – für die Benutzung der Shell, also eine Sitzung am Terminal. Durch einen Trick bei Besitzverhältnissen und Zugriffsrechten von Inodes, auf den Dennis Ritchie ein Patent besitzt, kann die *Ausführung* eines Programms auch dann für den Super-User erfolgen, wenn diese Ausführung von einem weniger privilegierten Benutzer eingeleitet wird, siehe Abschnitt 9.10.3.

mkdir und *rmdir* sind derart bevorzugte Programme. Will ein normaler Benutzerprozeß Kataloge manipulieren, kann er das nicht einfach tun, indem er die hier beschriebenen Funktionen als Unterprogramme aufruft. Er muß statt dessen die öffentlichen Kommandos als Prozesse ablaufen lassen, um temporär in den Genuß der entsprechenden Privilegien zu kommen.

Es ist hoffentlich klargeworden, daß Programme wie diese extrem sorgfältig konstruiert werden müssen, weil sonst die Konsistenz des gesamten Systems gefährdet ist. Im vorliegenden Fall wäre es zum Beispiel sehr ärgerlich, wenn ein *mkdir*- oder *rmdir*-Prozeß gerade in dem Moment abgebrochen würde, wenn nur ein Teil der nötigen Pfade existiert. Bei dem Verfahren ist eigentlich auch nicht ganz sicher, daß die reservierten Pfadkomponenten . und .. wirklich die ersten beiden Einträge in einem Katalog belegen. Wir werden im Abschnitt 12.2.8 sehen, wie man einigermaßen verhindert, daß ein Prozeß abgebrochen werden kann.

Denkpause 9.15 Schreiben Sie zwei Funktionen **mkdir()** und **rmdir()**, die die Leistung der hier besprochenen Funktionen für einen normalen Benutzer erbringen. ✏

Denkpause 9.16 Die Funktionen sollten auch dann funktionieren, wenn der Benutzer seine eigenen Kommandos ebenfalls *mkdir* und *rmdir* nennt! ✏

9.8   Dateinamen löschen – "rm"

9.8.1   Funktionsbeschreibung

```
NAME                                              RM(1)
      rm - Dateinamen loeschen

SYNOPSIS
      rm [ -r ] name...
```

Mit *rm* löscht man Dateinamen. Wie früher besprochen, werden auch die Inode und der im Dateisystem beanspruchte Platz freigegeben, wenn der letzte Name gelöscht wird, der zur Inode führt, und wenn keine Dateiverbindung zur Inode mehr besteht.

Normalerweise löscht *rm* keine Kataloge. Die Option **−r** veranlaßt, daß für einen Katalog als Kommandoargument rekursiv der Katalog mit seinem gesamten Unterbaum gelöscht wird.

9.8.2 Realisierung

Das Hauptprogramm ist wieder nur eine kleine Variation zum üblichen Thema:

```
#define USAGE   fatal("rm [-r] name...")
#include "main.h"

static char rflag;                  /* != 0: rekursiv */

MAIN
{       int result = 0;

        OPT
        ARG 'r':
                rflag = 1;
        OTHER
                USAGE;
        ENDOPT
        if (! argc)
                USAGE;

        do
                result |= rm(*argv);
        while (++argv, --argc);

        return result != 0;
}
```

Auch die Funktion **rm()**, die eine Datei und möglicherweise den Unterbaum eines Katalogs löschen muß, ist mit den früher besprochenen Techniken leicht zu realisieren. Wir verwenden auch hier wieder unsere eigenen Typnamen.

```
#include <sys/types.h>
#include <sys/dir.h>
```

```
static int rm(name)
        char * name;
{       char * calloc(), * strcat(), * strncat(), * strcpy();
        long lseek();
        Fd fd;
        char * buf;
        Direct dir;

        if (rflag && strcmp(name, "..") == 0)
        {       fputs("'..' bitte nicht entfernen\n", stderr);
                return -1;
        }
```

Diese Abwehrmaßnahme ist üblich, denn ein Aufruf wie

```
$ rm .*
```

hat sonst unter Umständen böse Konsequenzen für andere, nichtsahnende Benutzer, während in Wirklichkeit wohl nur die für *ls* unsichtbaren Dateien gemeint waren, siehe Abschnitt 9.4.1.

Als nächstes müssen wir klären, ob ein Katalog gelöscht werden soll. Auch der Super-User benützt *rm*: wir können uns also nicht etwa darauf verlassen, daß der Systemaufruf **unlink()** automatisch verhindert, daß ein Katalog unbefugt oder auch nur unabsichtlich gelöscht wird. Wir können hier wieder die im Abschnitt 9.4.3 für *ls* entwickelte Funktion **isdir()** einsetzen:

```
switch (isdir(name)) {
case -1:                    /* Datei existiert nicht */
        perror(name);
        return -1;
case 0:                     /* Datei */
        if (unlink(name))
        {       perror(name);
                return -1;
        }
        return 0;
}                           /* Katalog */
```

Soll wirklich eine Datei gelöscht werden, rufen wir **unlink()** auf. Einen Katalog bearbeiten wir nur, wenn die Option **−r** angegeben wurde:

```
if (! rflag)
{       fputs(name, stderr);
        fputs(": Katalog\n", stderr);
        return -1;
}
```

```
if (! (buf = calloc(strlen(name) + 1 + DIRSIZ + 1, 1)))
{       fputs(name, stderr);
        fputs(": kein Platz\n", stderr);
        return -1;
}
if ((fd = open(name, 0)) < 0
    || lseek(fd, 2L * sizeof dir, 0) == -1L)
{       perror(name);
        free(buf);
        return -1;
}
while (read(fd, & dir, sizeof dir) == sizeof dir)
        if (dir.d_ino)
        {       strcpy(buf, name);
                strcat(buf,"/");
                strncat(buf, dir.d_name, DIRSIZ);
                rm(buf);
        }
close(fd);
free(buf);
```

In der üblichen Weise durchlaufen wir den Katalog und löschen rekursiv mit Hilfe von **rm()** alle Dateinamen, die wir entdecken, und zum Schluß auch noch den Katalog selbst.

```
        return rmdir(name);
}
```

Den Katalog selbst lassen wir vom Kommando *rmdir* entfernen – die hier verwendete Funktion **rmdir()** wurde in Denkpause 9.15, natürlich mit Hilfe der Büchereifunktion **system()**, entwickelt. Das Resultat von *rmdir* entscheidet über den Erfolg der Funktion **rm()** für einen Unterbaum.

9.8.3 Ausblick

Die 'offizielle' Fassung von *rm* ist aufwendiger konstruiert. Sie verfügt über zwei weitere Optionen: −**i** (interactive) fragt für jede Datei an, ob sie wirklich gelöscht werden soll; −**f** (force) unterdrückt sämtliche Anfragen.

Der wesentliche Unterschied aber ist folgender: um einen Dateinamen zu löschen benötigt man Schreibzugriff auf den übergeordneten Katalog, nicht aber auf die Datei selbst! Dies bedeutet aber, daß eine schreibgeschützte Datei von ihrem Besitzer, oder sogar *von jedem anderen Benutzer* problemlos gelöscht werden kann, wenn eben nur der übergeordnete Katalog nicht gegen den notwendigen Schreibzugriff geschützt ist. In dieser Beziehung ist **unlink()** ein relativ gefährlicher Systemaufruf in der Hand entsprechend unmotivierter Benutzer.

Um dieser Gefahr zu begegnen, untersucht die offizielle Fassung von *rm* mit einem **stat()**-Aufruf den Zugriffsschutz der Datei, deren Name gelöscht werden soll. Ist Schreibzugriff auf die Datei für denjenigen nicht erlaubt, der gerade die Datei löschen will, fragt *rm* an, ob die gewünschte Aktion trotzdem durchgeführt werden soll. Dadurch ist eine gewisse Sicherheit gegen unbeabsichtigtes Löschen von Dateien gegeben, die man – vielleicht in Unkenntnis der wirklichen Sachlage – gegen Schreibzugriff geschützt hat und damit sicher glaubt. Die Option **–f** unterdrückt genau diese Nachfrage und kleine Tippfehler wie

```
$ rm -f *
```

statt

```
$ rm -i *
```

oder gar

```
$ rm -f * .o
```

statt

```
$ rm -f *.o
```

haben dann die großen Wirkungen, die Norman [Nor81a] mit einer gewissen Berechtigung bemängelt hat.

Denkpause 9.17 Die Option **–i** ist leicht zu installieren. Praktisch ist, wenn man die Anfrage nicht nur mit **y** und **n** für den Einzelfall, sondern auch etwa mit **a** *ab jetzt alle* oder **q** *quit* (in Anlehnung an den Editor) beantworten kann. ☞

Denkpause 9.18 Kahlschläge hat der Benutzer oft nicht so gemeint. In Ulm haben wir *rm* so modifiziert, daß die Option **–i** *implizit* angenommen wird, wenn entweder 'viele' Argumente oder 'große' Dateien gelöscht werden sollen. ☞

Denkpause 9.19 Bei manchen Systemen, zum Beispiel beim Apple MacIntosh, wird jeweils die *letzte* gelöschte Datei noch in einem 'Mülleimer' aufbewahrt, aus dem sie zurückgeholt werden kann. Dies entspricht der Möglichkeit im Editor, die letzte Zeilenänderung rückgängig zu machen. Man könnte etwa bei jedem Aufruf von *rm* aus den zu löschenden Dateien einen neuen Katalog *muell* bilden, der zum Beispiel bei **HOME** angelegt wird und dort seinen jeweiligen Vorgänger ersetzt. ☞

9.9   Kopieren und verlagern – "cp", "ln" und "mv"

9.9.1   Funktionsbeschreibung

cp kopiert Dateien. Ist das Ziel eine existente Datei, erhält sie einen neuen Inhalt und ihre Inode, also Besitzverhältnisse, zusätzliche Namen und Zugriffsschutz, bleibt erhalten. Existiert das Ziel nicht, wird eine entsprechende neue Datei erzeugt. Ist das Ziel ein Katalog, können viele Dateien kopiert werden; sie werden in dem Katalog unter ihren 'Nachnamen', unter ihren letzten Pfadkomponenten, angelegt.

```
    NAME                                CP(1), LN(1), MV(1)
         cp - Datei kopieren
         ln - Datei mehrfach benennen
         mv - Datei verlagern oder umbenennen

    SYNOPSIS
         cp old new         ln old           mv old new
         cp old... dir      ln old new       mv old... dir
                            ln old... dir
```

ln gibt einer Datei einen zweiten Namen. Ist nur ein Argument vorhanden, wird der Nachname der Datei in den Arbeitskatalog eingetragen. In der 'offiziellen' Fassung erlaubt *ln* nur ein oder zwei Argumente und der neue Name darf noch nicht existieren. Es setzt sich aber durch, daß *ln* wie *mv* und *cp* auch mehrere Dateien mit einem Zielkatalog verknüpft, und daß *ln* das Ziel zuerst löscht, falls es schon existiert.

mv benennt eine Datei um. Ist als Ziel ein Katalog angegeben, können viele Dateien angegeben werden; als neue Namen erhalten sie dann ihre Nachnamen eingetragen in den angegebenen Katalog. Liegt das gewünschte Ziel nicht im gleichen Dateisystem wie die ursprüngliche Datei, wird kopiert. Hat die ursprüngliche Datei mehrere Namen, geht die Beziehung der Kopie zu diesen Namen natürlich verloren.

cp beachtet den Schreibschutz einer Zieldatei, denn *cp* versucht ja in diesem Fall, neue Daten in die existente Datei zu schreiben. *mv* löscht eine existente Zieldatei, verhält sich dabei aber wie *rm*, das heißt, wenn die Zieldatei selbst schreibgeschützt ist, wird angefragt, ob sie wirklich ersetzt werden soll.

Denkpause 9.20 Die folgenden zwei Kommandozeilen haben zwar den gleichen Effekt – anschließend gibt es jeweils zwei Kopien der *information* – aber in bezug auf Besitzverhältnisse und Pfade unterscheiden sie sich:

```
$ rm -rf neu; cp information neu
$ rm -rf neu; mv information neu; cp neu information
```

Wo liegt der Unterschied? ➡

9.9.2 Hauptprogramm

Die drei Kommandos sind sich so ähnlich, daß wir sie mit einem einzigen Programm realisieren. Wir lassen die Problematik von Besitzverhältnissen und Schutzrechten außer acht.

```
static usage(cmd)
        register char * cmd;
{
        fputs(cmd, stderr);
        fputs(" old new\n   old... dir\n", stderr);
```

```
        if (*cmd == 'l')
                fputs("  old\n", stderr);
        fatal(0);
}
```

Alle drei Kommandos werden beinahe gleich aufgerufen. Der kleine Unterschied drückt sich darin aus, daß wir jetzt unsere Gebrauchsanweisung als Prozedur formulieren.

```
#define USAGE    usage(cmd)
#include "main.h"

MAIN
{       char * cmd;
        char * dir = (char *) 0;
        int (* fun)(), result = 0;

        cmd = basename(argv[0]);
        switch (cmd[0]) {
        default:
                fun = cp;
                break;
        case 'l':
                fun = ln;
                break;
        case 'm':
                fun = mv;
        }
```

An **main()** wird vor den Kommandoargumenten bekanntlich auch der Name übergeben, unter dem das Kommando aufgerufen wurde. Aus dem Kommandonamen, genauer gesagt aus seiner letzten Pfadkomponente, bestimmen wir die Aktion, die der Aufruf des Kommandos vornehmen soll. **cmd** zeigt anschließend auf den Kommandonamen – dies wird in **usage()** ausgenutzt – und der Funktionszeiger **fun** verweist auf die elementare Funktion, die später ausgeführt werden soll. **cp()**, **ln()** und **mv()** müssen an diesem Punkt des Programmtexts natürlich schon als Funktionen vereinbart sein, denn diese Verwendung der Namen deklariert sie nicht implizit als Funktionsnamen.

Strenggenommen müßten wir den Kommandonamen wesentlich genauer überprüfen. Bei derartigen Kommandos gehen wir in der Regel davon aus, daß sie korrekt installiert, also nur unter vernünftigen Namen in der Dateihierarchie angeordnet sind. Eine derartige Annahme ist nicht unbedingt berechtigt, denn ein Benutzer könnte mit *ln* eigene Namen für die öffentlichen Kommandos eintragen. Kommandos, die ihre Aktionen vom aufgerufenen Namen ableiten, sind dadurch potentiell höchst gefährlich. Wir haben hier in gewisser Hinsicht vorgesorgt, denn **cp** als **default**-Aktion ist immerhin noch am wenigsten destruktiv.

Unsere Kommandos haben zwar keine Optionen, aber je nach der Zahl der übrigen Argumente müssen wir einige Prüfungen vornehmen:

```
OPT
OTHER
         USAGE;
ENDOPT

switch (argc) {
case 1:
        if (fun == ln)
        {       dir = ".";
                break;

        }
case 0:
        USAGE;
case 2:
        if (! *argv[1])
                fatal("leerer Zielname");
        if (isdir(argv[1]) == 1)
                dir = argv[--argc];
        break;
default:
        dir = argv[--argc];
        if (! *dir)
                fatal("leerer Zielname");
        switch (isdir(dir)) {
        case -1:
                perror(dir), fatal(0);
        case 0:
                fatal("%s: kein Katalog", dir);
        }
        break;
}
```

Nur *ln* kann mit einem Argument aufgerufen werden. In diesem Fall verwenden wir den Arbeitskatalog als Ziel. Sind zwei Argumente angegeben, kann das zweite auch ein Katalog sein. Werden die Kommandos mit mehr als zwei Argumenten aufgerufen, muß das letzte davon ein Katalog sein. Wir überprüfen dies jeweils mit der im Abschnitt 9.4.3 entwickelten Funktion **isdir()**. Als Ziel sollte auch kein leerer Name angegeben werden können.

Sind wir bis hierher gekommen, ist **dir** ein Nullzeiger, wenn kein Zielkatalog ins Spiel kommt. Andernfalls bezeichnet **dir** den Zielkatalog, und **argv[]** enthält in den Elementen **0** bis **argc-1** die betroffenen Dateinamen. Die eigentliche Arbeit überlassen wir jetzt besser zwei neuen Funktionen **dodir()** und **dofile()**:

```
            if (dir)
                    do
                            result |= dodir(fun, *argv, dir);
                    while (++argv, --argc);
            else
                    result = dofile(fun, argv[0], argv[1]);

            return result != 0;
}
```

dodir() muß aus einem Dateinamen und einem Katalognamen den Namen der Zieldatei konstruieren. Dabei verwenden wir wieder die im Abschnitt 9.7.2 entwickelte
Funktion **basename()**. Auch hier sollten wir sicherstellen, daß kein leerer Name
konstruiert werden kann. Für die eigentliche Arbeit ist dann auch hier **dofile()** zuständig.

```
#define NAMESEP '/'

static int dodir(fun, file, dir)
        int (* fun)();
        char * file;
        char * dir;
{       char * calloc();
        char * cp = basename(file);
        char * buf;
        int result = -1;

        if (! *file || *file == NAMESEP)
                fputs("leerer Name\n", stderr);
        else if (buf = calloc(strlen(dir)+1+strlen(cp) + 1, 1))
        {       strcpy(buf, dir);
                strcat(buf, "/");
                strcat(buf, cp);
                result = dofile(fun, file, buf);
                free(buf);
        }
        else
        {       fputs(file, stderr);
                fputs(": kein Platz fuer Dateiname\n", stderr);
        }
        return result;
}
```

9.9.3 Ist sie's oder ist sie's nicht?

Langsam vereinfacht sich unsere Aufgabe. **dofile()** ist für zwei Dateinamen zuständig. Vom zweiten Namen wissen wir bereits, daß er nicht leer ist und auch nicht auf einen Katalog verweist. Der erste Name darf, als Quelle, schließlich auch leer sein, aber wir wissen nicht, ob er eine existente Datei bezeichnet – die übliche Fragestellung für **isdir()**:

```
static int dofile(fun, old, new)
        int (* fun)();
        register char * old, * new;
{

        switch (isdir(old)) {
        case -1:
                perror(old);
                break;
        case 0:
                if (nequal(old, new))
                        return (* fun)(old, new);
                fputs(old, stderr);
                fputs(": nicht auf sich selber\n", stderr);
                break;
        default:
                fputs(old, stderr);
                fputs(": Katalog\n", stderr);
        }
        return -1;
}
```

Eine weitere Falle wird ebenfalls in dieser Funktion vermieden: *ln* von einem Dateinamen zu sich selbst ist nur eine sinnlose (und beim Systemaufruf verbotene) Operation. Bei *cp* wird die Zieldatei für Schreibzugriff verbunden. Eine existente Datei erhält dadurch die Länge null; ist sie gleichzeitig das Original, ist das Resultat natürlich peinlich. Je nach Implementierung von *mv* schließlich könnte die Datei verlorengehen, wenn sie auf ihren eigenen Namen umbenannt wird!

Wann sind zwei Dateien gleich? Genauer gesagt, wann bezeichnen zwei Dateinamen die identischen Daten, also bei UNIX die gleiche Inode? So umformuliert, ist die Beantwortung der Frage in der Funktion **nequal()** offensichtlich:

```
#include <sys/types.h>
#include <sys/stat.h>

static Stat oldstat, newstat;
```

```
static int nequal(old, new)   /* != 0: Datei old != Datei new */
        register char * old, * new;
{

        return stat(old, & oldstat)
                || stat(new, & newstat)
                || oldstat.st_dev != newstat.st_dev
                || oldstat.st_ino != newstat.st_ino;

}
```

Die Namen bezeichnen nur dann die identische Datenmenge, wenn Inode-Nummer und Dateisystem, also Gerätenummer der Inode, für beide Dateien gleich sind.

Strenggenommen hat **nequal()** noch andere mögliche Resultate. Wenn die **stat()**-Aufrufe nicht erfolgreich sind, wissen wir nicht einmal, ob die Dateien existieren oder nicht, und dürfen daraus noch nicht schließen, daß die Dateien verschieden sind.

Hier rufen wir aber **nequal()** erst auf, wenn durch das Resultat von **isdir()** feststeht, daß **a** auf eine existente Datei verweist. **isdir()** hat **stat()** für **a** erfolgreich aufgerufen. Dieser Aufruf sollte dann auch noch öfters erfolgreich verlaufen, **nequal()** erfüllt also den beabsichtigten Zweck.

Die Frage nach der Äquivalenz zweier Dateinamen ist übrigens auch bei anderen Betriebssystemen nicht immer leicht zu beantworten. Als Gegenargument genügt fast nie, festzustellen daß die Dateinamen als Texte verschieden sind. MS-DOS, zum Beispiel, verfügt über eine ähnliche Dateihierarchie wie UNIX, aber nicht über Inodes. Hier kann man sich damit behelfen, daß man den Zugriffsschutz der Datei über einen Namen ändert, und versucht, die Änderung beim anderen Namen (nicht) festzustellen.

Denkpause 9.21 Im Abschnitt 9.3.1 wurde auf die Problematik eingegangen, daß ein Filter wie *cat* die gleiche Datei als Eingabedatei verwendet, an die er durch Ausgabeumlenkung angeschlossen wird. Wie stellt man dies durch eine modifizierte Fassung von **nequal()** fest? ⇨

Denkpause 9.22 Warum ist die im Abschnitt 9.3.1 erwähnte 'benutzerfreundliche' Fassung von *cat* doch benutzerfreundlich und nicht nur schadenfroh? Modifizieren Sie *cat* wie in der vorigen Denkpause angedeutet und untersuchen Sie die Beispiele aus Abschnitt 9.3.1. ⇨

9.9.4 Kopieren – "creat()"

Für eine Kopie muß die Zieldatei neu erzeugt werden. Wir haben zwar schon den Systemaufruf **mknod()** kennengelernt, mit dem man prinzipiell auch eine einfache Datei erzeugen könnte. Der Vorgang ist aber doch so häufig, daß man ihn nicht nur dem Super-User vorbehalten sollte.

```
    NAME                                          CREAT(2)
         creat() - Datei erzeugen

    SYNOPSIS
         typedef int Fd;

         Fd creat(name, mode) char * name; int mode;
```

Mit **creat()** wird eine Datei erzeugt und für Schreibzugriff verbunden. Die neue Datei erhält dabei **mode** als Zugriffsschutz. **mode** braucht dabei übrigens Schreibzugriff nicht zu erlauben; erzeugt man die Datei, erhält man ihn trotzdem.

Existiert die Datei bereits, und läßt sie Schreibzugriff zu, wird sie durch **creat()** auf die Länge null reduziert und ebenfalls für Schreibzugriff verbunden. Dieser Vorgang ist dann besonders interessant (aber möglich), wenn schon ein anderer Prozeß auf die gleiche Datei zugreift!

Abgesehen von der Verwendung von **creat()** bietet die Funktion **cp()** gegenüber **cat()** (Abschnitt 9.3) nichts Neues:

```
    static int cp(old, new)
            char * old, * new;
    {       int result = -1;
            register Fd in, out;
            int n;
            char buf[BLOCK];

            if ((in = open(old, 0)) < 0)
                    perror(old);
            else if ((out = creat(new, oldstat.st_mode & 0777)) < 0)
                    perror(new), close(in);
            else
            {       while ((n = read(in, buf, sizeof buf)) > 0)
                            if (write(out, buf, n) != n)
                                    break;
                    if (n)
                            perror("cp"), unlink(new);
                    else
                            result = 0;
                    close(out), close(in);
            }
            return result;
    }
```

nequal() wird in jedem Fall vor **cp()** aufgerufen; **oldstat.st_mode** enthält daher den Zugriffsschutz des Originals. Als Zugriffsschutz für die Kopie versuchen wir bei **creat()** die gleichen Rechte einzuräumen.

Falls die Kopie nicht ganz erfolgreich verläuft, beseitigen wir die Zieldatei wieder mit **unlink()**. **cp()** hinterläßt dadurch bei Fehlern zwar Spuren, aber wenigstens keine teilweisen Kopien, deren Existenz den Benutzer verwirren könnte.

9.9.5   Ein zweiter Dateiname

Die Funktion **ln()** ist sehr primitiv. Wir löschen den gewünschten neuen Namen auf alle Fälle, rufen **link()** auf und erzeugen gegebenenfalls eine Fehlermeldung mit **perror()**. Früher wurde schon sichergestellt, daß wir nicht versehentlich einen Katalog als Original übergeben bekommen. Damit ist diese Funktion auch für Super-User sicher.

```
static int ln(old, new)
        register char * old, * new;
{       int result = -1;

        unlink(new);
        if (link(old, new))
                perror(new);
        else
                result = 0;
        return result;

}
```

9.9.6   Datei umbenennen

Es gibt keinen Systemaufruf zum Umbenennen einer Datei. Eine Datei wird umbenannt, indem man mit **link()** den neuen Namen einträgt, und mit **unlink()** den alten Namen entfernt.

```
static int mv(old, new)
        register char * old, * new;
{       int result;

        unlink(new);
        if (result = link(old, new))
                if (isfile_(oldstat.st_mode))
                        result = cp(old, new);
                else
                {       fputs(old, stderr);
                        fputs(": keine Datei\n", stderr);
                }
        if (result == 0
            && unlink(old))
                result = -1, perror(old);
        return result;

}
```

Man kann eine Datei natürlich nur im gleichen Dateisystem umbenennen. Führt der neue Name in ein anderes Dateisystem, endet der Aufruf von **link()** mit einem entsprechenden Fehler. In diesem Fall sollte das *mv*-Kommando die Datei in das neue Dateisystem kopieren – eine *Datei* schon, aber keine andere Art von Inode.

Die Kopie übernimmt die früher besprochene Funktion **cp()**. **isfile_()** haben wir im Abschnitt 9.4.3 definiert. **oldstat** wurde, wie besprochen, von **nequal()** initialisiert.

9.9.7   Ausblick

Wir haben Zugriffsschutz und die damit verbundenen Probleme ignoriert. Wenn *cp* eine neue Datei erzeugt, erhält diese in Wirklichkeit den Zugriffsschutz des Originals. Ähnlich wie *rm* sollten auch die hier betrachteten Kommandos eine schreibgeschützte Zieldatei nur dann überschreiben, wenn der Benutzer vorher gefragt wurde, oder wenn er es mit einer Option **−f** ausdrücklich anordnet.

Denkpause 9.23 Joy's C-Shell überschreibt Dateien zur Ausgabeumlenkung nur, wenn die Shell-Variable **noclobber** *nicht* gesetzt ist. Von dieser oder einer ähnlichen Shell-Variablen könnte man auch die hier vorgestellten Kommandos implizit abhängig machen. ▭▷

Denkpause 9.24 Manche Versionen von *mv* erlauben, daß auch *Kataloge* umbenannt werden dürfen. Da nur der Super-User den Systemaufruf **link()** auf einen Katalog anwenden darf, setzt dies natürlich voraus, daß *mv* ähnlich privilegiert wird wie zum Beispiel *mkdir*. Untersuchen Sie, welche Fehlerquellen jetzt auftreten können, und testen Sie gegebenenfalls, wie sich eine entsprechende 'offizielle' Fassung von *mv* verhält. ▭▷

9.10   Dateien, Besitzer und Benutzer

9.10.1   Prozeßidentifikation – "login"

Zu Beginn einer Terminalsitzung wird durch *login* die Identität des Benutzers festgestellt und als Eigenschaft aller von ihm erzeugten Prozesse vereinbart. *login* fordert dazu einen Namen vom Terminal an und sucht die zugehörige Information mit **getpwnam**(3) in der öffentlich zugänglichen Paßwortdatei */etc/passwd*. Ein Paßwort kann mit **getpass**(3) vom Terminal eingelesen werden, ohne daß dabei ein Echo erzeugt wird. Die Funktion **crypt**(3) dient zur Verschlüßlung des eingegebenen Paßworts; diese Funktion benötigt relativ viel Rechenzeit und ihr Effekt ist praktisch nicht umkehrbar. Der verschlüsselte Text wird mit dem Eintrag in der Paßwortdatei verglichen und dient als Bestätigung der Identität des Benutzers.

Da die Paßwortdatei nur verschlüsselte Paßworte enthält, kann sie allgemein lesbar sein. Sie ist tatsächlich die einzige Tabelle im System, die Benutzernummern und zugehörige Benutzernamen definiert. Kommandos wie *ls* verwenden sie, um Benutzernamen an Stelle von Benutzernummern auszugeben. Zur Suche dient dabei die Funktion **getpwuid**(3).

Hat *login* die Identität des Benutzers mit Hilfe des Paßworts verifiziert, definiert das Kommando nun die Identität des Benutzers durch eine Benutzer- und eine Gruppennummer, die der Paßwortdatei entnommen und als Eigenschaft des aktiven Prozesses vereinbart werden:

```
NAME                                 SETGID(2), SETUID(2)
      setgid() - Gruppennummer fuer Prozess vereinbaren
      setuid() - Benutzernummer fuer Prozess vereinbaren

SYNOPSIS
      int setgid(gid) int gid;
      int setuid(uid) int uid;
```

setgid() definiert die Gruppennummer des aktiven Prozesses, **setuid()** definiert die Benutzernummer. Der mögliche Bereich ist nur durch den Datentyp der Nummern in der Prozeßbeschreibung im Betriebssystem begrenzt, *nicht* durch den Inhalt der Paßwortdatei. Typischerweise ist dieser Datentyp heute **short**; ältere Systeme verwenden unter Umständen auch noch **char**.

Benutzer- und Gruppennummer werden übernommen, wenn ein Prozeß einen neuen Prozeß erzeugt. *login* definiert daher die Nummern für den Kommandoprozessor, der von *login* zur Ausführung gebracht wird, wie auch für alle Prozesse, die dann durch Kommandos erzeugt werden.

Das Schema wäre nicht sehr sicher, wenn beliebige Prozesse die Systemaufrufe **setuid()** und **setgid()** verwenden dürften. Normale Benutzer können deshalb bei diesen Aufrufen nur ihre eigene Identität angeben. Nur der sogenannte *Super-User*, der die *Benutzer*nummer Null hat, kann beliebige Werte angeben. *login* wird bei jedem Terminal zunächst für den Super-User ausgeführt; wenn der Prozeß zuerst **setgid()** und dann erst **setuid()** aufruft können so beliebige Gruppen- und Benutzernummern vereinbart werden. *login* ist also vollständig für die Identifizierung eines Benutzers verantwortlich.

9.10.2 Zugriffsschutz

Im Abschnitt 9.4.4 haben wir gesehen, welche Information bei einer Inode gespeichert wird: ähnlich wie ein Prozeß hat auch eine Inode einen Besitzer und eine Gruppe, die bei der Erzeugung der Inode, also bei Verwendung der Systemaufrufe **creat()** und **mknod()**, vom Prozeß in die Inode übernommen werden. In **st_mode** werden außerdem neun Bits dazu verwendet, bestimmte Arten des Zugriffs von einem Prozeß zu einer Inode zu erlauben oder zu verbieten:

```
#define S_IREAD  0400   /* Lesezugriff, Besitzer */
#define S_IWRITE 0200   /* Schreibzugriff, Besitzer */
#define S_IEXEC  0100   /* Ausfuehrung/Suche, Besitzer */
```

Drei Bits kontrollieren Lese-, Schreib- und Ausführungs- oder Suchzugriff, wenn die Benutzernummer beim Prozeß und die Besitzernummer bei der Inode übereinstimmen. Analog kontrollieren die nächsten drei Bits den Zugriff, wenn statt dessen die Gruppennummern bei Prozeß und Inode gleich sind. Die letzten drei Bits bestimmen die Situation, wenn Inode und Prozeß weder Benutzer- und Besitzer- noch Gruppennummer gemeinsam haben. Ein Zugriff ist jeweils erlaubt, wenn das entsprechende Bit den Wert **1** besitzt.

Für Dateien sind Lese- und Schreibzugriff klar definiert, sie ergeben sich natürlich aus den bei **open()** gestellten Anforderungen. Ausführungszugriff wird verlangt, wenn man ein übersetztes Programm, ein sogenanntes *Image*, als Kommando aufruft, wobei man einen Pfad zur Inode angibt, bei der das Image gespeichert ist.

Für Kataloge besteht ein Schreibzugriff im Löschen oder Eintragen einer Pfadkomponente in den Katalog, also im Löschen oder Erzeugen eines Dateinamens bei Operationen wie **unlink()**, **link()**, **creat()** oder **mknod()**. Ein Lesezugriff liegt vor, wenn wir wie beim Kommando *ls* auf den Katalog selbst mit **open(..., 0)** zugreifen.

Ein Katalog kann natürlich nicht 'ausgeführt' werden. Das Bit **S_IEXEC** kontrolliert bei Katalogen statt dessen, ob eine Pfadkomponente im Katalog gesucht werden darf. Eine solche Suche findet immer statt, wenn ein Pfad zu einer Inode verfolgt wird; in der Regel werden mehrere Kataloge durchsucht und ein Prozeß muß in jedem beteiligten Katalog Suchrechte besitzen, um zur Inode zu gelangen. Suchzugriff in den übergeordneten Katalogen wird zum Beispiel für **open()** oder **stat()** benötigt.

Das beschriebene Schema zum Zugriffsschutz hat einige interessante Konsequenzen. Wie schon im Abschnitt 9.8.3 erwähnt wurde, benötigt man zum Löschen einer Datei, genauer gesagt zum Systemaufruf **unlink()**, *keine* Schreibberechtigung für die Inode selbst, sondern nur Schreibberechtigung im Katalog, in dem die letzte Pfadkomponente eingetragen ist, und natürlich Suchberechtigung bis hin zu diesem Katalog.

Suchberechtigung für Kataloge ist praktisch unabdingbar. Wie wir im Abschnitt 9.10.4 sehen werden, dient das Kommando *chmod* dazu, den Zugriffsschutz einer Datei neu zu definieren, wenn man Besitzer der Datei oder Super-User ist. Den gewünschten Zugriffsschutz kann man dabei als erstes Argument symbolisch oder als oktale Zahl angeben.

Ein Experiment in einem eigenen Katalog ist ebenso verblüffend wie lehrreich. Wir gehen von folgender Anordnung aus:

```
|-katalog-|       d  rwx
          |-a        rw-           Eine Datei
          |-b        rw-           eine andere Datei
```

In **katalog** existieren zwei Dateien **a** und **b** mit den angegebenen Inhalten und Zugriffsschutz für den Besitzer.

Zuerst betrachten wir den Katalog und die Dateien im vorgegebenen Zustand:

```
$ cd katalog
$ ls -ld
drwx------ 2 axel        64 Apr 16 20:18 .
$ ls
a              b
$ ls -l
total 2
-rw-rw-r-- 1 axel        11 Apr 16 20:09 a
-rw-rw-r-- 1 axel        18 Apr 16 20:09 b
$ cat a
Eine Datei
$ cat b
eine andere Datei
```

Ändern wir **katalog** so daß nur noch Suchzugriff für den Besitzer erlaubt ist, funktioniert *ls* nicht mehr, obgleich die Dateien **a** und **b** offensichtlich zugänglich sind:

```
$ chmod 100 .
$ ls -ld
d--x------ 2 axel        64 Apr 16 20:19 .
$ ls
. unreadable
$ ls -l
. unreadable
total 1
$ cat a
Eine Datei
$ cat b
eine andere Datei
$ cat ?
Permission denied
```

Das letzte Kommando zeigt, daß zur Expansion eines *Wildcard*-Symbols, also zur Generierung von Dateinamen die einem Muster genügen, Lesezugriff zum Katalog nötig ist: **?** bezieht sich auf Dateinamen, die aus einem einzigen, beliebigen Zeichen bestehen. Die Expansion ist nur möglich, wenn Lesezugriff auf den Katalog besteht. Will man also 'Fischzüge' in der Dateihierarchie unterbinden, wird man als Systemmanager die Leserechte für Kataloge einschränken.

Hat man Lese- aber keine Sucherlaubnis bei einem Katalog, ist die Situation wesentlich merkwürdiger:

```
$ cd ..
$ chmod 400 katalog
$ ls -ld katalog
dr-------- 2 axel        64 Apr 16 20:19 katalog
$ ls katalog
a              b
```

```
$ ls -l Katalog
katalog/a not found
katalog/b not found
total 0
$ cat katalog/a
cat: can't open katalog/a
$ cat katalog/b
cat: can't open katalog/b
$ cd katalog
katalog: bad directory
```

Die ersten beiden Aufrufe von *ls* liefern normale Resultate; erst wenn **stat()** in *ls* aufgerufen werden muß, wird klar, daß mit **katalog** etwas nicht stimmen kann. Ältere Versionen von *ls* überprüfen die Aufrufe von **stat()** nicht und man erhält dann sogar total falsche Informationen über die Dateien in einem Katalog.

Suchzugriff zu einem Katalog geht übrigens oft dadurch verloren, daß man *chmod* etwas zu großzügig verwendet. Will man alle Dateien in einem Katalog gegen Schreibzugriffe schützen, sollte man nicht

```
$ chmod 400 *
```

ausführen – also nur noch Lesezugriff für den Besitzer erlauben – sondern nur

```
$ chmod -w *
```

–w ist eine symbolische Angabe zum Zugriffsschutz und bedeutet, daß Schreibzugriff entzogen werden soll. Analog erlaubt man der Gruppe Lese- und Suchzugriff aber keinen Schreibzugriff in Abhängigkeit davon, ob der Besitzer Lese- und Suchzugriff besitzt, mit folgender symbolischer Angabe:

```
$ chmod g=u,g-w *
```

Für solche Anwendungen sollte man **chmod**(1) in [Bel82a] konsultieren.

Dadurch daß beim Verfolgen eines Pfads Suchrechte in allen betroffenen Katalogen benötigt werden, kann man Zugriff auf Unterbäume der Dateihierarchie sehr genau einzelnen Benutzern oder Gruppen vorbehalten:

Die Zeichnung zeigt eine Dateihierarchie, in der ein Zugriff auf **Datei** nur bei der korrekten Kombination von Benutzer- *und* Gruppennummer möglich ist. **Oeff/Lib** ist ein Beispiel für eine Inode, auf die die Mitglieder einer einzigen Gruppe Lesezugriff erhalten. (Ist in der Spalte **Bes.** oder **Grp.** nichts angegeben, kann die Besitzer- oder Gruppennummer der Inode beliebig sein, sie muß nur verschieden von den sonst verwendeten Nummern sein.) Auf diese Weise kann man Gruppen und Besitzer innerhalb und zwischen Gruppen vollkommen gegeneinander trennen.

Denkpause 9.25 Mit geeigneten Aufrufen von **link()** kann der Super-User in diese Hierarchie trotzdem eine Datei so einfügen, daß zum Beispiel nur **ben1/grp2** und **ben2/grp1** auf sie Zugriff haben. ☜

```
                                usr grp oth   Bes.   Grp.

  |-Baum-|                       d --- --- r-x
         |-Grp1-|                d --- --x ---          grp1
         |      |-Ben1-|         d rwx --- ---   ben1   grp1
         |      |      |-Datei    rw- rw- r--   ben1   grp1
         |      |
         |      |-Ben2-|         d rwx --- ---   ben2   grp1
         |             |-Datei    rw- rw- r--   ben2   grp1
         |
         |-Grp2-|                d --- --x ---          grp2
         |      |-Ben1-|         d rwx --- ---   ben1   grp2
         |      |      |-Datei    rw- rw- r--   ben1   grp2
         |      |
         |      |-Ben2-|         d rwx --- ---   ben2   grp2
         |             |-Datei    rw- rw- r--   ben2   grp2
         |
         |-Oeff-|                d --- --x ---          grp1
                |-Lib            --- r-- ---          grp1
```

9.10.3 Super- und andere Benutzer

Im Abschnitt 9.7.5 wurde schon erwähnt, daß manche Systemaufrufe dem Super-User vorbehalten sind, also einem Prozeß mit Benutzernummer Null. Grundsätzlich gilt, daß der Super-User alle Dateien lesen und schreiben, alle Kataloge lesen und durchsuchen und in allen Katalogen Dateien erzeugen und löschen kann, ohne Rücksicht darauf, ob ihm dies die eingetragenen Zugriffs-Bits erlauben würden.

Ein Prozeß kann zwar selbst seine Benutzer- und Gruppennummer nicht ändern, wenn er nicht gerade dem Super-User gehört. Ein Prozeß kann aber für den Besitzer und die Gruppe ausgeführt werden, die bei der Inode eingetragen sind, unter der sich das vom Prozeß verwendete Image in der Dateihierarchie befindet.

Ein Prozeß hat nämlich nicht, wie im vorhergehenden Abschnitt beschrieben, nur eine 'wirkliche' Benutzeridentifikation, die sich auf den durch *login* festgelegten Benutzer bezieht, sondern jeder Prozeß besitzt auch eine 'effektive' Benutzeridentifikation, die die Rechte des Prozesses in bezug auf die Dateihierarchie und in bezug auf die Ausführung von Systemaufrufen kontrolliert. Besitzer und Gruppe einer neuen Inode werden von der effektiven Benutzeridentifikation übernommen, *nicht* von der wirklichen.

Zunächst sind wirkliche und effektive Identifikation beim Prozeß gleich. **setuid()** und **setgid()** definieren immer wirkliche und effektive Identifikation zugleich, so daß *login* beide Angaben festlegt. In **st_mode**, also in einer Inode, existieren noch zwei weitere Bits:

```
#define S_ISUID 04000    /* effektive Benutzernummer setzen */
#define S_ISGID 02000    /* effektive Gruppennummer setzen */
```

Diese Bits spielen nur bei einem Image, also insbesondere auch nicht bei einem Shell-Skript, ein Rolle: Wird ein Image ausgeführt, bei dem **S_ISUID** gesetzt ist, erhält der Prozeß für die Ausführung als effektive Benutzernummer nicht seine eigene wirkliche Benutzernummer, sondern die Besitzernummer der Inode, die das Image enthält. Analog bestimmt **S_ISGID**, daß die effektive Gruppennummer des Prozesses von der Inode übernommen wird.

Ein Kommando wie *mkdir* muß als effektive Besitzernummer Null erhalten, also für den Super-User ausgeführt werden, damit **link()** in bezug auf Kataloge verwendet werden kann. Das Image muß daher als Besitzer den Super-User haben, und bei der Inode muß **S_ISUID** gesetzt sein.

Denkpause 9.26 Mit dem Kommando *find* kann man Dateien finden, die bestimmte Mode-Bit-Kombinationen haben. Stellen Sie mit

```
$ find / -perm -4000 -a -print
```

fest, welche Kommandos in Ihrem System den Super-User als effektiven Benutzer haben. ▭▷

Denkpause 9.27 Zugriff auf Gerätedateien für Plattenlaufwerke ist in der Regel stark eingeschränkt, um die Dateihierarchie nicht zu gefährden. Das Kommando *ps* muß aber auf die Platte zugreifen können, auf die Prozesse verdrängt werden – oft heißt die zugehörige Gerätedatei */dev/swap*. Wie verhindert man selbst Lesezugriff auf dieses Plattenlaufwerk, wenn man gleichzeitig das Kommando *ps* nicht aus dem Verkehr ziehen will? ▭▷

Denkpause 9.28 Das Kommando *pwd* funktioniert nur, wenn man Lesezugriff auf alle übergeordneten Kataloge bis hin zur Wurzel der Dateihierarchie besitzt. Wie verhindert man als Systemmanager 'Fischzüge' in fremden und öffentlichen Katalogen, wenn man gleichzeitig *pwd* aber noch zur Verfügung stellen will? ▭▷

Denkpause 9.29 Ein Shell-Skript ist kein Image, denn es wird ja von der Shell interpretiert, nicht selbst eigenständig ausgeführt. **S_ISUID** hat keine Wirkung in bezug auf ein Shell-Skript. Wie führt man ein Shell-Skript für den Super-User als effektiven Benutzer aus? ▭▷

Die letzte Denkpause hat eine brutale Lösung: definiert man bei einem Kommandoprozessor **S_ISUID**, entsteht ein vollkommen ungesichertes System, denn die effektive Benutzernummer wird genau wie die wirkliche Benutzernummer vererbt. Super-User-Kommandos wie *mkdir* müssen daher extrem sorgfältig und sicher konstruiert werden. Bevor man als Super-User für einen normalen Benutzer arbeitet, sollte man sehr genau überprüfen, ob der gewünschte Effekt dem wirklichen Benutzer auch zugestanden werden kann. Die Entscheidung kann man oft von der Existenz einer Datei in einem entsprechend geschützten Katalog abhängig machen:

```
#include <sys/types.h>
#include <sys/stat.h>
#include <stdio.h>
```

```
#define SHELL    "/bin/sh"
#define DIR      "/.bin/"

main(argc, argv)
         int argc;
         char ** argv;
{        char * cp, * calloc();
         struct stat buf;

         cp = calloc(sizeof SHELL+sizeof DIR+strlen(argv[0]), 1);
         if (cp)
         {       strcpy(cp, DIR);
                 strcat(cp, argv[0]);
                 if (stat(cp, & buf))
                         perror(cp), exit(1);
                 strcpy(cp, SHELL);
                 strcat(cp, " ");
                 strcat(cp, DIR);
                 strcat(cp, argv[0]);
                 exit(system(cp));
         }
         fputs("kein Platz\n", stderr), exit(1);
}
```

Dieses Programm kann für den Super-User mit **S_ISUID** unter beliebigen Namen installiert werden. Wird es aufgerufen, untersucht das Programm mit **stat()** ob im Katalog /**.bin** eine Datei existiert, die den gleichen Namen besitzt, wie den mit dem das Programm aufgerufen wurde. Ist dies der Fall, ruft das Programm /**bin/sh** auf und übergibt die Datei aus /**.bin** als Argument, also als Shell-Skript. Die Shell erbt dabei die effektive Benutzeridentifikation, operiert also als Super-User.

Die Sicherheit der Technik hängt davon ab, wer in /**.bin** Shell-Skripte hinterlegen kann, und was in diesen Dateien steht. Da über dieses Programm nur der Super-User auf /**.bin** und nur lesend zugreift, kann man /**.bin** exklusiv dem Super-User vorbehalten und die Technik damit so sicher machen, wie die Dateihierarchie über *login* und die Paßworte selbst ist. Wird in einem der Shell-Skripte allerdings zum Beispiel ein Editor aufgerufen und dem Benutzer zur Verfügung gestellt, ist das System natürlich wieder total offen. Die Shell-Skripte müssen hier sehr sorgfältig programmiert werden.

9.10.4 Zugriffsschutz ändern – "chmod"

Der Besitzer einer Datei oder der Super-User kann den Zugriffsschutz einer Inode ändern. Dazu dient das Kommando *chmod*:

```
        NAME                                              CHMOD(1)
            chmod - Zugriffsschutz einer Datei aendern

        SYNOPSIS
            chmod mode name...
```

chmod vereinbart **mode** als Zugriffsschutz aller angegebenen Dateien und Kataloge. **mode** kann dabei oktal oder auch symbolisch angegeben werden und kann auch **S_ISUID** und **S_ISGID** enthalten. Symbolische Angaben zu **mode** erlauben insbesondere Bitmanipulationen mit dem existierenden Zugriffsschutz sowie ein Übertragen der Rechte vom Besitzer zur Gruppe, etc. Für Details sollte man zum Beispiel [Bel82a] konsultieren.

Wenn man sich auf eine oktale Angabe zu **mode** beschränkt, ist *chmod* eine elementare Anwendung für den Systemaufruf **chmod()**:

```
        NAME                                              CHMOD(2)
            chmod() - Zugriffsschutz einer Datei aendern

        SYNOPSIS
            int chmod(name, mode) char * name; int mode;
```

chmod() vereinbart **mode** für die durch den Pfad **name** bezeichnete Inode. Nur der Besitzer der Inode oder der Super-User können **chmod()** ausführen. Kann **mode** eingetragen werden, liefert **chmod()** den Wert **0**, andernfalls ist das Resultat **−1**.

Mit **chmod()** ist die Implementierung des Kommandos *chmod* sehr einfach: Im Hauptprogramm berechnen wir die gewünschte **mode** und tragen sie anschließend für alle weiteren Kommandoargumente ein.

```
#define USAGE    fatal("chmod mode file...")
#include <sys/types.h>
#include <sys/stat.h>
#include "main.h"

MAIN
{       int result = 0;
        int mode;

        OPT
        OTHER
                USAGE;
        ENDOPT
        if (argc < 2)
                USAGE;
```

```
        if ((mode = octal(*argv)) & S_IFMT)
                fatal("%s: als 'mode' nicht erlaubt", *argv);
        ++argv, --argc;

        do
                result |= ch(*argv, mode);
        while (++argv, --argc);

        return result != 0;
}
```

Mit einer Funktion **octal()** wandeln wir das **mode**-Argument um, dabei verlangen wir nicht wie in C üblich **0** am Anfang der oktalen Konstante. Mit *chmod* kann man natürlich den Typ einer Inode, also zum Beispiel Katalog oder Datei, nicht verändern. Wir überprüfen **mode** deshalb explizit, damit **chmod()** nicht etwa stillschweigend nur den Teil des Kommandoarguments akzeptiert, der sich auf mögliche Änderungen bezieht, und der Benutzer so gar nichts von einem Fehler merken würde. Die Funktion zur Umwandlung einer oktal angegebenen Zahl überprüft allerdings nicht, ob auch nur ein **int**-Wert eingegeben wird:

```
static int octal(s)
        char * s;
{       int val = 0;
        do
        {       if (*s < '0' || *s > '7')
                        return -1;
                val <<= 3, val |= *s - '0';
        } while (*++s);
        return val;
}
```

Die eigentliche Änderung des Zugriffsschutzes nimmt die Funktion **ch()** vor:

```
static int ch(name, mode)
        char * name;
        int mode;
{       int result;
        if (result = chmod(name, mode))
                perror(name);
        return result;
}
```

Denkpause 9.30 Mit dem Systemaufruf **umask**(2) hinterlegt man eine prozeßspezifische *Benutzermaske*, die aus den Bits besteht, die bei Erzeugung einer neuen Inode im Zugriffsschutz *nicht* gesetzt werden, selbst wenn **creat()** dies verlangt. **umask()** liefert den vorhergehenden Wert der Benutzermaske als Resultat. Ändern Sie das Kommando *chmod* so ab, daß die Benutzermaske beachtet wird. ☞

9.10.5 Besitzer ändern – "chown"
Gruppe ändern – "chgrp"

```
NAME                                    CHGRP(1), CHOWN(1)
    chgrp - Gruppennummer einer Datei aendern
    chown - Besitzernummer einer Datei aendern

SYNOPSIS
    chgrp group name...
    chown owner name...
```

chgrp vereinbart eine neue Gruppennummer, *chown* vereinbart eine neue Besitzernummer, jeweils für eine Reihe von Dateien. Die Nummern können dabei dezimal oder durch Gruppen- beziehungsweise Benutzernamen definiert werden. Die Paßwortdatei */etc/passwd* dient als Tabelle zur Umrechnung von Benutzernamen in Benutzernummern, die Datei */etc/group* enthält analog die Gruppennamen und -nummern; zur Suche verwendet man die Büchereifunktionen **getpwnam**(3) beziehungsweise **getgrnam**(3).

Wie *chmod* sind auch *chgrp* und *chown* direkte Anwendungen eines Systemaufrufs. Der Aufruf **chown()** definiert allerdings gleichzeitig die gesamte Besitzeridentifikation einer Inode:

```
NAME                                              CHOWN(2)
    chown() - Besitzer- und Gruppennummer einer Datei aendern

SYNOPSIS
    int chown(name, own, grp) char * name; int own, grp;
```

Beschränkt man sich auf eine dezimale Angabe zur Identifikation, kann man *chown* und *chgrp* mit einem einzigen Programm realisieren, das analog wie *cp*, *ln* und *mv* unter verschiedenen Namen installiert wird. Abgesehen davon, daß das Hauptprogramm seine Aufgabe aus dem Namen ableiten muß, mit dem es aufgerufen wird, ist es praktisch identisch zu *chmod*:

```
#define USAGE  fatal("%s id file...", cmd)
#include "main.h"

MAIN
{       int result = 0;
        int val, flag;
        char * cmd;

        cmd = basename(argv[0]);
        flag = strcmp(cmd, "chgrp") == 0;
```

```
        OPT
        OTHER
                USAGE;
        ENDOPT
        if (argc < 2)
                USAGE;

        val = atoi(*argv);
        ++argv, --argc;

        do
                result |= ch(*argv, val, flag);
        while (++argv, --argc);

        return result != 0;
}
```

ch() muß nun in Abhängigkeit von **flag** entweder die alte Besitzernummer oder die alte Gruppennummer der Inode beibehalten. Die alten Werte beschafft man sich natürlich mit Hilfe von **stat()**:

```
#include <sys/types.h>
#include <sys/stat.h>

static int ch(name, val, flag)
        char * name;
        int val, flag;
{       int result;
        Stat buf;

        if ((result = stat(name, & buf))
            || (result = flag? chown(name, buf.st_uid, val):
                                chown(name, val, buf.st_gid)))
                perror(name);
        return result;
}
```

UNIX kennt zwar normalerweise keine Beschränkung des Dateivolumens, das ein einzelner Benutzer besitzen darf und es ist auch üblich, daß man praktisch allen Benutzern Lesezugriff auf seine eigenen Dateien einräumt. Trotzdem sind der Systemaufruf **chown()** und dadurch auch die Kommandos *chgrp* und *chown* dem Super-User vorbehalten, damit im Prinzip eine Betriebsmittelüberwachung realisiert werden kann.

Denkpause 9.31 Wie kann man als Systemmanager dafür sorgen, daß diese Kommandos doch allen Benutzern zur Verfügung stehen? Wie groß ist das dadurch entstehende Risiko? Berücksichtigen Sie die Effekte von **S_ISUID**! ✎

Denkpause 9.32 Die Systemaufrufe **getuid()**, **geteuid()**, **getgid()** und **getegid()**
liefern jeweils die wirkliche und effektive Benutzer- und Gruppennummer des aktiven
Prozesses. Implementieren Sie ein Kommando *klau* das den Aufrufer in den Besitz
der als Kommandoargumente angegebenen Dateien versetzt. Das Kommando muß
natürlich als Super-User Kommando installiert werden. ▭▷

9.10.6   Ausblick – "access()"

Bezogen auf eine einzelne Inode ist der Zugriffsschutz bei UNIX nicht sonderlich
kompliziert: die von der Inode kontrollierten Daten können gegen Lese- und
Schreibzugriff sowie Ausführung oder Suche geschützt werden, wobei Zugriff durch
den Besitzer, eine Gruppe von Benutzern und schließlich alle anderen Benutzer des
Systems getrennt kontrolliert werden kann. Da sich der Schutz auf eine Inode er-
streckt, und da – wie wir im Abschnitt 10.14.2 sehen werden – bei UNIX periphere
Geräte auch durch Inodes beschrieben werden, kann mit dem gleichen Mechanismus auch der Zugriff auf Geräte eingeschränkt werden.

Daß mit diesem einfachen Mechanismus trotzdem sehr komplexe Schutzmaßnah-
men realisiert werden können, liegt einerseits an der Interpretation des Zugriffsschutzes bei der Verfolgung von Pfaden in der Dateihierarchie, und andererseits an
der möglichen Trennung von wirklicher und effektiver Benutzeridentifikation eines
Prozesses.

Bei Verwendung eines Pfads muß man Suchrechte in allen betroffenen Katalogen
besitzen. Will man einen Teil einer Dateihierarchie einer einzigen Benutzergruppe
vorbehalten, so erreicht man das wie im Abschnitt 9.10.2 beschrieben leicht dadurch, daß man den Wurzelkatalog dieses Teils gegen fremde Zugriffe blockiert. Will
man aus einem derart abgetrennten Teilbaum einzelne Dateien dennoch allgemein
zur Verfügung stellen, etabliert man als Super-User einfach entsprechende Pfade,
die nicht über die blockierte Wurzel zu den gewünschten Dateien führen. Da man
diese Dateien in einem zweiten Teilbaum zusammenfassen kann, kann man sie zusammen wieder einer einzigen, zweiten Benutzergruppe zur Verfügung stellen, usw.
Entfernt man die Compiler aus dem System, kann man leicht auf diese Weise auch
eingeschränkte Kommandomengen schaffen, die unkundige Benutzer praktisch
nicht erweitern können.

Fast unbegrenzt sind jedoch die Schutzmöglichkeiten, wenn man Zugriff auf Dateien
nur über Programme erlaubt. Als Beispiel sei die Paßwortdatei */etc/passwd* erwähnt: Lesezugriff ist für alle Benutzer erlaubt, denn einerseits sind die Paßworte
selbst ja fast irreversibel verschlüsselt, und andrerseits ist dies die offizielle Tabelle
zur Umwandlung von Benutzernamen in -nummern und umgekehrt. Schreibzugriff
kann man natürlich normalen Benutzern nicht gestatten, denn sonst könnte ja ein
Benutzer zum Beispiel das Paßwort des Super-Users schlicht mit einem Texteditor
entfernen und damit Paradies oder Anarchie einrichten.

Trotzdem kann ein Benutzer sein Paßwort ändern, also gewisse Änderungen in */etc/passwd* vornehmen! Das dafür zuständige Kommando *passwd*(1) ist mit **S_ISUID** ausgestattet und arbeitet effektiv als Super-User, kann also die Paßwortdatei ohne weiteres ändern. *passwd* ist ein Modell eines allgemein verfügbaren Editors für eine Datenmenge, die normale Benutzer nur unter Kontrolle des speziellen Editors, also nur in sehr engen und im Programm genau kontrollierbaren Grenzen, verändern können.

mkdir und *rmdir* sind ganz ähnliche 'Editoren': sie stehen allen Benutzern zur Verfügung und verändern eine sehr komplizierte Datenmenge, nämlich das Katalogsystem. Im Gegensatz zu *passwd* benötigen diese Kommandos allerdings noch Systemaufrufe (zum Beispiel **link()** für Kataloge), die aus Stabilitätsgründen dem Super-User vorbehalten sind. *passwd* und die Paßwortdatei könnten im Prinzip auch einem Systemmanager gehören, der nicht Super-User zu sein braucht.

Bei allen Programmen, bei denen effektive und wirkliche Benutzeridentifikation verschieden sind, entsteht möglicherweise ein böses Problem: alle Zugriffe zur Dateihierarchie hängen von der effektiven Benutzeridentifikation ab. Dies gilt insbesondere auch für die Berechtigung zum Löschen von Dateinamen und für die Besitzeridentifikation einer neu erzeugten Inode. Installiert man unsere Fassung von *rmdir* aus Abschnitt 9.7.4 als Super-User-Kommando, kann ein normaler Benutzer *beliebige* leere Kataloge löschen! Installiert man *mkdir*, darf ein normaler Benutzer *überall* Kataloge erzeugen, und sie gehören ihm nicht!

Bevor man mit einem Super-User-Kommando wie *rmdir* oder *mkdir* einen Katalog verändert, sollte man überprüfen, ob der gewünschte Zugriff für den *wirklichen* Benutzer auch erlaubt ist. Dazu dient speziell der Systemaufruf **access()**:

```
NAME                                              ACCESS(2)
     access() - Zugriffsmoeglichkeiten pruefen

SYNOPSIS
     int access(name, mode) char * name; int mode;
```

access() überprüft für die angegebene Datei und die wirkliche Benutzeridentifikation Existenz und Zugriffsschutz:

mode	Test
0	Existenz
1	Ausführung oder Suche
2	Schreibzugriff
4	Lesezugriff

Der Funktionswert ist **−1** wenn die Datei nicht existiert, beziehungsweise wenn der gewünschte Zugriff mit der wirklichen Benutzeridentifikation nicht erlaubt ist. Im Erfolgsfall ist der Funktionswert **0**. Die verschiedenen Zugriffswünsche können auch als **mode** addiert werden.

Normale Programme können mit **access()** vor allem problemlos die Existenz einer Datei verifizieren. Ist bei einem Image **S_ISUID** oder **S_ISGID** definiert, kann das Programm mit **access()** untersuchen, ob mit der wirklichen Benutzeridentifikation ein Zugriff erlaubt wäre. Gehört das Image dabei dem Super-User – der Regelfall – kann man so sehr leicht Mißgriffe verhindern.

Denkpause 9.33 *mkdir* und *rmdir* sollten überprüfen, ob der wirkliche Benutzer auf den übergeordneten Katalog, also auf **dirname(name)**, Schreibzugriff besitzt, bevor ein Katalog **name** erzeugt oder gelöscht wird. ➡

Denkpause 9.34 Eine neue Inode erhält als Besitzeridentifikation die *effektive* Benutzeridentifikation. *mkdir* muß also für einen neu erzeugten Katalog noch mit **chown()** den Besitzer korrigieren. ➡

Kapitel 10: Der Filemanager - "minx"

In diesem Kapitel sehen wir, wie die Dateihierarchie im UNIX Kern realisiert wird. Wir müssen dabei allerdings ein Modell betrachten: Es gibt ein ausgezeichnetes Buch über den UNIX Systemkern von J. Lions [Lio77a], das die Quellen der Version 6 im Detail erläutert. Leider wurde das Buch aus Lizenzgründen von Western Electric mehr oder weniger aus dem Verkehr gezogen – es ist heute nur unter einem sehr einschränkenden Vertrag zu bekommen.

Wir analysieren statt dessen die Quellen von *minx*,[1] einem Programm, das einigermaßen exakt die Funktionen des UNIX Filemanagers nachbildet. Tatsächlich sind die im vorigen Kapitel vorgestellten Programme zwar unter UNIX lauffähig, sie wurden aber in Wirklichkeit für *minx* entwickelt.

Der Sinn des vorliegenden Kapitels besteht darin, die Algorithmen kennenzulernen, mit denen die Systemaufrufe zur Manipulation von Dateien realisiert werden. Wir versuchen dadurch, das Verständnis von Funktion und Grenzen dieser Systemaufrufe entscheidend zu vertiefen. *minx* enthält eine Vielzahl von Möglichkeiten zur Ablaufverfolgung und erweist sich dadurch als günstige Umgebung, um die internen Details eines Filemanagers zu studieren, oder auch zu erweitern. *minx* ist ein relativ großes Programm (mit allen Kommandos und allen Kommentaren über 7000 Zeilen, etwa 60KB *pure code* unter MS-DOS und 45KB unter VENIX, jeweils auf einem DEC Rainbow System). Wir sehen deshalb gleichzeitig, wie man ein derartiges Programm schrittweise entwirft, realisiert und überprüft.

minx kann vom Verlag in maschinenlesbarer Form bezogen werden. Es erschien nicht sinnvoll, das komplette Programm als Anhang zu diesem Buch abzudrucken. Wir betrachten in diesem Kapitel trotzdem die Funktionen der einzelnen Module in logischer Reihenfolge, ohne auf ihre Anordnung in Dateien Rücksicht zu nehmen.

10.1 Was ist ein Filemanager?

Ein *Betriebssystem* muß die Betriebsmittel eines Rechnersystems unter den Teilnehmern am Rechenbetrieb einigermaßen fair verteilen. Zum Betriebssystem gehören vor allem Komponenten, die sich um *Prozeßmanagement*, also um die scheinbar-gleichzeitige Ausführung mehrerer, voneinander unabhängiger Programme, um *Speicherverwaltung* und um *Filemanagement* bemühen.

Unter *Filemanagement* verstehen wir dabei im engeren Sinn die Aufteilung eines peripheren Speichers (Platte) in kleine Flächen, nämlich Dateien, die den Benutzern dann unter logischen Namen zur Verfügung gestellt werden, ohne Rücksicht auf ihre tatsächliche Position auf dem peripheren Medium, ja sogar ohne Rücksicht auf physikalische Eigenschaften des Mediums wie Größe, Dimensionierung der kleinsten Speichereinheiten, Anordnung, usw. Im weiteren Sinn fällt unter Filemanagement jeder Zugriff zur Peripherie, ob es sich dabei nun um Dateien auf Platten, um wenig

---

[1]   *minx* ist ein Wortspiel.

strukturierte Magnetbänder oder schließlich um zeichenorientierte Geräte wie Terminals oder Drucker handelt.

Auf der tiefsten Stufe muß sich ein Filemanager mit den meist bösartigen Anforderungen auseinandersetzen, die periphere Geräte an das zentrale Rechnersystem stellen, bevor sie sich von Daten trennen. Die dafür verantwortlichen Teile des Filemanagers nennt man *Gerätetreiber*. Sie sind normalerweise völlig auf ein bestimmtes Gerät und ein bestimmtes Betriebssystem zugeschnitten.

Auf der obersten Ebene muß der Filemanager den Benutzern des Rechnersystems, also den *Prozessen*, eine möglichst einheitliche Schnittstelle bieten, über die der Verkehr mit jeder Art von peripherem Gerät abgewickelt werden kann. Je besser die spezifischen Eigenschaften eines Geräts abstrahiert, also eigentlich verborgen werden, umso allgemeiner werden Programme verwendbar, die sich dieser Schnittstelle bedienen.

Zwischen Schnittstelle zum Prozeß und Gerätetreiber realisiert der Filemanager den Dateibegriff, läßt direkten Zugriff auf Geräte zu, sorgt für effizienten Datentransfer zwischen Prozeß und Peripherie, und kontrolliert insbesondere, daß alle von einem Prozeß gewünschten Aktionen dem Besitzer des Prozesses in bezug auf die betroffenen Dateien und Geräte auch gestattet sind. *Zugriffsschutz* ist eine weitere, wichtige Aufgabe des Filemanagers.

In bezug auf Gerätetransparenz läßt sich die Filemanager-Schnittstelle bei UNIX kaum noch verbessern. Klassisches Beispiel für ihre Flexibilität ist zum Beispiel, daß das Kommando *cat* zur Dateibetrachtung

```
$ cat datei >/dev/tty
```

zum Texteintrag in eine Datei

```
$ cat /dev/tty >datei
```

oder zum Kopieren beliebiger Dateien

```
$ cat /unix >/ms-dos
```

verwendet werden kann, ohne daß bei dieser Anwendung Geräte- oder Dateicharakteristika überhaupt bekannt sein müssen.

Gerätetransparenz ist nicht unbedingt nur ein Vorteil. Obgleich es viele Implementierungen gibt, eignen sich UNIX Systeme zum Beispiel nicht besonders gut zum gleichzeitigen Betrieb vieler Kopien eines Bildschirm-Editors. Das liegt primär daran, daß die Terminal-Schnittstelle zu wenig Terminal-spezifisch ist!

10.2   Die UNIX Filemanager-Schnittstelle

Das UNIX Dateisystem wurde im Abschnitt 9.1 skizziert. Charakteristisch ist die Aufteilung in lineares Dateisystem und darauf aufbauendes Katalogsystem, das die Voraussetzung für Pfade und mehrfache Benennung von Datenmengen bildet.

Die Systemaufrufe zum Filemanagement wurden im Kapitel 9 eingehend besprochen:

> **open()** und **creat()** verknüpfen einen Prozeß mit der Peripherie, **creat()** und **mknod()** erweitern das lineare Dateisystem und das Katalogsystem. **link()** erweitert das Katalogsystem, **unlink()** reduziert es.

> Die Interpretation von Pfaden im Katalogsystem hängt vom Konzept des Wurzelkatalogs beziehungsweise des Arbeitskatalogs ab. Diese Positionen eines Prozesses im Katalogsystem können mit **chroot()** beziehungsweise **chdir()** verändert werden.

> Verknüpfungen zur Peripherie, also mit Hilfe von Pfaden zwischen Prozeß und linearem Dateisystem, die sogenannten *Filedeskriptoren*, entstehen als Resultat von **open()** und **creat()** und können mit **dup()** beziehungsweise **dup2()** kopiert werden. Kreiert ein Prozeß einen neuen Prozeß, erhält der neue Prozeß ebenfalls Kopien aller Filedeskriptoren, die der ursprüngliche Prozeß zum Zeitpunkt der Kreierung besitzt. **close()** löst eine durch einen Filedeskriptor beschriebene Verknüpfung in bezug auf einen Prozeß.

> Für die Verknüpfung wird vom Filemanager ein Positionszeiger unterhalten. **lseek()** beeinflußt diesen Positionszeiger, ohne daß ein Datentransfer stattfinden muß. Bei **read()** und **write()** findet Datentransfer vom Prozeß zur Peripherie und umgekehrt statt, der beim Positionszeiger beginnt und diesen entsprechend verschiebt.

> Wurde ein Filedeskriptor kopiert, im gleichen Prozeß oder für einen Abkömmling, entsteht dadurch keine neue Verknüpfung, also auch kein neuer, unabhängiger Positionszeiger. Dieser Aspekt hat viele Konsequenzen für Implementierung wie für Prozeßkommunikation.

> Statistische Informationen aus dem linearen Dateisystem können mit **stat()** für Pfade und mit **fstat()** für Filedeskriptoren bezogen werden.

> Zugriffsschutz besteht im linearen Dateisystem, wird bei **creat()** und **mknod()** initialisiert und mit **chmod()** und **chown()** manipuliert.

Nachzutragen zur bisherigen Beschreibung sind hier nur noch *Gerätedateien*, die den direkten Zugriff zu Gerätetreibern ermöglichen. Gerätedateien oder *special files* sind besonders markierte Inodes, also Einträge im linearen Dateisystem, die im Katalogsystem normal durch Pfade erreichbar sind. Beim Zugriff auf eine derartige Inode, der normalem Zugriffsschutz unterliegt, sorgt der Filemanager dafür, daß ein Datentransfer im Wesentlichen direkt zwischen einem in der Inode eingetragenen Gerätetreiber und einem Prozeß erfolgt; der Dateibegriff des linearen Dateisystems spielt dabei selbst dann keine Rolle, wenn auf dem beteiligten Gerät vom Filemanager ein Dateisystem unterhalten wird. Bestimmte Geräte stehen bei jedem UNIX System zur Verfügung. Dazu gehören insbesondere

> */dev/tty*, eine Abstraktion des Terminals, das den betroffenen Prozeß kontrolliert.

/dev/null, ein 'Gerät', das beliebige **write()**-Transfers ignoriert und bei **read()**-Transfers grundsätzlich keine Information liefert, das also beliebige Ausgaben verschwinden läßt und an Stelle einer Eingabe immer ein Eingabeende anzeigt.

/dev/mem, ein 'Gerät', mit dem der (physikalische) Hauptspeicher des Rechnersystems über einen Filedeskriptor angesprochen werden kann.

/dev/proc/id, (bei UNIX Version 8) ein 'Gerät', mit dem ähnlich der Adreßraum eines Prozesses zugänglich wird.

Zusätzlich gibt es normalerweise eine Gerätedatei für jedes periphere Gerät, für das ein Gerätetreiber im System existiert. Der Zugriff auf diese Geräte kann natürlich alle logischen Zugriffssicherungen im Dateisystem hintergehen, folglich wird der Zugriffsschutz für die Gerätedateien in der Regel sehr eng gehandhabt. Wir werden im Abschnitt 10.14.2 sehen, wie Gerätedateien implementiert werden und wie man sie folglich jeweils definieren kann.

10.3   Wie funktioniert ein Systemaufruf?

Verschiedene Prozesse in einem Rechnersystem wissen nichts voneinander. Aus der Sicht eines Programms steht dem Programm zur Ausführung 'der ganze Rechner' zur Verfügung. Theoretisch beginnen die möglichen Adressen bei Null und erstrecken sich bis zu einem von Hardware und Programmgröße bestimmten Maximum. In diesem *Adreßraum* findet das Programm während seiner Ausführung weder einen anderen Prozeß noch das Betriebssystem.

Systemaufrufe wurden aber im Kapitel 9 so beschrieben, als ob sie Unterprogramme sind, die man beliebig aufrufen kann, mit Parametern und Resultatwerten. Das Betriebssystem muß dafür sorgen, daß dieses Modell stimmt.

Das Betriebssystem kennt natürlich die Prozesse, genauer gesagt, es sorgt dafür, daß es den Prozeß- und Adreßraumbegriff überhaupt gibt. Der Adreßraumbegriff hängt mit bestimmten Eigenschaften der Hardware zusammen, die normalerweise für ein UNIX System verwendet wird. Das Betriebssystem hat seinen eigenen Adreßraum, in dem sich wenigstens Teile der Prozesse befinden, die abwechselnd zur Ausführung gebracht werden. Durch besondere, privilegierte Maschinenbefehle ist das Betriebssystem in der Lage, Daten zwischen seinem eigenen Adreßraum und dem Adreßraum eines Prozesses zu übertragen, also zum Beispiel Parameter eines Systemaufrufs zu übernehmen und Resultatwerte zu übergeben. Wie dies vor sich geht, ist natürlich vollkommen vom jeweiligen Rechnersystem abhängig.

Ein Systemaufruf bedingt also eigentlich nur, daß vom Adreßraum eines Prozesses in den des Betriebssystems und zurück umgeschaltet werden kann. Da der Programmzähler des Rechners im jeweils aktuellen Adreßraum interpretiert wird, muß beim Umschalten natürlich auch ein definierbarer Programmzähler eingeführt und (wenigstens beim Übergang zum Betriebssystem) der alte Programmzähler gespeichert werden können.

Ein Systemaufruf entspricht also durchaus dem **bal** (*branch and link*) Befehl, der im Abschnitt 2.8 zum Aufruf eines Unterprogramms eingeführt wurde, allerdings mit der zusätzlichen Maßgabe, daß der aufrufende Adreßraum durch den des Betriebssystems ersetzt wird. Insgesamt ist ein neuer Maschinenbefehl nötig, der zum Beispiel **svc** (*supervisor call*) oder **emt** (*emulator trap*) genannt wird. Auch für den Rücksprung ist ein neuer Maschinenbefehl notwendig, zum Beispiel **lpsw** (*load processor status word*) oder **rti** (*return from interrupt*), dessen Ausführung aber normalerweise von der Hardware des Systems nur dem Betriebssystem erlaubt wird.

Fassen wir zusammen: Systemaufrufe erfolgen im Stil von Unterprogrammaufrufen, jedoch unter Verwendung besonderer Maschinenbefehle, die von einem normalen Programm zum Betriebssystem und umgekehrt umschalten. Das Betriebssystem hat die Möglichkeit, bei einem Systemaufruf vom Programm Parameter abzuholen und dem Programm auch Resultate zu übergeben. Die Details sind sehr abhängig vom jeweiligen Rechnersystem.

minx wird als normales Programm mit einem einzigen Adreßraum konstruiert. Wir realisieren Systemaufrufe daher als normale Unterprogrammaufrufe.

10.4 Speicherflächen für den Filemanager

Zunächst untersuchen wir nur, wie Dateien auf einer Platte realisiert werden, wie also das im Abschnitt 9.1 beschriebene Dateisystem entsteht. Gerätedateien und andere Möglichkeiten ergeben sich später mehr oder weniger als Nebeneffekt.

Die Implementierung des Katalogsystems ist offensichtlich, wenn man Programme wie *ls* oder *pwd* betrachtet. Auch die Spuren des linearen Dateisystems auf einer Platte sind als **filsys**(5) in [Bel82a] beschrieben. Weniger klar ist, wie die Funktionen des linearen Dateisystems realisiert werden. Die Problematik, die zur Lösung nötigen Datenstrukturen und die Algorithmen werden in den Artikeln von Ritchie und Thompson [Rit74a], und vor allem von Thompson [Tho78a] skizziert, die in [Bel82b] enthalten sind und eigentlich zur UNIX Dokumentation gehören. Die Lösung ist nacherzählt in [Hol83a].

Hat nur ein Prozeß nur eine Verbindung zu einer Datei im linearen Dateisystem, ist die Lösung leicht: der Filedeskriptor ist dann ein Index in eine Tabelle offener Dateien und der Tabelleneintrag kann vollkommen für Datei, Positionszeiger, Zugriffsschutz und Statistik verantwortlich sein. Wichtig ist nur, daß bei Beendigung eines Schreibzugriffs die Information über die Datei im linearen Dateisystem entsprechend berichtigt wird. Der CP/M Filemanager ist im Prinzip so realisiert, obgleich es einem Prozeß freisteht, Zugriff zu einer Datei mehrfach zu eröffnen!

Hat ein Prozeß Kopien *einer* Verbindung zu einer Datei, also mit *identischem* Positionszeiger, ist die Lösung immer noch einfach. Jetzt ist der Filedeskriptor ein Index in eine Tabelle, deren Einträge auf eine zweite Tabelle zeigen. Ein Eintrag in der zweiten Tabelle beschreibt jeweils eine Datei samt aktueller Position.

```
   Fd                    File *               Platte
      +-----+            +----------+      +............+
  0   |     |            :          :      :   +-------+  :
      +-----+            :          :      +------>| Block |  :
  1   |  o------+        +----------+      |   :   +-------+  :
      +-----+   |        | Inode  o------+     :          :
  2   |     |   +--->|           o-------+   :          :
      +-----+   |        | Position |    |   :   +-------+  :
  3   |  o------+        | Zugriffe |    +----->| Block |  :
      +-----+            +----------+      :   +-------+  :
      :     :            :          :      :          :
```

Problematisch ist hier nur, daß erst beim *letzten* Aufruf von **close()** für ein Element der zweiten Tabelle der Zugriff zur Datei abgeschlossen werden darf. Damit der letzte Aufruf erkannt werden kann, muß in dem Element eingetragen sein, wieviele Filedeskriptoren auf das Element zeigen. Die Technik, Zugriffe zu zählen, ist allgemein gebräuchlich; wir kennen sie schon von den *link*-Zahlen der Inodes her.

Die Schwierigkeiten beginnen, wenn ein Prozeß, oder gar mehrere Prozesse, *mehrere verschiedene* Verknüpfungen mit der gleichen Datei aufbauen kann. Die Kopie der Inode im Speicher muß nämlich eindeutig sein, sonst gibt es beim Auflösen der Verbindungen Streit, welche Information über die Daten auf der Platte denn nun stimmt.

Der gleiche Kunstgriff funktioniert natürlich nochmals: in der zweiten Tabelle, der sogenannten *File-Tabelle* (*open file table*), bewahren wir nur den Positionszeiger einer Verknüpfung auf, auf die mehrere Filedeskriptoren, sogar von verschiedenen Prozessen her, verweisen dürfen. Die Inode selbst halten wir im Speicher im *Inode-Depot*, einer dritten Tabelle, auf die jeweils verschiedene Elemente aus der File-Tabelle zeigen dürfen. Auch die Inode im Inode-Depot ist durch Zugriffszähler abgesichert.

Bleibt das Problem der Eindeutigkeit der Daten. Ein beachtliches Durcheinander würde nämlich resultieren, wenn zwei verschiedene Verknüpfungen zur gleichen Inode führen, zufällig gleich positioniert sind, aber etwa verschiedene Kopien des gewünschten Blocks der Platte zur Verfügung gestellt bekommen. Daten kann man auf einer Platte natürlich nicht direkt verarbeiten. Sie müssen immer zuerst im Hauptspeicher sein, bevor sie geändert werden können. Wir werden daher zum Positionszeiger einer Dateiverbindung auch einen Zeiger auf eine Pufferfläche bereitstellen, die den betroffenen Block der Platte im Speicher repräsentiert.

Diese Pufferflächen müssen aber die Blöcke der Platte wiederum eindeutig repräsentieren um die Eindeutigkeit der Daten einer Datei zu gewährleisten! Unser Kunstgriff funktioniert nochmals: die Blöcke bilden das *Block-Depot*, das Ursprung oder Ziel aller Transfers zu oder von der Platte ist, und in dem nochmals mit Hilfe von Zugriffszählern die Blöcke jeweils eindeutig zur Verfügung stehen.

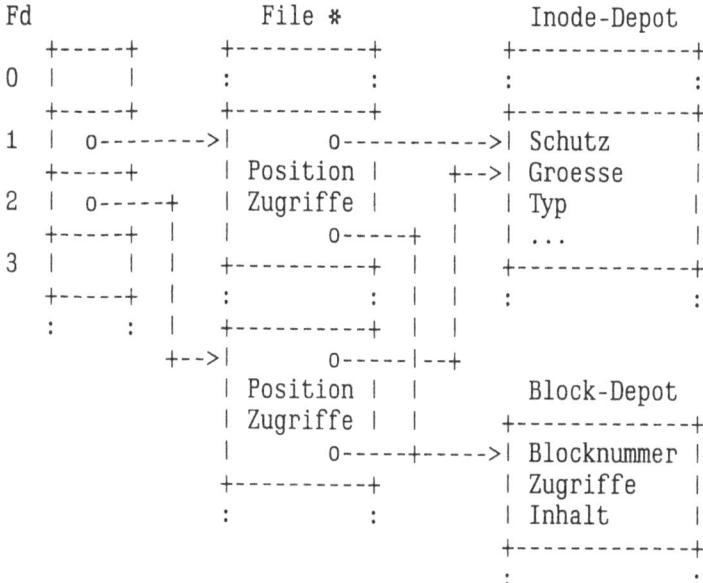

```
Fd              File *              Inode-Depot
    +-----+     +----------+        +-------------+
0   |     |     :          :        :             :
    +-----+     +----------+        +-------------+
1   |  o-------->|     o----------->| Schutz      |
    +-----+     | Position |   +--->| Groesse     |
2   |  o-----+  | Zugriffe |   |    | Typ         |
    +-----+  |  |     o-----+  |    | ...         |
3   |     |  |  +----------+ |  |    +-------------+
    +-----+  |  :          : |  |    :             :
    :     :  |  +----------+ |  |
        +--->|     o-----|--+
             | Position |  |     Block-Depot
             | Zugriffe |  |     +-------------+
             |     o-----+----->| Blocknummer |
             +----------+      | Zugriffe    |
             :          :      | Inhalt      |
                               +-------------+
                               :             :
```

Das Block-Depot hat noch einen erfreulichen Effekt: mit seiner Hilfe entsteht ein Abbild der aktuell verwendeten Blöcke einer Platte im Speicher. Transfers zwischen den Blöcken und Adreßräumen von Prozessen sind reine Transfers im Hauptspeicher und als solche schnell. Transfers zwischen den Blöcken und der Platte sind zwar langsamer, aber Prozesse müssen nur dann auf derartige Transfers warten, wenn die benötigten Blöcke noch nicht im Block-Depot zur Verfügung stehen. Erkennt der Filemanager etwa, daß eine Datei von einem Prozeß sequentiell gelesen oder geschrieben wird, könnte er entsprechende Transfers in der Peripherie auch schon veranlassen *bevor* der Prozeß dies selbst zwingend verlangt. Das Block-Depot wird deshalb auch als *cache* bezeichnet, denn es trägt dazu bei, die wirkliche Transfergeschwindigkeit der Platte zu verbergen.

10.5 Architektur des Filemanagers

Der Filemanager wird in sechs Modulen realisiert, die entweder für jeweils eine der beschriebenen Speicherflächen oder für eine bestimmte Funktionalität bei den Systemaufrufen zuständig sind:

Der *buf*-Modul betreibt das Block-Depot und kontrolliert damit sämtliche Plattenzugriffe. Blöcke werden mit Hilfe spezieller Gerätetreiber transferiert.

Der *inode*-Modul betreibt das Inode-Depot und realisiert damit das lineare Dateisystem, wenigstens soweit Belegung und Freigabe von Inodes betroffen ist. Zum Zugriff auf die Ilist wie auf Datenblöcke bedient er sich der Leistungen im *buf*-Modul. Damit ist auch ein eindeutiger Zugriff auf die Ilist selbst gewährleistet.

Der *file*-Modul betreibt die File-Tabelle. Er ist damit in der Lage, Verknüpfungen zwischen einem Prozeß und einer Inode im Inode-Depot zu kopieren und zu lösen. Aufbauen kann er diese Verknüpfungen selbst nicht, da dazu das Katalogsystem notwendig ist.

Der *io*-Modul ist für Datentransfers und Positionierung verantwortlich. Die Peripherie wird dabei natürlich durch ein Element der File-Tabelle repräsentiert. Der *io*-Modul kann also auch Transfers für einen Prozeß vornehmen.

Der *name*-Modul betreibt das Katalogsystem. Er realisiert primär den Algorithmus, mit dem aus einem Pfad eine Inode-Nummer berechnet wird. Zusätzlich ist er in der Lage, Katalogeinträge mit Hilfe des *io*-Moduls zu schreiben. Da vom *inode*-Modul freie Inodes zur Verfügung gestellt werden, kann der *name*-Modul auch das Katalogsystem um neue Inodes erweitern. Da der *name*-Modul Verknüpfungen zwischen Prozeß und Dateihierarchie herstellt, wird in diesem Modul auch Zugriffsschutz implementiert.

Der *svc*-Modul existiert, um die Größe des *name*-Moduls in Grenzen zu halten. Hier werden die meisten Systemaufrufe realisiert, indem hauptsächlich die Leistungen des *name*-Moduls in Anspruch genommen werden.

In der angegebenen Reihenfolge bilden die Module eine *Hierarchie*, später erwähnte Module dürfen Funktionen in früher erwähnten Modulen verwenden, aber keinesfalls umgekehrt. Bei dieser Art der Zerlegung kann man das System Stufe um Stufe entwickeln und jeden Stufe sofort nach Fertigstellung testen. In der Praxis ist eine systematische Aufteilung in Module unabdingbare Voraussetzung für die erfolgreiche Implementierung eines solchen, relativ komplexen Systems. Die hier verwendete Technik der hierarchischen Zerlegung mit stufenweiser Verifikation wurde für ein ganzes Betriebssystem erstmals in einem berühmten und heute noch lesenswerten Artikel von Dijkstra vorgeführt [Dij68a].

10.6 Programmiertechnik

Jenseits von der Zerlegung in Module, die sich hier praktisch aufdrängt, müssen wir uns noch über den nötigen Programmierstil als solchen Gedanken machen.

10.6.1 Konstruktion von Namen

Natürlich werden wir jeden Modul in einer eigenen Datei formulieren, die notwendigen Definitionen und extern sichtbaren Objekte in Definitionsdateien anlegen und interne Objekte durch **static**-Definitionen verbergen. *minx* ist aber so groß, daß wir auch die sichtbaren Namen systematisch konstruieren müssen, damit zum Schluß kein Durcheinander entsteht.

minx realisiert die gleichen Systemaufrufe, die der UNIX Kern selbst zur Verfügung stellt. Da wir *minx* unter UNIX implementieren und Systemaufrufe daher wirklich als C Funktionen vorliegen, können wir die *minx*-Systemaufrufe nicht mit den bei UNIX üblichen Namen bezeichnen, denn sonst verlieren wir bei der Montage den Zugriff auf die UNIX Routinen, die wir wenigstens zur Implementierung der Gerätetreiber noch brauchen. Wir fügen deshalb bei *minx*-Systemaufrufen am Schluß ein **M** zum bei UNIX üblichen Namen hinzu.

Es wird sich herausstellen, daß es im *minx*-Kern eine Reihe von Routinen gibt, die praktisch die Funktion der Systemaufrufe erbringen, die aber nur vom *minx*-Kern selbst (und dabei natürlich auch bei der Implementierung der Systemaufrufe im *minx*-Kern) verwendet werden. Um Konflikten vorzubeugen, werden wir jedem global sichtbaren Namen einer *minx*-Funktion am Schluß einen Unterstrich _ hinzufügen.[2]

Um die Konflikte zwischen Modulen zu minimieren, ordnen wir jedem Modul einen Anfangsbuchstaben für seine global sichtbaren Namen zu: **b** designiert den *buf*-Modul, **i** den *inode*- und leider auch den *io*-Modul, usw.

10.6.2   Zugriffsmakros

Bei Strukturen bezeichnen wir alle Komponenten der gleichen Struktur mit dem gleichem Anfangsbuchstaben, der sich vom Namen der Struktur ableitet, und dem ein Unterstrich _ folgt. Wir vereinbaren für jede Struktur auch grundsätzlich einen Datentyp mit gleichem Namen wie die Struktur; allerdings beginnt der Name des Datentyps im Gegensatz zum Namen der Struktur mit einem Großbuchstaben.

Problematisch beim Lesen wie beim Schreiben von Systemprogrammen ist, daß leider häufig lange Ketten von Zeigern verfolgt werden müssen um an eine bestimmte Information zu gelangen. In C ergeben sich dadurch lange Ketten von Namen und ->-Operatoren. Knuth [Knu68a] verwendet eine an Funktionen erinnernde Schreibweise für Strukturkomponenten; dabei ergeben sich Verweise, die an tief verschachtelte Funktionsaufrufe erinnern.

Einfache Funktionsaufrufe sind nach Meinung des Autors leichter lesbar als Verweise auf Strukturkomponenten mit dem ->-Operator, insbesondere, wenn der Name der Strukturkomponente auch noch die Form **x_name** hat. Zusätzlich zu den Strukturen definieren wir deshalb *Zugriffsmakros*, die für einen Zeiger auf eine Struktur den Wert einer Komponenten liefern und deren Namen mit einem Großbuchstaben beginnen und sich vom Komponentennamen der Struktur ableiten. Im Gegensatz zu Funktionen können solche Makros natürlich auch in L-Wert Position, also links bei einer Zuweisung, aufgerufen werden, da ja durch Textersatz an Stelle des Makros ein wirklicher Verweis auf die Komponente als L-Wert eingefügt wird. Es ist deshalb sehr wesentlich, daß die Makros Nebeneffekt-frei definiert sind, daß sie also auch ihre Argumente nur einmal verwenden.

Verweisen bestimmte Komponenten einer Struktur auf andere Strukturen, definieren wir auch Makros, die für einen Zeiger auf die erste Struktur den Wert einer Komponenten der zweiten liefern. Die Namen solcher Makros beginnen mit zwei Großbuchstaben. Gilt zum Beispiel

---

[2] C Compiler und Montierer erlauben heute fast schon als Standard beliebig lange Namen. Ist dies nicht der Fall, müssen wir bei der Länge der globalen Namen vorsichtig disponieren.

```
typedef struct dinode {        /* Ilist Element */
        ...
        int di_addr[8];
        ...
        } Dinode;

typedef struct inode {         /* Inode-Depot */
        ...
        Dinode i_di;
        ...
        } Inode;

typedef struct file {          /* File-Tabelle */
        ...
        Inode * f_i;
        ...
        } File;
```

```
File * fp;
```

dann ersetzen wir den Verweis über ein Element der File-Tabelle auf eine Blocknummer in einer Inode, die sich im Inode-Depot befindet

```
fp->f_i->i_di.di_addr[a]
```

durch die (globalen) Definitionen

```
#define Idinode(ip)     ((ip)->i_di)
#define Iaddr(ip, a)    (Idinode(ip).di_addr[a])
#define Finode(fp)      ((fp)->f_i)
#define FIaddr(fp, a)   Iaddr(Finode(fp), a)
```

und den Makroaufruf

```
FIaddr(fp, a)
```

Die Technik ist zweischneidig, da sie den in C üblichen Formulierungsstil wesentlich verändert. Es gibt außerdem keine Sicherheit, daß die Technik bei Modifikationen des Programms durch Dritte auch eingehalten oder gar sinnvoll weiterentwickelt wird.

Zugriffsmakros bieten aber zwei Vorteile: man muß die Zugriffswege nur einmal verstehen und korrekt formulieren und man kann die Repräsentierung dieser Wege innerhalb gewisser Grenzen zentral modifizieren, ohne daß sich die Verwendung der Wege selbst ändert. Wie das Beispiel zeigt, werden die Makros selbst aus Makroaufrufen aufgebaut. Auch komplexe Zugriffe entstehen daher in kleinen, überschaubaren Schritten. Werden die Makros nicht als L-Werte eingesetzt, kann man sie bei Bedarf auch durch Funktionen ersetzen, die eine Ablaufverfolgung oder andere statistische Analysen ermöglichen.

10.7   Fehler

10.7.1   Fehlerarten

Wie schon beim *calc*-Programm im Abschnitt 7.4 gilt auch bei *minx*, daß man sehr frühzeitig überlegen muß, wie man mit Fehlern im System verfährt. Bei einem System wie *minx* gibt es fünf prinzipiell verschiedene Arten von Fehlern:

- Programmierfehler, wenn etwa eine Funktion aufgerufen wird, deren implizite Voraussetzungen nicht erfüllt sind.

- Betriebsmittelfehler, wenn zum Beispiel der verfügbare Speicherplatz erschöpft ist, in einem Dateisystem keine freien Blöcke oder Inodes mehr existieren, usw.

- Hardware-Fehler bei Plattentransfers, Zugriffen auf Terminals, usw.

- Managementfehler, wenn zum Beispiel der Super-User eine wenig geschützte Funktion aufruft und ihre impliziten Voraussetzungen verletzt.

- Benutzerfehler, wenn ein normaler Prozeß einen Systemaufruf falsch verwendet, eine *minx*-Datei nicht existiert, usw.

10.7.2   Reaktionen

Wir haben drei mögliche Reaktionen auf Fehler zur Auswahl:

```
NAME                          ERROR, PANIC, PERROR, UERROR
        error_() - Fehlermeldung an der Konsole
        panic_() - Fehlermeldung und Systemabbruch
        Uerror - Fehlermeldung an einen Prozess
        perrorM() - Interpretation von Systemfehlern

SYNOPSIS
        #define VARARG   , v1, v2, v3, v4

        error_(fmt VARARG) char * fmt;
        panic_(fmt VARARG) char * fmt;
        char * Uerror;
        perrorM(prefix) char * prefix;
```

error_() ist eine Prozedur, die eine im Stil von **printf()** formulierte Meldung an der *minx*-Konsole ausgibt. Bei einem wirklichen Betriebssystem würde eine solche Meldung in der Regel wohl eine Reaktion des Operateurs oder Systemmanagers nach sich ziehen.

panic_() ist ebenfalls eine Prozedur, die eine im Stil von **printf()** formulierte Meldung an der *minx*-Konsole ausgibt. **panic_()** bringt aber anschließend *minx* zum Stillstand, unter UNIX natürlich dadurch, daß die Ausführung von *minx* als UNIX

Kommando mittels **exit()** beendet wird. Diese Prozedur entspricht der im Abschnitt 9.3.3 vorgestellten Prozedur **fatal()** zum Prozeßabbruch, nur eben im Systemkern von *minx*. Bei einem wirklichen Betriebssystem würde diese Funktion wohl auf einen Maschinenbefehl **halt** führen, der den Rechner selbst zum Stehen bringt. Es ist klar, daß man **panic_()** möglichst selten aufrufen sollte.

Uerror ist dagegen vergleichsweise harmlos. An diese Variable kann eine Funktion im *minx*-Kern einen Wert zuweisen, der einem *minx*-Benutzerprozeß als nähere Erklärung eines fehlerhaft verlaufenen Systemaufrufs zur Verfügung gestellt wird. Unter UNIX ist uns diese Technik schon begegnet: **Uerror** ist dort

```
extern int errno;
```

und der darin nach einem fehlerhaft verlaufenen Systemaufruf enthaltene Wert wird bekanntlich mit Hilfe von **perror()** interpretiert. Für *minx* stellen wir analog die Prozedur **perrorM()** zur Verfügung.

Wir erlauben uns hier eine Vereinfachung: bei UNIX muß vom Kern zum Benutzer ein Integer-Wert als Fehlernummer übergeben werden. **perror()** enthält eine Tabelle, die bei der Entwicklung des Systems synchron zu den Fehlernummern unterhalten werden muß und mit deren Hilfe beim Benutzerprozeß aus der Fehlernummer ein Text konstruiert wird. Bei *minx* übergeben wir von vornherein den Text, eliminieren dadurch die Problematik der Fehlertabelle und dokumentieren die Fehler an Ort und Stelle in den *minx*-Modulen.

Denkpause 10.1 Warum übergibt UNIX Integer-Werte und nicht Texte zur Erklärung von Systemfehlern? ➮

10.7.3 Fehlerberichte

Wie reagieren wir nun wirklich, wenn wir bei der Implementierung eines *minx*-Moduls eine Fehlermöglichkeit entdecken?

```
NAME                                              ASSERT
     assert() - unabdingbare Bedingung

SYNOPSIS
     #include "assert.h"

assert(exp);
```

Programmierfehler beantworten wir wohl mit einem Programmabbruch, also durch Aufruf der Funktion **panic_()**. Da wir prinzipiell davon ausgehen können, daß wir zum Schluß keine Programmierfehler im fertigen System hinterlassen, verpacken wir Test und Fehlermeldung so, daß wir sie später mit dem C Preprozessor entfernen können,[3] das heißt, wir verwenden eine Variante des auch bei UNIX Programmen gebräuchlichen **assert()**-Makros:

---

[3] Das erinnert natürlich an die auch von C.A.R. Hoare [Hoa73a] erwähnte Geschichte von jemand, der zwar *mit* Rettungsring im Schwimmbad, aber *ohne* im Meer schwimmt.

```
#ifdef  NDEBUG
#define assert(p)
#else
#define assert(p) (! (p) && panic_("%s @ %d: assert(%s) failed", \
                   MODULE, __ LINE __, "p"))
#endif
```

MODULE muß vor Benutzung von **assert()** jeweils als Name des aktuellen Moduls definiert sein. In einer Fehlermeldung ist ein solcher Name sinnvoller als der Dateiname der Quelle des Moduls, der normalerweise als **__ FILE __** vom C Preprozessor definiert wird, siehe Abschnitt E.2.4. **assert()** ruft **panic_()** auf um den eigentlichen Systemabbruch in die Wege zu leiten.

Managementfehler entstehen dadurch, daß man dem Super-User manche Privilegien einräumen muß, die bei Mißbrauch durchaus zu Problemen führen können – man denke zum Beispiel an die Möglichkeiten von **mknod()**, siehe Abschnitt 9.7.3. In extremen Fällen können Managementfehler auch zu Aufrufen von **panic_()** führen. Wir wollen uns aber bemühen, in der Regel nur **error_()** aufzurufen, um den Fehler an der *minx*-Konsole zu berichten und dann mit entsprechenden Resultatwerten zum Prozeß zurückzukehren.

Betriebsmittel- und Hardware-Fehler sollten ebenfalls nicht gleich zum Systemabbruch führen. Bei UNIX sind Block-Depot, Inode-Depot und File-Tabelle jeweils als Vektoren konfiguriert und folglich von fester Größe. Ist kein Element mehr vorhanden, werden Prozesse blockiert oder Systemaufrufe wie **open()** mit Fehlern beendet, für die der Benutzer selbst nicht verantwortlich ist. Wir werden für *minx* dynamische Speicherverwaltung verwenden; ist bei uns kein Speicherplatz mehr verfügbar, haben wir eigentlich ein ernstes Problem. Trotzdem wird man auch in dieser Situation nach Möglichkeit nur Fehlermeldungen an die Konsole schicken und den Prozeß informieren, in dessen Auftrag der Fehler festgestellt wurde.

Benutzerfehler sind (fast) der Regelfall. Für alle Systemaufrufe sind entsprechende Resultatwerte definiert, die einen fehlerhaften Verlauf melden. Zusätzlich muß in **Uerror** eine entsprechende Erklärung hinterlegt werden.

Als Spielregel gilt dabei aber, daß ein erfolgreicher Systemaufruf die letzte Erklärung nicht zerstören darf, die ein früherer, fehlerhaft verlaufener Systemaufruf hinterlegt hat. **Uerror** kann also nicht als Variable verwendet werden, in der sich die Funktionen im *minx*-Kern gegenseitig Fehler melden. Statt dessen müssen die Funktionen genau wie Systemaufrufe so definiert werden, daß sie Fehler durch Resultatwerte anzeigen.

Uerror sollte man bei jedem Systemaufruf höchstens einmal setzen und man muß sehr genau planen, wo dies in der Verschachtelung von Funktionaufrufen geschieht, die normalerweise im *minx*-Kern bei der Bearbeitung eines Systemaufrufs entsteht. Die erste Routine, die einen Fehler entdeckt, kann ihn in der Regel auch am besten beschreiben. Dem steht entgegen, daß die erste Routine, die durch einen Systemaufruf aktiviert wird, auch als letzte noch aktiv ist und den Resultatwert des

Systemaufrufs liefert. Diese äußerste Routine kontrolliert daher definitiv, ob ein Systemaufruf fehlerhaft verläuft, und wir werden daher möglichst nur in dieser Routine **Uerror** ändern.

Denkpause 10.2 Warum verwendet der UNIX Kern (meistens) keine dynamische Speicherverwaltung für seine Tabellen? ➡

10.8 Ablaufverfolgung

minx ist auch deshalb besonders instruktiv, weil in allen Funktionen Vorkehrungen zur Ablaufverfolgung getroffen werden. Geht man dabei methodisch vor, kann man während der Entwicklung Fehler sehr schnell lokalisieren. Beläßt man diese Programmteile, kann man im fertigen System die Reaktionen der einzelnen Funktionen des Kerns auf Anforderungen eines Prozesses beobachten. In einem 'wirklichen' Filemanager können derartige Einrichtungen natürlich nicht vorhanden sein, denn einerseits führen sie zu einem erhöhten Platzbedarf des Systems, andrerseits steht bei einem Betriebssystem kaum ein Weg zur Peripherie zur Verfügung, auf dem die Ausgabe erfolgen kann ohne daß dadurch die Zeitverhältnisse im System total verändert werden.

Ablaufverfolgung sollte man bei Beginn der Programmierung einplanen. Betrachten wir die Funktion **bopen_()**, mit der der Zugriff zu einem Dateisystem eröffnet wird, um den für *minx* konzipierten Stil zu verstehen:

```
Buf * bopen_(dev)
        register Dev dev;
{       register Buf * bp;

#ifdef  TRACE
        tfmt_('G', "bopen_ {", "dev = %d/%d",
            major_(dev), minor_(dev));
#endif
        bp = bcache_(dev, SUPER, 0);
#ifdef  TRACE
        tbuf_('G', "bopen_ }", bp, 0);
#endif
        return bp;
}
```

Ablaufverfolgung erfolgt durch Funktionsaufrufe, die bei der Übersetzung nur eingefügt werden, wenn die C Preprozessor Variable **TRACE** definiert ist. Damit kann man die Ablaufverfolgung aus jeder Quelldatei einzeln eliminieren.

Funktionen existieren insbesondere zur Ausgabe der für *minx* interessanteren Datenstrukturen:

```
     NAME                                              TRACE
          tbuf_() - Ablaufverfolgung fuer Block-Depot
          tfil_() - Ablaufverfolgung fuer File-Tabelle
          tino_() - Ablaufverfolgung fuer Inode-Depot
          tfmt_() - allgemeine Ablaufverfolgung

     SYNOPSIS
          #define VARARG  , v1, v2, v3, v4

          tbuf_(flag, func, bp, fmt VARARG)
          tfil_(flag, func, fp, fmt VARARG)
          tino_(flag, func, ip, fmt VARARG)
          tfmt_(flag, func, fmt VARARG)


          int flag; char * func, * fmt;
          Buf * bp; File * fp; Inode * ip;
```

Jede Funktion hat wenigstens drei Argumente: **flag** dient dynamisch zur Auswahl
des Umfangs der Ablaufverfolgung, **func** identifiziert die aufrufende Funktion, **fmt**
VARARG ist Information, die im Stil von **printf()** ausgegeben wird. Ein weiteres Argument ist jeweils ein Zeiger auf eine Datenstruktur. In der Ablaufverfolgung wird entweder der Inhalt der Datenstruktur dargestellt, oder es wird notiert, daß ein Nullzeiger übergeben wurde.

Zur Auswahl der Ablaufverfolgung ordnen wir jeder globalen Funktion einen Buchstaben zu, den wir als **flag** übergeben. Innerhalb der Funktionen zur Ablaufverfolgung kann man dann zum Beispiel in einem Bit-Vektor kontrollieren, wann eine Ausgabe wirklich erfolgen soll, siehe Abschnitt 10.11 und 10.17.6.

Für **func** verwenden wir die Konvention, daß der Name der aufrufenden Funktion
übergeben wird, dem bei Aufruf am Anfang einer Funktion { und am Ende einer Funktion } folgt. Da wir grundsätzlich eine Ablaufverfolgung am Anfang und Ende jeder
globalen Funktion in einem Modul vorsehen, kann man so die Aufrufverschachtelung der Funktionen im *minx*-Kern gut beobachten.

Wie **bopen_()** illustriert, kann als **fmt** ein Nullzeiger übergeben werden. In diesem
Fall erfolgt dann keine zusätzliche Ausgabe von Text.

10.9   Block-Depot – "buf"-Modul

10.9.1   Aufgaben

```
NAME                                                       BUF
    balloc_() - naechsten freien Block ins Depot           A
    bcache_() - Zugriff auf Block beginnen                 B
    bclose_() - Zugriff auf Dateisystem beenden            C
    bdone_() - Zugriff auf Block beenden                   D
    bfree_() - Block im Dateisystem zur freien Liste       E
    blockio() - Transfer zwischen Depot und Peripherie     F
    bopen_() - Zugriff auf Dateisystem beginnen            G
    bwrite_() - Block als modifiziert markieren            H


SYNOPSIS
    Buf * balloc_(dev) Dev dev;
        assert(find(dev, SUPER));
        error_("balloc_: no space on %d/%d", ...);

    Buf * bcache_(dev, num, flag)
            Dev dev; Block num; int flag;
        error_("bcache_: no room");

    void bclose_(dev) Dev dev;
        assert(find(dev, SUPER));

    void bdone_(bpp) Buf ** bpp;
        assert(bpp); assert(*bpp); assert(Buse(*bpp) > 0);

    void bfree_(dev, num) Dev dev; Block num;
        assert(find(dev, SUPER));
        error_("bfree_: dev = %d/%d, num = %d", ...);

    static int blockio(bp) Buf * bp;
        assert(bp);
        error_("blockio: dev %d/%d does not exist", ...);
        error_("blockio: error %d on %d/%d", ...);

    Buf * bopen_(dev) Dev dev;

    void bwrite_(bp) Buf * bp;
        assert(bp);
```

In diesem wie in allen folgenden Abschnitten zeigen wir die Voraussetzungen für den Aufruf der Funktionen eines Moduls, also die Aufrufe von **assert()** in der Funktion, nur in der **SYNOPSIS**, um die Algorithmen klarer herauszustellen. Aus dem gleichen Grund geben wir zwar bei **NAME** die Werte zur Auswahl der Ablaufverfolgung für eine Funktion an, zeigen aber die Implementierung der Ablaufverfolgung selbst nicht. Diese Details kann man leicht in den Originalquellen nachlesen.

Der *buf*-Modul ist verantwortlich für den Transfer von Blöcken zwischen Hauptspeicher und Dateisystem auf der Platte. Der Zugriff zur Platte muß durch einen Aufruf von **bopen_()** eröffnet und mit **bclose_()** beendet werden. Bei beiden Funktionen wird die Platte als Gerätenummer angegeben. **bopen_()** liefert bei Erfolg einen Zeiger auf den Super-Block des Dateisystems im Block-Depot. Dieser Zeiger darf *nicht* an **bdone_()** übergeben werden.

Zugriff auf einen Block fordert man mit **bcache_()** an, wenn die Blocknummer **num** bekannt ist und mit **balloc_(),** wenn ein neuer Block der freien Liste des Dateisystems entnommen werden soll. Man erhält dadurch einen Zeigerwert, der auf den Block im Block-Depot verweist. Dieser Zeigerwert wird an **bdone_()** übergeben um den Zugriff auf den Block zu beenden.

Normalerweise wird ein Block beim ersten Zugriff aus dem Dateisystem eingelesen und bei Beendigung des letzten Zugriffs wieder zurückgeschrieben, wenn durch **bwrite_()** markiert wurde, daß der Block modifiziert wurde. Ist bekannt, daß der *ganze* Block einen neuen Inhalt bekommen soll, kann bei Beginn des Zugriffs **flag** verschieden von Null sein. Handelt es sich bei diesem Aufruf von **bcache_()** um den ersten Zugriff auf einen Block, wird er dann nicht aus dem Dateisystem eingelesen, sondern nur im Block-Depot leer angelegt.

Mit **balloc_()** entnimmt man einen Block der freien Liste des Dateisystems und erhält gleichzeitig Zugriff auf den Block. Mit **bfree_()** wird angezeigt, daß ein Block in die freie Liste aufgenommen werden soll. **bfree_()** hat *keinen* Zeigerwert als Argument, damit ein Block, der beim Löschen einer Inode freigegeben wird, nicht erst von der Platte ins Block-Depot gebracht werden muß, damit er freigegeben werden kann. Trotzdem beendet **bfree_()** alternativ zu **bdone_()** einen Zugriff auf einen Block.

Das Zusammenwirken der einzelnen Funktionen im *buf*-Modul zeigt die folgende Zeichnung:

```
+---------+
| bopen_  |-----+
+---------+     |
                v
+=========+   +---------+
| syncM   |   | bcache_ |<----------+
+=========+   +---------+           |
    |             |                 |
    |             v                 |
    +--------->...........    +---------+
              : blockio :<--| balloc_ |
    +--------->:.........:    +---------+
    |             ^                 |
    |             |                 v
+---------+   +---------+   +---------+
| bdone_  |<--| bfree_  |-->| bwrite_ |
+---------+   +---------+   +---------+
    ^
    |
+---------+
| bclose_ |
+---------+
```

Pfeile deuten dabei Aufrufe an. Funktionen, die Systemaufrufe realisieren, sind mit Doppellinien, globale Funktionen des Moduls mit einfachen Linien umgeben. Punkte deuten an, daß eine Funktion aus einem anderen Modul verwendet wird.[4]

10.9.2 Datenstrukturen – "buf.h" und "super.h"

Das Block-Depot existiert um **Buf**-Strukturen zu verwalten:

```
typedef struct buf {
        Dev b_dev;
        Block b_num;
        char b_error;
        unsigned b_flags : 7;
        unsigned b_write : 1;
        union {
                Super   b_s;
                Dinode  b_di[BLOCK / sizeof(Dinode)];
                Direct  b_d[BLOCK / sizeof(Direct)];
                char    b_c[BLOCK];
                } b_;
        Use b_use;
        struct buf * b_prev, * b_next;
        } Buf;
```

Für einen Zeiger **bp** auf eine solche Struktur erreichen wir über Zugriffsmakros die in der Struktur enthaltene Datenfläche des Blocks

```
#define Bbuf(bp)          ((bp)->b_.b__c)
```

sowie ihre eindeutige Adresse in der Peripherie, bestehend aus Gerätenummer und Blocknummer:

```
#define Bdev(bp)          ((bp)->b_dev)
#define Bnum(bp)          ((bp)->b_num)
```

Zur Verwaltung im Block-Depot dienen ein Zugriffszähler und zwei Zeiger, mit denen das Block-Depot doppelt verkettet ist:

```
#define Buse(bp)          ((bp)->b_use)
#define Bprev(bp)         ((bp)->b_prev)
#define Bnext(bp)         ((bp)->b_next)
```

In einem Bit wird markiert, ob der Block modifiziert wurde und daher später ins Dateisystem zurücktransferiert werden muß. Passiert bei einem Transfer ein Fehler, wird eine entsprechende Fehlernummer in einer weiteren Komponente der **Buf**-Struktur deponiert:

```
#define Bwrite(bp)        ((bp)->b_write)
#define Berror(bp)        ((bp)->b_error)
```

Im Dateisystem gibt es vier verschiedene Arten von Blöcken: der Super-Block enthält die Dimensionierung des Dateisystems, ein Ilist-Block enthält eine gewisse Anzahl von Inodes, ein Katalog-Block enthält eine gewisse Anzahl von Katalogeinträgen und nur die eigentlichen Datenblöcke sind unstrukturiert. Mit Hilfe einer Variante (**union**) haben wir **Buf** schon entsprechend konfiguriert. Das ist erheblich klarer und portabler als spätere böse Tricks mit *cast*-Operationen oder gar Integer-Arithmetik mit **char**-Zeigern.

Für das Block-Depot ist nur die Struktur eines Super-Blocks interessant:

```
typedef struct super {
        Block s_isize;
        Block s_fsize;
        short s_nfree;
        Block s_free[NFREE];
        Block s_next;
        short s_pad[2];
        } Super;
```

---

[4] **blockio()** bildet insofern eine Ausnahme, als diese Funktion lokal zum *buf*-Modul gehört, gleichzeitig aber die Verbindung zu den Gerätetreibern darstellt; siehe Abschnitt 10.10.

Verweist unser Zeiger **bp** im Block-Depot auf einen Super-Block, erhalten wir vor allem Zugriff auf die Anzahl Blöcke der Ilist des Dateisystems

```
#define BSisize(bp)    ((bp)->b_.b__s.s_isize)
```

sowie auf die Anzahl der Datenblöcke, die der Ilist folgen:

```
#define BSfsize(bp)    ((bp)->b_.b__s.s_fsize)
```

Es gibt viele Möglichkeiten, die freie Liste in einem Dateisystem zu verwalten. Man kann die Blöcke linear verketten, man kann sie unbenutzten Inodes (Katalogeinträgen bei anderen Systemen) zuordnen, man kann einen Bit-Vektor, eine sogenannte *bitmap*, verwenden, in dem jeder Datenblock durch ein Bit repräsentiert wird, das genau dann gelöscht ist, wenn der Block zur Verfügung steht, etc.

Wir verwenden für *minx* eine lineare Liste von Adreßblöcken: im Super-Block, der sich ja in einer festen Position am Anfang des Dateisystems befindet, sind eine gewisse Anzahl Adressen freier Blöcke gespeichert. Anzahl und Adressen sind über entsprechende Zugriffsmakros verfügbar:

```
#define BSnfree(bp)    ((bp)->b_.b__s.s_nfree)
#define BSfree(bp, f)  ((bp)->b_.b__s.s_free[f])
```

Reicht der Adreßvektor im Super-Block nicht aus, verweist der Super-Block auf einen weiteren freien Block im Dateisystem, der ebenfalls das Format eines Super-Blocks hat, und von dem aus entsprechend weitere freie Blöcke erreichbar sind:

```
#define BSnext(bp)     ((bp)->b_.b__s.s_next)
```

Dadurch daß wir allen Adreßblöcken das Format des Super-Blocks geben, erzielen wir eine gewisse Vereinfachung beim Management der freien Liste.

10.9.3   Parametrisierung – "param.h" und "types.h"

Wir haben stillschweigend die Existenz gewisser Systemkonstanten und Datentypen für Objekte wie Gerätenummern, Blocknummern, Zugriffszähler, usw. angenommen. In einer Definitionsdatei *param.h* definieren wir globale Konstanten wie die folgenden:

```
#define BLOCK   512        /* Groesse eines Datenblocks */
#define NFREE   250        /* Adressvektor im Super-Block */
#define SUPER   1          /* Blocknummer des Super-Blocks */
#define ILIST   (SUPER+1)  /* erste Blocknummer der Ilist */
#define ROOT    1          /* Inode-Nummer der Wurzel */
```

Die im Kern verwendeten elementaren Datentypen befinden sich ebenfalls in einer Definitionsdatei, *types.h*. Man vereinfacht dadurch die eventuelle Portierung eines Systems wie *minx*: für ein System mit größeren oder kleineren Platten könnte man zum Beispiel Blocknummern oder Dateigrößen durch andere Datentypen repräsentieren. Bei einer C Implementierung, die auch negative Werte in **char**-Variablen speichern kann, könnte man die Zugriffszähler durch **char** repräsentieren, vorausgesetzt, die maximal mögliche Anzahl Zugriffe wird entsprechend überwacht. Es ist klar, daß die Änderung der elementaren Datentypen bei einer Portierung recht gut überlegt sein will, da sie auch die Größe aller anderen Datenstrukturen beeinflußt.

Für eine Implementierung auf einem DEC Rainbow, also auf einem 16-Bit Rechner, definieren wir zum Beispiel folgende Datentypen:

```
typedef short   Dev;           /* Geraetenummer */
typedef short   Block;         /* Blocknummer */
typedef short   Use;           /* Zugriffszaehler */
typedef short   Inumber;       /* Inode-Nummer */
typedef long    Size;          /* Dateigroesse */
typedef int     Fd;            /* Filedeskriptor */
typedef short   Mode;          /* Typ einer Inode */
typedef char    Id;            /* Besitzer, Benutzer, Gruppe */
typedef int     (* Function)(); /* Zeiger auf Funktion */
```

Gerätenummern muß man später noch weiter zerlegen, beziehungsweise aus zwei Werten zusammenfügen, siehe Abschnitt 10.10.2. Dafür definieren wir:

```
#define major_(dev)           ((dev) >> 8 & 0xff)
#define minor_(dev)           ((dev) & 0xff)
#define makedev_(major, minor) ((major) << 8 | (minor) & 0xff)

#define Bmajor(bp)            major_(Bdev(bp))
#define Bminor(bp)            minor_(Bdev(bp))
```

Auch ein Makro zur Bestimmung der Anzahl Elemente eines Vektors ist später nützlich (vergleiche **MASK()** im Abschnitt 7.3.3):

```
#define DIM(x)   (sizeof(x) / sizeof(x[0]))
```

Wir sorgen dafür, daß eine Definitionsdatei, nämlich *param.h*, in jedem Modul des Systems verwendet wird, damit wir bei Bedarf an zentraler Stelle gewisse Aspekte des Systems, wie zum Beispiel Ablaufverfolgung, parametrisieren und kontrollieren können. Damit dies problemlos funktioniert, organisieren wir grundsätzlich alle Definitionsdateien so, daß sie beliebig oft eingefügt werden können. Dazu dient bei *param.h* zum Beispiel folgender Rahmen:

```
#ifndef PARAM_H

    ... Definitionen ...

#define PARAM_H
#endif
```

Wir umgeben den eigentlichen Inhalt der Datei mit Anweisungen zur bedingten Übersetzung, die sicherstellen, daß die Vereinbarungen in der Datei nur einmal in eine Übersetzung einbezogen werden. Den Namen der dazu verwendeten C Preprozessor Variablen leiten wir vom Namen der Definitionsdatei ab.

10.9.4 Implementierung – "buf.c"

Nach diesen Vorbemerkungen ist der eigentliche *buf*-Modul (hoffentlich) eher eine Enttäuschung. Zuerst definieren wir für **assert()** den Modul-Namen sowie einen Zeiger, von dem aus die im Block-Depot befindlichen Blöcke erreicht werden können:

```
#define MODULE   "buf"


static Buf * cache;
```

Anschließend realisieren wir die einzelnen Funktionen in der Reihenfolge, wie sie im Abschnitt 10.9.1 vorgestellt wurden.

Der Zugriff zu einem Dateisystem muß durch einen Aufruf von **bopen_()** eröffnet werden. Dabei wird der Super-Block des Dateisystems in das Block-Depot gebracht, damit spätere Zugriffe zur freien Liste entsprechend effizient erfolgen können:

```
Buf * bopen_(dev)
        register Dev dev;
{       register Buf * bp;


        bp = bcache_(dev, SUPER, 0);
        return bp;
}
```

An Stelle von **bopen_()** könnte man natürlich immer gleich **bcache_()** aufrufen. **bopen_()** ist trotzdem eine eigene Funktion, damit eine Ablaufverfolgung installiert werden kann. Außerdem bietet sich damit auch die Möglichkeit zur späteren Installation gewisser Initialisierungen beim ersten Zugriff auf ein Dateisystem, siehe Abschnitt 10.10.4.

Als Resultat liefert **bopen_()** im Erfolgsfall einen Zeiger auf den Super-Block des Dateisystems. Dieser Zugriff wird durch einen Aufruf von **bclose_()** aufgelöst, wenn der Zugriff auf das Dateisystem beendet wird. Es zeigt sich aber, daß beim Aufruf von **bclose_()** die Gerätenummer des Dateisystems eher als Argument verfügbar ist als der Zeiger auf den Super-Block.

```
void bclose_(dev)
        register Dev dev;
{       Buf * bp;


        bp = find(dev, SUPER);
        assert(bp);
        bdone_(& bp);
}
```

bopen_() muß vor **bclose_()** und anderen Zugriffen auf das Dateisystem aufgerufen worden sein. Es ist also ein böser Programmierfehler, wenn der Super-Block nicht aufzufinden ist. Auch **bclose_()** ist ein Punkt, an dem später noch Aufräumungsarbeiten bei Beendigung des Zugriffs auf ein Dateisystem eingebaut werden könnten.

find() sucht einen bestimmten Block im Block-Depot. Jeder Block ist eindeutig durch seine Nummer und seine Gerätenummer identifizierbar:

```
static Buf * find(dev, num)
        Dev dev;
        Block num;
{       register Buf * bp;

        for (bp = cache; bp; bp = Bnext(bp))
                if (Bdev(bp) == dev && Bnum(bp) == num)
                        break;
        return bp;
}
```

Bei einem entsprechend großen Block-Depot wird die Suche schneller, wenn man zum Beispiel für jede Gerätenummer eine eigene lineare Liste zur Suche unterhält.

Jeder Zugriff auf einen Block führt letztlich zu einem Aufruf von **bcache_()**:

```
Buf * bcache_(dev, num, flag)
        Dev dev;
        Block num;
        int flag;
{       register Buf * bp;

        if (bp = find(dev, num))
                ++ Buse(bp);
        else if (bp = (Buf *) calloc(1, sizeof(Buf)))
        {       Bdev(bp) = dev;
                Bnum(bp) = num;
                Buse(bp) = 1;
                if (! flag && blockio(bp))
                        free(bp), bp = (Buf *) 0;
                else
                {       if (Bnext(bp) = cache)
                                Bprev(Bnext(bp)) = bp;
                        cache = bp;
                }
        }
        else
                error_("bcache_: no room");
        return bp;
}
```

Ist der Block bereits im Block-Depot, wird nur sein Zugriffszähler erhöht. Andernfalls muß eine neue **Buf**-Struktur initialisiert und in die doppelt verkettete Liste eingehängt werden. Falls dies nicht durch **flag** verhindert wird, wird der gewünschte Block

vom Dateisystem in die Datenfläche der **Buf**-Struktur eingelesen. Die damit beauf-
tragte Funktion **blockio()** besprechen wir erst im Abschnitt 10.10.

Einen von **bcache_()** gelieferten Zeigerwert übergibt man an **bdone_()**, wenn der
Zugriff auf den Block beendet wird. Da wir die Zugriffe zählen, verlangen wir für Funktionen, die Zugriffe beenden, daß als Argument die *Adresse* des entsprechenden
Zeigers übergeben wird, damit der Zeigerwert selbst von der Funktion gelöscht werden kann. Da wir mit **assert()** kontrollieren, daß wir an kritischen Stellen keine Nullzeiger verfolgen, bietet dies einen gewissen Schutz gegen unbeabsichtigte spätere
Zugriffe.

```
    void bdone_(bpp)
            register Buf ** bpp;
    {       register Buf * bp;

            bp = *bpp;
            if (-- Buse(bp) == 0)
            {       if (Bwrite(bp))
                            blockio(bp);
                    if (Bprev(bp))
                            Bnext(Bprev(bp)) = Bnext(bp);
                    else
                            cache = Bnext(bp);
                    if (Bnext(bp))
                            Bprev(Bnext(bp)) = Bprev(bp);
                    free(bp);
            }
            *bpp = (Buf *) 0;
    }
```

bdone_() dekrementiert den Zugriffszähler, den **bcache_()** inkrementiert hat. War
dies der letzte Zugriff auf einen Block, erhält dabei der Zugriffszähler den Wert Null. In
diesem Fall wird der Block aus dem Block-Depot entfernt, indem er aus der linearen
Liste ausgehängt und sein Speicherplatz freigegeben wird. Zuvor muß die Datenfläche des Blocks ins Dateisystem zurücktransferiert werden, wenn durch **Bwrite(bp)**
angezeigt ist, daß der Block modifiziert wurde.

Charakteristisch für das Block-Depot und damit auch für den UNIX Filemanager ist,
daß Fehler beim Transfer von Blöcken zurück zum Dateisystem nicht mehr dem Benutzer gemeldet werden können, da sie in der Regel erst festgestellt werden, nachdem der Benutzerprozeß schon keinen Zugriff auf den Block mehr besitzt. Hier zeigt
sich das auch daran, daß **bdone_()** keinen Resultatwert liefert, obgleich diese Prozedur eigentlich von **blockio()** ein Fehlerresultat erhalten kann.

Mit **bwrite_()** wird das Modifikations-Bit für einen Block gesetzt:

```
void bwrite_(bp)
      register Buf * bp;
{
      Bwrite(bp) = 1;
}
```

Auch diese Aktion wird als Prozedur formuliert und nicht nur als Zuweisung an **Bwrite(bp)**, damit eine Ablaufverfolgung installiert werden kann. Es ist gelegentlich sehr wesentlich feststellen zu können, in welchem Zusammenhang ein Block als modifiziert markiert wurde.

Jetzt bleibt nur noch die Verwaltung der freien Liste im Dateisystem übrig. Mit **balloc_()** entnimmt man einen Block der freien Liste des Dateisystems und erhält gleichzeitig Zugriff auf den Block:

```
Buf * balloc_(dev)
      Dev dev;
{
      register Buf * bp;
      register Block b;

      bp = find(dev, SUPER);
      assert(bp);
      if (BSnfree(bp) > 0)
      {      b = BSfree(bp, -- BSnfree(bp));
            bwrite_(bp);
```

Der Super-Block des Dateisystems muß sich im Block-Depot befinden, sonst wäre **bopen_()** vorher nicht erfolgreich aufgerufen worden. **balloc_()** versucht zuerst, dem Super-Block die Adresse eines freien Blocks zu entnehmen. Gelingt dies, muß mit **bwrite_()** markiert werden, daß der Super-Block modifiziert wurde. Gelingt dies nicht, muß man den Zeiger vom Super-Block zum nächsten Adreßblock verfolgen:

```
else if (b = BSnext(bp))
{      Bnum(bp) = b;
      Bwrite(bp) = 0;
      if (blockio(bp))
            b = 0;
      Bnum(bp) = SUPER;
      bwrite_(bp);
}
```

Existiert noch ein Block mit Adressen von freien Blöcken, muß seine Information in den Super-Block im Block-Depot übertragen werden. Dazu wird ein bißchen gemogelt: der Super-Block wird im Block-Depot so abgeändert, daß er unmodifiziert erscheint und die Adresse des neuen Adreßblocks hat. Mit **blockio()** wird dieser Adreßblock aus dem Dateisystem dann in den Super-Block in das Block-Depot eingelesen. Anschließend wird der Super-Block im Block-Depot wieder korrigiert. Entscheidend ist, daß zwischenzeitlich keine Zugriffe auf den Super-Block erfolgen! Der Adreßblock selbst wird dann als erster freier Block verwendet. Das Verfahren funktioniert so, weil bei *minx* Super-Block und Adreßblöcke die gleiche Information enthalten.

```
        else
                error_("balloc_: no space on %d/%d",
                        major_(dev), minor_(dev));
        bp = b? bcache_(dev, b, 1): (Buf *) 0;
        return bp;
}
```

Existiert kein Adreßblock, kann **balloc_()** seine Aufgabe nicht erfüllen. Bei diesem Betriebsmittelfehler geben wir eine entsprechende Meldung an die *minx*-Konsole aus, bringen aber das System selbst nicht zum Stillstand.

Den freien Block lassen wir von **bcache_()** ins Block-Depot bringen – steht nicht genügend Speicher zur Verfügung, haben wir dann gerade einen freien Block verloren. Bei **bcache_()** setzen wir **flag**, denn ein freier Block muß natürlich nicht vom Dateisystem her eingelesen werden.

Mit **bfree_()** wird angezeigt, daß ein Block in die freie Liste aufgenommen werden soll. Der Block darf sich im Block-Depot befinden, dann erklären wir einen Zugriff auf ihn für beendet. Damit vermeiden wir zwar, daß wir den Block zuerst mit **bdone_()** freigeben müssen und ihn dabei potentiell ins Dateisystem zurücktransferieren lassen. Es ist aber unklar, ob **bfree_()** sinnvoll aufgerufen wird, wenn mehr als ein Zugriff auf den Block vorliegt:

```
    void bfree_(dev, num)
            Dev dev;
            Block num;
    {       Buf * bp;

            if (bp = find(dev, num))
            {       if (Buse(bp) > 1)
                            error_("bfree_: dev = %d/%d, num = %d",
                                    major_(dev), minor_(dev), num);
                    else
                            Bwrite(bp) = 0;
                    bdone_(& bp);
            }
```

Die freie Adresse tragen wir jetzt im Super-Block ein. Auch hier wäre es ein böser Programmierfehler, wenn sich der Super-Block nicht im Block-Depot befände:

```
bp = find(dev, SUPER);
assert(bp);
bwrite_(bp);
if (BSnfree(bp) < NFREE)
        BSfree(bp, BSnfree(bp)++) = num;
```

Im einfacheren Fall ist im Adreßvektor im Super-Block noch Platz. Im weniger einfachen Fall ist der Adreßvektor voll. Der gerade freigewordene Block wird dann als Adreßblock verwendet, indem ganz analog wie in **balloc_()** der Super-Block temporär im Block-Depot in diesen freien Block verwandelt und zur Platte transferiert wird. Anschließend wird der neue Adreßblock mit dem Super-Block verkettet, der Adreßvektor des Super-Blocks leer initialisiert, und das Block-Depot korrigiert:

```
else
{       Bnum(bp) = num;
        blockio(bp);
        Bnum(bp) = SUPER;
        BSnfree(bp) = 0;
        BSnext(bp) = num;

}
}
```

Denkpause 10.3 Man kann den Adreßvektor sortieren, bevor man ihn ins Dateisystem transferiert. Dadurch werden die Blöcke später eventuell in einer Reihenfolge durch **balloc_()** vergeben, die effizient ist in bezug auf die Charakteristika des Plattenlaufwerks. ➪

10.9.5 Systemaufrufe

Im *buf*-Modul kann bereits ein Systemaufruf realisiert werden:

SVC	BUF
syncM() - Dateihierarchie fixieren	W

syncM() sorgt dafür, daß Block-Depot und Dateisystem auf der Platte die gleiche Information enthalten. Alle modifizierten Blöcke im Block-Depot werden dazu mit **blockio()** an die Gerätetreiber übergeben:

```
syncM()
{       register Buf * bp;

        for (bp = cache; bp; bp = Bnext(bp))
                if (Bwrite(bp))
                        blockio(bp);
}
```

Da die Gerätetreiber, wie wir noch sehen werden, die Transferaufgaben nicht unbedingt erledigen, bevor der Aufruf von **blockio()** beendet wird, herrscht unmittelbar nach **syncM()** noch nicht unbedingt Ordnung. Erst wenn die Gerätetreiber die durch **syncM()** veranlaßten Transfers auch ausgeführt haben, hat das Dateisystem den gleichen Zustand wie das Block-Depot.

Bei *minx* und vielen UNIX Systemen muß man **sync()** immer ausführen, *bevor* das System zum Stillstand gebracht wird. Bei UNIX muß man aber zusätzlich noch kurze Zeit warten, damit die Gerätetreiber auch ihre Arbeit abschließen können.

10.9.6 Systemabbruch

panic_() nannten wir die Prozedur, mit der wir in Extremfällen eine Fehlermeldung an der *minx*-Konsole ausgeben und anschließend *minx* zum Stillstand bringen. Bei **panic_()** ist in der Regel das System schon defekt. Trotzdem sollte man aber noch versuchen, das Dateisystem auf möglichst neuen Stand zu bringen:

```
#include <stdio.h>                /* Zugriff auf die Konsole */


panic_(fmt VARARG)
        register char * fmt;
{       static char twice = 0;

        fflush(stdout);
        fputs("panic: ", stderr);
        fprintf(stderr, fmt VARARG);
        putc('\n', stderr);
        fflush(stderr);
        if (! twice++)
                syncM();
        exit(1);

}
```

Von **panic_()** aus rufen wir daher noch **syncM()** auf. Mit einer **static** definierten Variablen verhindern wir dabei, daß **panic_()** rekursiv aufgerufen wird und so das Spiel nie zu Ende kommt.

Den **panic**-Mechanismus gibt es auch im UNIX Kern. Auch dort wird noch versucht aus dem Block-Depot die Platten zu aktualisieren. Bleibt ein UNIX System plötzlich stehen, kann man bei manchen Implementierungen deshalb von der Systemkonsole aus manuell einen Aufruf von **panic** veranlassen und so meist große Teile des Dateisystems noch sichern.

10.10   Gerätetreiber

10.10.1   Prinzip

Wir haben bisher die Funktion **blockio()** ausgespart. Diese Funktion kümmert sich um alle Transfers von Blöcken zwischen Block-Depot und Dateisystem. Sie erhält dazu als Argument einen Zeiger auf eine **Buf**-Struktur und liefert als Resultat bei Erfolg Null und sonst eine Fehlernummer. Die Fehlernummer wird auch in der **Buf**-Struktur abgelegt. In der **Buf**-Struktur befindet sich eine Gerätenummer und eine Blocknummer, die die Position des Blocks in der Peripherie eindeutig festlegen sowie das Bit **b_write**, das entscheidet, in welcher Richtung der Transfer erfolgen soll.

Bis zu diesem Punkt haben wir unseren Filemanager entwickelt, ohne zu überlegen, wie wir zum Schluß wirklich das Dateisystem in der Peripherie repräsentieren. Das entspricht den Verhältnissen in einem modernen Betriebssystem, das ja auch praktisch unverändert auf Rechnerkonfigurationen mit verschiedener Peripherie verwendet werden kann.

Wir trennen die allgemeinen Aufgaben des Filemanagers von dem gerätespezifisch zu lösenden Problem, wie ein Block vom und zum speziellen Gerät transferiert wird. Mit Hilfe der Gerätenummer wählt **blockio()** aus einer *Konfigurationstabelle* eine Funktion, die diese Aufgabe lösen kann. Die Funktion hat die gleiche Schnittstelle wie **blockio()** selbst. Da wir eine Tabelle von solchen Funktionen verwenden, enthält **blockio()** und damit der gesamte Filemanager die Funktionsnamen selbst nicht.

Die Funktion bildet die Schnittstelle zwischen dem Systemkern und einem sogenannten *Gerätetreiber*, einem Modul, in dem nach Möglichkeit alle unangenehmen Aspekte des Zugriffs auf ein bestimmtes Peripheriegerät versteckt werden.

Beim Konfigurieren des Filemanagers für eine spezielle Rechnerkonfiguration muß die Konfigurationstabelle konstruiert, übersetzt und mit einer Bücherei von Gerätetreibern sowie dem Filemanager zum fertigen Programm montiert werden. Wir kommen auf diesen Punkt für *minx* im Abschnitt 10.17.7 zurück.

10.10.2   Gerätenummern – ″bdevsw[]″

Die Konfigurationstabelle für **blockio()** ist der Vektor **bdevsw[]**, der in der Definitionsdatei *conf.h* vereinbart wird:

```
typedef struct bdevsw {
        Function bd_io;
        } Bdevsw;

extern Bdevsw bdevsw[];
extern int nbdev;
```

Wir werden im Abschnitt 10.14.4 sehen, daß es noch eine zweite Konfigurationstabelle **cdevsw[]** gibt, die Zugriff mit einer anderen Art von Schnittstelle verkapselt.

Prinzipiell muß **blockio()** die übergebene Gerätenummer als Index in **bdevsw[]** verwenden um einen entsprechenden Gerätetreiber anzusteuern. **nbdev** enthält dabei die Anzahl der vorhandenen Einträge, damit ein Sprung ins Nichts verhindert werden kann.

Man verwendet allerdings an dieser Stelle noch einen Trick bei der Interpretation der Gerätenummern. Ein Rechnersystem hat oft mehrere Peripheriegeräte vom gleichen Typ, die vom gleichen Gerätetreiber bedient werden können. Die Gerätenummer wird deshalb als Zahlenpaar, als *major*-Nummer und *minor*-Nummer, decodiert, siehe Abschnitt 10.9.3. Die *major*-Nummer dient als Index in die Konfigurationstabelle, die *minor*-Nummer darf frei vom angesprochenen Gerätetreiber ausgewertet werden.

Wir können jetzt **blockio()** folgendermaßen formulieren und damit den *buf*-Modul fertigstellen:

```
static int blockio(bp)
        register Buf * bp;
{
        if (Bmajor(bp) < 0 || Bmajor(bp) >= nbdev)
        {       Berror(bp) = ENXUNIT;
                error_("blockio: dev %d/%d does not exist",
                        Bmajor(bp), Bminor(bp));
        }
        if ((* bdevsw[Bmajor(bp)].bd_io)(bp))
                error_("blockio: error %d on dev %d/%d",
                        Berror(bp), Bmajor(bp), Bminor(bp));
        return Berror(bp);
}
```

Eigentlich sollten keine unbekannten Gerätenummern, oder besser *major*-Nummern, an **blockio()** übergeben werden können. Passiert dies doch, sehen wir es nur als Managementfehler an und verfahren wie bei einem beliebigen Transferfehler. **ENXUNIT** ist eine ziemlich frei wählbare Fehlernummer.

Denkpause 10.4 Eigentlich sollte man Fehler möglichst früh zu finden versuchen und es nicht erst einem tief verschachtelten Funktionsaufruf überlassen, sich gegen unmögliche Argumente zu wehren. Wir halten *minx* allerdings kompakter, indem wir die Gerätenummer nur in **blockio()** verifizieren. Verlagern Sie diesen Test möglichst weit nach außen. ➡

10.10.3 Dateisystem zum Anfassen – "mem.c"

Für die weitere Entwicklung benötigen wir ein Dateisystem, mit Super-Block, Ilist, Wurzel, freier Liste, usw. Genauer gesagt, wir benötigen ein Dateisystem, das wir beliebig oft durch kleine Programmierfehler zerstören und problemlos regenerieren können.

An dieser Stelle könnten wir natürlich das Kommando *mkfs* (siehe Abschnitt 11.4) parallel zum Filemanager entwickeln und damit bei Bedarf jeweils ein neues Dateisystem konstruieren. Alternativ dazu könnten wir auch ein Dateisystem für *minx* in eine UNIX Datei praktizieren und auf Kopien der Datei mit einem geeigneten *minx*-Gerätetreiber zugreifen.

Weitaus einfacher ist aber die Technik, ein Dateisystem einfach in Form einer C Struktur anzulegen. Der zugehörige Gerätetreiber **mem_io_()**[5] kopiert dann einfach Teile dieser Struktur für **blockio()**. Bei jedem neuen Start des *minx*-Programms wird das Dateisystem auf diese Weise in einen wohldefinierten, korrekten Anfangszustand versetzt, der auch einigermaßen mühelos mit einem Texteditor zu verändern ist.

Betrachten wir zuerst die Transferfunktion **mem_io_()**:

```
#define MODULE   "mem"

#define I      1      /* Groesse der Ilist */
#define D      3      /* Anzahl Kataloge */
#define F      12     /* Anzahl Datenbloecke */


int mem_io_(bp)
        Buf * bp;
{       register char * from,
                * to = (char *) & Minx;
        int i = BLOCK;

        if (Bnum(bp) < 0 || Bnum(bp) >= ILIST+I+D+F)
                return Berror(bp) = ESEEK;
        to += BLOCK * Bnum(bp);
        if (Bwrite(bp))
                from = Bbuf(bp);
        else
                from = to, to = Bbuf(bp);
        while (i--)
                *to++ = *from++;
        return Berror(bp) = 0;
}
```

Minx ist das Dateisystem als C Struktur. Zuerst wird verifiziert, daß die gewünschte Blocknummer auch im Dateisystem liegt, also weder negativ ist noch größer als die Kombination von Ilist (**ILIST + I**) und Datenblöcken (**D + F**). **to** wird dann, leider mit Zeigerarithmetik und Typumwandlung, auf den Anfangspunkt in **Minx** eingestellt. **from** ist der Beginn der Datenfläche in der **Buf**-Struktur, die an den Gerätetreiber

---

[5] Nicht zu verwechseln mit dem bei UNIX vorhandenen, *zeichenorientierten* Gerät */dev/mem*.

als Argument übergeben wurde. Soll aus dem Dateisystem ins Block-Depot übertragen werden, muß die Bedeutung der Zeiger vertauscht werden. In jedem Fall wird ein Block, also **BLOCK** Bytes, übertragen. **ESEEK** ist wieder eine ziemlich frei wählbare Fehlernummer.

Bleibt das Dateisystem als C Struktur. Eine Struktur muß verwendet werden, damit verschiedene Arten von Blöcken zwingend hintereinander angeordnet und initialisiert werden können. Nacheinander benötigen wir zuerst einen leeren Block, der beim Starten eines UNIX Systems eine Rolle spielen würde, siehe [Ban82a] oder auch **boot**(8), dann den Super-Block, der wenigstens die Größe der Ilist und die Anzahl der Datenblöcke enthalten muß, und schließlich die Ilist selbst. Der Ilist folgt wenigstens die Datenfläche des Wurzelkatalogs.

Wir erklären zwar die Repräsentierung von Inodes und Katalogeinträgen erst in den Abschnitten 10.12.2 und 10.15.2. Hier soll aber trotzdem ein komplettes Dateisystem gezeigt werden:

```
                                   |-- 3: root   b<0,0>
                                   |-- 4: A:     b<1,0>
                 |-- 2: dev [4] --|-- 5: B:     b<1,1>
                 |                 |-- 6: null   c<0,0>
                 |                 |-- 7: tty    c<1,0>
  |-- 1: / [3] --|                 |-- 8: err    c<1,2>
                 |
                 |                 |-- 10: 1     [ 6, 7   ]
                 |                 |-- 11: 2     [ 8, 9,10]
                 |-- 9: man [5] --|-- 12: 3     [11,12   ]
                                   |-- 13: stdio [13,14   ]
                                   |-- 14: 4     [15,16   ]
                                   |-- 15: 8     [17      ]
```

Folgende Bezeichnungen werden in diesem Diagramm verwendet:

n: *name* n ist die Inode-Nummer, *name* ist die Pfadkomponente.

[*b,...*]   zeigt für Dateien und Kataloge die abhängigen Datenblöcke.

d<*a,b*>   zeigt für Gerätedateien den Typ d, also **b** oder **c**, und die Gerätenummer als Paar von *major*-Nummer a und *minor*-Nummer b.

Dieses Dateisystem hat folgende Repräsentierung als C Struktur:

```
#define REG   (S_IFREG | 0644)   /* Inode-Typen */
#define DIR   (S_IFDIR | 0755)
#define BLK   (S_IFBLK | 0400)
#define CHR   (S_IFCHR | 0644)
```

```
static struct filesystem {
        char    boot [BLOCK];                        /* Boot-Block */
        Super   superblock;                          /* Super-Block */
        Dinode ilist [I][BLOCK/sizeof(Dinode)];     /* Ilist */
        Direct dirs  [D][BLOCK/sizeof(Direct)];     /* Kataloge */
        char    data [F][BLOCK];                     /* Daten */
        } Minx = {
/*
 *      Boot-Block
 */

        "",              /* leer */


/*
 *      Super-Block
 */

        {       I,       /* Groesse der Ilist */
                F+D,     /* Anzahl Datenbloecke */
        },               /* keine freie Liste */


/*
 *      Ilist
 */


        { {
/*  0: [null]    */ { S_IFREG, 1                                    },
/*  1: /         */ { DIR, 4, 64,       { ILIST+I                   }},
/*  2: /dev      */ { DIR, 2, 128,      { ILIST+I+1                 }},
/*  3: /dev/root */ { BLK, 1, 0,        { makedev_(0,0)             }},
/*  4: /dev/A:   */ { BLK, 1, 0,        { makedev_(1,0)             }},
/*  5: /dev/B:   */ { BLK, 1, 0,        { makedev_(1,1)             }},
/*  6: /dev/null */ { CHR, 1, 0,        { makedev_(0,0)             }},
/*  7: /dev/tty  */ { CHR, 1, 0,        { makedev_(1,0)             }},
/*  8: /dev/err  */ { CHR, 1, 0,        { makedev_(1,2)             }},
/*  9: /man      */ { DIR, 2, 128,      { ILIST+I+2                 }},
/* 10: /man/1    */ { REG, 1, 2*BLOCK,  { ILIST+D+1, ILIST+D+2      }},
/* 11: /man/2    */ { REG, 1, 3*BLOCK,  { ILIST+D+3, ILIST+D+4,
                                          ILIST+D+5                 }},
/* 12: /man/3    */ { REG, 1, 2*BLOCK,  { ILIST+D+6, ILIST+D+7      }},
/* 13: /man/stdio */{ REG, 1, 2*BLOCK,  { ILIST+D+8, ILIST+D+9      }},
/* 14: /man/4    */ { REG, 1, 2*BLOCK,  { ILIST+D+10,ILIST+D+11     }},
/* 15: /man/8    */ { REG, 1, 1*BLOCK,  { ILIST+D+12                }}
        } },
```

```
/*
 *      /
 */

     { {        { 1, "." },           /* 1: /. */
                { 1, ".." },          /* 1: /.. */
                { 2, "dev" },         /* 2: /dev */
                { 9, "man" },         /* 9: /man */
          },


/*
 *      /dev
 */

      {         { 2, "." },           /* 2: /dev/. */
                { 1, ".." },          /* 1: /dev/.. */
                { 3, "root" },        /* 3: /dev/root */
                { 4, "A:" },          /* 4: /dev/A: */
                { 5, "B:" },          /* 5: /dev/B: */
                { 6, "null" },        /* 6: /dev/null */
                { 7, "tty" },         /* 7: /dev/tty */
                { 8, "err" },         /* 8: /dev/err */
          },


/*
 *      /man
 */

      {         { 9, "." },           /* 9: /man/. */
                { 1, ".." },          /* 1: /man/.. */
                { 10, "1" },          /* 10: /man/1 */
                { 11, "2" },          /* 11: /man/2 */
                { 12, "3" },          /* 12: /man/3 */
                { 13, "stdio" },      /* 13: /man/stdio */
                { 14, "4" },          /* 14: /man/4 */
                { 15, "8" },          /* 15: /man/8 */
      } },
```

Zum Schluß folgt eine Reihe von Datenblöcken, als C Strings, die Textdateien für
Übungszwecke implementieren. Sie enthalten die Kurzbeschreibungen der Kommandos und Systemaufrufe von *minx* aus Anhang 2 und werden durch ein einfaches
Programm aus normalen Textdateien in C Strings verwandelt, da sie als C Strings
nicht leicht editierbar sind.

```
        #include "man.h"
             };
```

Denkpause 10.5 Zum Test des *buf*-Moduls genügt ein Dateisystem, das nur aus Super-Block und freier Liste besteht. ⇒

Denkpause 10.6 mem_io_() kann man leicht so abändern, daß mit **read()**, **write()** und **lseek()** auf eine UNIX Datei zugegriffen wird, siehe Abschnitt 9.3.4 und 9.4.6. Den notwendigen Filedeskriptor kann man **static** in **mem_io_()** definieren und beim ersten Aufruf mit einer Datei verbinden. Die Datei kann man mit einem Hilfsprogramm unter Benutzung des gerade besprochenen Gerätetreibers aus der Struktur **Minx** initialisieren. ⇒

10.10.4 Ausblick

bdevsw[] und Gerätetreiber-Schnittstelle sind bei UNIX etwas komplizierter, siehe [Rit78a], [Bas84a] und [Sch84b]. In **bdevsw[]** befinden sich vor allem noch zwei weitere Funktionsnamen, die beim ersten Zugriff auf ein Gerät und bei Beendigung des letzten Zugriffs auf das Gerät aufgerufen werden. Ein Treiber für ein Magnetbandgerät kann mit diesen Funktionen zum Beispiel verhindern, daß mehr als ein Prozeß gleichzeitig zugreifen kann. Ein Treiber für ein Diskettenlaufwerk kann verifizieren, daß sich wirklich eine Diskette im Laufwerk befindet.

Der wesentliche Unterschied besteht aber darin, daß die Transfers zur Peripherie bei modernen Rechnern *gleichzeitig* mit dem Rechenbetrieb ablaufen können. Diese Fähigkeit kann ein Gerätetreiber bei UNIX ausnützen. Wenn ein Block zum Transfer an den Gerätetreiber übergeben wird, wird der aufrufende Prozeß von der weiteren Teilnahme am Rechenbetrieb ausgeschlossen. Ist das gewünschte Gerät verfügbar, leitet der Gerätetreiber den Transfer ein. Nach Abschluß des Transfers unterbricht das Gerät den Rechenbetrieb mit Hardware-Funktionen, die ganz ähnlich verlaufen wie ein Systemaufruf. Der Gerätetreiber wird durch diesen sogenannten *interrupt* informiert, kontrolliert den Erfolg des Transfers durch Kommunikation mit dem Gerät, markiert die **Buf**-Struktur entsprechend, und beteiligt den ursprünglich aufrufenden Prozeß wieder am Rechenbetrieb. Die Details gehen über den Rahmen dieses Buchs hinaus.

10.11 Test eines Moduls

Der *buf*-Modul ist fertig implementiert, ein Gerätetreiber samt Dateisystem steht auch zur Verfügung. Es wird Zeit, daß wir unsere Arbeit überprüfen. Da der *buf*-Modul in sich abgeschlossen ist, benötigen wir zum Test nur ein Hauptprogramm, mit dem wir die einzelnen Funktionen des Moduls aufrufen. Anhand der Ablaufverfolgung können wir dann die Aktionen des Moduls verfolgen und vielleicht ein bißchen Vertrauen in den Erfolg des Projekts gewinnen. Nach Dijkstra [Dij72a] können solche Tests aber bekanntlich immer nur die Existenz von Fehlern demonstrieren, aber keineswegs ihr Fehlen beweisen...

Als Testprogramm wollen wir Zugriff auf ein Gerät einleiten, aus dem Super-Block die Größe des Dateisystems zeigen, die freie Liste leer initialisieren, sämtliche Datenblöcke freigeben und zum Schluß solange Blöcke aus der freien Liste anfordern, bis diese erschöpft ist:

```
Block b;
Buf * super;
Buf * bp;

if (! (super = bopen_(rootdev)))
        panic_("buf: cannot open %d/%d",
                major_(rootdev), minor_(rootdev));

printf("isize = %d, fsize = %d\n",
        BSisize(super), BSfsize(super));

BSnfree(super) = Bnext(super) = 0;

for (b = 0; b < BSfsize(super); ++ b)
        bfree_(rootdev, ILIST + BSisize(super) + b);
printf("%d blocks\n", b);

for (;;)
{       if (! (bp = balloc_(rootdev)))
                break;
        -- b;
        bdone_(& bp);
}
if (b)
        printf("%d blocks left\n", b);

syncM();
bclose_(rootdev);
```

Auf diese Weise werden alle Funktionen im *buf*-Modul angesprochen. Eine grobe Kontrolle besteht darin, daß wir natürlich ebensoviele Blöcke aus der freien Liste zur Verfügung gestellt bekommen müssen, wie wir vorher in die freie Liste übergeben haben.

Für den Test benötigen wir eine Konfigurationstabelle und eine Variable **rootdev**, die als Gerätenummer das Dateisystem identifiziert:

```
Dev rootdev = makedev_(0,0);

Bdevsw bdevsw[] = {
        {       mem_io_ },      /* 0: mem */
};
int nbdev = DIM(bdevsw);

User * u_;
```

Wir benötigen auch noch eine Möglichkeit zur Steuerung der Ablaufverfolgung. Später werden wir diese Prozeß-spezifisch ändern können, deshalb brauchen wir im Moment eine rudimentäre Prozeßbeschreibung, die wir hinter einer Struktur **User** und einem Zeiger auf die aktuelle solche Struktur **u_** verbergen wollen. Für das Testprogramm interessiert uns nur der Vektor, der die Ablaufverfolgung kontrolliert, und der durch folgenden Zugriffsmakro erreichbar ist:

```
#define Uflag(flag)    (u_->u_flag[(flag) - '0'])
```

Das Testprogramm ist Teil des *buf*-Moduls und wird unter Kontrolle der C Preprozessor Variablen **DEBUG** übersetzt:

```
#ifdef  DEBUG

#define USAGE   panic_("buf [-0..z]")

#include "user.h"
#include <main.h>

static User user;

MAIN
{
        u_ = & user;

        OPT
        OTHER
                if (**argv >= '0' && **argv <= 'z')
                        Uflag(**argv) = 1;
                else
                        USAGE;
        ENDOPT
        if (argc)
                USAGE;


        ...
        exit(0);
}
#endif  DEBUG
```

Damit der Testrahmen wiederverwendbar ist, werden Optionen von **0** bis **z** akzeptiert und in **Uflag()** markiert. Bei **...** befindet sich der vorher diskutierte Testalgorithmus.

Schalten wir nun die gesamte bisher implementierte Ablaufverfolgung ein

```
buf -ABCDEFGHw
```

ergibt sich in einem entsprechend kleinen Dateisystem folgendes:

```
bopen_  {       dev = 0/0
bcache_ {       dev = 0/0, num = 1, flag = 0
blockio {       Buf: dev = 0/0, num = 1, use = 1
blockio }       return 0
bcache_ }       Buf: dev = 0/0, num = 1, use = 1
bopen_  }       Buf: dev = 0/0, num = 1, use = 1
isize = 1, fsize = 3
```

Damit ist der Super-Block im Block-Depot vorhanden.

```
bfree_  {       dev = 0/0, num = 3
bwrite_ {}      Buf: dev = 0/0, num = 1, use = 1
bfree_  }
bfree_  {       dev = 0/0, num = 4
bwrite_ {}      Buf: dev = 0/0, num = 1, write, use = 1
bfree_  }
bfree_  {       dev = 0/0, num = 5
bwrite_ {}      Buf: dev = 0/0, num = 1, write, use = 1
bfree_  }
3 blocks
```

Blöcke werden freigegeben, indem der Super-Block entsprechend verändert wird. Die freien Blöcke selbst werden nicht transferiert.

```
balloc_ {       dev = 0/0
bwrite_ {}      Buf: dev = 0/0, num = 1, write, use = 1
bcache_ {       dev = 0/0, num = 5, flag = 1
bcache_ }       Buf: dev = 0/0, num = 5, use = 1
balloc_ }       Buf: dev = 0/0, num = 5, use = 1
bdone_  {       Buf: dev = 0/0, num = 5, use = 1
bdone_  }
```

Als erster freier Block wird der zuletzt freigegebene Block geliefert. Man sieht, daß wieder der Super-Block verändert wird, daß aber der freie Block nur im Block-Depot existiert. Da wir ihn beim Test nicht modifizieren, findet auch kein Transfer zur Platte statt.

Die anderen beiden Blöcke liefern eine ähnliche Ablaufverfolgung. Anschließend findet **balloc_()** keinen Block mehr:

```
balloc_ {       dev = 0/0
balloc_: no space on 0/0
balloc_ }       Buf: *null*
syncM   {
blockio {       Buf: dev = 0/0, num = 1, write, use = 1
blockio }       return 0
syncM   }
```

```
bclose_ {      dev = 0/0
bdone_ {       Buf: dev = 0/0, num = 1, write, use = 1
blockio {      Buf: dev = 0/0, num = 1, write, use = 0
blockio }      return 0
bdone_ }
bclose_ }
```

Der Aufruf von **syncM()** ist nicht sehr sinnvoll. Er dient nur zur Demonstration, daß sich der Super-Block im Block-Depot befindet, und daß **syncM()** auch wirklich modifizierte Blöcke zur Platte transferieren läßt.

Der Zugriff zum Gerät wird durch **bclose_()** beendet. Man erkennt genau, daß der letzte Zugriff auf den Super-Block aufgelöst wird, und daß **bdone_()** jetzt den modifizierten Block zurück zum Dateisystem transferieren läßt. Das Dateisystem haben wir durch diesen Test natürlich logisch zerstört...

10.12   Inode-Depot – "inode"-Modul

10.12.1   Aufgaben

```
NAME                                                        INODE
    ialloc_() - naechste freie Inode ins Depot               I
    icache_() - Zugriff auf Inode beginnen                   J
    idone_()  - Zugriff auf Inode beenden                    K
    inodeio() - Transfer zwischen Depot und Peripherie       L
    imount_() - Dateisysteme verknuepfen                     M
    itrunc_() - Inode auf Dateigroesse 0 verkuerzen          N
    iumount_() - Verknuepfung von Dateisystemen loesen       O
    iunlink_() - link-Zahl reduzieren                        P
    iwrite_() - Inode als modifiziert markieren              Q

SYNOPSIS
    Inode * ialloc_(dev) Dev dev;
        assert(bcache_(dev, SUPER, 0));
        error_("ialloc_: no inodes on %d/%d", ...);

    Inode * icache_(dev, num, flag) Dev dev; Inumber num;
        error_("icache_: no room");

    void idone_(ipp) Inode ** ipp;
        assert(ipp); assert(*ipp); assert(Iuse(*ipp) > 0);
        assert(Inlink(*ipp) >= 0);

    static int inodeio(ip) Inode * ip;
        assert(ip);
        error_("inodeio: cannot read dev %d/%d inode %d", ...);
```

```
        int imount_(dev, dp) Dev dev; Inode * dp;
          assert(dp); assert(Iuse(dp) == 1);
          assert(isdir_(Imode(dp))); assert(! Imount(dp));
          Uerror = "device not available";
          Uerror = "mount device busy";
          Uerror = "mount error";

        void itrunc_(ip) Inode * ip;
          assert(ip);

        int iumount_(dev) Dev dev;
          Uerror = "device not mounted";
          Uerror = "mount device busy";

        void iunlink_(ip) Inode * ip;
          assert(ip); assert(Iuse(ip) > 0);
          assert(Inlink(ip) >= 0);

        void iwrite_(ip) Inode * ip;
          assert(ip);
```

Der *inode*-Modul ist verantwortlich für die Dateioperationen im linearen Dateisystem. Er stellt Inodes im Inode-Depot zur Verfügung. Für den Transport von Inodes zwischen Hauptspeicher und Dateisystem auf der Platte verwendet er Funktionen des *buf*-Moduls.

Zugriff auf eine Inode fordert man mit **icache_()** an, wenn die Inode-Nummer **num** bekannt ist und mit **ialloc_()**, wenn eine freie Inode aus der Ilist des Dateisystems verwendet werden soll. Man erhält dadurch einen Zeigerwert, der auf die Inode im Inode-Depot verweist. Dieser Zeigerwert wird an **idone_()** übergeben um den Zugriff auf die Inode zu beenden.

Normalerweise wird eine Inode beim ersten Zugriff aus dem Dateisystem eingelesen und bei Beendigung des letzten Zugriffs wieder zurückgeschrieben, wenn durch **iwrite_()** markiert wurde, daß die Inode modifiziert wurde. Ist bekannt, daß die Inode vollkommen neu geschrieben werden soll, kann bei Beginn des Zugriffs **flag** verschieden von Null sein. Handelt es sich bei diesem Aufruf von **icache_()** um den ersten Zugriff auf eine Inode, wird sie dann nicht aus dem Dateisystem eingelesen, sondern nur im Inode-Depot neu angelegt.

Bis hierher funktionieren das Inode-Depot und damit der *inode*-Modul genau wie der *buf*-Modul, nur daß eben Inodes an Stelle von Blöcken verwaltet werden. Ein wesentlicher Unterschied besteht darin, daß Ende eines Zugriffs und Rückgabe einer Inode in die freien Inodes der Ilist getrennte Operationen sind. Wie wir gesehen haben (Abschnitt 8.7.6), können Dateinamen gelöscht werden, während noch Zugriff auf die Datenflächen besteht.

Mit **ialloc_()** erhält man Zugriff auf eine bis dahin freie Inode. Eine Inode gilt dabei als frei, wenn sie die *link*-Zahl Null besitzt *und* sich nicht im Inode-Depot befindet. Aus der Sicht des linearen Dateisystems dient die *link*-Zahl also nur dazu, die Inode im Dateisystem zu reservieren. **iunlink_()** reduziert die *link*-Zahl einer Inode im Inode-Depot.

Wird eine Inode mit *link*-Zahl Null an **idone_()** übergeben, und ist dies der letzte Zugriff auf die Inode, gilt die Inode anschließend als frei. Damit werden aber die von der Inode kontrollierten Datenblöcke verfügbar. **itrunc_()** dient dazu, diese Daten-blöcke wieder zur freien Liste des Dateisystems hinzuzufügen.

Wird das System gestartet, ist der Systemkern zunächst nur mit einem einzigen Da-teisystem verbunden, das wir auch als *Dateihierarchie* bezeichnet haben. Ein Datei-system kann immer nur eine Platte belegen. Der Begriff einer *Platte* ist dabei noch manipulierbar. Je nach den Fähigkeiten des Gerätetreibers kann es sich um mehr oder weniger als ein physikalisches Plattenlaufwerk handeln. Die Details zur Auftei-lung einer großen Platte in mehrere logische Platten durch einen geeigneten Geräte-treiber sind in [Bas84a] oder [Sch84b] nachzulesen.

Das Zusammenwirken der einzelnen Funktionen im *inode*-Modul zeigt die folgende Zeichnung:

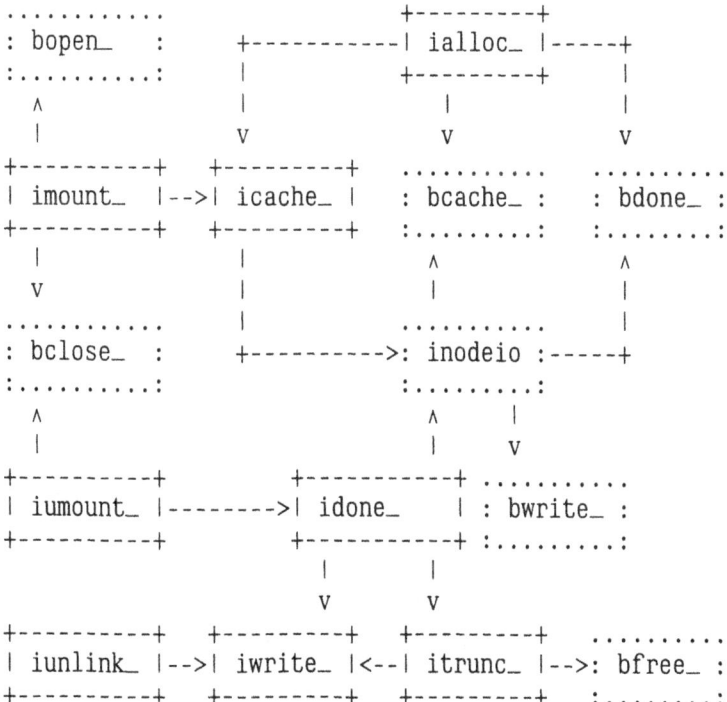

Die Zeichnung zeigt, welche Funktionen des *buf*-Moduls der *inode*-Modul verwendet. **inodeio()** ist eine lokale Funktion im *inode*-Modul, die alle Transfers zwischen Inode-Depot und Dateisystem veranlaßt. Durchgeführt werden die Transfers, wie alle anderen Block-Transfers, natürlich vom *buf*-Modul.

imount_() dient dazu, durch Manipulation im Inode-Depot eine Inode der bisherigen Dateihierarchie so mit der Wurzel-Inode eines neuen Dateisystems zu verknüpfen, daß bei Zugriffen auf die erste Inode im Inode-Depot nur noch diese Wurzel-Inode gefunden wird. Damit wird effektiv die Dateihierarchie um dieses neue Dateisystem erweitert. Die Verknüpfung kann mit **iumount_()** wieder rückgängig gemacht werden.

10.12.2   Datenstrukturen – "inode.h" und "dinode.h"

Das Inode-Depot existiert um **Inode**-Strukturen zu verwalten:

```
typedef struct inode {
        Dinode i_di;
        Dev i_dev;
        Inumber i_num;
        Use i_use;
        struct inode * i_prev, * i_next;
        unsigned i_flags : 6;
        unsigned i_mount : 1;
        unsigned i_write : 1;
        } Inode;
```

Für einen Zeiger **ip** auf eine solche Struktur erreichen wir über Zugriffsmakros die in der Struktur enthaltene Kopie der Inode aus dem Dateisystem

```
#define Idinode(ip)     ((ip)->i_di)
```

sowie ihre eindeutige Adresse in der Peripherie, bestehend aus Gerätenummer und Inode-Nummer:

```
#define Idev(ip)        ((ip)->i_dev)
#define Inum(ip)        ((ip)->i_num)
```

Zur Verwaltung im Inode-Depot dienen ein Zugriffszähler und zwei Zeiger, mit denen das Inode-Depot doppelt verkettet ist:

```
#define Iuse(ip)        ((ip)->i_use)
#define Iprev(ip)       ((ip)->i_prev)
#define Inext(ip)       ((ip)->i_next)
```

In einem Bit wird markiert, ob die Inode modifiziert wurde und daher später ins Dateisystem zurück transferiert werden muß. Ein weiteres Bit dient zur Implementierung der **imount_()**-Funktion: wenn es gesetzt ist, ist diese Inode verborgen, und an ihrer Stelle soll die durch **Inext()** designierte Inode verwendet werden.

```
#define Imount(ip)      ((ip)->i_mount)
#define Iwrite(ip)      ((ip)->i_write)
```

Die eigentliche Inode im Dateisystem enthält eine Reihe von statistischen Informationen sowie die Adressen der von dieser Inode kontrollierten Datenblöcke. Wir haben diese Form der Inodes auch zur Definition der **Buf**-Struktur im Abschnitt 10.9.2 sowie zur Initialisierung des Dateisystems im Abschnitt 10.10.3 verwendet. Deshalb definieren wir sie als separate Struktur:

```
typedef struct dinode {
        Mode di_mode;
        Use di_nlink;
        Size di_size;
        Block di_addr[ADDR];
        Id di_uid, di_gid;
        short di_pad[11-ADDR];
        } Dinode;
```

Für unseren Zeiger **ip** auf eine **Inode** definieren wir dann weitere Zugriffsmakros für Typ und Zugriffsschutz, *link*-Zahl und Dateigröße:

```
#define Imode(ip)       (Idinode(ip).di_mode)
#define Inlink(ip)      (Idinode(ip).di_nlink)
#define Isize(ip)       (Idinode(ip).di_size)
```

Für jede Inode gibt es eine Besitzer- und eine Gruppennummer, die bei der Implementierung des Zugriffsschutzes verwendet werden:

```
#define Iuid(ip)        (Idinode(ip).di_uid)
#define Igid(ip)        (Idinode(ip).di_gid)
```

Bei UNIX enthält eine Inode auch noch drei Zeitstempel, die den letzten Zeitpunkt festhalten, zu dem auf die Datenblöcke der Inode zugegriffen wurde, zu dem diese Datenblöcke modifiziert wurden und zu dem die Inode selbst geändert wurde. Diesen rein statistischen Aspekt wollen wir in *minx* übergehen.

Unsere wesentliche Vereinfachung bezieht sich aber auf die Anzahl der Datenblöcke, die eine *minx*-Inode kontrollieren kann. Wie bei UNIX sind auch bei *minx* einige Blocknummern direkt in der Inode eingetragen. Auf kleine Dateien kann dadurch sehr effizient zugegriffen werden. Bei *minx* ist aber dadurch die mögliche Dateigröße bereits definiert, während bei UNIX noch einfach-, zweifach- und sogar dreifach-indirekte Blockadressen hinzukommen, das heißt, in der Inode sind für große Dateien noch Blocknummern enthalten, die auf Blöcke verweisen, die dann im einfach-indirekten Fall ihrerseits die Adressen von Datenblöcken enthalten.

Denkpause 10.7 Welche Datenmenge kann eine Inode kontrollieren, wenn die Datenblockgröße 512 Bytes beträgt, wenn eine Blocknummer 2 Bytes belegt und wenn eine Inode 8 direkte Blocknummern und wie beschrieben je eine einfach-, zweifach- und dreifach-indirekte Blocknummer enthält? ☞

Denkpause 10.8 Ist die vorhergehende Denkpause überhaupt sinnvoll? ⇨

Denkpause 10.9 Der Einbau von indirekten Blockadressen in *minx* ist eine reine Fleißaufgabe. Andere Lösungen können allerdings untersucht werden. Bei kleinen Systemen könnte man bei großen Dateien zum Beispiel mehrere einfach-indirekte Adressen an Stelle der direkten Adressen verwenden, wobei ein Bit in **di_mode** große und kleine Dateien unterscheidet. Weniger gut ist wahrscheinlich eine Lösung, bei der die Adreßblöcke eine lineare Liste bilden. ⇨

Für unsere Blockadressen definieren wir noch folgendes:

```
#define ADDR    8        /* Adressen in einer Inode */

#define Iaddr(ip, a)    (Idinode(ip).di_addr[a])
```

10.12.3   Implementierung – "inode.c"

Wir gehen ganz analog wie beim *buf*-Modul vor und definieren zunächst den Modul-Namen, den Beginn der doppelt verketteten, linearen Liste, die das Inode-Depot bildet sowie eine Funktion **find()**, die eine Inode im Inode-Depot lokalisiert:

```
#define MODULE  "inode"

static Inode * cache;

static Inode * find(dev, num)
        Dev dev;
        Inumber num;
{       register Inode * ip;

        for (ip = cache; ip; ip = Inext(ip))
                if (Idev(ip) == dev && Inum(ip) == num)
                {       if (Imount(ip))
                        {       assert(Inext(ip));
                                ip = Inext(ip);
                                assert(! Imount(ip));
                        }
                        break;
                }
        return ip;
}
```

find() realisiert bereits den Effekt der Erweiterung des linearen Dateisystems durch **imount_()**: Wird eine Inode angesprochen, bei der **Imount()** gesetzt ist, so wird an ihrer Stelle ein Zeiger auf die nachfolgende Inode im Inode-Depot geliefert. Eine Inode muß in diesem Fall unbedingt auf der linearen Liste folgen und sie kann selbst nicht an einer weiteren Erweiterung des Dateisystems beteiligt sein.

Jeder Zugriff auf eine Inode führt letztlich zu einem Aufruf von **icache_()**:

```
Inode * icache_(dev, num, flag)
        Dev dev;
        Inumber num;
        int flag;
{       register Inode * ip;

        if (ip = find(dev, num))
                ++ Iuse(ip);
        else if (ip = (Inode *) calloc(1, sizeof(Inode)))
        {       Idev(ip) = dev;
                Inum(ip) = num;
                Iuse(ip) = 1;
                if (! flag && inodeio(ip))
                        free(ip), ip = (Inode *) 0;
                else
                {       if (Inext(ip) = cache)
                                Iprev(Inext(ip)) = ip;
                        cache = ip;
                }
        }
        else
                error_("icache_: no room");
        return ip;
}
```

Der Algorithmus ist identisch zum Algorithmus von **bcache_()**: Ist die Inode bereits im Inode-Depot, wird nur ihr Zugriffszähler erhöht. Andernfalls wird eine neue **Inode**-Struktur erzeugt, initialisiert, in Abhängigkeit von **flag** aus dem Dateisystem eingelesen und in die lineare Liste eingefügt.

Bei **idone_()** beginnen allerdings schon die Unterschiede:

```
void idone_(ipp)
        register Inode ** ipp;
{       register Inode * ip;

        ip = *ipp;
        if (-- Iuse(ip) == 0)
        {       if (Inlink(ip) == 0)
                {       itrunc_(ip);
                        if (Imode(ip))
                                Imode(ip) = 0, iwrite_(ip);
                }
                if (Iwrite(ip))
                        inodeio(ip);
```

```
                    if (Iprev(ip))
                            Inext(Iprev(ip)) = Inext(ip);
                    else
                            cache = Inext(ip);
                    if (Inext(ip))
                            Iprev(Inext(ip)) = Iprev(ip);
                    free(ip);
            }
            *ipp = (Inode *) 0;
    }
```

Wird der letzte Zugriff auf eine Inode beendet, deren *link*-Zahl Null ist, so wird die Inode dadurch frei. **itrunc_()** sorgt in diesem Fall dafür, daß für Dateien die Datenblöcke freigegeben und die Dateigröße auf Null reduziert wird. Auch der Typ der Inode wird gelöscht, allerdings erst anschließend, damit **itrunc_()** noch den Typ der Inode verwenden kann. Wir markieren die Inode mit **iwrite_()** immer nur dann als modifiziert, wenn wir sie wirklich verändert haben.

Wie **bwrite_()** existiert auch **iwrite_()** primär, damit eine systematische Ablaufverfolgung möglich wird.

```
    void iwrite_(ip)
            register Inode * ip;
    {
            Iwrite(ip) = 1;
    }
```

Im Abschnitt 9.4.3 haben wir schon den Typ einer Inode kennengelernt. Wir haben dort zwei Makros, **isfile_()** und **isdir_()** definiert, mit denen festgestellt werden kann, ob eine Inode eine Datei oder einen Katalog beschreibt. **itrunc_()** darf nur für eine Datei oder einen Katalog Datenblöcke freigeben:

```
    void itrunc_(ip)
            register Inode * ip;
    {       Block b;
            int a;
            int data;

            data = isfile_(Imode(ip)) || isdir_(Imode(ip));
            for (a = 0; a < ADDR; ++ a)
                    if (b = Iaddr(ip, a))
                    {       if (data)
                                    bfree_(Idev(ip), b);
                            Iaddr(ip, a) = (Block) 0;
                            iwrite_(ip);
                    }
            if (Isize(ip))
                    Isize(ip) = (Size) 0, iwrite_(ip);
    }
```

Auch **itrunc_**() markiert die Inode nur dann durch einen Aufruf von **iwrite_**(), wenn sie wirklich modifiziert wird.

ialloc_() sucht eine freie Inode. Dazu wird die Ilist linear durchsucht nach einer Inode, deren *link*-Zahl Null ist, und die sich nicht im Inode-Depot befindet:

```
Inode * ialloc_(dev)
      Dev dev;
{     Buf * super, * ilist;
      Block b;
      Inumber inum;
      Inode * ip = (Inode *) 0;
      int i;

      super = bcache_(dev, SUPER, 0);
      assert(super);
      for (b = ILIST, inum = 0; b < ILIST+BSisize(super); ++ b)
      {     if (! (ilist = bcache_(dev, b, 0)))
                  break;
            for (i = 0; i < BLOCK / sizeof(Dinode); ++ i, ++ inum)
                  if (BInlink(ilist, i) == 0
                        && ! find(dev, inum))
                  {     ip = icache_(dev, inum, 1);
                        if (ip)
                              Inlink(ip) = 1;
                        bdone_(& ilist);
                        goto end;
                  }
            bdone_(& ilist);
      }
      error_("ialloc_: no inodes on %d/%d",
            major_(dev), minor_(dev));
end:  bdone_(& super);
      return ip;
}
```

Der Super-Block muß zugänglich sein, sonst wurde der Zugriff auf das Dateisystem nicht mit **bopen_**() initialisiert. **b** durchläuft die Blocknummern der Ilist, **inum** zählt die möglichen Inode-Nummern durch. **ilist** erhält der Reihe nach Zugriff auf die einzelnen Blöcke der Ilist; gelingt dies nicht, können wir auch keine freie Inode entdekken. **i** dient als Index um mit Hilfe des Zugriffsmakros **BInlink**() im Block **ilist** die *link*-Zahl der einzelnen Inodes zu untersuchen.

```
#define BInode(bp, i)    ((bp)->b_.b__di[i])
#define BInlink(bp, i)   (BInode(bp, i).di_nlink)
```

Finden wir eine geeignete Inode, holen wir sie mit **icache_()** ins Inode-Depot. Gelingt dies, setzen wir die *link*-Zahl der neuen Inode auf eins, da die Inode ja nicht mehr frei sein soll. Es bleibt allerdings dem Aufrufer überlassen, ob die modifizierte Inode wieder ins Dateisystem zurückgeschrieben werden soll. Können wir die Inode nicht im Inode-Depot anlegen, brechen wir die Suche trotzdem ab, da wir dann auch keine andere freie Inode mehr zur Verfügung stellen können.

iunlink_(), das Gegenstück zu **ialloc_()**, ist dagegen höchst primitiv. In dieser Prozedur wird nur die *link*-Zahl der Inode dekrementiert, alles Weitere erledigt **idone_()** bei Beendigung des letzten Zugriffs zur Inode.

```
void iunlink_(ip)
        register Inode * ip;
{

        if (Inlink(ip) > 0)
                -- Inlink(ip), iwrite_(ip);

}
```

Zum Schluß betrachten wir noch die lokale Funktion **inodeio()**, die für den Transport der Inodes zwischen Dateisystem und Inode-Depot zuständig ist. Der Transfer erfolgt mit Hilfe von Funktionen des *buf*-Moduls, wobei natürlich in jedem Fall zuerst der betroffene Block der Ilist eingelesen werden muß, bevor dann die Inode in Abhängigkeit von **Iwrite()** entweder dem Block entnommen oder in den Block geschrieben wird. Im letzteren Fall wird der Block als modifiziert markiert, damit er von **bdone_()** ins Dateisystem zurücktransferiert wird.

```
static int inodeio(ip)
        register Inode * ip;
{       int result = 0;
        Buf * bp;
        Block b;
        int i;

        b = ILIST + Inum(ip) / (BLOCK / sizeof(Dinode));
        i = Inum(ip) % (BLOCK / sizeof(Dinode));
        if (bp = bcache_(Idev(ip), b, 0))
        {       if (Iwrite(ip))
                {       BInode(bp, i) = Idinode(ip);
                        bwrite_(bp);
                }
                else
                        Idinode(ip) = BInode(bp, i);
                bdone_(& bp);
        }
```

```
        else
        {       error_("inodeio: cannot read dev %d/%d inode %d",
                major_(Idev(ip)), minor_(Idev(ip)), Inum(ip));
                result = -1;
        }
        return result;
}
```

b und **i** definieren Block und Index innerhalb des Blocks für die gewünschte Inode. Ähnlich wie für **blockio()** gilt auch hier, daß ein Fehler nicht unbedingt dem betroffenen Prozeß berichtet werden kann. **BInode()** ist der Zugriffsmakro, der in einem Block der Ilist eine Inode zugänglich macht. Wir nützen hier aus, daß man in C Strukturen zuweisen kann.

10.12.4 Erweiterung des linearen Dateisystems

Inodes werden im Inode-Depot durch **find()** gesucht. Ist dabei bei der gesuchten Inode **Imount()** gesetzt, liefert **find()** nicht diese Inode selbst, sondern die unmittelbar folgende. Durch das **Imount()**-Bit wird also eine Inode verborgen und an ihrer Stelle eine andere verwendet.

Diesen Effekt nützen wir zur Erweiterung des linearen Dateisystems. **imount_()** sorgt für die entsprechende Verknüpfung zweier Inodes im Inode-Depot. Als Argumente erhält **imount_()** dazu die Inode, die verborgen werden soll, und eine Gerätenummer. Als zweite Inode, die dann jeweils an Stelle der verborgenen Inode aufgefunden wird, werden wir die Wurzel-Inode des Dateisystems einfügen, auf das uns die Gerätenummer Zugriff gibt. Zuerst untersucht allerdings **imount_()**, ob schon Zugriff auf das neue Dateisystem herrscht und ob gegebenenfalls überhaupt der Zugriff auf das Gerät eröffnet werden kann:

```
        int imount_(dev, dp)
                Dev dev;
                register Inode * dp;
        {       int result = -1;
                register Inode * ip;

                if (busy(dev))
                        Uerror = "mount device busy";
                else if (! bopen_(dev))
                        Uerror = "device not available";
```

busy() behandeln wir gleich anschließend. **imount_()** ist eine Funktion, die direkt vom Systemaufruf **mountM()** verwendet wird. Wir berichten deshalb hier Fehler direkt an den Benutzer.

Kann Zugriff auf das Gerät eröffnet werden, holen wir die Wurzel-Inode ins Inode-Depot. Da bisher noch kein Zugriff auf das Dateisystem bestand, befindet sich die Wurzel am Anfang der linearen Liste, bei **cache**. Von dort verlagern wir sie, daß sie der Inode **dp** folgt, die verborgen werden soll:

```
        else if (! (ip = icache_(dev, ROOT, 0)))
        {       Uerror = "mount error";
                bclose_(dev);
        }
        else
        {       assert(cache == ip);
                assert(Inext(ip));
                cache = Inext(ip), Iprev(Inext(ip)) = cache;
                Inext(ip) = Inext(dp), Iprev(Inext(ip)) = ip;
                Inext(dp) = ip, Iprev(ip) = dp;
                Imount(dp) = 1;
                ++ Iuse(dp);
                result = 0;
        }
        return result;
}
```

Anschließend markieren wir die verborgene Inode in **Imount()** und erhöhen ihren Zugriffszähler, da wir durch den **imount_()**-Vorgang einen weiteren Zugriff auf sie wie auch auf die Wurzel-Inode vornehmen.

Wann herrscht kein Zugriff auf ein Dateisystem? Da bei **imount_()** ein zusätzlicher Zugriff auf die verborgene und die Wurzel-Inode eingerichtet wird, herrscht kein Zugriff auf ein Dateisystem, wenn sich keine Inode vom gewünschten Gerät im Inode-Depot befindet.

Denkpause 10.10 Beim Start des Systems haben wir Zugriff auf ein Dateisystem. Was passiert, wenn wir ein zweites Dateisystem mit **imount_()** zum ersten verknüpfen, und dann anschließend versuchen, das erste Dateisystem zusätzlich mit dem zweiten zu verknüpfen? Kann ein Kreis geschlossen werden? ➡

Wenn wir die Verknüpfung wieder lösen wollen, müssen wir die Wurzel-Inode finden. Wir konstruieren daher **busy()** so, daß ein Nullzeiger geliefert wird, wenn sich keine Inode vom gewünschten Gerät im Inode-Depot befindet. Befindet sich nur die Wurzel-Inode im Inode-Depot, liefern wir einen Zeiger auf die Wurzel-Inode. Befindet sich noch irgendeine andere Inode von dem Gerät im Inode-Depot, liefern wir einen Zeiger auf diese Inode. Diese letzte Inode würden wir ohnehin als erste finden.

```
        static Inode * busy(dev)
                register Dev dev;
        {       register Inode * ip;
                Inode * root = (Inode *) 0;

                for (ip = cache; ip; ip = Inext(ip))
```

```
                     if (Idev(ip) != dev)
                             continue;
                     else if (Inum(ip) == ROOT)
                     {       assert(! root);
                             root = ip;
                     }
                     else
                             return ip;
             return root;
     }
```

Eine durch **imount_()** eingerichtete Verknüpfung können wir nur dann wieder lösen, wenn keine zusätzlichen Zugriffe auf das neue Dateisystem bestehen. **iumount_()** prüft deshalb mit Hilfe von **busy()** zuerst, daß überhaupt eine Verknüpfung besteht, daß nur die Wurzel-Inode vom zweiten Dateisystem im Inode-Depot vorhanden ist, und daß auch auf die Wurzel nur noch der von **imount_()** eingerichtete Zugriff besteht:

```
     int iumount_(dev)
             Dev dev;
     {       int result = -1;
             Inode * ip;
             Inode * dp;

             if (! (ip = busy(dev)))
                     Uerror = "device not mounted";
             else if (Inum(ip) != ROOT
                     || Iuse(ip) > 1)
                     Uerror = "mount device busy";
```

Ist soweit alles in Ordnung, muß die Wurzel im Inode-Depot auf der linearen Liste einen Vorgänger besitzen, und bei dieser Inode muß auch wirklich **Imount()** gesetzt sein:

```
             else if (! (dp = Iprev(ip))
                     || ! Imount(dp))
                     Uerror = "device not mounted";
             else
             {       Imount(dp) = 0;
                     idone_(& ip);
                     bclose_(dev);
                     assert(Iuse(dp) == 1);
                     idone_(& dp);
                     result = 0;
             }
             return result;
     }
```

Verlaufen alle Kontrollen erfolgreich, muß **iumount_()** alle Zugriffe beenden, die **imount_()** begonnen hat, also auf Wurzel-Inode **ip**, verborgene Inode **dp** und auf das Gerät **dev**.

Denkpause 10.11   In welchem Zusammenhang kann die dritte Zuweisung an **Uerror** in **iumount_()** tatsächlich erfolgen? ☞

10.12.5 Test

Der *inode*-Modul wird mit einem Programm geprüft, das den im Abschnitt 10.11 vorgestellten Algorithmus für das Inode-Depot realisiert. Der wesentliche Abschnitt des Testprogramms ist folgender:

```
Inumber i;
Buf * super;
Inode * ip;

for (i = 0; i < BSisize(super) * (BLOCK / sizeof(Dino-
de)); ++ i)
        if (! (ip = icache_(rootdev, i, 0)))
                panic_("cannot free dev %d/%d, inode %d",
                        major_(rootdev), minor_(rootdev), i);
        else
        {       iunlink_(ip);
                idone_(& ip);
        }
printf("%d inodes\n", i);

for (;;)
{       if (! (ip = ialloc_(rootdev)))
                break;
        iwrite_(ip);
        -- i;
        idone_(& ip);
}
if (i)
        printf("%d inodes left\n", i);
```

Mit **icache_()** holt man der Reihe nach alle Inodes ins Inode-Depot, von wo man sie mit **iunlink_()** und **idone_()** im Dateisystem als frei markiert. Anschließend untersucht man, wieviele freie Inodes **ialloc_()** jetzt wirklich zur Verfügung stellt.

Denkpause 10.12   Warum muß im Testprogramm **iwrite_()** nach **ialloc_()** aufgerufen werden? ☞

Denkpause 10.13   Das Testprogramm findet bei dem in Abschnitt 10.10.3 vorgestellten Dateisystem drei freie Inodes weniger als erwartet. Warum? Wie korrigiert man den Test? ☞

Denkpause 10.14 Schaltet man die Ablaufverfolgung für **blockio()** im Testprogramm ein, entdeckt man, daß sehr viele Transfers stattfinden. Kann man das Testprogramm ändern, um diesen Aufwand zu verringern? ⇨

10.12.6 Ausblick

ialloc_() ist eine häufige Operation. Ihre Effizienz wird bei UNIX dadurch verbessert,
daß im Superblock neben einer Liste freier Datenblöcke, die verbindlich ist, auch eine unverbindliche Liste freier Inode-Nummern gespeichert wird. **ialloc_()** verwendet
diese Liste als Empfehlung um freie Inodes schneller zu finden.

Wir haben den eigentlichen Effekt der Systemaufrufe **mountM()** und **umountM()**
im *inode*-Modul implementiert. Es ist sehr aufschlußreich, daß bereits im linearen
Dateisystem die Identität des Dateisystems als die einer speziellen Platte verborgen
werden kann. Sehr viele hierarchische Dateisysteme bauen auf linearen Dateisystemen auf, wenn auch die Verpackung der Hierarchie, also die Syntax des Äquivalents
zum Pfad durch das Katalogsystem bei UNIX, meist weniger elegant – weil komplizierter – ist als bei UNIX. Wie hier demonstriert wird, besteht bei allen hierarchischen
Dateisystemen kein Grund, dem Benutzer die Kontrolle darüber zu überlassen, auf
welchen Platten seine Dateien angelegt werden sollen. Man kann diesen Aspekt verbergen, und man sollte das auch tun, weil dadurch der Systemmanager wesentlich
leichter und systematischer für eine effiziente Verwendung der Betriebsmittel seines
Rechners sorgen kann, ohne daß er dafür auf die Kooperation seiner Benutzer ange-
wiesen sein muß.

Man sieht im Abschnitt 10.12.4 sehr gut, daß **imount_()** keine Kontrolle vornimmt,
ob sich auf dem gewünschten Gerät wirklich ein Dateisystem befindet. Die Verknüpfung wird eingerichtet. Ist kein Dateisystem vorhanden, gibt es bei späteren Zugriffen
entsprechend Probleme.

10.13 File-Tabelle – "file"-Modul

10.13.1 Aufgaben

Der *file*-Modul betreibt die File-Tabelle, das heißt, er erzeugt, kopiert und löst Verbindungen zwischen einem Prozeß und einer Inode. Die Inode muß dazu durch Gerätenummer und Inode-Nummer identifiziert werden – die Operationen des *file*-Moduls
beziehen sich noch auf das lineare Dateisystem. Zur Manipulation von Inodes bedient sich der *file*-Modul der Funktionen im *inode*-Modul.

Eine Verbindung zwischen einem Prozeß und einer Inode wird mit **fopen_()** aufgebaut, wenn die Inode-Nummer **num** bekannt ist und mit **fcreat_()**, wenn eine freie
Inode aus der Ilist des Dateisystems verwendet werden soll.

Besitzt man eine solche Verbindung, kann man die Datenfläche der zugehörigen
Inode mit **ftrunc_()** freigeben. Der zur Verbindung gehörende Positionszeiger wird
davon allerdings nicht beeinflußt.

```
    NAME                                                       FILE
        fclose_() - Zugriff auf Datei beenden                   R
        fcreat_() - Zugriff auf neue Datei beginnen             S
        fd_() - freien Filedeskriptor finden                    T
        fopen_() - Zugriff auf Datei beginnen                   U
        fp_() - Filedeskriptor interpretieren                   V
        ftrunc_() - Datei auf Groesse 0 reduzieren              W


    SYNOPSIS
        void fclose_(fpp) File ** fpp;
            assert(fpp);
            if (*fpp) assert(Fuse(*fpp) > 0);


        File * fcreat_(dev) Dev dev;


        Fd fd_()
            Uerror = "no more file descriptors";


        File * fopen_(dev, num) Dev dev; Inumber num;


        File * fp_(fd) Fd fd;
            Uerror = "file descriptor not open";
            Uerror = "file descriptor out of bounds";


        void ftrunc_(fp) File * fp;
            assert(fp); assert(Finode(fp));
            assert(isfile_(FImode(fp)) || isdir_(FImode(fp)));
```

Die Verbindung wird mit **fclose_()** aufgelöst. Da die Verbindung kopiert werden kann, wird die Inode erst beim Auflösen der letzten Kopie informiert.

Der *file*-Modul implementiert einige Systemaufrufe, die sich auf Kopieren (**dupM()** und **dup2M()**) und Lösen (**closeM()** und **exitM()**) der Dateiverbindungen eines Prozesses beziehen. Diese Dateiverbindungen sind die *Filedeskriptoren* des Prozesses. Der *file*-Modul enthält zwei Hilfsfunktionen zum Umgang mit Filedeskriptoren: **fd_()** versucht, für einen Prozeß noch einen freien Filedeskriptor zu finden; **fp_()** liefert den Eintrag in der File-Tabelle auf den ein Filedeskriptor zeigt. **fp_()** untersucht natürlich zuerst, ob der angebotene Filedeskriptor sinnvoll ist und ob für ihn überhaupt eine Dateiverbindung besteht.

Das Zusammenwirken der einzelnen Funktionen im *file*-Modul und ihre Zugriffe auf *inode*- und *buf*-Modul zeigt die folgende Zeichnung:

```
...........    +---------+
: ialloc_ :<--| fcreat_ |-----+
:.........:    +---------+     |
                              v

...........    +---------+  ...........
: icache_ :<--| fopen_  |-->: idone_  :
:.........:    +---------+  :.........:
                               ^
+=========+    +---------+     |
| closeM  |-->| fclose_ |-----+
| dup2M   |    +---------+
| exitM   |        |
+=========+        |
                   v
+---------+    ...........
| ftrunc_ |-->: bdone_  :
+---------+    :.........:
    |
    v
...........
: itrunc_ :
:.........:
```

fd_() und **fp_**() sind in sich abgeschlossene Funktionen, die keine anderen Funktionen in Anspruch nehmen.

10.13.2   Datenstrukturen – "file.h" und "user.h"

Die File-Tabelle besteht um **File**-Strukturen zu verwalten:

```
typedef struct file {
        Use f_use;
        Inode * f_i;
        Buf * f_buf;
        Size f_pos;
        unsigned f_flags : 6;
        unsigned f_read : 1;
        unsigned f_write : 1;
        } File;
```

Für einen Zeiger **fp** auf eine solche Struktur erreichen wir über Zugriffsmakros die zugehörige Inode und ihre Komponenten

```
#define Finode(fp)      ((fp)->f_i)
#define FImode(fp)      Imode(Finode(fp))
#define FIdev(fp)       Idev(Finode(fp))
#define FIsize(fp)      Isize(Finode(fp))
```

```
#define FIaddr(fp, a)    Iaddr(Finode(fp), a)
#define FInum(fp)        Inum(Finode(fp))
#define FInlink(fp)      Inlink(Finode(fp))
#define FIuid(fp)        Iuid(Finode(fp))
#define FIgid(fp)        Igid(Finode(fp))
#define FIuse(fp)        Iuse(Finode(fp))
```

sowie den Zugriffszähler der **File**-Struktur:

```
#define Fuse(fp)         ((fp)->f_use)
```

Die **File**-Struktur existiert primär zur Aufbewahrung des Positionszeigers der Dateiverbindung:

```
#define Fpos(fp)         ((fp)->f_pos)
```

Später müssen wir wissen, ob dem Prozeß die Dateiverbindung für Lese- oder
Schreibzugriff zur Verfügung steht:

```
#define Fread(fp)        ((fp)->f_read)
#define Fwrite(fp)       ((fp)->f_write)
```

Einige Namen sind in diesem Modul nicht ganz glücklich gewählt worden: **Fwrite()**
ist eine Eigenschaft der Dateiverbindung, nämlich die Erlaubnis zum Schreibzugriff,
und drückt nicht wie **Iwrite()** oder **Bwrite()** aus, daß die **File**-Struktur modifiziert
wurde. Ebenso erklären zwar die Namen **fopen_()** und **fclose_()** ganz gut, was diese Funktionen leisten, aber sie sind sehr leicht durch Tippfehler in *stdio*-Aufrufe zu
verwandeln – im günstigsten Fall mit einem entsprechend spektakulären Programmabbruch bei Mißbrauch! Durch eine bessere Wahl von Namen kann man sehr
oft Programmierfehler gar nicht erst entstehen lassen.

Zur Dateiverbindung gehört auch der Block, in den gerade der Positionszeiger zeigt.
Damit kann man einen Zugriff auf den Block im Block-Depot einrichten und so den
Block im Speicher halten.

```
#define Fbuf(fp)         ((fp)->f_buf)
```

Später werden wir auch auf die Nummer dieses Blocks sowie auf ein Byte in der Datenfläche zugreifen müssen:

```
#define FBnum(fp)        Bnum(Fbuf(fp))
#define Bbyte(bp, b)     (Bbuf(bp)[b])
#define FBbyte(fp, b)    Bbyte(Fbuf(fp), b)
```

Bbyte() wird natürlich im Kontext von **Buf** in der Definitionsdatei *buf.h* definiert.

Denkpause 10.15 Welcher bereits definierte Zugriffsmakro liefert die Gerätenummer des Blocks? ➡

Was sind Filedeskriptoren? Die Filedeskriptoren dienen als Verhandlungsbasis zwischen Prozeß und Filemanager beim Zugriff auf offene Dateien. Sie müssen also
vom Filemanager in bezug auf den Prozeß ausgewertet werden und zu Elementen

der File-Tabelle führen. Für jeden Prozeß existiert deshalb ein Vektor von Zeigern in die File-Tabelle. Ein Filedeskriptor ist aus der Sicht des Filemanagers einfach ein Index in diesen Vektor. Die Größe des Vektors, eine Systemkonstante **NFILE** in *param.h*, limitiert die Anzahl der verfügbaren Filedeskriptoren für einen Prozeß.

Für jeden Prozeß existiert beim Betriebssystem eine Datenstruktur mit einer Reihe von Werten, die zur Verwaltung des Prozesses notwendig sind:

```
#include <setjmp.h>

typedef struct user {
        char * u_error;
        File * u_fp[NFILE];
        File * u_root;
        File * u_work;
        char u_flag['z'-'0'+1];
        struct user * u_next;
        jmp_buf u_psw;
        int u_pid;
        Id u_uid, u_gid;
        Id u_euid, u_egid;
} User;
```

Der Filemanager und andere Teile des Betriebssystems kennen jeweils nur einen *aktiven Prozeß*, nämlich den, in dessen Auftrag gerade ein Systemaufruf abgewickelt wird. An diesen Prozeß werden Fehler berichtet, für diesen Prozeß werden Filedeskriptoren interpretiert, usw.

minx kann mehrere Prozesse parallel verwalten. Der aktive Prozeß wird durch einen globalen Zeiger **u_** auf seine **User**-Struktur definiert:

```
extern User * u_;
```

Manche Komponenten der **User**-Struktur dienen zum Management der Prozesse bei *minx* und sind deshalb nicht sehr repräsentativ für ein wirkliches Betriebssystem, siehe Abschnitt 10.17.4.

Die Zugriffsmakros beziehen sich immer auf den aktiven Prozeß. Wir kennen zum Beispiel schon die Variable für Fehlerberichte bei Systemaufrufen sowie den *minx*-spezifischen Vektor zur Steuerung der Ablaufkontrolle:

```
#define Uerror          (u_->u_error)
#define Uflag(flag)     (u_->u_flag[(flag) - '0'])
```

Zur Prozeßbeschreibung gehört, wie gesagt, auch der Vektor auf den sich die Filedeskriptoren beziehen. Auch Arbeitskatalog und Wurzelkatalog sind eine Eigenschaft des Prozesses; wir werden später sehen, daß auch sie als Zeiger auf die File-Tabelle repräsentiert werden:

```
#define Ufp(fd)          (u_->u_fp[fd])
#define Uroot            (u_->u_root)
#define Uwork            (u_->u_work)
```

10.13.3   Implementierung – "file.c"

Der *file*-Modul ist wesentlich einfacher als die bisher betrachteten Module. Wir beginnen wieder mit dem Modul-Namen für **assert()**. Anschließend definieren wir eine lokale Funktion **make()**, die für einen Zeiger auf eine Inode einen Eintrag in der File-Tabelle anlegt:

```
#define MODULE   "file"

static File * make(ip)
        Inode * ip;
{       register File * fp;

        if (ip)
        {       if (fp = (File *) calloc(1, sizeof(File)))
                {       Fuse(fp) = 1;
                        Finode(fp) = ip;
                }
                else
                {       error_("no more room for open files");
                        idone_(& ip);
                }
                return fp;
        }
        return (File *) 0;
}
```

Bei *minx* wird auch die File-Tabelle dynamisch verwaltet. Kann **make()** keine **File**-Struktur mehr kreieren, muß natürlich der Zugriff auf die übergebene Inode korrekt beendet werden. Andernfalls verweist die neue **File**-Struktur auf die Inode und bewahrt so den Zugriff auf.

Mit **make()** sind **fcreat_()** und **fopen_()** nicht mehr schwierig:

```
File * fcreat_(dev)
        register Dev dev;
{       register File * fp;

        fp = make(ialloc_(dev));
        return fp;
}
```

fcreat_() beschafft die Inode mit **ialloc_()** und verpackt die Dateiverbindung mit **make()**. **fopen_()** sucht die Inode mit **icache_()** und konstruiert den Eintrag in der File-Tabelle ebenfalls mit **make()**:

```
File * fopen_(dev, num)
        Dev dev;
        Inumber num;
{       register File * fp;

        fp = make(icache_(dev, num, 0));
        return fp;
}
```

Beide Funktionen existieren hauptsächlich zur Installation einer Ablaufverfolgung.

fclose_() muß ein bißchen mehr tun. Diese Funktion akzeptiert ausnahmsweise auch die Adresse eines Nullzeigers, also *keinen* Zeiger auf die File-Tabelle, um spätere Funktionen entsprechend zu vereinfachen.

```
void fclose_(fpp)
        register File ** fpp;
{       register File * fp;

        fp = *fpp;
        if (fp)
        {       assert(Fuse(fp) > 0);
                if (-- Fuse(fp) == 0)
                {       if (Fbuf(fp))
                                bdone_(& Fbuf(fp));
                        idone_(& Finode(fp));
                        free(fp);
                }
                *fpp = (File *) 0;
        }
}
```

Wird aber auf die File-Tabelle verwiesen, muß im betroffenen Element der Zugriffszähler positiv sein. Ein Zugriff wird aufgegeben und der Verweis wird gelöscht. Handelte es sich um den letzten Zugriff auf die Dateiverbindung, wird der Zugriff auf die zugehörige Inode beendet. Zur Dateiverbindung kann auch noch ein Zugriff auf einen Block im Block-Depot gehören, der mit dem letzten Zugriff auf die Dateiverbindung ebenfalls freigegeben wird.

ftrunc_() funktioniert ganz ähnlich: besitzt die Dateiverbindung einen Block im Block-Depot, muß dieser Zugriff zuerst beendet werden. Anschließend sorgt **itrunc_()** dafür, daß die Datenblöcke der Inode freigegeben werden können. **ftrunc_()** kann natürlich nur für Dateien und Kataloge aufgerufen werden.

```
void ftrunc_(fp)
        register File * fp;
{
        if (Fbuf(fp))
                bdone_(& Fbuf(fp));
        itrunc_(Finode(fp));
}
```

Die beiden Hilfsfunktionen **fd_()** und **fp_()** untersuchen die **User**-Struktur und berichten Fehler entsprechend:

```
Fd fd_()
{       register Fd fd;

        for (fd = 0; fd < NFILE; ++ fd)
                if (! Ufp(fd))
                        break;
        if (fd >= NFILE)
                fd = -1, Uerror = "no more file descriptors";
        return fd;
}

File * fp_(fd)
        register Fd fd;
{       register File * fp;

        if (fd >= 0 && fd < NFILE)
        {       if (! (fp = Ufp(fd)))
                        Uerror = "file descriptor not open";
        }
        else
        {       Uerror = "file descriptor out of bounds";
                fp = (File *) 0;
        }
        return fp;
}
```

10.13.4 Systemaufrufe

SVC	FILE
closeM() - Dateiverbindung loesen	j
dupM() - Dateiverbindung kopieren	l
dup2M() - dupM() mit vorgegebenem Filedeskriptor	m
exitM() - Programmausfuehrung beenden	n

Der interessantere Aspekt des *file*-Moduls sind die Systemaufrufe, die jetzt implementiert werden können:

```
int closeM(fd)
        register Fd fd;
{       register int result = -1;

        if (fp_(fd))
        {       fclose_(& Ufp(fd));
                result = 0;
        }
        return result;
}
```

Für **closeM()** wird die Arbeit eigentlich von **fclose_()** geleistet, vorausgesetzt, der übergebene Filedeskriptor verweist überhaupt auf ein Element der File-Tabelle.

Auch **dupM()** ist nicht schwierig. Die File-Tabelle existiert ja gerade um diesen Systemaufruf zu ermöglichen:

```
int dupM(fd)
        Fd fd;
{       register File * fp;
        register Fd result = -1;

        if ((fp = fp_(fd))
            && (result = fd_()) >= 0)
                ++ Fuse(fp), Ufp(result) = fp;
        return result;
}
```

fp_() prüft, daß für den übergebenen Filedeskriptor auch eine Dateiverbindung besteht. **fd_()** sucht nach einem freien Filedeskriptor. Ist alles in Ordnung, wird für den neuen Filedeskriptor der Zeiger auf die File-Tabelle vom ersten Filedeskriptor kopiert und durch den Zugriffszähler **Fuse()** wird der zusätzliche Zugriff registriert. Die Suche in **fd_()** verläuft von null aufwärts, denn **dupM()** muß den ersten freien Filedeskriptor verwenden.

Die File-Tabelle und **Ufp()** befinden sich im Adreßraum des Filemanagers, sind dadurch also normalerweise dem direkten Zugriff des Prozesses entzogen. Dadurch ist garantiert, daß die Dateiverbindungen auch dann zuverlässig gelöst werden können, wenn der Prozeß etwa aus Versehen in seinem eigenen Adreßraum größere Zerstörungen angerichtet hat. *stdio* operiert im Adreßraum des Prozesses und unterhält dort Zwischenspeicher. Diese Information kann bei unverhofftem Prozeßabbruch verlorengehen.

Bei **dup2M()** kann der neue Filedeskriptor schon belegt sein. In diesem Fall wird der zugehörige Zugriff implizit abgeschlossen. Nicht sehr sinnvoll ist ein Aufruf von **dup2M()**, bei dem ein Filedeskriptor auf sich selbst kopiert werden soll:

```
int dup2M(fd, fd2)
        Fd fd;
        register Fd fd2;
{   register File * fp;

    if (fp = fp_(fd))
    {   if (fd != fd2)
            if (fd2 < 0 || fd2 >= NFILE)
            {   Uerror = "file descriptor out of bounds";
                fd2 = -1;
            }
            else
            {   if (Ufp(fd2))
                        fclose_(& Ufp(fd2));
                    ++ Fuse(fp), Ufp(fd2) = fp;
            }
    }
    else
        fd2 = -1;
    return fd2;
}
```

exitM() ist eigentlich kein Systemaufruf. Diese Funktion könnte auch im Prozeß implementiert werden, denn sie besteht im Wesentlichen aus einer Schleife, in der für alle möglichen Filedeskriptoren **closeM()** aufgerufen wird. Wir müssen jedoch sicherstellen, daß dies wirklich bei jedem Prozeßabbruch geschieht, sonst gerät die File-Tabelle sehr bald in Unordnung. Nur aus diesem Grund wird **exitM()** als Systemaufruf realisiert.

```
int exitM(code)
        register int code;
{       register Fd fd;
        extern _exitM();

        for (fd = 0; fd < NFILE; ++ fd)
            if (Ufp(fd))
                    fclose_(& Ufp(fd));
        _exitM(code);
        assert(0);
}
```

Wir führen hier die Aktionen von **closeM()** explizit nur für die aktiven Filedeskriptoren aus, um damit die Ablaufverfolgung übersichtlicher zu gestalten.

exitM() muß einen Prozeß beenden, darf also nicht zum Aufrufer zurückkehren. Wir erreichen dies durch den Aufruf einer Funktion **_exitM()**, die im *minx*-Kern zum Prozeßmanagement gehört, siehe Abschnitt 10.17.4.

10.13.5 Test

Noch einmal kann das gleiche Testprogramm eingesetzt werden. An Stelle der Funktionsaufrufe für den *inode*-Modul schreiben wir jetzt sozusagen die äquivalenten Aufrufe des *file*-Moduls:

```
Inumber i;
Buf * super;
File * fp;

for (i = 0; i < BSisize(super) * (BLOCK / sizeof(Dinode)); ++ i)
        if (! (fp = fopen_(rootdev, i)))
                panic_("cannot unlink dev %d/%d, inode %d",
                        major_(rootdev), minor_(rootdev), i);
        else
        {       FInlink(fp) = 1;
                iunlink_(Finode(fp));
                fclose_(& fp);
        }
printf("%d files\n", i);
for (;;)
{       if (! (fp = fcreat_(rootdev)))
                break;
        iwrite_(Finode(fp));
        -- i;
        fclose_(& fp);
}
if (i)
        printf("%d files left\n", i);
```

10.13.6 Ausblick

Die **User**-Struktur ist leider eine grobe Vereinfachung. Einerseits gibt es bei UNIX *zwei* Prozeßbeschreibungen, nämlich die **user**-Struktur, die mit dem Prozeß bei Bedarf verdrängt werden kann, und die **proc**-Struktur, die den Teil der Beschreibung enthält, der auch für verdrängte Prozesse im Hauptspeicher bleiben muß, also zum Beispiel die Position des verdrängten Prozesses. Andrerseits enthält die Prozeßbeschreibung natürlich viel mehr Information, denn sie spielt eine sehr wesentliche Rolle bei der Übergabe von Argumenten und Resultatwerten bei Systemaufrufen. Mit der **User**-Struktur beginnt aber das Prozeßmanagement in einem Betriebssystem. *minx* wurde nur zur Demonstration des Filemanagements entworfen und die Grenzen des Modells müssen an dieser Stelle sichtbar werden.

10.14   Datentransfer – "io"-Modul

10.14.1   Aufgaben

```
    NAME                                                     IO
        ifread_() - von Datei zum Speicher transferieren     X
        ifseek_() - in Datei positionieren                   Y
        ifwrite_() - vom Speicher zu Datei transferieren     Z


    SYNOPSIS
        int ifread_(fp, buf, len)
                File * fp; char * buf; int len;
            assert(fp); assert(Finode(fp)); assert(len >= 0);
            assert(! ischr_(FImode(fp)));


        Size ifseek_(fp, pos, from)
                File * fp; Size pos; int from;
            assert(fp); assert(Finode(fp));
            assert(isfile_(FImode(fp)) || isdir_(FImode(fp)));


        int ifwrite_(fp, buf, len)
                File * fp; char * buf; int len;
            assert(fp); assert(Finode(fp)); assert(len >= 0);
            assert(! ischr_(FImode(fp)));
```

Der *io*-Modul ist der umfangreichste Modul. Er realisiert den Datentransfer zwischen Dateien im linearen Dateisystem und einem Prozeß. Dazu gehört auch die Beeinflussung des Positionszeigers einer Dateiverbindung, also die *seek*-Operation.

Der *io*-Modul enthält drei Funktionen, die der *minx*-Kern selbst auch benutzt, nämlich **ifread_()** zum Transfer zum Prozeß, **ifwrite_()** zum Transfer zum Dateisystem und **ifseek_()** zur Positionierung. Diese Funktionen identifizieren den Zugriff auf das Dateisystem durch ein Element der File-Tabelle. Im *io*-Modul werden natürlich auch die zugehörigen Systemaufrufe **readM()**, **writeM()** und **lseekM()** implementiert, die die Dateiverbindung durch einen Filedeskriptor darstellen. Davon abgesehen besteht eigentlich kein Unterschied zwischen den Systemaufrufen und den Kernfunktionen.

Im *io*-Modul wird aber auch der Begriff der Gerätedateien (*special files*) realisiert. Für Inodes mit entsprechendem Typ wird bei den Systemaufrufen **readM()** und **writeM()** die File-Tabelle umgangen und an ihrer Stelle wird der Transferauftrag ziemlich direkt an einen Gerätetreiber übergeben.

Das Zusammenwirken der einzelnen Funktionen im *io*-Modul und ihre Zugriffe auf *inode*- und *buf*-Modul zeigt die folgende Zeichnung:

```
 ...........  ...........  +---------+
 : bwrite_ :  : iwrite_ :<--| ifseek_ |<----+
 :.........:  :.........:   +---------+      |
      ^           ^             |            |
      |           |             v            |
+=========+  +----------+    ...........  +========+
| writeM  |-->| ifwrite_ |-------->: bdone_ :<--| lseekM |
+=========+  +----------+    :.........:  +========+
      |           |    |         ^
      |           v    v         |
      |      ...........  ...........  +---------+
      |      : balloc_ :  : bcache_ :<--| ifread_ |
      |      :.........:  :.........:   +---------+
      |                                    ^
      v                                    |
 ..........                        +=========+
 : cdevsw :<------------------------| readM   |
 :........:                        +=========+
```

Für das Dateisystem übernimmt der *buf*-Modul alle Transferaufgaben. **cdevsw[]** ist der Einstiegspunkt zu den Gerätetreibern, die sich um zeichenorientierte Transfers kümmern. Daß der *io*-Modul den *file*-Modul nicht benötigt, sollte nicht überraschen: der *file*-Modul erzeugt, kopiert und löscht Einträge in der File-Tabelle, der *io*-Modul greift über diese Einträge auf Daten zu, verändert aber sonst die File-Tabelle nicht.

10.14.2 Implementierung – "io.c"

Die einfachste der drei Funktionen ist **ifseek_()**: in Abhängigkeit vom dritten Argument **from** muß der Positionszeiger des durch **fp** bezeichneten Elements der File-Tabelle verändert werden. Die Operation ist nur für Dateien und Kataloge erlaubt.

```
#define MODULE  "io"

Size ifseek_(fp, pos, from)
        register File * fp;
        register Size pos;
        int from;
{
        switch (from) {
        case 1:
                pos += Fpos(fp);
                break;
        case 2:
                pos += FIsize(fp);
        }
```

Jetzt kann der Positionszeiger den für die Datei möglichen Bereich verlassen haben:

```
if (pos < (Size) 0
    || pos > (Size) MAXSIZE
    || pos > FIsize(fp) && ! Fwrite(fp))
        pos = (Size) -1;
```

Herrscht Schreibzugriff auf die Datei, kann auch hinter das aktuelle Ende der Datei positioniert werden. Dazu gilt die Konvention, daß Null als Blockadresse in einer Inode einen Block darstellt, der mit Nullzeichen gefüllt ist. Ein solcher Block benötigt keinen Platz im Dateisystem. Positioniert man bei Schreibzugriff hinter das aktuelle Ende einer Datei, entsteht unter Umständen ein solcher Nullblock.

```
    else
    {       if (Fbuf(fp)
                && pos/BLOCK != Fpos(fp)/BLOCK)
                    bdone_(& Fbuf(fp));
            if ((Fpos(fp) = pos) > FIsize(fp))
                    FIsize(fp) = pos, iwrite_(Finode(fp));
    }
    return pos;
}
```

Gehört zur Dateiverbindung gerade ein Zugriff auf einen Block im Block-Depot, darf dieser Zugriff nur erhalten bleiben, wenn der neue Wert des Positionszeigers noch auf den Block verweist.

Ob man bei Schreibzugriff auf eine Datei die Dateigröße verändert, wenn der Positionszeiger hinter das aktuelle Ende der Datei positioniert wird, ist Ansichtssache. Ändert man allerdings die Dateigröße, muß man die Inode mit **iwrite_()** als modifiziert markieren.

Denkpause 10.16 Wann wird bei UNIX in diesem Zusammenhang die Dateigröße markiert? Stellen Sie dies durch ein geeignetes Programm fest. ➡

Beim Transfer zum Prozeß kann man aus einer Datei natürlich nur bis zum Dateiende transferieren. Der Transfer erfolgt dann blockweise, wobei am Anfang und am Ende möglicherweise Teile eines Blocks übertragen werden müssen.

```
int ifread_(fp, buf, len)
    register File * fp;
    char * buf;
    int len;
{       register int l,  /* aktuelle Laenge */
                pos,    /* Position im aktuellen Block */
                rest;   /* noch nicht transferiert */
```

```
if ((isfile_(FImode(fp)) || isdir_(FImode(fp)))
    && FIsize(fp) - Fpos(fp) < len)
        len = FIsize(fp) - Fpos(fp);
for (rest = len, pos = Fpos(fp) % BLOCK; rest; pos = 0)
```

Haben wir von der Dateiverbindung aus gerade keinen Zugriff auf einen Block, müssen wir einen neuen Block beschaffen. Dieses Problem überlassen wir separaten Funktionen:

```
{       if (! Fbuf(fp)
            && (isblk_(FImode(fp))? fetch(fp): fget(fp)))
        {       len = -1;
                break;
        }
```

Falls der Zugriff nicht eingerichtet werden konnte, brechen wir den Transfer vorzeitig ab. Andernfalls berechnen wir jetzt, wieviel Bytes aus dem neuen Block transferiert werden sollen:

```
l = BLOCK - pos >= rest? rest: BLOCK - pos;
```

Wie bei **ifseek_()** besprochen, kann eine Datei Nullblöcke enthalten. In diesem Fall ist zwar vorher kein Fehler gemeldet worden, aber wir besitzen noch immer keinen Zeiger auf einen Block im Block-Depot. Jetzt müssen also in Abhängigkeit von der Existenz des Zeigers entweder Bytes aus dem Block im Block-Depot oder Nullbytes transferiert werden. Auch diese Details überlassen wir Hilfsfunktionen:

```
if (Fbuf(fp))
        copy(buf, & FBbyte(fp, pos), l);
else
        zero(buf, l);
```

Die verschiedenen Indexvariablen und Zeiger können jetzt nachgeführt werden. Verlassen wir gerade den Block, der mit der Dateiverbindung verknüpft ist, so geben wir den Zugriff auf ihn frei. Die Transferschleife kann dann fortgesetzt werden, bis nichts mehr zu transferieren ist:

```
        buf += l;
        rest -= l;
        if ((Fpos(fp) += l) % BLOCK == 0
            && Fbuf(fp))
                bdone_(& Fbuf(fp));
    }
    return len;
}
```

Das Ende der Transferschleife erreichen wir entweder, wenn **rest** auf Null reduziert wurde, oder wenn beim Zugriff auf einen Block ein Fehler passiert ist. **len** enthält in jedem Fall das korrekte Resultat: entweder die Anzahl der tatsächlich transferierten Bytes oder **-1**.

copy() und **zero**() sind recht trivial:

```
static copy(a, b, n)
        register char * a, * b;
        int n;
{
        do
                *a++ = *b++;
        while (--n);
}

static zero(a, n)
        register char * a;
        register int n;
{
        do
                *a++ = '\0';
        while (--n);
}
```

Denkpause 10.17 Warum kann man nicht **strncpy**() an Stelle von **copy**() verwenden? ▰▻

Auch der Zugriff auf einen Block in einer Datei ist nicht sehr schwierig:

```
static int fget(fp)
        register File * fp;
{       int result = 0;
        register Block b;

        if ((b = FIaddr(fp, Fpos(fp)/BLOCK))
            && ! (Fbuf(fp) = bcache_(FIdev(fp), b, 0)))
                        result = -1;
        return result;
}
```

Wir haben schon kontrolliert, daß wir nur innerhalb der Dateigröße zugreifen, und daß die Dateiverbindung momentan keinen Zugriff auf einen Block im Block-Depot besitzt. Wir entnehmen der Inode die Blocknummer, die zur aktuellen Position in der Datei gehört. Handelt es sich wirklich um einen Datenblock, müssen wir **bcache_**() dazu überreden, den Block bereitzustellen. Im andern Fall besitzt die Dateiverbindung nach wie vor keinen Zugriff auf einen Block und **ifread_**() wird anschließend Nullbytes zum Prozeß übertragen.

Welche Rolle spielt bei dieser Operation eigentlich die Inode? Sie dient dazu, den Positionszeiger der Dateiverbindung in eine Blocknummer zu verwandeln, die zu einer kleinen, eindeutig definierten Gruppe von Blöcken im Dateisystem gehört, eben zu einer Datei.

Der Gedanke liegt nahe, alternativ auch direkt von der Platte zu transferieren, das heißt, die Blocknummer nicht der Inode zu entnehmen, sondern sie einfach aus dem Positionszeiger relativ zum Anfang der Platte zu berechnen:

```
static fetch(fp)
        register File * fp;
{       int result = -1;
        register Block b;
        Dev dev;

        dev = (Dev) FIaddr(fp, 0);
        assert(major_(dev) >= 0 && major_(dev) < nbdev);
        if ((b = Fpos(fp)/BLOCK) >= 0
                && (Fbuf(fp) = bcache_(dev, b, 0)))
                        result = 0;
        return result;
}
```

Als Gerätenummer der Platte interpretieren wir dabei den Wert, der als erste Adresse in der Inode gespeichert ist. Die Inode muß entsprechend markiert sein, sonst könnte dieser Wert an anderer Stelle als Blocknummer verstanden werden. Bei einer solchen Inode handelt es sich um eine *Gerätedatei* (*special file*), und zwar um ein blockorientiertes Gerät. Der Transfer vom Gerät erfolgt wieder durch einen Aufruf von **bcache_()**. Wird dabei eine unmögliche Blocknummer verwendet, berichtet **fetch()** dies später als Fehler. Das blockorientierte Gerät liefert, als Datei betrachtet, am Dateiende folglich einen Fehler bei **ifread_()**.

Betrachten wir nochmals den Aufruf der beiden Blocktransfer-Funktionen in **ifread_()**:

```
if (! Fbuf(fp)
    && (isblk_(FImode(fp))? fetch(fp): fget(fp)))
{       len = -1;
        break;
}
```

Wird ein Block benötigt, wird **fetch()** genau dann aufgerufen, wenn die Inode als blockorientiertes Gerät markiert ist; den Makro **isblk_()** haben wir im Abschnitt 9.4.3 kennengelernt. Auf einfache Weise kann so eine Platte an Stelle einer Datei verwendet werden.

ifwrite_() funktioniert zunächst ganz analog zu **ifread_()**:

```
int ifwrite_(fp, buf, len)
        register File * fp;
        char * buf;
        int len;
{       register int l, /* aktuelle Laenge */
                pos,    /* Position im aktuellen Block */
                rest;   /* noch nicht transferiert */
```

Jetzt kann allerdings über das Dateiende hinweg transferiert werden, denn dadurch wird die Datei ja in der Regel länger. **len** wird also nicht wie bei **ifread_()** korrigiert. Beim Zugriff auf das Dateisystem kann sich jedoch herausstellen, daß eine Datei ihre maximale Größe erreicht hat. **fput()**, das Gegenstück zu **fget()**, soll in diesem Fall ein positives Resultat liefern, das zwar auch zum Abbruch der Transferschleife verwendet wird, das aber nicht **-1** als Resultat von **ifwrite_()** provoziert:

```
for (rest = len, pos = Fpos(fp) % BLOCK; rest; pos = 0)
{       if (! Fbuf(fp)
        && (l = isblk_(FImode(fp))? fetch(fp): fput(fp)))
        {       if (l < 0)
                        len = -1;
                break;
        }
        assert(Fbuf(fp));
        l = BLOCK - pos >= rest? rest: BLOCK - pos;
        copy(& FBbyte(fp, pos), buf, l);
```

Diesmal muß ein Block zur Ausgabe zur Verfügung stehen, in den wir dann mit **copy()** übertragen. Der Block wird als modifiziert markiert und die Zeiger werden nachgeführt. Wenn wir den Block verlassen, wird der Zugriff auf den Block beendet. In jedem Fall kann dann die Transferschleife fortgesetzt werden.

```
        bwrite_(Fbuf(fp));
        buf += l;
        rest -= l;
        if ((Fpos(fp) += l) % BLOCK == 0)
                bdone_(& Fbuf(fp));
}
```

Befindet sich jetzt der Positionszeiger jenseits der bisherigen Dateigröße, muß die Inode entsprechend korrigiert werden. Falls kein Fehler beim Blockzugriff passiert ist, ist **len** nicht negativ und **rest** enthält die Anzahl der möglicherweise noch nicht transferierten Bytes; die tatsächlich transferierte Anzahl ergibt sich entsprechend.

```
        if (Fpos(fp) > FIsize(fp))
                FIsize(fp) = Fpos(fp), iwrite_(Finode(fp));
        if (len >= 0)
                len -= rest;
        return len;
}
```

Betrachten wir nochmals, wie der Block zur Ausgabe angefordert wird:

```
if (! Fbuf(fp)
   && (l = isblk_(FImode(fp))? fetch(fp): fput(fp)))
{       if (l < 0)
                len = -1;
        break;
}
```

Bei direktem Zugriff auf ein blockorientiertes Gerät kann **fetch()** verwendet werden: der zur Ausgabe vorgesehene Block muß genau wie ein zur Eingabe bestimmter Block zunächst ins Block-Depot geholt werden. Der Transfer zum Gerät erfolgt später durch **bdone_()**, wenn der Block mit **bwrite_()** als modifiziert markiert wurde. Da der ursprüngliche Inhalt des Ausgabeblocks zuerst vom Gerät geholt wird, können wir auch nur Teile des Blocks ändern, ohne daß dadurch der Rest der Information verlorengeht. Bei Zugriff auf eine Datei muß die Blocknummer aus der Inode bezogen werden:

```
static int fput(fp)
        register File * fp;
{       int result = 0;
        register Block b;

        if (Fpos(fp) >= MAXSIZE)
                result = 1;
        else if (b = FIaddr(fp, Fpos(fp)/BLOCK))
        {       if (! (Fbuf(fp) = bcache_(FIdev(fp), b, 0)))
                        result = -1;
        }
        else if (Fbuf(fp) = balloc_(FIdev(fp)))
        {       FIaddr(fp, Fpos(fp)/BLOCK) = FBnum(fp);
                iwrite_(Finode(fp));
        }
        else
                result = -1;
        return result;
}
```

Soll die Datei gerade über **MAXSIZE** hinaus vergrößert werden, liefert **fputs()** den Resultatwert **1**. Befindet sich der zur aktuellen Position der Dateiverbindung **Fpos()** gehörende Block schon im Besitz der Inode, muß der Block mit **bcache_()** angefordert werden. Enthält die Inode **0** als Blocknummer – das gilt auch für Blocknummern jenseits der aktuellen Dateigröße – dann sollte **balloc_()** einen neuen freien Block zur Verfügung stellen können, den wir bei der Inode entsprechend eintragen.

10.14.3   Systemaufrufe

SVC	IO
lseekM() - Positionieren in einer Datei	q
readM() - zum Prozess transferieren	u
writeM() - zur Peripherie transferieren	z

Eigentlich müssen die Systemaufrufe im *io*-Modul nur verifizieren, daß die übergebenen Argumente sinnvoll sind. Die Ausführung kann man dann den im vorigen Abschnitt besprochenen Funktionen überlassen.

```
long lseekM(fd, pos, from)
        Fd fd; long pos; int from;
{   register File * fp;

    if (from < 0 || from > 2)
        pos = -1L, Uerror = "invalid 'from' for seek";
    else if (fp = fp_(fd))
        switch (istyp_(FImode(fp))) {
        case S_IFDIR:
        case S_IFREG:
            if ((pos = (long) ifseek_(fp, (Size) pos, from)) < 0L)
                pos = -1L, Uerror = "seek error";
            break;
        case S_IFBLK:
```

ifseek_() darf jedoch nur für Dateien und Kataloge aufgerufen werden, primär deshalb, weil der Begriff des Dateiendes für eine Gerätedatei problematisch ist. Es steht uns frei, auch für blockorientierte Geräte bei **lseekM()** den Positionszeiger zu verändern, nur eben nicht relativ zum Dateiende. Verfolgt man **fetch()**, erkennt man, daß der Positionszeiger für blockorientierte Geräte genau wie für Dateien ausgewertet wird.

```
        case S_IFCHR:
            switch (from) {
            case 1:
                pos += Fpos(fp);
            case 0:
                Fpos(fp) = pos;
                break;
            case 2:
                pos = -1L;
                Uerror = "no end of file for device";
                break;
            }
            if (Fbuf(fp))
                bdone_(& Fbuf(fp));
            break;
```

Zeichenorientierte Geräte, also Inodes vom Typ **S_IFCHR**, lernen wir gleich kennen. Bei **lseekM()** behandeln wir sie wie blockorientierte Geräte, wobei allerdings unklar bleibt, ob der Positionszeiger später überhaupt eine Rolle spielt.

lseekM() ist jetzt für alle möglichen Inodes implementiert. Wir sollten aber – wenigstens in der Entwicklungsphase – die unmöglichen auch berücksichtigen:

```
          default:
              error_("lseekM: dev %d/%d inode %d mode 0%06o",
                      major_(FIdev(fp)), minor_(FIdev(fp)),
                      FInum(fp), FImode(fp));
              pos = -1L, Uerror = "invalid inode";
          }
      else
          pos = -1L /* Uerror: fp_() */;
      return pos;
}
```

Wie im Abschnitt 10.7.3 erwähnt, darf man bei **Uerror** nicht die Übersicht verlieren:
ist **fp_()** mit dem angebotenen Filedeskriptor nicht zufrieden, wurde **Uerror** bereits
entsprechend informiert und **lseekM()** muß nur noch **-1L** (ja, **long**!) als Resultat liefern. Wir haben deshalb in jeder **SYNOPSIS** schon vermerkt, welche Zuweisungen
eine Funktion im Kern an **Uerror** vornimmt.

Denkpause 10.18 Welche Fehlermeldungen kann **lseekM()** (und jeder andere Systemaufruf) in **Uerror** hervorrufen? ➡

Auch bei **readM()** muß man die Aufgaben in Abhängigkeit vom Typ der Inode verteilen:

```
int readM(fd, buf, len)
      int fd; char * buf; int len;
{     register File * fp;

      if (len < 0)
          len = -1, Uerror = "negative length on read";
      else if (fp = fp_(fd))
          if (! Fread(fp))
              len = -1, Uerror = "not open for read";
          else
              switch (istyp_(FImode(fp))) {
              case S_IFDIR:
              case S_IFREG:
              case S_IFBLK:
                  if ((len = ifread_(fp, buf, len)) == -1)
                      Uerror = "read error";
                  break;
```

Ist die Transferlänge nicht negativ, der Filedeskriptor mit einer Inode verbunden und
für die Verbindung Lesezugriff erlaubt, übernimmt **ifread_()** den Transfer.

Als Geräteschnittstelle haben wir bisher nur **bdevsw[]** kennengelernt. In dieser Tabelle kann nur eine Funktion eingetragen werden, die blockweise transferiert. Für
Terminals, Drucker und ähnliche zeichenorientierte Geräte eignet sich diese Schnittstelle nicht besonders gut, denn derartige Geräte übertragen in der Regel nur ein
Zeichen auf einmal.

Der hier erreichte Punkt im *io*-Modul bietet sich aber an für eine zweite Geräte-schnittstelle, bei der beliebig viele (oder wenige) Zeichen auf einmal direkt zwischen Gerät und Prozeß transferiert werden können. Wir verwenden noch einen neuen Typ von Inodes um auf eine zweite Konfigurationstabelle zu verweisen, der die Transfer-funktion entnommen wird:

```
case S_IFCHR:
    len = (* chrio(fp, 0))(fp, buf, len);
    /* Uerror: Geraetetreiber */
    break;
```

Auf **chrio()** kommen wir gleich zurück, es handelt sich dabei um eine Funktion, die einen Zeiger auf eine Funktion als Resultat liefert. Der Rest des Systemaufrufs **readM()** verläuft völlig analog zu **lseekM()**:

```
default:
    error_("readM: dev %d/%d inode %d mode 0%06o",
            major_(FIdev(fp)), minor_(FIdev(fp)),
            FInum(fp), FImode(fp));
    len = -1, Uerror = "invalid inode";
    }
else
    len = -1 /* Uerror: fp_() */;
return len;
}
```

writeM() müssen wir nicht gesondert betrachten. Dieser Systemaufruf wird ganz analog zu **readM()** realisiert: statt Lesezugriff muß Schreibzugriff mit **Fwrite()** er-laubt sein, statt **ifread_()** übernimmt **ifwrite_()** den blockorientierten Transfer und **chrio()** muß natürlich eine Funktion liefern, die vom Prozeß zum zeichenorientierten Gerät transferiert. Im Gegensatz zu **readM()** kann **writeM()** für Kataloge nicht er-folgreich aufgerufen werden, denn Schreibzugriff für Kataloge kann gar nicht eröffnet werden.

10.14.4 Zeichenorientierte Geräte – "cdevsw[]"

readM() und **writeM()** transferieren eine beliebige Anzahl von Zeichen zwischen Prozeß und Dateiverbindung. Dabei können, vor allem bei **readM()**, weniger Zei-chen tatsächlich transferiert werden, als ursprünglich verlangt wurde.

Die Dateiverbindung führt wie immer zu einer Inode und wir haben uns überlegt, daß wir über entsprechend markierte Inodes mit Hilfe einer zweiten Konfigurationstabel-le, ganz ähnlich wie im Abschnitt 10.10.2 für blockorientierte Geräte besprochen, diesmal Gerätetreiber für zeichenorientierte Geräte ansprechen könnten. Als Schnittstelle ergibt sich für solche Geräte die bei **readM()** beziehungsweise **writeM()** vorhandene Information:

- ein zeichenorientierter Gerätetreiber hat getrennte Funktionen für Lese- und Schreibzugriff.

- jede der beiden Funktionen muß sich mit einer beliebigen Anzahl Zeichen befassen, die sich in einer Speicherfläche beim Prozeß befinden. Bei Lesezugriff können weniger Zeichen zum Prozeß transferiert werden, beim Schreibzugriff müssen alle verlangten Zeichen auch wirklich zum Gerät transferiert werden, sonst gilt der Aufruf als nicht erfolgreich abgeschlossen.

- da der Gerätetreiber über ein Element der File-Tabelle angesprochen wird, steht ihm auch ein Positionszeiger zur Verfügung. Es steht dem Treiber frei, ob er diesen Positionszeiger auswertet oder nicht.

- da ein zeichenorientierter Gerätetreiber direkt für einen Prozeß tätig wird, kann er dem Prozeß auch direkt Fehlerberichte liefern.

Für *minx* vereinfachen wir die Sachlage jetzt ein bißchen. Unsere Konfigurationstabelle für zeichenorientierte Geräte wird in der Definitionsdatei *conf.h* folgendermaßen vereinbart:

```
typedef struct cdevsw {
        Function cd_read;
        Function cd_write;
        } Cdevsw;

extern Cdevsw cdevsw[];
extern int ncdev;
```

chrio() entnimmt dieser Konfigurationstabelle **cdevsw[]** je nach Bedarf die Funktion für Lese- oder Schreibzugriff:

```
static Function chrio(fp, flag)
        register File * fp;
        int flag;
{       register Dev dev;

        dev = (Dev) FIaddr(fp, 0);
        assert(major_(dev) >= 0 && major_(dev) < ncdev);
        return flag?
                cdevsw[major_(dev)].cd_write:
                cdevsw[major_(dev)].cd_read;
}
```

Bei Eröffnung der Dateiverbindung **fp** muß kontrolliert worden sein, daß die Gerätenummer auch verwendet werden darf.

Unsere wesentliche Vereinfachung besteht in den Parametern, die beim Aufruf der gewählten Funktion übergeben werden:

```
len = (*chrio(fp, 0))(fp, buf, len);
```

Wir übergeben Dateiverbindung, Speicherfläche beim Prozeß und gewünschte Transferlänge. Bei UNIX muß sich ein Gerätetreiber diese Information mühsam aus der **User**-Struktur zusammensuchen.

Ebenso mühsam ist 'im Ernstfall', daß sich die Speicherfläche beim Prozeß befindet, also in einem anderen Adreßraum als der Gerätetreiber. Zum Beispiel bei [Rit78a], [Bas84a], [For84a] oder [Sch84b] kann man nachlesen, welche Hilfsfunktionen der UNIX Kern für diese Problematik zur Verfügung stellt.

Um diesen Komplex abzuschließen, betrachten wir zwei Gerätetreiber. */dev/null* ist bekanntlich ein Gerät, das bei Lesezugriff stets keine Zeichen transferiert, also ein Dateiende anzeigt, und das bei Schreibzugriff beliebig viele Zeichen akzeptiert, ohne sie irgendwo abzuliefern. Der zugehörige Gerätetreiber ist einigermaßen primitiv:

```
int nul_read_()
{
        return 0;
}


int nul_write_(fp, buf, len)
        File * fp;
        char * buf;
        int len;
{
        return len;
}
```

Auch eine Funktion, die grundsätzlich einen Fehler liefert, ist leicht zu formulieren:

```
int nochr_()
{
        Uerror = "no such character device";
        return -1;
}
```

Eine derartige Funktion kann in der Konfigurationstabelle erwähnt werden, wenn für ein Gerät eine bestimmte Funktion nicht zur Verfügung steht, also zum Beispiel als Funktion für Lesezugriff bei einem Drucker.

Damit wir von *minx* zu einem Terminal kommen, benötigen wir einen Gerätetreiber, der mit dem Terminal über *stdio* kommuniziert:

```
#include <stdio.h>

int std_read_(fp, buf, len)
        File * fp;
        char * buf;
        int len;
{       register char * cp = buf;
        register int ch;
```

```
            while (cp < buf+len)
            {       switch (ch = getchar()) {
                    default:
                            *cp++ = ch;
                            continue;
                    case '\n':
                            *cp++ = ch;
                    case EOF:
                            break;
                    }
                    break;
            }
            len = cp - buf;
            return len;
    }
```

Normalerweise würden wir bei einer solchen Funktion nur dann vom Terminal lesen, wenn die Bedingung **feof(stdin)** noch nicht erfüllt ist. Bei diesem Treiber muß man aber auch in diesem Fall weiter lesen, damit bei Verschachtelung mehrerer *minx*-Prozesse auch mehrmals ein Dateiende am Terminal übergeben werden kann. Ein Terminal-Treiber kennt selbst kein Dateiende, er überträgt nur ab und zu keine Zeichen.

```
    std_write_(fp, buf, len)
            File * fp;
            char * buf;
            int len;
    {       FILE * out;
            register char * cp;

            out = minor_((Dev) FIaddr(fp, 0)) == 2? stderr: stdout;
            for (cp = buf; cp < buf + len; ++ cp)
                    if (putc(*cp, out) != *cp)
                            break;
            len = cp - buf;
            return len;
    }
```

Die Ausgabefunktion des Treibers demonstriert, daß dem Treiber die Interpretation der *minor*-Nummer seines Geräts freisteht. Hier kann mit der *minor*-Nummer die Ausgabe entweder zu **stdout** oder zu **stderr** gelenkt werden.

Denkpause 10.19 Unter UNIX kann man diese *minx*-Treiber wesentlich einfacher implementieren. ✏

Denkpause 10.20 std_write_() deutet an, wie man unter UNIX fast ohne Aufwand eine Schnittstelle von *minx*-Inodes zu UNIX Dateien etablieren kann: Bei der Bourne-Shell verknüpft

> n>ausgabe m<eingabe

die Filedeskriptoren (also kleine Zahlen) **n** und **m** mit den Dateien **ausgabe** und **eingabe**. ⇨

Denkpause 10.21 Schöner wäre natürlich eine Lösung, bei der man den Namen der UNIX Datei durch eine Aktion in *minx* definieren kann. Eine einfache Lösung bestünde darin, jeweils nach einem Aufruf von **writeM()** mit Transferlänge Null beim nächsten Aufruf von **writeM()** die übergebenen Zeichen als Dateinamen zu interpretieren. Diese Lösung hat den Vorteil, daß sie direkt im Treiber implementiert werden kann, ohne daß *minx* selbst modifiziert werden muß, wie zum Beispiel durch Implementierung einer neuen Klasse von Inodes, die speziell zur Verbindung mit Dateien im umgebenden System dienen. ⇨

10.14.5 Test

Für diesen Modul benötigen wir ein neues Testprogramm. Die hier skizzierte Lösung ist rasch implementiert, bietet dafür aber keinen Schutz gegen Bedienungsfehler. Dies hat aber den günstigen Nebeneffekt, daß die Selbstverteidigungsaspekte unserer Funktionen, also **assert()**, gründlich ausprobiert werden können.

Die Optionen −0 bis −z sind für Ablaufverfolgung reserviert. Wir verwenden daher die Optionen − !c, − !s, − !u und − !w um Kommandos zu hinterlegen.[6] Außerdem kann eine Reihe von Inode-Nummern angegeben werden. Für jede Inode-Nummer wird durch − !c eine Datei neu kreiert, durch − !s wird in der zugehörigen Datenmenge positioniert, durch − !w wird von **stdin** in die angesprochene Datei kopiert und durch − !u wird die Inode zum Schluß freigegeben. Ohne alle Optionen wird für jede Inode-Nummer der Dateiinhalt ausgegeben. Die wesentlichen Teile des Testprogramms sind folgende:

```
#define USAGE   \
panic_("io [-0..z] [-!create] [-!s seek] [-!unlink] \
[-!write] inum...")

long seek = 0L, atol();
char cflag = 0, uflag = 0, wflag = 0;
Inumber inum;
Buf * super;
```

---

6   Verwendet man die C Shell, sollte man ! durch ein anderes Zeichen ersetzen.

```
OPT
ARG '!':
        switch (*++*argv) {
        case 'c':
                cflag = 1;
                break;
        case 's': PARM
                seek = atol(*argv);
                break;
        ...
        }
        NEXTOPT
...
ENDOPT
if (! argc)
        USAGE;
...

do
{       inum = atoi(*argv);
        if (inum < 0
            || inum >= BSisize(super) * (BLOCK/sizeof(Dinode)))
                error_("io: %d: not an inode", inum);
        else if (Ufp(0) = fopen_(rootdev, inum))
        {       if (cflag)
                {       FInlink(Ufp(0)) = 1;
                        FImode(Ufp(0)) = S_IFREG;
                        iwrite_(FInode(Ufp(0)));
                }
                if (wflag)
                        Fwrite(Ufp(0)) = 1;
                else
                        Fread(Ufp(0)) = 1;
                if (seek
                    && lseekM(0, seek, seek>0L? 0: 2) == -1L)
                        perrorM("seek");
                else if (wflag)
                {       char buf[128]; int l;

                        for (;;)
                        {       putchar('>');
                                if (! fgets(buf, sizeof buf, stdin)
                                    || *buf == '.')
                                        break;
                                l = strlen(buf);
```

```
                                if (writeM(0, buf, 1) != 1)
                                        perrorM("write");
                        }

        }
        else
        {           char buf[33]; int l;

                    while ((l = readM(0, buf, sizeof buf)) > 0)
                            out(buf, l);
                    if (l < 0)
                            perrorM("read");
                    putchar('\n');
        }
        if (uflag)
                iunlink_(Finode(Ufp(0)));
        closeM(0);
      }
  } while (++argv, --argc);
```

out() muß die von *minx* empfangenen Zeichen auf **stdout** ausgeben, wobei sich eine Ersatzdarstellung von Steuerzeichen empfiehlt, damit man auch den Inhalt von Katalogen betrachten kann. **perrorM()** wurde im Abschnitt 10.7.2 erklärt; zum Test benötigt man eine Funktion, die die Fehlermeldung auf **stderr** ausgibt.

Ohne Ablaufverfolgung, Optionen und unter Verwendung des im Abschnitt 10.10.3 vorgestellten Dateisystems kann man zum Beispiel folgendes beobachten:

```
$ io 1
isize = 1, fsize = 3
\1\0.\0\0\0\0\0\0\0\0\0\0\0\0\0
\1\0..\0\0\0\0\0\0\0\0\0\0\0\0
\2\0dev\0\0\0\0\0\0\0\0\0\0\0
\t\0man\0\0\0\0\0\0\0\0\0\0\0
$ io 4
isize = 1, fsize = 3
i/o error on /dev/f0.dos
blockio: error 12 on dev 1/0
read: read error
$ io 6
isize = 1, fsize = 3
```

1 ist der Wurzelkatalog; in die Ausgabe wurden Zeilentrenner eingefügt. Man sieht daß auf diesem System (DEC Rainbow mit VENIX) in den Inode-Nummern das signifikante Byte auf der Platte dem insignifikanten Byte folgt. **4** ist ein Zugriff auf die VENIX Datei */dev/f0.dos*, das heißt auf eine Diskette als blockorientiertes Gerät; hier war keine Diskette eingelegt und man erhält entsprechende Fehlermeldungen. **6** ist ein Lesezugriff auf die *minx*-Datei */dev/null*; man erhält einfach ein Dateiende.

10.15 Katalogsystem – "name"-Modul

10.15.1 Aufgaben

```
NAME                                                    NAME
      nchdir_() - Position im Katalogsystem aendern      a
      nlink_() - Katalogeintrag schreiben                b
      nopen_() - Pfad mit Datei verknuepfen              c,4
      nprot_() - Zugriffsschutz pruefen                  d

SYNOPSIS
      int nchdir_(fpp, name) File ** fpp; char * name;
         assert(fpp == & Uroot II fpp == & Uwork);
         assert(*fpp);
         Uerror = "permission denied";
         Uerror = "directory not found";
         Uerror = "i/o error in directory";
         Uerror = "not a directory";
         Uerror = "cannot open directory";
         Uerror = "open error";

      int nlink_(fp, i) File * fp; Inumber i;
         assert(fp); assert(Finode(fp));
         assert(isdir_(FImode(fp)));
         Uerror = "permission denied";
         Uerror = "i/o error in directory";

      File * nopen_(name, dirp) char * name; File ** dirp;
         assert(dirp);
         Uerror = "permission denied";
         Uerror = "directory not found";
         Uerror = "i/o error in directory";
         Uerror = "not a directory";
         Uerror = "cannot open directory";
         Uerror = "open error";

      int nprot_(fp, mode) File * fp; Mode mode;
         assert(fp);
         assert(Finode(fp));
         Uerror = "permission denied";
```

Der *name*-Modul realisiert den kompliziertesten Algorithmus, nämlich die Verfolgung eines Pfads im Katalogsystem. Die Schwierigkeit liegt zum Teil darin, daß die letzte Pfadkomponente ja nicht für alle Systemaufrufe existieren muß (**creatM()**) oder darf (**mknodM()**), und daß wir verschiedene zusätzliche Resultate benötigen, nämlich den Text der letzten Pfadkomponente sowie eine Verbindung zum Katalog in dem sie sich befindet oder in den sie eingetragen werden sollte.

Da der Algorithmus gegen Syntaxfehler im Pfad einigermaßen tolerant sein sollte, implementieren wir ihn am besten nur einmal: **nopen_()** liefert zu einem Pfad einen Eintrag in der File-Tabelle, falls der Pfad zu einer Inode führt. Als Nebeneffekt erhalten wir auch einen Zugriff zu einem Eintrag in der File-Tabelle für den übergeordneten Katalog und diese Dateiverbindung ist hinter den aufgefundenen Eintrag positioniert. Beide Zeiger können Nullzeiger sein, der zum Katalog allerdings nur, wenn auch das Resultat Null ist. Als weiterer Nebeneffekt hinterläßt **nopen_()** in einer **static** definierten Variablen **component[]** die letzte Pfadkomponente.

nlink_() kann im Anschluß an **nopen_()** aufgerufen werden, um **component[]** als neuen Eintrag in einen Katalog zu schreiben.

Die Definition dieser Funktionen ist nicht vollkommen befriedigend, da ein verdeckter Parameter, eben **component[]**, eine entscheidende Rolle spielt. Es gibt fast beliebig viel Ärger, wenn die Reihenfolge der Funktionsaufrufe nicht eingehalten wird, also auch, wenn etwa zwei Prozesse nacheinander **nopen_()** ausführen und dann der erste noch **nlink_()** verlangen würde. Für eine sauberere Lösung muß man entweder **component[]** in der **User**-Struktur deponieren und auf diese Weise die Verantwortung wenigstens nur einem Prozeß zuschieben, oder man definiert die möglichen Anwendungen der einzelnen Nebeneffekte von **nopen_()** als separate Funktionen, bei denen Teile des kritischen Algorithmus' wiederholt werden.

nopen_() und **nlink_()** müssen sich auch mit Zugriffsschutz auseinandersetzen. **nopen_()** sucht Pfadkomponenten im Katalogsystem und beachtet dabei, daß die Suche abgebrochen werden muß, falls in einem beteiligten Katalog für den aktiven Prozeß kein Suchzugriff erlaubt ist. Die Dateiverbindung, die **nopen_()** im Erfolgsfall liefert, ist selbst allerdings noch nicht überprüft worden – dazu fehlt **nopen_()** die nötige Information über den beabsichtigten Zugriff. **nlink_()** trägt nur dann eine Pfadkomponente in einen Katalog ein, wenn dem aktiven Prozeß auch Schreibzugriff auf den Katalog gestattet ist.

nchdir_(), die letzte Funktion des *name*-Moduls, ist dagegen harmlos: Pfade werden ja bekanntlich relativ zu einem ersten Katalog interpretiert. Beginnt der Pfad mit dem Zeichen /, das wir übrigens in *param.h* als

```
#define NAMESEP '/'
```

definieren, wird als erster Katalog die Wurzel der Dateihierarchie verwendet, andernfalls geht man vom Arbeitskatalog aus. Diese beiden Kataloge kann man natürlich Prozeß-spezifisch festlegen, und zwar als Zugriffe von der **User**-Struktur zur File-Tabelle. **nchdir_()** dient nun dazu, diese beiden Zugriffe im Katalogsystem zu verschieben. **nchdir_()** leistet also die eigentliche Arbeit für die Systemaufrufe **chdirM()** und **chrootM()**.

Das Zusammenwirken der einzelnen Funktionen im *name*-Modul und ihre Zugriffe
auf andere Module zeigt die folgende Zeichnung:

```
                      ..............
     +----------->: iunlink_  :<---------------+
     |               :...........:              |
     |                                          |
     |               ..............             |
     |   +-------->: fclose_   :<------------+  |
     |   |           :...........:            |  |
     |   |             ^   ^  ^               |  |
     |   |             |   |  |               |  |
     |   |  +---------+ | +=========+         |  |
     |   |  | nchdir_ | | | openM   |         |  |          ..........
     |   |  +---------+ | +=========+         |  |  +---->: ftrunc_ :
     |   |    |       | | |                   |  |  |       ..........
     |   |    v       | v                     |  |  |
  +=========+  +-------------+         +=========+  ..........
  | unlinkM |-->| nopen_      |<--------| creatM  |-->: fcreat_ :
  +=========+  +-------------+         +=========+  :.........:
     |     |      |   |  | |              |     |
     |     |      |   |  | | ..........   |     |          ..........
     |     |      |   |  | +->: fopen_ : |     |  +---->: iwrite_ :
     |     |      |   |  | |   :........: |     |  |       :.........:
     |     v      v   | v                 |     |  |
     |   ............ | ...........       |     |
     |   : ifseek_ : | : ifread_ :       |     |
     |   :..........: | :.........:       |     |
     |        ^     |       ^             |     |
     |        |     v       |             |     |
     |        | +---------+ |             |     |
     |        | | nprot_  | |             |     |
     |        | +---------+ |             |     |
     |        |     ^       |             |     |
     v        |     |       |             |     |
  ............  +----------------+        |     |
  : ifwrite_ :<--| nlink_         |<------+
  :..........:  +----------------+
```

Man sieht unschwer, daß **creatM()** die aufwendigste Funktion ist. Die Zeichnung
zeigt übrigens nicht die direkten Zugriffe der Systemaufrufe auf **nprot_()**.

Im *name*-Modul werden die letzten Kernfunktionen realisiert. Im Prinzip kann man also dieses Diagramm noch um alle weiteren Systemaufrufe erweitern, die der *minx*-
Kern unterstützt. Dadurch würde aber der *name*-Modul über Gebühr aufgebläht und
wir implementieren daher eine Reihe von Systemaufrufen erst im *svc*-Modul, der
selbst keine weiteren Kernfunktionen enthält.

10.15.2 Implementierung – "name.c"

In Abweichung vom bisherigen Stil beschreiben wir den *name*-Modul *bottom-up*, also von den Hilfsfunktionen hin zu den globalen Routinen. Wir müssen natürlich primär **nopen_()** konstruieren.

Als erstes definieren wir zwei Funktionen, mit denen wir später Pfade zerlegen. Dabei sollen folgende Spielregeln gelten:

- ein Pfad endet mit dem ersten Nullzeichen.

- zwei Pfadkomponenten können durch *beliebig viele* **NAMESEP**-Zeichen getrennt sein.

- Pfadkomponenten dürfen beliebig lang sein, wir verwenden davon so viele Zeichen, wie in einen Katalogeintrag passen.

- wir vermeiden leere Namen dadurch, daß wir am Schluß eines Pfads beliebig viele Trenner ignorieren.

sep() zählt die Anzahl der Trenner und **nsep()** berechnet die Länge der Pfadkomponente, die sich am Anfang einer Zeichenkette befindet. Diese beiden Funktionen verbergen **NAMESEP** vollkommen vor allen anderen Funktionen.

```
static int sep(cp)
        register char * cp;
{       register char * p = cp;

        while (*p == NAMESEP)
                ++ p;
        return p - cp;
}


static int nsep(cp)
        register char * cp;
{       register char * p = cp;

        while (*p && *p != NAMESEP)
                ++ p;
        return p - cp;
}
```

next() kopiert eine Pfadkomponente vom Anfang einer Zeichenkette in den Vektor **component[]** und liefert einen Zeiger auf das Zeichen in der Zeichenkette, das der Pfadkomponente und nachfolgenden Trennern folgt:

```
static char component[DIRSIZ];
```

```
static char * next(cp)
        register char * cp;
{       register int l;

        if ((l = nsep(cp)) < DIRSIZ)
        {       strncpy(component, cp, l);
                component[l] = '\0';
        }
        else
                strncpy(component, cp, DIRSIZ);
        cp += l;
        return cp + sep(cp);
}
```

Der *name*-Modul befaßt sich natürlich mit der **Direct**-Struktur für Katalogeinträge, die wir im Abschnitt 9.4.5 kennengelernt haben. Dadurch ist **DIRSIZ** festgelegt.

Wie man sieht, werden von der Pfadkomponente bis zu **DIRSIZ** Zeichen in **component[]** abgelegt. Falls Platz ist, folgt ein Nullzeichen. Man sollte sich klarmachen, daß **component[]** anschließend auch eine Zeichenkette der Länge Null enthalten kann.

find() realisiert einen Algorithmus, den wir für Prozesse schon kennen: in einem Katalog wird nach einem Namen gesucht. Diesmal existiert der Katalog aber als Eintrag in der File-Tabelle und der gesuchte Name ist **component[]**:

```
static Inumber find(fp)
        register File * fp;
{       register Inumber result = 0;
        Direct dir;

        if (nprot_(fp, S_IEXEC))
            /* Uerror: nprot_() */;
        else if (ifseek_(fp, (Size) 0, 0) == (Size) 0)
        {   while (ifread_(fp, & dir, sizeof dir) == sizeof dir)
                if (dir.d_ino
                    && strncmp(component, dir.d_name, DIRSIZ) == 0)
                {   result = dir.d_ino;
                    break;
                }
            if (! result)
                Uerror = "directory not found";
        }
        else
            Uerror = "i/o error in directory";
        return result;
}
```

Als Resultat liefert **find()** die Inode-Nummer des Katalogeintrags und hinterläßt die Verbindung zum Katalog entsprechend hinter den Eintrag positioniert. Wie man sieht, ändert sich am bekannten Algorithmus nichts, lediglich an Stelle der Systemaufrufe wird **ifseek_()** verwendet um auf den Anfang des Katalogs zu positionieren und **ifread_()** um einen Eintrag zu transferieren. Jede Art von Fehler äußert sich darin, daß **find()** den gewünschten Namen nicht findet, in **Uerror** entsprechend berichtet und **0** als Resultat liefert. Bei defekten Katalogen sollte man eigentlich noch eine Meldung an die *minx*-Konsole erzeugen.

find() realisiert einen Schritt der Suche durch das Katalogsystem. **find()** muß daher auch untersuchen, ob ein Suchzugriff auf den übergebenen Katalog überhaupt zulässig ist. Dazu wird die Funktion **nprot_()** verwendet, der eine Dateiverbindung und die gewünschte Zugriffsart übergeben werden. Die Zugriffsart ist dabei so codiert wie der Zugriffsschutz für den Besitzer einer Inode, siehe Abschnitt 9.10.2:

```
#define S_IREAD  0400   /* Lesezugriff, Besitzer */
#define S_IWRITE 0200   /* Schreibzugriff, Besitzer */
#define S_IEXEC  0100   /* Ausfuehrung/Suche, Besitzer */
```

find() benötigt Suchzugriff auf den Katalog, übergibt also **S_IEXEC** als gewünschte Zugriffsart. **nprot_()** ist unproblematisch:

```
int nprot_(fp, mode)
       File * fp;
       Mode mode;
{      int result = 0;

       if (Ueuid)
       {      if (FIuid(fp) != Ueuid)
              {      mode >>= 3;
                     if (FIgid(fp) != Uegid)
                            mode >>= 3;
              }
              if (result = (FImode(fp) & mode) != mode)
                     Uerror = "permission denied";
       }
       return result;
}
```

Ueid und **Uegid** sind die effektiven Benutzer- und Gruppennummern aus der **User**-Struktur, also aus der Beschreibung für den aktiven Prozeß. Wenn **Ueid** nicht Null ist, wenn also ein normaler Benutzer zuzugreifen versucht, wird in Abhängigkeit von der Benutzeridentifikation entweder der Zugriffsschutz für den Besitzer oder für die Gruppe der Inode oder schließlich für andere Benutzer ausgewählt. **nprot_()** liefert nur dann den Resultatwert Null, wenn der gesamte gewünschte Zugriff erlaubt ist. Bei Fehlern hinterläßt **nprot_()** eine entsprechende Meldung in **Uerror**.

work() ist die Suchschleife: ein Pfad wird bis zur vorletzten Pfadkomponente verfolgt, die auf einen existenten Katalog verweisen muß. Ein Zugriff auf den Katalog in der File-Tabelle ist im Erfolgsfall das Resultat, außerdem enthält **component[]** dann die noch verbleibende Pfadkomponente. Da **find()** verwendet wird, ist der Katalog entsprechend positioniert und die Berechtigung der Suche bis zum Katalog wurde überprüft. Bei Fehlern resultiert ein Nullzeiger und ein Bericht in **Uerror**:

```
static File * work(name)
        register char * name;
{       File * result, * fp;
        register Inumber i;

        result = sep(name)? Uroot: Uwork;
        name += sep(name);
        assert(result);
        ++ Fuse(result);
```

Die Suche beginnt im Katalog **Uroot** oder **Uwork**, je nachdem ob am Anfang des Pfads Trenner vorkommen. Ein leerer Name hat keine Trenner, folglich wird der Arbeitskatalog **Uwork** verwendet. Ein einzelner Trenner führt zum Wurzelkatalog **Uroot**, außerdem hat **name** anschließend die Länge Null. Damit die Invariante stimmt, wird noch ein neuer Zugriff auf den verwendeten Katalog gezählt.

```
        while (* (name = next(name)))
```

Damit enthält **component[]** die nächste Pfadkomponente und **name** zeigt auf den Rest. Nur wenn noch ein Rest vorhanden ist, wird jetzt in der Schleife **component[]** im bisher erreichten Katalog gesucht. Wichtig ist, daß für einen *ursprünglich* leeren Namen **Uwork** gefunden wurde und **component[]** jetzt einen leeren String enthält, und daß bei Angabe des Wurzelkatalogs (als Folge von Trennern) **Uroot** gefunden wurde und **component[]** ebenfalls leer ist.

In der Suchschleife muß **find() component[]** finden können, und es muß sich um einen Katalog handeln, denn wir haben in **name** noch wenigstens eine Pfadkomponente übrig:

```
{       if (! (i = find(result)))
                /* Uerror: find() */;
        else if (fp = fopen_(FIdev(result), i))
        {       if (isdir_(FImode(fp)))
```

Liegt wirklich ein Katalog vor, können wir den Zugriff auf den bisherigen Katalog **result** beenden und den neuen Katalog als **result** übernehmen, in dem der Rest von **name** gesucht werden kann:

```
        {       fclose_(& result);
                result = fp;
                continue;
        }
```

Handelt es sich nicht um einen Katalog oder erhalten wir keinen Zugriff auf die durch **component[]** beschriebene Inode, beenden wir alle Zugriffe und brechen die Suchschleife erfolglos ab:

```
                        Uerror = "not a directory";
                        fclose_(& fp);
            }
            else
                        Uerror = "cannot open directory";
            fclose_(& result);
            break;
        }
        return result;
    }
```

Mit dieser Suchschleife kann man nun **nopen_()** endlich implementieren:

```
    File * nopen_(name, dirp)
            char * name;
            register File ** dirp;
    {       register File * result = (File *) 0;
            Inumber i;

            *dirp = work(name);
            if (! *dirp)
                    /* Uerror: work() */;
            else if (*component)
            {       if ((i = find(*dirp))
                        && ! (result = fopen_(FIdev(*dirp), i)))
                            Uerror = "open error";
                    /* else
                        Uerror: find() */
```

Gibt es einen übergeordneten Katalog und ist eine Pfadkomponente übrig, versuchen wir, sie im Katalog zu finden und einen entsprechenden Zugriff zu eröffnen. Ist keine Pfadkomponente übrig, sollten wir eigentlich jetzt unterscheiden, ob **nopen_()** mit einem leeren Namen aufgerufen wurde, oder ob der Wurzelkatalog angesprochen werden soll. Wir behandeln beide Fälle gleich und richten einen neuen Zugriff auf den übergeordneten Katalog ein:

```
            }
            else if (! (result = fopen_(FIdev(*dirp), FInum(*dirp))))
                    Uerror = "open error";
            return result;
    }
```

Denkpause 10.22 Behandeln Sie einen leeren Namen nicht als Zugriff *auf* den Arbeitskatalog sondern wirklich als leeren Namen *im* Arbeitskatalog. ☞

Denkpause 10.23   work() dupliziert den Zugriff auf **Uwork** beziehungsweise **Uroot**. Warum verwendet **nopen_()** in einer ganz ähnlichen Situation statt dessen **fopen_()**? ⇨

Denkpause 10.24   Wo findet der Sprung von einem Dateisystem zum nächsten statt (vergleiche Abschnitt 10.12.4)? ⇨

nopen_() realisiert den entscheidenden Aspekt des Katalogsystems, nämlich die Verknüpfung zwischen einem Pfad und einer Datei. Mit **nopen_()** kann man nun relativ leicht Operationen im Katalogsystem realisieren. **nlink_()** trägt eine Pfadkomponente und eine Inode-Nummer in einen Katalog ein. Die Pfadkomponente wird aus **component[]** entnommen. Es wird *nicht* untersucht, ob diese Pfadkomponente schon im Katalog vorhanden ist. Auch die *link*-Zahl der neu eingetragenen Inode-Nummer wird nicht verändert. Schreibzugriff auf den betroffenen Katalog muß allerdings erlaubt sein.

```
int nlink_(fp, i)
    register File * fp;
    Inumber i;
{   Direct dir;
    register int len;

    if (nprot_(fp, S_IWRITE))
    {   len = -1 /* Uerror: nprot_() */;
        goto end;
    }
    if (ifseek_(fp, (Size) 0, 0) == (Size) 0)
    {   while ((len = ifread_(fp, & dir, sizeof dir)) == sizeof dir)
        {   if (dir.d_ino)
                continue;
            if (ifseek_(fp, (Size) - sizeof dir, 1) == (Size) -1)
                goto no;
            break;
        }
    }
```

Ist Schreibzugriff erlaubt, positionieren wir zum Anfang des Katalogs und suchen nach einem unbenutzen Eintrag, also nach einem Eintrag mit Inode-Nummer Null. Finden wir einen derartigen Eintrag, positionieren wir die Verbindung zum Katalog unmittelbar davor. Im Erfolgsfall sind wir entweder vor einem verwendbaren Eintrag oder (hoffentlich) am Katalogende. Bei Mißerfolgen verwenden wir ausnahmsweise **goto** um zu einem entsprechenden Fehlerausgang der Funktion zu gelangen.

Sind wir korrekt positioniert, schreiben wir nacheinander die Inode-Nummer und die Pfadkomponente in den Katalog. **goto**-Anweisungen sind in dieser Funktion nur notwendig, da wir zur Vereinfachung der Ablaufverfolgung alle Funktionen so konstruieren, daß sie in jedem Fall den Schluß des Funktionsblocks erreichen. Ohne diese stilistische Bedingung könnte **goto** durch **return** ersetzt werden.

```
            if (len % sizeof dir == 0
                && Fpos(fp) + sizeof dir <= MAXSIZE
                && ifwrite_(fp, & i, sizeof(Inumber)) == sizeof(Inumber)
                && ifwrite_(fp, component, DIRSIZ) == DIRSIZ)
            {   len = 0;
                goto end;
            }
        }
    no:
        len = -1, Uerror = "i/o error in directory";
    end:
        return len;
    }
```

Wie ändern wir eine Position im Katalogsystem? Wir haben vorher gesehen, daß **work()** sehr davon profitiert, daß Wurzel- und Arbeitskatalog als Zugriffe auf die File-Tabelle notiert werden. Um eine dieser Positionen zu ändern, eröffnen wir den Zugriff auf die neue Position mit **nopen_()**, verifizieren, daß wir wirklich auf einen Katalog zugreifen, und ändern dann die nötigen Zeiger entsprechend:

```
    int nchdir_(fpp, name)
            register File ** fpp;
            char * name;
    {       int result = -1;
            File * dir, * fp;

            if (fp = nopen_(name, & dir))
                    if (isdir_(FImode(fp)))
                    {       fclose_(fpp);
                            *fpp = fp;
                            result = 0;
                    }
                    else
                    {       Uerror = "not a directory";
                            fclose_(& fp);
                    }
            fclose_(& dir);
            return result;
    }
```

Hier zeigt sich, warum **fclose_()** im Gegensatz zu vielen anderen Kernfunktionen auch Nullzeiger akzeptiert, genauer gesagt die *Adresse* einer Zeigervariablen, die einen Nullzeiger enthält und dadurch anzeigt, daß kein Zugriff auf ein Element der File-Tabelle vorliegt. Die Aufräumungsarbeiten in Funktionen wie **nchdir_()** werden entscheidend vereinfacht, wenn man wenig Rücksicht nehmen muß, ob alle oder nur ein paar Teilaufgaben von **nopen_()** erfolglos verlaufen sind.

Denkpause 10.25 So wie hier codiert wurde, kann ein Prozeß einen Katalog als Arbeits- oder Wurzelkatalog definieren, auf den er keinerlei Zugriffsmöglichkeiten besitzt. Was wäre sinnvoller? Was erlaubt UNIX? Kann der Katalog ohne Zugriffsmöglichkeiten überhaupt wieder verlassen werden? ☞

10.15.3 Systemaufrufe

```
SVC                                                     NAME
    creatM() - Datei erzeugen                             k
    openM() - existenten Dateinamen zu Prozess binden  t
    unlinkM() - Dateinamen loeschen                       y
```

openM() ist einfacher zu verstehen als **creatM()**, da keine neue Datei erzeugt werden muß:

```
int openM(name, rw)
    char * name;
    int rw;
{   File * fp, * dir = (File *) 0;
    Fd result;

    if (rw < 0 || rw > 2)
        result = -1, Uerror = "invalid 'rw' for open";
    else if ((result = fd_()) < 0)
        /* result, Uerror: fd_() */;
    else if (! (fp = nopen_(name, & dir)))
        result = -1 /* Uerror: nopen_() */;
    else
```

Zuerst werden die trivialen Probleme überprüft, also vernünftige Argumente, Existenz eines freien Filedeskriptors und Existenz einer Inode am Ende des Pfads. Als nächstes untersucht man, ob der gewünschte Zugriff prinzipiell erlaubt werden kann:

```
{   if (Fread(fp) = rw != 1)
        mode = S_IREAD;
    if (Fwrite(fp) = rw != 0)
        mode |= S_IWRITE;
    if (nprot_(fp, mode))
        result = -1 /* Uerror: nprot_() */;
```

Anschließend muß man je nach Dateityp noch weitere Kontrollen vornehmen:

```
    else switch (istyp_(FImode(fp))) {
    case S_IFREG:
        break;
```

Bei normalen Dateien können wir den gewünschten Zugriff einräumen. Bei Katalogen ist nur Lesezugriff erlaubt:

```
case S_IFDIR:
    if (rw != 0)
        result = -1, Uerror = "directory";
    break;
```

Bei Gerätedateien kann zwar jeder Zugriff erlaubt werden, aber wir müssen die Existenz eines Gerätetreibers sicherstellen. An dieser Stelle könnte man auch den Gerätezugriff durch spezielle Funktionen in der Geräteschnittstelle dem Treiber mitteilen lassen, wie dies bei UNIX geschieht.

```
case S_IFBLK:
    if (! exist(fp, nbdev))
        result = -1;
    break;
case S_IFCHR:
    if (! exist(fp, ncdev))
        result = -1;
    break;
```

Sicherheitshalber treffen wir auch wieder Vorkehrungen für eine 'unmögliche' Inode:

```
default:
    error_("openM: dev %d/%d inode %d mode 0%06o",
        major_(FIdev(fp)), minor_(FIdev(fp)),
        FInum(fp), FImode(fp));
    result = -1, Uerror = "invalid inode";
}
if (result >= 0)
    Ufp(result) = fp;
else
    fclose_(& fp);
}
fclose_(& dir);
return result;
}
```

Falls **result** zum Schluß noch immer ein Filedeskriptor und nicht der Wert −1 ist, können wir die Dateiverbindung beim Prozeß eintragen. Andernfalls muß man den Zugriff auf die File-Tabelle natürlich hier wieder lösen. Der Zugriff auf den übergeordneten Katalog ist in jedem Fall beendet.

Hier ist noch der Test für die Existenz eines Gerätetreibers:

```
static int exist(fp, lim)
        register File * fp;
        int lim;
{       Dev dev;

        dev = (Dev) FIaddr(fp, 0);
        if (major_(dev) < 0 || major_(dev) >= lim)
        {       Uerror = "no such device";
                return 0;
        }
        return 1;
}
```

unlinkM() entfernt einen Katalogeintrag. Die Dateigröße des Katalogs ändert sich dadurch nicht. Auch für diesen Systemaufruf ist **nopen_()** die zentrale Funktion:

```
int unlinkM(name)
    char * name;
{   int result = -1;
    File * fp, * dir;
    static Direct zero;

    if (fp = nopen_(name, & dir))
    {   assert(dir);
        if (nprot_(dir, S_IWRITE))
            /* Uerror: nprot_() */;
        else
        if (ifseek_(dir, - (Size) sizeof zero, 1) != (Size) -1
            && ifwrite_(dir, & zero, sizeof zero) == sizeof zero)
        {   iunlink_(Finode(fp));
            result = 0;
        }
        else
            Uerror = "i/o error in directory";
    }
    /* else
        Uerror: nopen_() */
    fclose_(& fp);
    fclose_(& dir);
    return result;
}
```

Wenn wir mit **nopen_()** einen Zugriff zur gesuchten Inode einrichten können, ist der übergeordnete Katalog so positioniert, daß wir nur über den gesuchten Eintrag rückwärts positionieren müssen, um ihn dann mit Nullzeichen zu überschreiben. Zuvor kontrollieren wir natürlich, daß der aktive Prozeß auch Schreibzugriff zum Katalog erhält. Die *link*-Zahl der Inode muß entsprechend reduziert werden, dafür ist die Funktion **iunlink_()** aus dem *inode*-Modul zuständig.

Denkpause 10.26   Warum kann man den Katalogeintrag nicht von **nlink_()** löschen lassen, indem man einfach **0** als Inode-Nummer übergibt? ⮕

creatM() ist einigermaßen kompliziert. Einerseits muß wie bei **openM()** auf eine existente Datei zugegriffen werden, die dabei auch noch verkürzt wird, andrerseits muß eine neue Datei erzeugt werden. Als erstes untersucht man wieder mögliche triviale Fehler:

```
int creatM(name, mode)
    char * name;
    int mode;
{   Fd result;
    File * fp, * dir;

    if (mode & ~0777)
        result = -1, Uerror = "invalid 'mode' for creat";
    else if ((result = fd_()) < 0)
        /* result, Uerror: fd_() */;
    else
    {   if (fp = nopen_(name, & dir))
```

Entdeckt **nopen_()**, daß die Datei existiert, benötigt man Schreibzugriff. Anschließend reagiert man je nach Typ der Inode:

```
        if (nprot_(fp, S_IWRITE))
            result = -1 /* Uerror: nprot_() */;
        else switch (istyp_(FImode(fp))) {
        case S_IFDIR:
            result = -1, Uerror = "directory";
            break;
        case S_IFREG:
            ftrunc_(fp);
            break;
        case S_IFBLK:
            if (! exist(fp, nbdev))
                result = -1;
            break;
```

```
case S_IFCHR:
    if (! exist(fp, ncdev))
        result = -1;
    break;
default:
    error_("creatM: dev %d/%d inode %d mode 0%06o",
            major_(FIdev(fp)), minor_(FIdev(fp)),
            FInum(fp), FImode(fp));
    result = -1, Uerror = "invalid inode";
}
```

Auf Kataloge kann man mit **creatM**() nicht zugreifen. Normale Dateien müssen auf Dateigröße Null verkürzt werden. Dies ist sogar dann problemlos möglich, wenn gleichzeitig noch eine andere Verbindung zu der Datei besteht: Die Inode enthält dann Nullzeiger statt Blockadressen, die Datenfläche besteht anschließend also aus Nullblöcken. **creatM**()-Zugriff auf existente Geräte ist gestattet, obgleich dies zunächst vielleicht nicht ganz logisch erscheint.

Existiert die gewünschte Datei noch nicht, muß **nopen_**() wenigstens einen übergeordneten Katalog entdecken. In diesem Katalog können wir die verbleibende Pfadkomponente mit **nlink_**() eintragen, vorausgesetzt, **nlink_**() erhält den nötigen Schreibzugriff:

```
else if (! dir)
    result = -1 /* Uerror: nopen_() */;
else if (fp = fcreat_(FIdev(dir)))
{   assert(FInlink(fp) == 1);
    if (nlink_(dir, FInum(fp)))
    {   iunlink_(Finode(fp));
        result = -1 /* Uerror: nlink_() */;
    }
```

Hat **nlink_**() dabei Schwierigkeiten, muß man natürlich die neu erworbene Inode wieder freigeben. Andernfalls definiert man sie als Datei mit dem gewünschten Zugriffsschutz. Besitzer und Gruppe der Datei ergeben sich aus der effektiven Benutzeridentifikation in der aktiven **User**-Struktur:

```
    else
    {   FImode(fp) = S_IFREG | mode;
        FIuid(fp) = Ueuid;
        FIgid(fp) = Uegid;
        iwrite_(Finode(fp));
    }
}
else
    result = -1, Uerror = "creat error";
```

```
            if (result >= 0)
            {   Fwrite(fp) = 1;
                Ufp(result) = fp;
            }
            else
                 fclose_(& fp);
            fclose_(& dir);
        }
        return result;
    }
```

Zum Schluß wird entweder der Zugriff zur neuen Datei beim Prozeß für einen Filedeskriptor eingetragen, oder ein eventuell noch bestehender Zugriff zu einer Datei wird
beendet. Der Zugriff auf den übergeordneten Katalog wird in jedem Fall beendet.

Denkpause 10.27 Warum erlaubt wohl **creatM()** einen Zugriff auf ein Gerät? Wäre
es logischer, den Zugriff nur mit **openM()** zu gestatten? ⟹

10.15.4 Test

Wir können für den *name*-Modul den gleichen Testalgorithmus verwenden wie für
den *io*-Modul. An Stelle von Inode-Nummern setzen wir jetzt natürlich die neuen Systemaufrufe ein. Wir müssen allerdings **Uroot** und **Uwork** initialisieren. Hier sind
die entscheidenden Teile des Testprogramms:

```
    if (! (Uroot = fopen_(rootdev, ROOT)))
            panic_("name: cannot open root directory");
    Uwork = Uroot, ++ Fuse(Uroot);
    do
    {       if (cflag? creatM(*argv, 0644): openM(*argv, wflag))
                    perrorM(*argv);
            else if (seek
                    && lseekM(0, seek, seek>0L? 0: 2) == -1L)
                    perrorM("seek");
            else if (wflag)
            {       char buf[128]; int l;

                    for (;;)
                    {       putchar('>');
                            if (! fgets(buf, sizeof buf, stdin)
                                || *buf == '.')
                                    break;
                            l = strlen(buf);
                            if (writeM(0, buf, l) != l)
                                    perrorM("write");

                    }
            }
```

```
        else
        {           char buf[33]; int l;

                    while ((l = readM(0, buf, sizeof buf)) > 0)
                            out(buf, l);
                    if (l < 0)
                            perrorM("read");
                    putchar('\n');
        }
        closeM(0);
        if (uflag && unlinkM(*argv))
                perrorM(*argv);
} while (++argv, --argc);

    fclose_(& Uwork);
    fclose_(& Uroot);
```

Wie man sieht, verwendet dieses Testprogramm endlich die Funktionen, die wir von
'normalen' Programmen her gewohnt sind!

Die Ablaufverfolgung zeigt, wie zum Beispiel der Name /**dev**/**null** im Dateisystem
aus Abschnitt 10.10.3 gesucht wird:

```
$ name -cd /dev/null
nopen_ {          '/dev/null'
name: work {      '/dev/null'
name: next {}     component 'dev'
name: find {      File: pos = 0, use = 3
name: find        component 'dev'
name: find }      return 2
                  File: pos = 48, use = 3
name: next {}     component 'null'
name: work }      File: pos = 0, use = 1
nopen_            File: pos = 0, use = 1
name: find {      File: pos = 0, use = 1
name: find        component 'null'
name: find }      return 6
                  File: pos = 96, use = 1
nopen_ }          return 0x5664
                  File: pos = 96, use = 1
```

find() entdeckt nacheinander die Inode-Nummern **2** und **6** für die Pfadkomponenten
dev im Wurzelkatalog und **null** im Katalog **dev**.

Da das Dateisystem im Speicher keine freien Blöcke besitzt, ergibt sich bei einem Test von **creatM**() folgendes:

```
$ name -!c -!w /man/8
> ... hier gibt man Text ein ...
balloc_: no space on 0/0
write: write error
>^D$
```

10.16 Andere Systemaufrufe – "svc"-Modul

10.16.1 Aufgaben

```
  SVC                                                          SVC
        accessM() - Zugriff fuer realen Benutzer pruefen        e
        chdirM() - Arbeitskatalog wechseln                      f
        chmodM() - Zugriffsschutz aendern                       g
        chownM() - Besitzer und Gruppe aendern                  h
        chrootM() - Wurzelkatalog aendern                       i
        fstatM() - Information ueber einen Filedeskriptor        o
        linkM() - Datei mehrfach benennen                       p
        mknodM() - Inode erzeugen                                r
        mountM() - Dateisystem mit Hierarchie verknuepfen        s
        statM() - Information ueber eine Datei                   v
        umountM() - mount()-Verknuepfung loesen                  x
```

Im *svc*-Modul werden alle restlichen Systemaufrufe des *minx*-Kerns implementiert. Das folgende Diagramm zeigt, welche prinzipiellen Zugriffe die einzelnen Funktionen auf die anderen Module benötigen.

Man erkennt unschwer den typischen Ablauf: **nopen_**() verknüpft einen Pfad mit einer Inode, für jeden Systemaufruf wird eine charakteristische Funktion aus einem anderen Modul aufgerufen und der Zugriff auf die Inode wird mit **fclose_**() wieder beendet. Falls nötig, wird der gewünschte Zugriff noch mit **nprot_**() kontrolliert (im Diagramm nicht gezeigt). Mit Ausnahme von **linkM()** und **mknodM()** bestehen die Systemaufrufe im Wesentlichen aus der Verifikation ihrer Argumente und einem einzigen Aufruf einer Kernfunktion.

```
                     +============+
       +---------| linkM       |--------+
       |             +============+        |
       |                |                  |
       |                v                  |
       |          . . . . . . . . .        |
       |          : nlink_      :          |
       |          :. . . . . . . .:        |
       |                ^                  |
       |                |                  |
       |             +============+        |
       |    +-----| mknodM      |----+     |
       |    |        +============+      |  |
       |    |           |            |   |  |
       v    v           v            v   v
    . . . . . . .   . . . . . . . . . .   . . . . . . . . .
    : nopen_ :   : fcreat_       :   : fclose_ :
    :. . . . . .:   :. . . . . . . . . .:   :. . . . . . .:
           ^          +============+    ^
           |      +-----| (u)mountM   |----+
           +-----    +============+
                          |
                          v
                    . . . . . . . . . .
                    : i(u)mount_ :
                    :. . . . . . . . . .:
```

10.16.2   Implementierung – "svc.c"

Beginnen wir mit **chdirM()** und **chrootM()**, für die die eigentliche Arbeit bereits im *name*-Modul erledigt wurde:

```
    int chdirM(name)
            register char * name;
{           register int result;

            assert(Uwork);
            result = nchdir_(& Uwork, name);
            return result;
}
```

chrootM() ist dem Super-User vorbehalten, vermutlich, da dieser Systemaufruf 'im Ernstfall' das Aussehen der Dateihierarchie für den aktiven Prozeß massiv verändert:

```
int chrootM(name)
        register char * name;
{       register int result = -1;

        assert(Uroot);
        if (Ueuid)
                Uerror = "not super user";
        else
                result = nchdir_(& Uroot, name);
        return result;

}
```

fstatM() und **statM()** bestehen hauptsächlich darin, die Information aus der Inode in eine **Stat**-Struktur zu kopieren. Dazu verwendet man am besten eine Hilfsfunktion:

```
static int status(fp, buf)
        register File * fp;
        register Stat * buf;
{
        if (fp)
        {       assert(Finode(fp));
                buf->st_dev = FIdev(fp);
                buf->st_ino = FInum(fp);
                buf->st_mode = FImode(fp);
                buf->st_nlink = FInlink(fp);
                buf->st_uid = FIuid(fp);
                buf->st_gid = FIgid(fp);
                buf->st_size = FIsize(fp);
                buf->st_rdev = isfile_(FImode(fp))
                                    || isdir_(FImode(fp))?
                        (Dev) 0: (Dev) FIaddr(fp, 0);
                return 0;
        }
        return -1;
}
```

Wird **fstatM()** korrekt aufgerufen, existiert für den angegebenen Filedeskriptor eine Dateiverbindung und **status()** kann direkt verwendet werden:

```
int fstatM(fd, buf)
        Fd fd;
        Stat * buf;
{       register int result;
        register File * fp;

        result = status(fp = fp_(fd), buf);
        return result;

}
```

fp_(), aus dem *file*-Modul, sorgt für entsprechende Fehlermeldungen, wenn der Filedeskriptor nicht existiert oder nicht mit einer Inode verknüpft ist.

Bei **statM()** muß zuerst mit **nopen_()** ein Pfad zu einer Inode verfolgt werden:

```
int statM(name, buf)
        char * name;
        Stat * buf;
{       register int result;
        File * fp, * dir;

        result = status(fp = nopen_(name, & dir), buf);
        fclose_(& dir);
        fclose_(& fp);
        return result;
}
```

Für einen Fehlerbericht ist hier **nopen_()** zuständig. Man sieht, daß für **statM()** tatsächlich der Zugriffsschutz der Inode selbst keine Rolle spielt!

chmodM() dient dazu, den Zugriffsschutz einer Inode zu ändern, vorausgesetzt, der Systemaufruf wird vom Super-User oder vom Besitzer der Datei als effektivem Benutzer ausgeführt:

```
int chmodM(name, mode)
        register char * name;
        int mode;
{       File * fp, * dir = (File *) 0;
        int result = -1;

        if (mode & S_IFMT)
                Uerror = "invalid 'mode' for chmod";
        else if (fp = nopen_(name, & dir))
        {       assert(Finode(fp));
                if (Ueuid && Ueuid != FIuid(fp))
                        Uerror = "not owner";
                else
                {       FImode(fp) &= S_IFMT;
                        FImode(fp) |= mode;
                        iwrite_(Finode(fp));
                        result = 0;
                }
                fclose_(& fp);
        }
        fclose_(& dir);
        return result;
}
```

Man muß unbedingt sicherstellen, daß bei dieser Operation der Typ der Inode nicht verändert wird. Ob man entsprechende Versuche als Fehler wertet wie wir, oder sie stillschweigend ignoriert, ist Geschmackssache.

Denkpause 10.28 Wie verhält sich UNIX? Untersuchen Sie das Problem mit einem entsprechenden Programm (natürlich nicht mit dem Kommando *chmod*) für normale Benutzer und wenn möglich auch für den Super-User. ▱

Denkpause 10.29 Machen Sie **creatM()** und auch **chmodM()** vom Wert einer Benutzermaske abhängig, die man mit einem neuen Systemaufruf **umaskM()** in der **User**-Struktur hinterlegen kann, siehe Denkpause 9.30. ▱

chownM() funktioniert ganz ähnlich, wenn auch dieser Systemaufruf dem Super-User vorbehalten ist:

```
int chownM(name, owner, group)
        register char * name;
        int owner, group;
{       File * fp, * dir = (File *) 0;
        int result = -1;

        if (Ueuid)
                Uerror = "not super user";
        else if (fp = nopen_(name, & dir))
        {       assert(Finode(fp));
                FIuid(fp) = owner, FIgid(fp) = group;
                iwrite_(Finode(fp));
                fclose_(& fp);
                result = 0;
        }
        fclose_(& dir);
        return result;
}
```

accessM() ist fast nur eine triviale Anwendung von **nprot_()**. Wir müssen jedoch die Zugriffsrechte für den *wirklichen* und nicht den *effektiven* Benutzer prüfen. Wir mogeln ein bißchen und substituieren temporär den wirklichen für den effektiven Benutzer:

```
int accessM(name, mode)
        char * name;
        int mode;
{       File * fp = (File *) 0, * dir = (File *) 0;
        Id euid, egid;
        int result = -1;

        euid = Ueuid, Ueuid = Uuid;
        egid = Uegid, Uegid = Ugid;
        if (mode & ~7)
                Uerror = "invalid 'mode' for access";
```

```
            else if ((fp = nopen_(name, & dir)) &&
                     (! mode
                      || ! nprot_(fp, mode<<6)))
                     result = 0;
            fclose_(& fp);
            fclose_(& dir);
            Ueuid = euid;
            Uegid = egid;
            return result;
    }
```

Wenn der Systemaufruf nicht unterbrochen wird, findet auf diese Weise die Prüfung für die wirkliche Benutzeridentifikation statt.

Eines muß man aber noch beachten: wird **accessM()** mit **0** an Stelle einer Kombination von Zugriffsrechten aufgerufen, soll nach Definition nur die Existenz der angegebenen Datei überprüft werden. Dies ist aber ein einfaches Resultat von **nopen_()**.

Die trivialeren Systemaufrufe haben wir hinter uns. **linkM()** ist schon ein bißchen anspruchsvoller:

```
    int linkM(name, newname)
        char * name, * newname;
    {   int result = -1;
        File * ofp, * odir, * fp = (File *) 0, * dir = (File *) 0;

        if (ofp = nopen_(name, & odir))
        {   assert(Finode(ofp));
            if (Ueuid && isdir_(FImode(ofp)))
                Uerror = "not super user";
            else if (fp = nopen_(newname, & dir))
                Uerror = "new name exists";
            else if (dir)
                if (FIdev(dir) != FIdev(ofp))
                    Uerror = "cross-device link";
                else if (nlink_(dir, FInum(ofp)) == 0)
                {   ++ FInlink(ofp), iwrite_(Finode(ofp));
                    result = 0, Uerror = (char *) 0;
                }
                /* else
                    Uerror: nlink_() */
            /* else
                Uerror: nopen_() */
            fclose_(& fp), fclose_(& dir);
        }
        fclose_(& ofp), fclose_(& odir);
        return result;
    }
```

Zuerst verifizieren wir, daß der erste Pfad zu einer Inode führt. Nur der Super-User kann einen weiteren Pfad zu einem Katalog eintragen. Vom zweiten Pfad muß der übergeordnete Katalog existieren und die letzte Pfadkomponente darf dort noch nicht vorhanden sein. Die übergeordneten Kataloge beider Pfade müssen sich im gleichen Dateisystem befinden, denn Inode-Nummern sind nur in einem Dateisystem eindeutig; ein Katalog darf keine Inode-Nummer enthalten, die nicht zum gleichen Dateisystem gehört wie der Katalog selbst.

Ist soweit alles in Ordnung, hat der zweite Aufruf von **nopen_()** in **component[]** die Pfadkomponente hinterlassen, die den neuen Namen vervollständigt und **nlink_()** kann den gewünschten Eintrag konstruieren. Innerhalb von **nlink_()** wird auch verifiziert, daß der aktive Prozeß Schreibzugriff zum Katalog erhalten kann. Wird die Pfadkomponente eingetragen, müssen wir die *link*-Zahl in der Inode erhöhen, auf die der erste Pfad zeigt und für die wir gerade einen neuen Pfad konstruiert haben.

Bei **linkM()** müssen wir **nopen_()** aufrufen um sicherzustellen, daß ein bestimmter Pfad nicht existiert. Aus der Sicht von **nopen_()** ist das ein Fehler und **Uerror** wird entsprechend informiert. Anders als wir dies im Abschnitt 10.7.3 versprochen haben, weisen wir in **linkM()** auch im Erfolgsfall an **Uerror** zu und zerstören dadurch möglicherweise Information – die aber eben von **nopen_()** schon zuvor zerstört wurde.

Denkpause 10.30 Korrigieren Sie dieses Problem. Die korrekte Lösung besteht wohl leider darin, nach jedem erfolglosen Aufruf von **nopen_()** erst beim Aufrufer die Fehlermeldung einzufügen. ➡

mknodM() ist eine stark vereinfachte Fassung von **creatM()**, wenigstens bis zu dem Punkt, an dem praktisch beliebige Argumente in die neue Inode eingetragen werden:

```
int mknodM(name, mode, addr)
        register char * name;
        int mode;
        int addr;
{       int result = -1;
        File * fp = (File *) 0, * dir = (File *) 0;

        if (Ueuid)
                Uerror = "not super user";
        else if (fp = nopen_(name, & dir))
                Uerror = "file exists";
        else if (! dir)
                /* Uerror: nopen_() */;
        else if (! (fp = fcreat_(FIdev(dir))))
                Uerror = "mknod error";
```

```
        else if (nlink_(dir, FInum(fp)) == 0)
        {       assert(FInlink(fp) == 1);
                FImode(fp) = mode;
                FIaddr(fp, 0) = addr;
                FIuid(fp) = Ueuid;
                FIgid(fp) = Uegid;
                iwrite_(Finode(fp));
                result = 0, Uerror = (char *) 0;
        }
        else
        {       assert(FInlink(fp) == 1);
                -- FInlink(fp), iwrite_(Finode(fp));
                /* Uerror: nlink_() */
        }
        fclose_(& fp), fclose_(& dir);
        return result;
}
```

Dieser Aufruf ist dem Super-User vorbehalten, denn die neue Inode kann dabei beliebig fehlerhaft initialisiert werden. Ähnlich wie bei **linkM()** muß auch hier der angegebene Pfad zu einem übergeordneten Katalog führen, in dem die letzte Pfadkomponente noch nicht existiert. Auch hier zerstören wir folglich im Erfolgsfall den vorhergehenden Wert von **Uerror**.

Denkpause 10.31 Wenn **nlink_()** den neuen Pfad nicht erzeugen kann, wird die *link*-Zahl der neuen Inode reduziert. Warum? In welcher Routine wurde diese *link*-Zahl initialisiert? Muß man in diesem Fall wirklich **iwrite_()** aufrufen? ⇒

Die eigentliche Arbeit für **mountM()** und **umountM()** leisten die Funktionen **imount_()** und **iumount_()** aus dem *inode*-Modul. Bevor wir diese Funktionen aufrufen können, müssen wir allerdings zuerst die angegebenen Pfade zu den beteiligten Inodes verfolgen:

```
    int mountM(blk, name /* , flag */)
            char * blk;
            char * name;
    {       int result = -1;
            Dev dev;
            File * fp, * dir;

            if (! (fp = nopen_(blk, & dir)))
                    /* Uerror: nopen_() */;
            else if (! isblk_(FImode(fp)))
                    Uerror = "not a block device";
```

```
        else
        {           dev = (Dev) FIaddr(fp, 0);
                    fclose_(& dir);
                    fclose_(& fp);
                    if (! (fp = nopen_(name, & dir)))
                            /* Uerror: nopen_() */;
                    else if (! isdir_(FImode(fp)))
                            Uerror = "not a directory";
                    else if (FIuse(fp) > 1)
                            Uerror = "directory busy";
                    else if (imount_(dev, Finode(fp)))
                            /* Uerror: imount_() */;
                    else
                            result = 0;
        }
        fclose_(& dir);
        fclose_(& fp);
        return result;
}
```

Der erste Pfad muß zu einem blockorientierten Gerät führen. Der zweite Pfad muß zu einem Katalog führen, für den wir im Moment den ersten Zugriff einführen. Wenn dies zutrifft, können wir **imount_()** aufrufen und die eigentliche Verknüpfung vornehmen lassen.

Denkpause 10.32 Wodurch wird verhindert, daß ein Wurzelkatalog mit einem neuen Dateisystem verknüpft wird? ➡

Denkpause 10.33 Warum kann der Zugriffsschutz des Geräts und des Katalogs, die verknüpft werden, unberücksichtigt bleiben? ➡

Denkpause 10.34 Wie würde man **mountM()** erweitern müssen, wenn man das dritte Argument unterstützt, mit dem man bekanntlich ein Dateisystem nur für Lesezugriff zur Dateihierarchie verknüpfen kann? ➡

Bleibt als letzter Systemaufruf zum Filemanagement noch **umountM()**. Die einzige Falle besteht darin, daß wir zwar den Pfad zum blockorientierten Gerät verfolgen müssen, daß wir aber diesen Zugriff beenden sollten, bevor wir die Verknüpfung des Dateisystems mit **iumount_()** lösen. Auf diese Weise könnte man **umountM()** mit einem Pfad aufrufen, der in das Dateisystem zeigt, das gerade aus der Dateihierarchie entfernt werden soll.

```
int umountM(blk)
        char * blk;
{       int result = -1;
        Dev dev;
        File * fp, * dir;

        if (! (fp = nopen_(blk, & dir)))
                /* Uerror: nopen_() */;
        else if (! isblk_(FImode(fp)))
                Uerror = "not a block device";
        else
        {       dev = (Dev) FIaddr(fp, 0);
                result = 0;
        }
        fclose_(& dir);
        fclose_(& fp);
        if (result == 0)
                result = iumount_(dev);
                /* Uerror: iumount_() */
        return result;
}
```

Prinzipiell muß man jetzt noch einmal einen Testalgorithmus konstruieren. Wir können jetzt aber auch gleich, wie im nächsten Abschnitt beschrieben, einen Kommandoprozessor realisieren und das fertige *minx*-System mit den im vorigen Kapitel besprochenen UNIX Kommandos betreiben.

10.17   Endmontage

Der *minx*-Kern ist fertiggestellt. Unser Ziel ist jetzt, die im vorigen Kapitel beschriebenen Kommandos mit diesem Filemanager zusammen ausführen zu können. Einerseits bestätigen wir dadurch in gewissem Umfang, daß unser Filemanager und UNIX kompatibel sind, andrerseits entsteht ein System, das durch entsprechende Anpassung bei den Gerätetreibern praktisch unter beliebigen Implementierungen von C – also auch unter Betriebssystemen wie CP/M oder MS-DOS – lauffähig ist. Tatsächlich wurde *minx* unter MS-DOS entwickelt und erst später zu UNIX übertragen.

10.17.1   Das Rahmenprogramm – "minx.c"

Eigentlich sollten wir ein beliebiges Programm aus dem vorigen Kapitel nehmen, mit den Modulen des Filemanagers montieren und so zur Ausführung bringen können. Unsere Testalgorithmen zeigen, daß zuvor jedoch noch gewisse Initialisierungen nötig sind:

• **u_** muß auf eine **User**-Struktur zeigen.

• In dieser **User**-Struktur müssen wenigstens die Verbindung zum Wurzelkatalog **Uroot** und die Verbindung zum Arbeitskatalog **Uwork** initialisiert sein.

• Dazu ist Zugriff auf ein Dateisystem nötig, als erstes System in der Dateihierarchie, und wir müssen diesen Zugriff mit **bopen_()** eröffnen.

• Jeder Prozeß erwartet, daß drei Filedeskriptoren bereits existieren, nämlich Standard-Eingabe, Standard-Ausgabe und Diagnose-Ausgabe. Wir müssen folglich entsprechende Dateiverbindungen, natürlich zu dem im Abschnitt 10.14.4 beschriebenen Terminal-Treiber, ebenfalls einrichten.

Wir werden also einen Rahmen konstruieren müssen, von dem aus eines der im vorigen Kapitel beschriebenen Kommandos aufgerufen werden kann. Dieser Rahmen wird vom umgebenden Betriebssystem aufgerufen und muß seinerseits das gewünschte Kommando als Unterprogramm aufrufen.

Von einem in C geschriebenen Programm wird nach Konvention immer die Funktion **main()** als erste aufgerufen. Unser Rahmen muß daher den Namen **main()** selbst besitzen; das Hauptprogramm des Kommandos wird entsprechend anders benannt.

Wir ersetzen den im Abschnitt 9.2 eingeführten Makro **MAIN** durch folgenden neuen Makro:

```
#define MINX(c) c(argc, argv) int argc; char ** argv;
```

c, den Namen des Hauptprogramms für ein Kommando, könnte man konstant wählen. Es bietet sich aber natürlich an, daß man jedem Kommando einen eigenen Namen gibt, damit man dann den Rahmen als Kommandoprozessor implementieren kann, von dem aus nacheinander beliebige Kommandos aufgerufen werden können. *cat* zum Beispiel enthält also an Stelle von **MAIN** folgenden Makroaufruf:

```
MINX(docat)
{
        ...
}
```

Weitere Änderungen an *cat* sind nicht notwendig. Will man *cat* unter UNIX oder anderen C Systemen verwenden, definiert man einfach

```
#define MINX(c) main(argc, argv) int argc; char ** argv;
```

und die Aufgaben unseres Rahmens werden dann vom Laufzeitsystem der C Implementierung in Zusammenarbeit mit UNIX oder einem anderen umgebenden Betriebssystem übernommen.

Tatsächlich erlaubt zum Beispiel CP/M keine Umlenkung der Standard-Eingabe oder -Ausgabe von der Kommandozeile aus. Ein C System unter CP/M sorgt jedoch normalerweise in seinem Rahmenprogramm für entsprechende Möglichkeiten, be-

vor es die **main()**-Funktion des eigentlichen Kommandos aufruft und den Rest der
Kommandozeile aufbereitet und übergibt, siehe zum Beispiel [Hen84b].

Für *minx* haben wir jetzt den Namen **main()** zur Verfügung und wir können den Rahmen formulieren:

```
#include "minx.h"

MINX(main)
{       int result;
        static User user;

        if (! argv[0] || ! *argv[0])
                argv[0] = "minx";

        u_ = & user;

        if (! bopen_(rootdev))
                panic_("kein Zugriff auf %d/%d",
                        major_(rootdev), minor_(rootdev));

        if (! (Uroot = fopen_(rootdev, ROOT)))
                panic_("kein Zugriff auf Wurzelkatalog");
        Uwork = Uroot, ++ Fuse(Uroot);

        if (open(CONSOLE, 2) != 0
            || dup(0) != 1
            || open(STDERR, 1) != 2)
                panic_("kein Zugriff auf Konsole");

        fprintf(stderr, "%s %s\n%s\n", argv[0], VERSION, copyright);
        result =
        process(PROGRAM, 0, argc, argv, (char *) 0, (char *) 0);

        close(0); close(1); close(2);
        fclose_(& Uwork); fclose_(& Uroot);
        sync();
        bclose_(rootdev);

        return result;
}
```

argv[0] wird bei UNIX mit dem Namen initialisiert, unter dem ein Kommando aufgerufen wurde. Bei anderen Betriebssystemen steht dieser Name möglicherweise
nicht zur Verfügung. Wir versuchen diesen Fall entsprechend zu korrigieren.

Die Variablen **u_** und **rootdev** stehen global zur Verfügung. Mit **rootdev**, also der Gerätenummer, die das erste Dateisystem der Dateihierarchie festlegt, befassen wir uns noch, wenn wir betrachten, wie ein *minx* System konfiguriert werden kann.

CONSOLE und **STDERR** müssen Dateinamen in der *minx*-Dateihierarchie sein, die zunächst als Standard-Eingabe und -Ausgabe sowie als Diagnose-Ausgabe angeschlossen werden. Verweist **rootdev** auf das im Abschnitt 10.10.3 beschriebene Dateisystem, dann können wir folgendermaßen definieren:

```
#define CONSOLE "/dev/tty"
#define STDERR  "/dev/err"
```

VERSION und **copyright[]** sind Informationen, die beim Start des *minx*-Systems an der Konsole ausgegeben werden. Anschließend sorgt die Funktion **process()**, die wir im Abschnitt 10.17.4 betrachten werden, dafür, daß **PROGRAM** ausgeführt wird. **PROGRAM** ist dabei zum Beispiel der Funktionsname **docat**, wenn das vorher erwähnte Kommando *cat* für die *minx*-Dateihierarchie aufgerufen werden soll. Wir übergeben diesem Kommando die gleichen Argumente, mit denen der Rahmen des *minx*-Systems selbst aufgerufen wurde.

10.17.2   Quo vadis, Systemaufruf? – "minx.h"

Ein kosmetisches Problem bleibt: welcher Filemanager – *minx* oder der Gastgeber, also zum Beispiel UNIX – wird bei **open()** und den anderen Systemaufrufen angesprochen? Wohin geht die Ausgabe, die **fprintf(stderr,...** erzeugt? Wenn wir die bisher besprochenen Module normal übersetzen und montieren, werden **open()** und **fprintf()** in dieser Form implizit **extern** vereinbart und folglich aus der C Bücherei geholt. Diese Aufrufe sprechen also den Gastgeber und nicht *minx* an, denn die Namen der *minx*-Systemaufrufe enden mit **M**!

Drei verschiedene Techniken sind denkbar, um mit den Aufrufen doch zu *minx* und nicht zum Gastgeber zu kommen. Büchereien und Module werden in der Reihenfolge montiert, in der sie bei der Montage, also praktisch beim Aufruf von *cc*, angegeben werden. Wenn bei den *minx*-Modulen entsprechende globale Namen vorhanden wären, würden sich die Aufrufe der Programme auf die *minx*-Module beziehen, denn diese werden natürlich zuerst montiert.

Dieses Verfahren funktioniert aber nur, wenn die entsprechenden Aufrufe in bezug auf den Gastgeber grundsätzlich nicht benötigt werden, denn wenn ein globaler Name erst einmal definiert ist, beziehen sich alle Aufrufe des gleichen globalen Namens im gleichen Programm natürlich auf die gleiche Funktion. In unserem Fall werden wir wenigstens die **read()**-, **write()**- und **lseek()**-Funktionen des Gastgebers benötigen um unsere Gerätetreiber zu realisieren, die ja über den Gastgeber auf die Peripherie zugreifen müssen. Dies gilt natürlich auch dann, wenn diese Aufrufe nur implizit über *stdio*-Funktionen vorgenommen werden.

Als böser Trick bietet sich an, daß man ein *minx*-System zunächst ohne die C Bücherei montiert und dabei mit der Option **-r** bei *ld*(1) dafür sorgt, daß das Resultat noch montierbar bleibt. Anschließend müßte man mit einem neuen Dienstprogramm alle definierten globalen Symbole in lokale Symbole verwandeln, indem man bei entsprechenden Einträgen der Symboltabelle **N_EXT** (siehe *a.out.h*(5) in [Bel82a]) löscht. Jetzt montiert man die *minx*-Gerätetreiber, die Ablaufverfolgung und schließlich die C Bücherei dazu und erreicht in diesem Bereich eine Verknüpfung mit den Systemaufrufen des Gastgebers.

Das nötige Dienstprogramm ist nicht schwer zu konstruieren, aber einen derartigen Umgang mit Montageobjekten kann man eigentlich nicht empfehlen. Globale Symbole sollten wirklich in einem Programm global sein, und nicht in verschiedenen Bereichen einer Montage noch verschieden gebunden werden.

Die dritte Technik, die Aufrufe der Programme zu *minx* zu lenken, besteht darin, mit Hilfe entsprechender Makros die Funktionsnamen bei den Aufrufen während der Übersetzung umzubenennen. Funktionen mit einer konstanten Anzahl von Argumenten können dabei als parametrisierte Makros vereinbart werden, für Funktionen wie **printf()** kann man den Funktionsnamen durch einen Makro ohne Parameter ändern. Die Definitionsdatei *minx.h*, die *main.h* in allen Kommandos ersetzt, die wir für *minx* übersetzen, enthält etwa folgendes:

```
#define access(name, mode)      accessM(name, mode)


...


#define write(fd, buf, len)     writeM(fd, buf, len)

#define getegid()               Uegid
#define geteuid()               Ueuid
#define getgid()                Ugid
#define getpid()                Upid
#define getuid()                Uuid
#define setgid(gid)             (Ugid = Uegid = gid, 0)
#define setuid(uid)             (Uuid = Ueuid = uid, 0)
```

Das Verfahren liegt zwar nahe, und wir müssen hier so vorgehen, wenn wir Programme mit Systemaufrufen ohne explizite Textänderung unter UNIX und unter *minx* ablaufen lassen wollen. Gewisse Schattenseiten sind aber offensichtlich, es wird nämlich nicht das übersetzt, was in der Quelle zu stehen scheint.

setuid() ist in Wirklichkeit eine Funktion, kein Makro, und besitzt daher eine Adresse, die zum Beispiel als Parameter übergeben werden kann. Unser Makro kann syntaktisch nur bei einem Funktionsaufruf von **setuid()** verwendet werden.

Der Textersatz für Makros findet außerdem in jedem Kontext statt. **stat** existiert sowohl als Name eines Systemaufrufs wie als Name einer Struktur. Wir können den Strukturnamen in unseren Programmen nicht verwenden: ist **stat** wie vorgeschlagen als Makro mit Parametern definiert, markiert der C Preprozessor einen Aufruf ohne Parameter im Kontext **struct stat** als Fehler; ist **stat** statt dessen als Makro ohne Parameter definiert, würde in diesem Kontext der C Compiler **struct statM** an Stelle von **struct stat** übersetzen und wir müßten den *svc*-Modul und unsere *minx*-Definitionsdatei entsprechend ändern.

Wir sind an den Grenzen unseres Modells. Die korrekte Lösung besteht darin, die Kommandos separat zu übersetzen, zu montieren und zur Ausführung zu laden, und die Verbindung zu den *minx*-Modulen nicht über Funktionsnamen sondern über Maschinenbefehle herzustellen, wie im Abschnitt 10.3 skizziert wurde. CP/M-80 verwendet in diesem Zusammenhang zum Beispiel einen *Transfervektor*, das heißt eine Tabelle von Sprungbefehlen in einer konstanten Speicherposition, die zu den einzelnen Routinen für die Systemaufrufe führen. Beim Benutzerprogramm basiert ein Systemaufruf daher auf einem Index in diese Tabelle und nicht auf einem globalen Namen.

10.17.3   Potemkinsche Funktionen – "stdio.c"

Insbesondere zur Ausgabe von Fehlermeldungen verwenden unsere Kommandos *stdio*-Funktionen. Wir müssen auf alle Fälle dafür sorgen, daß diese Funktionen zum Schluß Systemaufrufe in bezug auf die *minx*-Module vornehmen, denn sonst entstehen zwei Wege zur Gastgeber-Peripherie, einmal über *minx*, und über die *stdio*-Funktionen auch direkt!

Ersetzt man die Systemaufrufe ohne die dem Montierer bekannten globalen Namen zu ändern, also mit Hilfe einer Hardware-Schnittstelle, dann kann man die *stdio*-Funktionen aus der Systembücherei 'ausleihen': Mit dem Kommando *nm*(1) stellt man fest, welche Module in der Systembücherei die *stdio*-Funktionen und die von ihnen aufgerufenen Funktionen enthalten. Mit dem Kommando *ar*(1) extrahiert man dann diese Module und faßt sie zu einer neuen Bücherei zusammen. Als unbekannte globale Namen enthält diese Bücherei gerade noch die notwendigen Systemaufrufe. Ein Kommando kann man dann mit dieser Bücherei und anschließend mit den *minx*-Systemaufrufen montieren – vorausgesetzt eben, diese Systemaufrufe haben die gleichen globalen Namen wie ihre Gegenstücke beim Gastgeber.

Unsere Lösung beruht aber auf Textersatz, das heißt wir können nur dann die *stdio*-Funktionen umlenken, wenn wir Quellen verwenden. Zu Demonstrationszwecken kann man allerdings mit Hilfe der Definitionsdatei *minx.h* und sehr primitiven Funktionen die *stdio*-Funktionen zum großen Teil sehr schnell nachbilden:

```
#define FILE    Fd
#define EOF     (-1)

#define stdin   ((FILE *) 0)
#define stdout  ((FILE *) 1)
#define stderr  ((FILE *) 2)
```

```
#define getchar()         fgetc(stdin)
#define getc(fp)          fgetc(fp)
#define fgetc             getcM
#define gets              getsM
#define fgets             fgetsM

#define putchar(ch)       fputc(ch, stdout)
#define putc(ch,fp)       fputc(ch, fp)
#define fputc             putcM
#define puts              putsM
#define fputs             fputsM
#define printf            prtfM
#define fprintf           fprtfM
```

Mit diesen Definitionen sind die vordefinierten **FILE**-Zeiger durch Filedeskriptoren ersetzt und die benötigten *stdio*-Funktionen führen zu Funktionen, die wir jetzt definieren können. Eine subtile Falle wurde hier übrigens vermieden: **fprintf** besteht aus sieben Zeichen. Ersetzt man diesen Namen durch **fprintfM**, besteht die Möglichkeit, daß ein Montierer diesen Namen trotzdem mit **fprintf** verwechselt, wenn er etwa stillschweigend nur die ersten sieben Zeichen bei externen Namen unterscheidet!

Es ist nicht schwierig, die nötigen Funktionen primitiv nachzubilden. Wir betrachten dazu nur zwei Beispiele:

```
    #include "minx.h"

    int getc(fp)
            register FILE * fp;
    {       char ch;

            switch (read(fp, & ch, 1)) {
            case -1:
            case 0:
                    return EOF;
            }
            return ch;
    }
```

getc(), also eigentlich **getcM()**, konstruieren wir als Aufruf von **readM()**. Dies ist nicht ganz so ineffizient, wie es scheinen mag: **getc()** soll ja nur in bezug auf die Standard-Eingabe verwendet werden. Eine Eingabe vom Terminal erfolgt in jedem Fall ungepuffert und eine Eingabe aus einer Datei wird durch **readM()** gepuffert. Bei unserer Implementierung verursacht **readM()** nur einen C Funktionsaufruf und nicht wie in UNIX einen Systemaufruf, folglich ist hier die Pufferung durch **readM()** effizient genug.

printf() ist eine sehr aufwendige Funktion, wenn man die Formatierung programmieren muß. Zu Demonstrationszwecken geht es aber viel einfacher:

```
printf(fmt VARARG)
        register char * fmt;
{
        fprintf(stdout, fmt VARARG);
}


fprintf(fp, fmt VARARG)
        register FILE * fp;
        register char * fmt;
{       char buf[CMDLEN];

        sprintf(buf, fmt VARARG);
        fputs(buf, fp);
}


fputs(s, fp)
        register char * s;
        register FILE * fp;
{
        write(fp, s, strlen(s));
}
```

Für wenige Argumente und mit einer begrenzten maximalen Ausgabelänge kann man die eigentliche Arbeit doch von der Büchereifunktion **sprintf()** erledigen lassen.

Wir sollten nochmals festhalten, daß diese Lösung allenfalls für Versuchs- und Demonstrationszwecke akzeptiert werden kann. Soll *minx* zu Produktionszwecken verwendet werden, insbesondere wenn zum Beispiel beliebige UNIX Kommandos zu *minx* übertragen werden sollen, muß man hier noch Arbeit investieren.[7] Unsere Lösung ist effizient und nützlich zur Untersuchung, ob sich diese Arbeit tatsächlich lohnt.

10.17.4 Prozeßmanagement – "process()"

Wir müssen noch untersuchen, wie ein Kommando vom *minx*-Rahmenprogramm wirklich aufgerufen wird. Dies geschah mit dem Aufruf

```
result = process(PROGRAM, 0, argc, argv, (char *) 0, (char *) 0);
```

wobei **PROGRAM** der Funktionsname des gewünschten 'Hauptprogramms' ist. **process()** soll also folgenden Aufruf herbeiführen

---

[7]   Die offizielle Implementierung der *stdio*-Funktionen ist in [Ker77a] beschrieben. **printf()** und **scanf()** kann man zum großen Teil zum Beispiel [Com84a] und [Hen84b] entnehmen.

```
        PROGRAM(argc, argv)
```

und als Resultat den Resultatwert dieses Aufrufs übergeben.

Es steht unseren Kommandos frei, ihre Ausführung auch durch Aufruf von **exitM()** zu beenden. Diese Funktion ruft ihrerseits bekanntlich **_exitM()** auf (Abschnitt 10.13.4) und wir müssen dafür sorgen, daß **process()** auch in diesem Fall die Kontrolle wiedergewinnt – eine offensichtliche Anwendung für **longjmp()** (Abschnitt 7.4.3).

process() ist nützlich zur Implementierung eines Kommandoprozessors im Stil der Shell, wenn **PROGRAM** aus der Sicht von *minx* als eigener Prozeß, also mit eigener aktiver **User**-Struktur, ausgeführt wird. Dann kann nämlich Eingabe- und Ausgabeumlenkung für diesen Prozeß vorgenommen werden, die durch **exitM()** automatisch beendet wird, ohne daß dies den aufrufenden Prozeß beeinflußt. **process()** ist also gleichzeitig ein Modell für die Erzeugung eines neuen Prozesses im *minx*-System und damit eine Kernfunktion:

```
      int process(func, suid, argc, argv, in, out)
          Function func;
          int suid;
          int argc; char * argv[];
          char * in, * out;
      {   register User * up = (User *) calloc(1, sizeof(User));
          register int i;
          static int pid = 0;

          if (up)
```

UNIX hat einen Vektor möglicher Prozeßbeschreibungen. Wir legen unsere neue **User**-Struktur jedoch dynamisch an. Gelingt dies, konstruieren wir das Ziel für einen Aufruf von **longjmp()**, der später durch einen Aufruf von **exitM()** im Prozeß erfolgen wird. Da im neuen Prozeß **process()** möglicherweise wieder aufgerufen wird, kann dieses Ziel nicht global oder **static** sein, wir definieren es als **Upsw** in der aktiven **User**-Struktur:

```
          if ((i = setjmp(Upsw)) == 0)
          {   *up = *u_;
              up->u_next = u_, u_ = up;
```

Die neue **User**-Struktur wird dann als Kopie der aktiven Struktur initialisiert, über **u_next** mit der aktiven Struktur verkettet und als neue aktive **User**-Struktur definiert. Für die Verbindungen zur File-Tabelle müssen dann die Zugriffszähler erhöht werden:

```
++ Fuse(Uroot);
++ Fuse(Uwork);
for (i = 0; i < NFILE; ++ i)
    if (Ufp(i))
        ++ Fuse(Ufp(i));
Upid = ++ pid;
```

Prozesse haben eindeutige Namen, die wir hier von einem Zähler **pid** ableiten.

Normalerweise erbt ein Prozeß die Benutzeridentifikation seines Erzeugers. Wir treffen hier jedoch Vorkehrungen um eine andere effektive Benutzeridentifikation einführen zu können:

```
if (suid == 2)
    Ueuid = 0;
```

Hat der Parameter **suid** beim Aufruf von **process()** einen speziellen Wert, machen wir den neuen Prozeß effektiv zum Super-User. Es ist klar, daß dies rein für Versuchszwecke gedacht ist!

Der neue Prozeß ist damit vollständig beschrieben und wir können die Eingabe- und Ausgabeumlenkung vornehmen:

```
if (in && *in)
{   close(0);
    if (open(in, 0) != 0)
        perror(in), exit(BOTCH);
}
```

Eine Eingabeumlenkung erfolgt, wenn ein Dateiname als Parameter **in** beim Aufruf von **process()** angegeben wurde. Da der neue Prozeß bereits vollständig initialisiert ist, können wir normale Systemaufrufe zur Umlenkung der Eingabe verwenden und bei Mißerfolg den neuen Prozeß sogar mit **exit()**, also durch die Definitionsdatei mit **exitM()**, abbrechen. **BOTCH** ist ein beliebiger Wert, der für den Aufrufer von **process()** bedeuten soll, daß sein Prozeß nicht abgewickelt wurde. Dies entspricht dem Funktionswert **127** der **system()**-Funktion, siehe Abschnitt 9.6.3.

Bei der Ausgabeumlenkung verwenden wir noch die Konvention, daß sie nach Möglichkeit zum Ende einer Datei erfolgen soll, wenn der als Parameter übergebene Name mit **>** beginnt. Diese interne Konvention wird von **getcmd()** im nächsten Abschnitt ausgenutzt, um die normale Syntax für Ausgabeumlenkung zu realisieren.

```
if (out && *out)
{   close(1);
    if (*out == '>')
    {   if (open(out+1, 1) == 1)
        {   if (lseek(1, 0L, 2) == -1L)
                perror(out+1), exit(BOTCH);
        }
```

```
            else if (creat(out+1, 0644) != 1)
                perror(out+1), exit(BOTCH);
        }
        else if (creat(out, 0644) != 1)
            perror(out), exit(BOTCH);
    }
```

Diese Folge von Funktionsaufrufen entspricht einem Aufruf **fopen(..., "a")**. Man sieht, daß eine existente Datei mit **open()** angesprochen wird, und daß im Erfolgsfall die Dateiverbindung mit **lseek()** zum Ende der Datei positioniert wird.

Denkpause 10.35 Warum ist bei *minx* die folgende Ausgabeumlenkung erfolglos:

```
    $ cat >> /dev/tty
```

Alle Vorbereitungen sind abgeschlossen, unser Prozeß kann jetzt die gewünschte Funktion ausführen. Anschließend führen wir in jedem Fall **exit()** aus um alle Dateiverbindungen zu lösen:

```
            i = (* func)(argc, argv);
            exit(i);
        }
        -- i;
    }
    else
        i = BOTCH;
    return i;
}
```

Wir haben dafür gesorgt, daß auf alle Fälle **exit()** und dadurch **_exitM()** aufgerufen wird. In dieser Funktion müssen wir die Information über den Prozeß wieder aus dem *minx*-System entfernen und anschließend an **process()** den **exit**-Code des Kommandos übergeben. Die Dateiverbindungen wurden schon von **exitM()** gelöst, wir müssen nur noch die Verbindungen zum Wurzel- und Arbeitskatalog beseitigen und die **User**-Struktur freigeben:

```
_exitM(code)
        register int code;
{       register User * up = u_;

        fclose_(& Uwork);
        fclose_(& Uroot);
        u_ = Unext, free(up);
        longjmp(Upsw, (code & 255) + 1);
}
```

Upsw wurde als Rücksprungadresse für den neuen Prozeß in der **User**-Struktur des Erzeugers gesetzt, die hier wieder aktiv ist, wenn wir **longjmp()** aufrufen. Da an **setjmp()** von **longjmp()** Null möglichst nicht übergeben werden sollte (warum?!), codieren und decodieren wir den **exit**-Code entsprechend.

10.17.5 Kommandoprozessor – "sh.c"

Was für ein **PROGRAM** soll unser *minx*-Rahmenprogramm aufrufen? Es bietet sich natürlich an, daß man eine rudimentäre Shell konstruiert, damit man verschiedene Kommandos aufrufen und mit Eingabe- und Ausgabeumlenkung experimentieren kann.

Denkpause 10.36 Wenn diese Shell sich selbst aufrufen kann, kann man auch die Effekte von **dup()** gut beobachten. Erklären Sie die Effekte des Kommandos

```
sh < script
```

wenn **script** entweder

```
ls /
exit
ls /dev
```

oder

```
sh
        ls /
        exit
ls /dev
```

enthält. ➡

Hier ist das Hauptprogramm unseres Kommandoprozessors:

```
#include "minx.h"

#define PROMPT  printf("%d $ ", getpid())

MINX(minx)
{   int result = 0;
    char prompt;
    struct cmd * c;
    char * in, * out;
    char cmdline[CMDLEN];
    char * word[CMDLEN/2 + 1];

    if (doset(argc, argv))
        exit(1);
```

```
        prompt = isatty(0) && isatty(1);

        for (;;)
        {   if (prompt)
                PROMPT;
            if (! getcmd(cmdline, & argc, word, & in, & out))
                continue;
            for (c = cmds; c->name && strcmp(c->name, word[0]); ++ c)
                ;
            if (! c->name)
            {   fprintf(stderr, "%s: not found\n", word[0]);
                continue;
            }
            if (! c->func)
                break;
            result = c->flag == 1? (* c->func)(argc, word):
                process(c->func, c->flag, argc, word, in, out);
            if (result)
                fprintf(stderr,"%s: exit(%d)\n", c->name, result);
        }
        return result;
}
```

doset() übergibt die Kommandoargumente an eine Funktion, die die Ablaufverfolgung kontrolliert, siehe Abschnitt 10.17.6. **isatty**(3) stellt fest, ob sich ein Filedeskriptor auf ein Terminal bezieht. Bei *minx* prüfen wir dazu, ob der Filedeskriptor die gleiche Gerätenummer anspricht wie */dev/tty*, die **CONSOLE**:

```
int isatty(fd)
        register Fd fd;
{       Stat buf;
        register Dev tty;

        if (stat(CONSOLE, & buf))
        {       perror(CONSOLE);
                return 0;
        }
        tty = buf.st_rdev;
        if (fstat(fd, & buf))
        {       perror("isatty");
                return 0;
        }
        return major_(tty) == major_(buf.st_rdev);
}
```

Unsere Shell soll nur dann einen **PROMPT**, das heißt eine Eingabeaufforderung, ausgeben, wenn sie mit einem Terminal verbunden ist.

getcmd() liest eine Kommandozeile in einen Puffer, zerlegt sie in einzelne Argumente, extrahiert Argumente, die sich auf Eingabe- und Ausgabeumlenkung beziehen, und konstruiert die Parameter für den nachfolgenden Aufruf von **process()**:

```
static int getcmd(cmdline, argcp, argv, inp, outp)
        char cmdline[];
        int *argcp;
        char * argv[];
        char * *inp;
        char * *outp;
{       register char * cp = cmdline;

        *inp = *outp = "";
        if (gets(cp))
        {       *argcp = 0;
                while (* (cp = white(cp)))
                {       switch (*cp) {
                        case '<':
                                *inp = cp = white(cp+1);
                                break;
                        case '>':
                                cp = white(cp+1);
                                if (*cp != '>')
                                        *outp = cp;
                                else if (* (cp = white(cp+1)))
                                {       *outp = cp-1;
                                        **outp = '>';
                                }
                                break;
                        default:
                                argv[(*argcp)++] = cp;
                        }
                        if (* (cp = nwhite(cp)))
                                *cp++ = '\0';
                }
        }
        else
        {       *argcp = 1;
                argv[0] = LOGOUT;
        }
        argv[*argcp] = (char *) 0;
        return *argcp;
}
```

```
                                       |-Makefile
                        -cmds----------|-cat.c
                                       |
                                       | ... regulaere Kommandos
                                       |
                                       |-Makefile
                                       |-c.c
                        -conf----------|-copyright.c
                                       |-minx.c
                                       |
                                       |-Makefile
                                       |-mem.c
                        -dev-----------|-null.c
                                       |
                                       | ... Geraetetreiber
                                       |
                                       |-Makefile
                                       |-login.c
                        -etc-----------|-set.c
                                       |-sh.c
                                       |
                                       | ... spezielle Kommandos
                                       |
   |-Minx----------                    |-assert.h
                                       |-buf.h
                        -include-------|
                                       | ... Definitionsdateien
                                       |
                                       |-Makefile
                                       |-basename.c
                        -libc----------|
                                       | ... Buechereifunktionen
                                       |
                                       |-Makefile
                                       |-mkman.c
                        -mkman---------|-1
                                       |
                                       | ... Daten fuer Dateisystem
                                       |
                                       |-Makefile
                                       |-buf.c
                                       |-error.c
                                       |-file.c
                                       |-inode.c
                        -sys-----------|-io.c
                                       |-name.c
                                       |-panic.c
                                       |-svc.c
                                       |-trace.c
```

*Makefile*s sorgen in den einzelnen Katalogen dafür, daß im Katalog *conf* Büchereien konstruiert werden, die die verschiedenen Montageobjekte enthalten. Der Katalog *mkman* enthält Texte, die in Dateien im Dateisystem im Speicher stehen sollen. Diese werden mit einem einfachen Formatierer *mkman* in eine Definitionsdatei *include/man.h* verwandelt, die zur Übersetzung von *mem.c* benötigt wird. Davon abgesehen kann man die einzelnen Übersetzungen in beliebiger Reihenfolge vornehmen.

Zum Schluß editiert man in *conf/c.c* die Konfigurationstabellen und möglicherweise in *conf/minx.c* die Kommandotabelle und montiert das endgültige System.

10.18 Ausblick

Unsere Betrachtung eines Filemanagers im Stil von UNIX ist damit abgeschlossen. Im nächsten Kapitel diskutieren wir noch die nötigen Pflege- und Management-Kommandos im Kontext von *minx*. Hier soll aber noch zusammengestellt werden, was wir erreicht haben, und wozu der doch recht massive Implementierungsaufwand betrieben wurde.

minx ist ein hierarchisch strukturierter Filemanager, der die Leistungen des UNIX Filemanagers nachbildet. Nicht implementiert sind Zeitstempel, 'große' Dateien sowie die vollständige Kaschierung einer Erweiterung des linearen Dateisystems durch den Systemaufruf **mount()** (die Wurzel eines durch **mount()** verknüpften Dateisystems kann zum Beispiel von *pwd* noch identifiziert werden). Mit *minx* sind eine Reihe von Kommandos zur Manipulation von Dateien und – im nächsten Kapitel – zur Pflege des Dateisystems verwendbar, die auch unter UNIX funktionieren. *minx* verfügt über umfangreiche Einrichtungen zur Ablaufverfolgung, die dynamisch kontrolliert werden können sowie über vielfältige interne Tests um sich gegen fahrlässige Modifikationen abzusichern.

minx kann mehreren Zielen dienen: Mit Hilfe der Ablaufverfolgung kann man die internen Vorgänge bei Operationen im Dateisystem untersuchen. Durch die hierarchische Organisation und eine einigermaßen robuste Codierung eignet sich *minx* zum Einbau neuer oder alternativer Funktionen und damit als Übungsgelände für Systemprogrammierung im Kontext des Filemanagements. Im Zusammenhang mit *minx* kann man auch Management und vor allem Pflege einer UNIX Dateihierarchie ohne bösartige Konsequenzen üben; dies ist der Inhalt des nächsten Kapitels. Da *minx* in C implementiert ist und sehr geringe Anforderungen an das umgebende System stellt, die zudem in den Gerätetreibern gut lokalisiert sind, steht *minx* als Übungsgelände für UNIX auch außerhalb von UNIX zur Verfügung. In anderen Umgebungen ist außerdem der Einsatz von *minx* als portables Dateisystem mit den Eigenschaften von UNIX denkbar. Demgegenüber erscheint der Aufwand – etwa 7000 Zeilen Programmtext, über 200 Seiten Dokumentation in diesem Buch sowie etwa ein Monat Entwicklungszeit – durchaus vertretbar.

Systemprogrammierung wird oft im Kontext sehr großer Programme betrieben. Im vorliegenden Kapitel wurde versucht zu demonstrieren, daß auch große Programme in (fast) unabhängigen kleinen Teilen entwickelt, getestet und verstanden werden können.

Kapitel 11: Management und Pflege des Dateisystems

In diesem Kapitel besprechen wir Algorithmen und Kommandos, die für Management und Pflege der Dateihierarchie benötigt werden.

Zum Teil haben diese Kommandos Einfluß auf die korrekte Funktion des Systems, und ihre Ausführung, oder wenigstens Zugriff auf die von ihnen benötigten Gerätedateien, ist in der Regel dem Super-User vorbehalten. Manche dieser Kommandos sind bei unvorsichtiger Verwendung im höchsten Maße destruktiv. Die Kommandos befinden sich deshalb bei UNIX in der Regel auch im Katalog *etc*.

Im laufenden UNIX System kann man diese Kommandos und Algorithmen recht selten 'nur zu Versuchszwecken' einsetzen. Ist ein Dateisystem erst einmal defekt, ist das in der Regel nicht der richtige Zeitpunkt um zu lernen, wie man noch möglichst viel rettet. 'Hauptsächlich zählen Erfahrung und überlegte Tapferkeit', heißt es mit Recht bei **crash**(8) in [Bel82a].[1] Da *minx* in dieser Beziehung aber wie UNIX selbst funktioniert, können wir durchaus experimentieren. Wir besprechen deshalb die Implementierung der Pflegekommandos im Kontext von *minx*. Die Algorithmen werden dadurch überschaubarer und die dem normalen Benutzer in der Regel ohnehin verbotenen direkten Zugriffe auf die Geräte werden durch die im vorigen Kapitel besprochenen, abstrakteren Operationen ersetzt.

11.1 Konstruktion einer Gerätedatei – "mknod"

11.1.1 Prinzip

In den Abschnitten 10.10.2 und 10.14.4 lernten wir die Systemkonfiguration in Form der Tabellen **bdevsw[]** und **cdevsw[]** kennen, die sich typischerweise in der Datei *sys/conf/c.c* befinden. Im Abschnitt 10.14.4 wurden Gerätedateien (*special files*) vorgestellt, besonders markierte Inodes, die an Stelle von Blocknummern eine Gerätenummer enthalten, wie normale Dateien verwendet werden können, und zum direkten Zugriff auf die peripheren Geräte dienen.

Eine Gerätenummer besteht aus zwei kleinen Zahlen, den sogenannten *major*- und *minor*-Nummern. Wenn die Inode mit **S_IFBLK** markiert ist, designiert die *major*-Nummer ein Element in **bdevsw[]**, bei der Inode handelt es sich um ein *blockorientiertes* Gerät. Ist die Inode mit **S_IFCHR** markiert, handelt es sich um ein *zeichenorientiertes* Gerät und die *major*-Nummer bezieht sich auf **cdevsw[]**. Die Interpretation der *minor*-Nummer bleibt in beiden Fällen dem durch die *major*-Nummer ausgewählten Gerätetreiber überlassen.

Aus all dem folgt, daß die korrekte Konstruktion einer Gerätedatei vom lokalen System abhängt. Die *major*-Nummer sollte als Index in die entsprechende Tabelle zulässig sein, und der bei der *major*-Nummer im lokalen System eingetragene Geräte-

---

[1] Aber auch *fsck* ist ganz nützlich, siehe Abschnitt 11.7.

treiber muß die *minor*-Nummer tatsächlich akzeptieren. Macht man bei der Konstruktion Fehler, endet im günstigsten Fall bereits der **open()**-Zugriff auf die neue Gerätedatei nur mit Fehlern. Hat man wirklich Pech, verbindet man einen Prozeß später mit der Systemplatte oder dem Hauptspeicher an Stelle eines Terminals und Chaos wird zum Super-User.

Die Mechanik der Konstruktion einer Gerätedatei ist primitiv, nur die Konsequenzen sind nicht überprüfbar:

```
NAME                                                    MNOD(1M)
      mknod - Geraetedatei anlegen


SYNOPSIS
      mknod name b|c major minor
```

Mit dem *mknod* Kommando legt man eine Gerätedatei an. Der Dateiname darf noch nicht existieren. Für das Gerät gibt man an, ob es blockorientiert oder zeichen-orientiert ist (**b** oder **c**) sowie die *major*- und *minor*-Nummern. Die notwendige *major*-Nummer muß man aus der Konfigurationsdatei des Systems bestimmen, die dazu passenden *minor*-Nummern enthält in der Regel die Gerätebeschreibung im vierten Kapitel in [Bel82a]. Löscht man bestimmte Gerätedateien, zum Beispiel */dev/console*, kann das System später nicht mehr gestartet werden, definiert man sie falsch, bei manchen Systemen zum Beispiel */dev/swap*, funktionieren Kommandos wie zum Beispiel *ps* nicht mehr richtig.

11.1.2 Implementierung

mknod ist die zweite Anwendung für den Systemaufruf **mknod()**, den wir im Abschnitt 9.7.3 kennengelernt haben:

```
NAME                                                    MKNOD(2)
      mknod() - Inode erzeugen

SYNOPSIS
      int mknod(name, mode, addr)

      char * name; int mode, addr;
```

name wird mit einer freien Inode verknüpft, deren Typ und erste Blockadresse durch **mode** und **addr** definiert werden. **name** darf noch nicht existieren. **mknod()** liefert **0** bei Erfolg und **-1** im Fehlerfall. Der Systemaufruf kann nur vom Super-User ausgeführt werden.

Im vorliegenden Fall wird als **mode** für ein blockorientiertes Gerät **S_IFBLK** und für ein zeichenorientiertes Gerät **S_IFCHR** zum Zugriffsschutz hinzugefügt. Die Gerätenummer gibt man dann als **addr** an:

```
#define USAGE   fatal("mknod name b|c major minor")
#include "main.h"
#include <sys/types.h>
#include <sys/stat.h>
#include <ctype.h>

#define makedev_(major, minor)  ((major) << 8 | (minor) & 0xff)

MAIN
{       int mode, addr;

        OPT
        OTHER
                USAGE;
        ENDOPT
        if (argc != 4
            || strcmp("b", argv[1]) && strcmp("c", argv[1])
            || ! isascii(* argv[2]) || ! isdigit(* argv[2])
            || ! isascii(* argv[3]) || ! isdigit(* argv[3]))
                USAGE;

        mode = *argv[1] == 'b'? S_IFBLK: S_IFCHR;
        addr = makedev_(atoi(argv[2]), atoi(argv[3]));
        if (mknod(argv[0], mode | 0644, addr))
                perror(argv[0]), fatal(0);

        return 0;
}
```

Als Zugriffsschutz verwenden wir wie üblich **0644**, also Lese- und Schreibzugriff für den Besitzer und Lesezugriff für alle anderen Benutzer. Bei Geräten könnte man vielleicht auch als Voreinstellung andere Benutzer ausschließen. **makedev_()** haben wir für *minx* schon im Abschnitt 10.9.3 kennengelernt. Da der Makro als Resultat eine Gerätenummer liefert, mit einem systemabhängigen Datentyp, ist dieser Makro möglicherweise systemabhängig. Man findet ihn in der Regel in einer der Definitionsdateien, die zur Übersetzung der Konfigurationsdatei *conf/c.c* vorhanden sein müssen.

11.2 Erweiterung der Dateihierarchie – "mount" und "umount"

11.2.1 Prinzip – "mount()" und "umount()"

Im Abschnitt 10.12.4 wurde erklärt, wie durch Verknüpfung einer Inode, die in der Dateihierarchie bereits erreichbar ist, und die ein Katalog sein sollte, mit der Wurzel-Inode eines zweiten Dateisystems dieses zweite Dateisystem Teil der Dateihierarchie wird, und zwar an Stelle des Katalogs, den die Inode beschreibt. Die Verknüpfung nimmt der Systemaufruf **mount()** vor und sie wird mit dem Systemaufruf **umount()** wieder gelöst:

```
NAME                                   MOUNT(2), UMOUNT(2)
      mount() - Dateisystem mit Hierarchie verknuepfen
      umount() - mount()-Verknuepfung loesen

SYNOPSIS
      int mount(blk, name, flag)
      int umount(blk)


      char * blk, * name; int flag;
```

blk muß ein blockorientiertes Gerät sein, auf dem sich das neue Dateisystem befindet, beziehungsweise dessen Dateisystem nach **umount()** nicht mehr zugänglich sein soll. **name** definiert den Katalog, an dessen Stelle der Wurzelkatalog des neuen Dateisystems tritt. Ist **flag** von null verschieden, erlaubt das System keinen Schreibzugriff auf das neue Dateisystem. Beide Systemaufrufe liefern **0** bei Erfolg und **-1** im Fehlerfall.

Man muß Schreibzugriff auf ein Dateisystem zum Beispiel verbieten, wenn das Speichermedium physikalisch schreibgeschützt ist, da UNIX sonst immer wenigstens den Super-Block neu schreibt. Hat man alle Blöcke eines Dateisystems – mit gleicher Blockgröße wie im Dateisystem selbst – zum Beispiel mit *dd*(1) auf Magnetband kopiert, kann man das Magnetbandgerät mit diesem Band mit **mount()** zur Dateihierarchie verknüpfen. Hier muß man unbedingt Schreibzugriff verhindern, da ein Magnetbandgerät in der Regel ja keinen Ersatz beliebig gewählter Blöcke zuläßt.

Interessant ist, daß durch **mount()** das Betriebssystem zerstört werden kann, wenn nämlich ein entsprechend defektes Dateisystem mit der Dateihierarchie verknüpft wird. Trotzdem sind die Aufrufe **mount()** und **umount()** für alle Benutzer verfügbar!

mount() und **umount()** stehen direkt über entsprechende Kommandos zur Verfügung:

```
NAME                                   MOUNT(1M), UMOUNT(1M)
      mount - Dateisystem mit Hierarchie verknuepfen
      umount - mount-Verknuepfung loesen

SYNOPSIS
      mount [ special name [ -r ]]
      umount special
```

Die Kommandos unterhalten eine Datei */etc/mtab*: *mount* trägt dort **name** und **basename(special)** ein, *umount* entfernt die Einträge. Jeder Eintrag ist 32 Zeichen lang und mit Nullzeichen aufgefüllt. Die Datei existiert nur zu Informationszwecken und kann durch einen Aufruf von *mount* ohne Argumente ausgegeben werden. Sie muß beim Start des UNIX Systems gelöscht werden, weil in der Regel vor dem Anhalten des Systems nicht mehr alle Dateisysteme mit *umount* freigegeben werden und dadurch alte Einträge in */etc/mtab* zurückbleiben.

11.2.2 Implementierung

/etc/mtab ist eine etwas archaische Einrichtung: nur in einem korrekt gefahrenen System kann man sich auf die Tabelle verlassen, und auch dann nur, wenn alle Benutzer Schreibzugriff darauf besitzen(!), oder wenn *mount* und *umount* bei der Ausführung entsprechend privilegiert sind. Durch das fixe Format der Einträge sind diese im Extremfall auch nicht verläßlich. Wir lassen diesen Aspekt hier folglich aus.

Theoretisch könnte man ein Dateisystem auch mit einer Inode verbinden, die *kein* Katalog ist. Sinnvoll ist das aber (nach [Bel82a]) nur, wenn dieses Dateisystem als Wurzel keinen Katalog sondern eine Datei besitzt. Wir schließen diese Fälle aus, so wie dies auch *minx* für den Aufruf **mountM()** ohnehin verlangt.

```
#define USAGE   fatal("mount special name [-r]")
#include "main.h"

MAIN
{       char rflag = 0;          /* != 0: Schreibschutz */

        OPT
        OTHER
                USAGE;
        ENDOPT
        switch (argc) {
        case 3:
                rflag = 1;
        case 2:
                break;
        default:
                USAGE;
        }
        switch (isdir(argv[1])) {
        càse -1:
                perror(argv[1]), fatal(0);
        case 0:
                fatal("%s: kein Katalog", argv[1]);
        }

        if (mount(argv[0], argv[1], rflag))
                perror(argv[0]), fatal(0);

        return 0;
}
```

Mit **isdir**() (Abschnitt 9.4.3) stellen wir sicher, daß wirklich mit einem Katalog verbunden wird. Ob ein blockorientiertes Gerät angegeben ist, klären wir durch den **mount**()-Aufruf selbst. Ein *beliebiges* drittes Argument soll genügen, um Schreibzugriff auszuschließen.

umount ist noch primitiver:

```
#define USAGE   fatal("umount special")
#include "main.h"

MAIN
{
        OPT
        OTHER
                USAGE;
        ENDOPT
        if (argc != 1)
                USAGE;

        if (umount(argv[0]))
                perror(argv[0]), fatal(0);

        return 0;
}
```

Denkpause 11.1 Wie könnte man bei unserer Fassung von *pwd* (Abschnitt 9.5) mit Hilfe von */etc/mtab* vollständige Pfade ausgeben? ☞

11.3   Dateihierarchie fixieren – "sync" und "update"

Im Abschnitt 10.9 wurde das *Block-Depot* vorgestellt, das praktisch das Herz des UNIX Filemanagers bildet. Das Block-Depot hat den Vorteil, daß physikalische Transfers zur Dateisystem-Peripherie nur erfolgen, wenn die betroffenen Blöcke erstmals angesprochen oder – wenigstens in der momentanen Situation – auf sie nicht mehr zugegriffen wird. Dieser Geschwindigkeitsvorteil ist aber sehr zweischneidig: bleibt das System zum falschen Zeitpunkt stehen, können sich die Dateisysteme in der Peripherie beachtlich in Unordnung befinden.

Denkpause 11.2 Löschen und erzeugen Sie einige Dateien auf einem *minx*-Dateisystem auf einer Diskette. Führen Sie weder *sync* noch *umount* aus, sondern starten Sie *minx* neu. Was zeigt *ls*? Wie verhalten sich *icheck* und *dcheck* (die wir in den folgenden Abschnitten besprechen werden)? ☞

Als gewisse Abhilfe gibt es den Systemaufruf **sync**() und das entsprechende Kommando *sync*:

```
NAME                                    SYNC(1M), SYNC(2)
     sync - Dateihierarchie fixieren

SYNOPSIS
     sync
     sync()
```

sync() sorgt dafür, daß alle im Block-Depot befindlichen Blöcke an die zuständigen Gerätetreiber weitergegeben werden, unabhängig davon, ob noch Zugriffe vorliegen oder nicht. Als Resultat werden die Dateisysteme in der Peripherie aktualisiert.

sync() kann nicht zaubern: Nur das Block-Depot wird ausgewertet. Informationen die nicht mit **buf**-Strukturen im Block-Depot in Verbindung stehen, also zum Beispiel das Inode-Depot, werden nicht aktualisiert.

Wesentlich problematischer ist, daß die Arbeit von **sync()** sich darin erschöpft, die Blöcke den Treibern zuzustellen. Es kann einige Zeit dauern, bis die Treiber die Blöcke zum Beispiel auf Disketten wirklich transferiert haben.

Man muß unbedingt *sync* ausführen, bevor man ein UNIX System (oder auch *minx*) anhält. Man muß dann aber auch noch ein bißchen warten.

Es ist eigentlich klar, daß man sich sicherer fühlen kann, wenn *sync* regelmäßig ausgeführt wird:

```
main()
{
        for (;;)
             sleep(30), sync();
}
```

sleep(3) legt einen Prozeß für die angegebene Zahl Sekunden still.

Ein derartiger Prozeß sollte bei einem UNIX System ständig aktiv sein. Er kann mit dem Kommando */etc/update* erzeugt werden, das deshalb in der Regel beim Start des Teilnehmerbetriebs ausgeführt wird.

11.4   Konstruktion eines Dateisystems – "mkfs"

11.4.1   Prinzip

Bevor ein Dateisystem mit der Dateihierarchie verbunden werden kann, muß es erst einmal initialisiert werden. Diese Aufgabe übernimmt das Kommando *mkfs*:

```
NAME                                              MKFS(1M)
     mkfs - Dateisystem anlegen

SYNOPSIS
     mkfs fs blocks
```

mkfs schreibt auf ein blockorientiertes Gerät **fs** eine Reihe von Blöcken, die ein leeres Dateisystem der Größe **blocks** darstellen. Das Dateisystem enthält eine Ilist und einen Wurzelkatalog, der bis auf die reservierten Pfadkomponenten leer ist. Alle übrigen Blöcke sind in der freien Liste zusammengefaßt. Die Größe der Ilist wird aus der gewünschten Gesamtgröße des Dateisystems abgeleitet: in der Regel nimmt *mkfs* an, daß das neue Dateisystem Platz für Dateien mit jeweils 4000 Bytes bieten soll.

Die Reihenfolge der Blöcke in der freien Liste ist noch beliebig wählbar. Es ist möglicherweise günstig, wenn physikalisch benachbarte Blöcke in der freien Liste *nicht* benachbart sind, denn dann werden sie wohl auch nicht unmittelbar nacheinander in einer Datei angeordnet sein. Neuere Versionen von *mkfs* besitzen deshalb noch Kommandoargumente, die die physikalische Anordnung der freien Liste beeinflussen. Diese Argumente sind sehr stark von lokalen Gegebenheiten bis hin zum typischen Aufgabenprofil des Systems abhängig.

mkfs bietet auch die Möglichkeit, vor allem die Größe der Ilist explizit zu definieren und in das neue Dateisystem gleich Dateien aus der Dateihierarchie zu kopieren sowie Gerätedateien und Kataloge im neuen Dateisystem anzulegen. An Stelle von **blocks** gibt man dazu den Namen einer Datei an, die entsprechende Informationen enthält, siehe **mkfs**(1M).

11.4.2 Algorithmus

Wir betrachten eine Implementierung von *mkfs* für *minx*, die zeigt, was alles gemacht werden muß um ein neues Dateisystem anzulegen. Die Vereinfachung besteht darin, daß wir die eigentlichen Transfers zur Peripherie von den Routinen vornehmen lassen, die wir im Kapitel 10 für den *minx*-Filemanager implementiert haben. Im Ernstfall muß man zu dem hier gezeigten Programm noch entsprechende Transferroutinen hinzufügen – die man natürlich dem *minx*-Filemanager entnehmen kann!

Wir behandeln nur den Fall, daß die Größe des Dateisystems als Argument angegeben ist:

```
#define USAGE    fatal("mkfs filesystem blocks")
#define MODULE   "mkfs"

#include "assert.h"
#include "buf.h"
#include "file.h"
#include "inode.h"
#include "maint.h"
#include "stat.h"
#include "user.h"
#include "minx.h"
```

```
MINX(mkfs)
{       Stat buf;

        verify();

        OPT
        OTHER
                USAGE;
        ENDOPT
        if (argc != 2)
                USAGE;

        Mdev = blkdev(argv[0]);
        if (stat("/", & buf)
            || buf.st_dev == Mdev)
                fatal("mkfs auf '/' is nicht nett");
```

mkfs und die anderen Pflegekommandos verwenden bestimmte Funktionen und Variablen, die in der Definitionsdatei *maint.h* beschrieben sind und die wir erst im Abschnitt 11.5.3 besprechen. Die Variablennamen beginnen mit **M**.

blkdev() ist eine dieser Hilfsfunktionen. Sie kontrolliert hier, daß wirklich auf ein blockorientiertes Gerät zugegriffen wird und sie liefert als Resultat die Gerätenummer. Wir kontrollieren außerdem, daß nicht gerade die aktive Dateihierarchie durch ein neues Dateisystem überschrieben werden soll – UNIX erlaubt eine solche Aktion zwar, aber sie hätte einigermaßen unangenehme Konsequenzen!

```
        Mblocks = (Block) atoi(argv[1]);
        if (Mblocks < ILIST + 2)
                fatal("mindestens %d Bloecke", ILIST + 2);
        layout(argv[0]);
```

Wir betrachten jetzt das zweite Kommandoargument, kontrollieren, daß wenigstens die Ilist und der Wurzelkatalog im neuen Dateisystem Platz haben, und lassen von einer Funktion **layout()** die Größen der einzelnen Teilbereiche des Dateisystems berechnen.

Mit **bopen_()** aus dem *minx buf*-Modul eröffnen wir den Zugriff zur Platte. Funktioniert dies, müssen wir unter allen Umständen später **bclose_()** aufrufen. Deshalb rufen wir anschließend **fatal()** nicht mehr auf, sondern lassen von einer **error()**-Prozedur, die auch Teil der Hilfsfunktionen im *maint*-Modul ist, entsprechende Fehlermeldungen erzeugen. **error()** zählt seine Aufrufe in der Variablen **Merrors**, damit wir zum Schluß wissen, ob wir insgesamt Erfolg hatten.

```
        if (! (Msuper = bopen_(Mdev)))
                fatal("%s: kein Zugriff", argv[0]);

        Merrors = 0;
```

Wir benötigen den Zugriff auf den Super-Block, da wir ja dort die Dimensionen des neuen Dateisystems eintragen müssen.

Jetzt kann die eigentliche Initialisierung in wenigen Schritten vollzogen werden:

```
else
{       lastblock();
        superblock();
        freelist();
        ilist();
        inode0();
        rootdir();
}


        bclose_(Mdev);
        return Merrors != 0;
}
```

lastblock() untersucht, ob der letzte Block im Dateisystem lesbar ist. Damit versuchen wir zu vermeiden, daß ein Dateisystem größer dimensioniert wird als das Gerät, auf dem es angelegt wird.

superblock() initialisiert den Super-Block. Dazu gehört die Dimensionierung des Dateisystems sowie eine *leere* freie Liste.

freelist() nimmt alle Blöcke im Datenbereich des Dateisystems in die freie Liste auf.

ilist() sorgt dafür, daß alle Inodes freigegeben sind. Dazu schreibt man am besten Blöcke mit Nullzeichen in den Ilist-Bereich.

inode0() reserviert die Inode 0, die ja nicht am Geschehen teilnehmen kann.

rootdir() schließlich konstruiert den Wurzelkatalog des neuen Dateisystems.

Die Reihenfolge der Schritte ist zwingend, damit wir nach und nach Funktionen aus den höheren Schichten des *minx*-Filemanagers verwenden können, sobald die entsprechenden Datenstrukturen der tieferen Schichten existieren.

11.4.3 Details

Irgendwo bei *minx* sollten wir verifizieren, daß gewisse Systemparameter nicht versehentlich so umdefiniert wurden, daß das resultierende System inkonsistent wird. Dafür bietet sich *mkfs* an. Wir haben die entsprechenden Tests in einer Prozedur **verify()** zusammengefaßt:

```
static verify()
{
        assert(ADDR > 0);
        assert(ROOT > 0);
        assert(SUPER > 0);
```

```
        assert(ILIST > SUPER);
        assert(BLOCK % sizeof(Dinode) == 0);
        assert(BLOCK % sizeof(Direct) == 0);
        assert(2 * sizeof(Direct) <= BLOCK);
        assert(sizeof(Super) == BLOCK);
}
```

layout() legt die Größen der einzelnen Teilbereiche des Dateisystems in Abhängigkeit von der Gesamtgröße in **Mblocks** fest. Die Resultate werden in Variablen gespeichert, die ebenfalls in *maint.h* vereinbart wurden:

```
static layout(name)
        register char * name;
{       register Inumber f;

        Mfiles = (Inumber) Mblocks/4 + 1;
                                    /* etwa 2K per Datei */
        f = BLOCK / sizeof(Dinode);    /* Inodes per BLOCK */
        Misize = (Mfiles + f-1)/f;    /* Ilist in BLOCKs */
        Mfiles = Misize * f;

        Mfsize = Mblocks - ILIST - Misize;

        if (Misize <= 0
            || Mfsize <= 0
            || Misize > Mfsize)
                fatal("i/f-size (%d/%d) unmoeglich",
                        Misize, Mfsize);

        printf("%s: device %d/%d\n", name, major_(Mdev), minor_(Mdev));
        printf("\tisize %d (%d files), fsize %d (%d blocks total)\n",
                Misize, Mfiles, Mfsize, Mblocks);
}
```

Falls die Dimensionierung akzeptabel ist, wird eine entsprechende Beschreibung ausgegeben.

lastblock() untersucht, ob der letzte Block im Dateisystem gelesen werden kann:

```
static lastblock()
{       Buf * bp;

        if (bp = bcache_(Mdev, Mblocks-1, 0))
                bdone_(& bp);
        else
                error("letzter Block?? (%d)", Mblocks-1);
}
```

Wir verwenden dazu die entsprechenden Routinen aus dem *buf*-Modul.

superblock() initialisiert den neuen Super-Block und markiert, daß er modifiziert wurde:

```
static superblock()
{
        BSisize(Msuper) = Misize;
        BSfsize(Msuper) = Mfsize;
        BSnfree(Msuper) = 0;    /* keine freie Liste */
        BSnext(Msuper) = (Block) 0;
        bwrite_(Msuper);
}
```

An dieser Stelle geht einiges kaputt, wenn wir nicht exklusiv auf das neue Dateisystem zugreifen. Dies können wir aber weder in *minx* noch bei UNIX sicherstellen.

freelist() gibt alle Blöcke im Datenbereich des neuen Dateisystems frei:

```
static freelist()
{       register Block b;

        for (b = Mblocks; -- b >= ILIST + Misize; )
                bfree_(Mdev, b);
}
```

Wir können dazu die gleiche Routine **bfree_()** verwenden, die dies auch im *buf*-Modul erledigt. Der Algorithmus, der die Reihenfolge der Blöcke in der freien Liste festlegt, befindet sich so nur an einer einzigen Stelle in *minx*. Wir geben allerdings die Blöcke in der Reihenfolge vom letzten zum ersten frei, damit später die (logisch) ersten Blöcke möglichst auch als erste aus der freien Liste an Dateien vergeben werden.

ilist() löscht alle Inodes:

```
static ilist()
{       register Block b;
        Buf * bp;

        for (b = 0; b < Misize; ++ b)
        {       if (bp = bcache_(Mdev, ILIST + b, 1))
                {       bwrite_(bp);
                        bdone_(& bp);
                }
                else
                        error("Ilist Block nicht leer (%d)",
                                ILIST + b);
        }
}
```

Wenn wir annehmen, daß wir das neue Dateisystem exklusiv besitzen, muß **bcache_(..., 1)** einen mit null initialisierten Block bereitstellen. Markieren wir diesen als modifiziert, wird er durch **bdone_()** in den Ilist-Bereich 'zurück' transferiert.

inode0() muß Inode Null so initialisieren, daß sie nicht als freie Inode erscheint, denn sie darf nie für eine Datei vergeben werden:

```
static inode0()
{       Inode * ip = ialloc_(Mdev);

        if (ip)
        {       if (Inum(ip))
                        error("Inode 0??");
                else
                {       Inlink(ip) = 1;
                        Imode(ip) = S_IFREG;
                        iwrite_(ip);

                }
                idone_(& ip);

        }
        else
                error("freie Inode??");

}
```

Die Ilist ist schon initialisiert. **ialloc_()** aus dem *inode*-Modul müßte uns also die erste freie Inode liefern. Im Moment muß es sich dabei um Inode Null handeln. Wir modifizieren sie so, daß sie wie eine Datei aussieht, für die auch ein Name existiert. Anschließend sorgt **idone_()** dafür, daß die modifizierte Inode in die Ilist im Dateisystem eingetragen wird.

rootdir() konstruiert den Wurzelkatalog:

```
static rootdir()
{       register File * fp = Uroot;

        if (Uroot = fopen_(Mdev, ROOT))
        {       FImode(Uroot) = S_IFDIR | 0755;
                iwrite_(Finode(Uroot));
                if (link("/", "/.")
                    || link("/", "/.."))
                        perror("/"), ++ Merrors;
                fclose_(& Uroot);

        }
        else
                error("'/'??");
        Uroot = fp;

}
```

Wir benutzen einen ganz bösen Trick, um den *name*-Modul und damit den **link()**-Systemaufruf für ein nicht in der Dateihierarchie befindliches Dateisystem verwenden zu können: durch Zuweisung an **Uroot** stellen wir für uns temporär den Wurzelkatalog des neuen Dateisystems, den wir durch **fopen_()** aus dem *file*-Modul nach Inode-Nummer erreichen können, als Beginn aller Pfade ein. Die Wurzel wird als Katalog markiert, als modifiziert vermerkt, und mit **link()** werden die reservierten Pfadkomponenten eingetragen. Mit **fclose_()** lösen wir die Verbindung zur offenen Datei, damit wird der Wurzelkatalog im neuen Dateisystem eingetragen.

Denkpause 11.3 Inode Null, die Wurzel sowie der Wurzelkatalog haben unabhängig vom Dateisystem immer die gleiche Form. Schreiben Sie die relevante Information mit Funktionen aus dem *buf*-Modul direkt zur Platte. ☞

Denkpause 11.4 Wenn Sie jetzt noch die freie Liste direkt aus der Größe des Dateisystems berechnen, fehlt zu einem UNIX-fähigen *mkfs* Kommando fast nur noch eine Funktion, die einen beliebigen Block auf die Platte schreibt. ☞

11.5   Konsistenz des linearen Dateisystems - "icheck"

11.5.1   Prinzip

Das lineare Dateisystem besteht aus der Ilist, über deren Inodes die Datenblöcke erreicht werden, und aus der freien Liste, deren Blöcke noch nicht als Datenblöcke vergeben wurden. Das lineare Dateisystem ist konsistent, wenn freie Liste und die von jeder Inode erreichbaren Blocklisten einzeln voneinander völlig verschieden sind, und wenn sie zusammen alle Datenblöcke enthalten. Zur Überprüfung kann das Kommando *icheck* verwendet werden:

```
NAME                                            ICHECK(1M)
       icheck - lineares Dateisystem ueberpruefen

SYNOPSIS
       icheck [-s] [-b bnum...] [filesystem]
```

icheck überprüft die Konsistenz des linearen Dateisystems auf dem durch **filesystem** bezeichneten, blockorientierten Gerät. Die Option **– s** (**s**alvage) verlangt die Rekonstruktion der freien Liste als Komplement der von der Ilist aus erreichbaren Datenblöcke. Die Verwendung dieser Option wird im Abschnitt 11.7.3 besprochen. Die Option **– b** dient zur Übermittlung von Blocknummern an *icheck*. Bei der Überprüfung des Dateisystems berichtet *icheck*, wo sich die angegebenen Blöcke im Dateisystem befinden. Sind die verschiedenen Blockmengen entsprechend verwickelt, kann man auf diese Weise vor allem die Inode-Nummern feststellen, von denen die Verwirrung ausgeht.

icheck ist ein antiquiertes Programm, dessen Aufgaben heute in der Regel von *fsck* übernommen werden, siehe Abschnitt 11.7. Wie jedoch bei vielen der schon in Version 6 von UNIX vorhandenen Werkzeuge, ist auch bei *icheck* die Funktionalität auf das wirklich Notwendige begrenzt, ziemlich einfach zu implementieren, überschaubar, und daher leicht mit der 'überlegten Tapferkeit' zu verwenden, die eingangs zitiert wurde.

11.5.2   Algorithmus

Die Vorbemerkungen zu *mkfs* im Abschnitt 11.4.2 gelten auch hier: wir betrachten *icheck* für *minx*, das heißt, wir verwenden für die Kommunikation mit der Peripherie wieder die durch *minx* realisierten Abstraktionen.

```
#define USAGE   fatal("icheck [-s] [-b bnum...] [filesystem]")
#include "buf.h"
#include "inode.h"
#include "maint.h"
#include "minx.h"
#include <ctype.h>


static char * map;        /* Verwendung der Bloecke... */
#define USED    (3 << 0)        /* ...schon vorgekommen */
#define FREE    (1 << 0)        /* ...in der freien Liste */
#define DATA    (1 << 1)        /* ...bei einer Inode */
#define REPORT  (1 << 2)        /* -b verlangt */
```

Zentrale Datenstruktur im Programm ist **map[]**, eine Liste aller Blöcke. Bei großen Dateisystemen muß man hier sehr sparsam mit Speicherplatz umgehen – im Prinzip genügt ein Bit pro Datenblock und eine kleine Liste der durch die Option **– b** markierten Blöcke. Im Interesse einer verständlicheren Codierung verwenden wir hier ein Byte pro Datenblock, in dem wir die relevanten Informationen durch einzelne Bits beschreiben.

```
MINX(icheck)
{       char bflag = 0,        /* != 0: -b */
                sflag = 0,     /* != 0: neue freie Liste */
                * filesystem = (char *) 0;


        OPT
        ARG 'b':
                bflag = 1;
        ARG 's':
                sflag = 1;
        OTHER
                USAGE;
        ENDOPT
```

```
switch (argc) {
case 0:
        if (bflag)
                USAGE;
        break;
case 1:
        if (bflag
            && (! isascii(**argv) || ! isdigit(**argv)))
                USAGE;
default:
        if (! isascii(* argv[argc-1])
            || ! isdigit(* argv[argc-1]))
                filesystem – argv[--argc];
        if (! bflag && argc)
                USAGE;
}
```

Wie leider oft üblich, gehen wir davon aus, daß bei einer Ziffer am *Anfang* eines Kommandoarguments das ganze Argument aus Ziffern besteht. Außerdem verlangen wir stillschweigend, daß der Name einer Gerätedatei nicht mit einer Ziffer beginnen darf.

Unter diesen Voraussetzungen dekodieren wir die Optionen und betrachten die verbleibenden Argumente:

- ohne die Option −**b** und ohne Argumente verwenden wir eine vordefinierte Gerätedatei.

- mit der Option −**b** kann ein einziges restliches Argument nur eine Blocknummer sein.

- das letzte Argument ist der Name einer Gerätedatei, wenn es nicht mit einer Ziffer beginnt.

- ohne die Option −**b** dürfen jetzt keine Argumente mehr verbleiben.

Wie bei *mkfs* verwenden wir auch hier gewisse Hilfsfunktionen und Variablen, die in *maint.h* vereinbart wurden, und die wir im nächsten Abschnitt erklären.

```
opendev(filesystem);

Merrors = 0;

if (map = calloc(Mblocks, 1))
{       if (bflag)
                do
                {   register Block b;
```

```
                        if ((b = (Block) atoi(*argv)) < 0
                          || b >= Mblocks)
                             error("%d: Bereich??", b);
                        else
                           map[b] |= REPORT;
                        if (b >= ILIST
                          && b < ILIST + Misize)
                             report(b, "ilist", (Inumber) 0);
                     } while (++ argv, -- argc);
```

opendev() eröffnet den Zugriff zur angegebenen Gerätedatei, oder zu einem vordefinierten Gerät. In jedem Fall wird kontrolliert, daß es sich um ein blockorientiertes Gerät handelt. Aus dem Super-Block des Dateisystems werden dann die Größen der einzelnen Bereiche des Dateisystems bestimmt und in globalen Variablen zur Verfügung gestellt.

Anschließend können wir **map[]** dynamisch anlegen und, falls verlangt, die als Kommandoargumente angegebenen Blocknummern markieren. Gehören diese Blöcke zur Ilist, können wir dies sofort berichten. Derartige Berichte sind eine grundsätzliche Funktion von *icheck* und werden deshalb zentral von einer Funktion **report()** erstellt.

Jetzt kann die Aufgabe von *icheck* in drei oder vier Schritten erfüllt werden:

```
                     ckfree();
                     ckilist();
                     ckmap();
                     if (sflag)
                             mkfree();
                     free(map);
              }
              else
                     error("kein Platz fuer Blockliste");

              closedev();

              return Merrors != 0;
       }
```

ckfree() geht, ausgehend vom Super-Block, die Zeiger zur freien Liste durch und notiert alle derart erreichbaren Blöcke in **map[]**.

ckilist() geht alle Inodes durch und notiert für Dateien und Kataloge deren Datenblöcke in **map[]**.

Wenn ein Block in **map[]** notiert wird, darf er dort noch nicht bekannt sein, denn sonst ist er mehrfach erreichbar. Da **ckfree()** und **ckilist()** jeweils sequentiell vorgehen, werden alle möglichen Verwicklungen entdeckt:

- ein Block kommt mehrfach in der freien Liste vor.

- ein Block kommt in der freien Liste und verbunden mit einer Inode vor.

- ein Block kommt mehrfach mit der gleichen Inode verbunden vor.

- ein Block kommt mit verschiedenen Inodes verbunden vor.

ckmap() geht jetzt noch **map[]** durch und berichtet über alle Datenblöcke, die weder von **ckfree()** noch von **ckilist()** notiert wurden, die also aus dem Dateisystem 'verschwunden' sind.

mkfree() funktioniert ähnlich wie **freelist()** (Abschnitt 11.4.3): Der Super-Block wird mit einer leeren freien Liste initialisiert. Anschließend werden alle Datenblöcke, die *nicht* von **ckilist()** in **map[]** notiert wurden, in diese freie Liste eingetragen. 'Verschwundene' Blöcke werden dadurch wieder verfügbar und Verwicklungen zwischen der freien Liste und den Inodes werden entwirrt. Blöcke, die bei Inodes mehrfach vorkommen, bleiben davon allerdings unberührt.

Unabhängig davon, wie die einzelnen Schritte verlaufen sind, beenden wir jetzt den Zugriff auf die Gerätedatei mit der Hilfsfunktion **closedev()**. Ist irgendwo ein Fehler passiert, haben wir darüber mit **error()** berichtet. Diese Funktion hat die Anzahl ihrer Aufrufe in **Merrors** notiert. Der Erfolg von *icheck* hängt nun zum Schluß davon ab, daß **error()** nicht aufgerufen wurde.

11.5.3   Hilfsfunktionen – "maint"-Modul

Bestimmte Werte und Operationen werden für alle Pflegekommandos benötigt. Wir fassen sie deshalb in einem Hilfsmodul zusammen:

```
NAME                                                    MAINT
        maint - Hilfsfunktionen zur Dateisystem-Pflege

SYNOPSIS
        #include "maint.h"
                Block Mblocks;
                Dev Mdev;
                int Merrors;
                Inumber Mfiles;
                Block Mfsize;
                Block Misize;
                Buf * Msuper;

        Dev blkdev(name) char * name;
        closedev()
        error(fmt VARARG) char * fmt;
        opendev(name) char * name;
```

Da auch Variablen global zur Verfügung gestellt werden, vereinbaren wir diese in einer speziellen Definitionsdatei *maint.h*:

```
#ifndef GLOBAL
#        define  GLOBAL  extern
#endif

#define FS       "/dev/root"     /* Filesystem Voreinstellung */

GLOBAL struct {
        Dev m_dev;                /* aktuelle Geraetenummer */
        Buf * m_super;            /* Super-Block */
        Inumber m_files;          /* Anzahl Inodes */
        Block m_blocks;           /* Anzahl Blocks */
        Block m_isize, m_fsize;   /* Dateisystem-Layout */
        int m_errors;             /* Anzahl Fehler */
        } maint;
```

In *einer* Quelldatei müssen diese Variablen definiert werden, in den anderen Quelldateien sollten sie **extern** vereinbart werden. In beiden Fällen kann der gleiche Programmtext verwendet werden, denn wir codieren wie im Abschnitt 7.4.2 vorgeschlagen.

Da wir relativ viele globale Variablen einführen, sollten wir ihre Namen gegen Konflikte schützen. Mit einer Struktur kann man die Variablen unter einem einzigen globalen Namen zusammenfassen. Die Struktur selbst enthält zwar dann die einzelnen Namen als Komponenten, aber sie wird ja nur dort mit der Definitionsdatei vereinbart. Damit der Zugriff leichter zu formulieren ist, definieren wir wieder Zugriffsmakros:

```
#define Mdev     maint.m_dev
#define Msuper   maint.m_super
#define Mfiles   maint.m_files
#define Mblocks  maint.m_blocks
#define Misize   maint.m_isize
#define Mfsize   maint.m_fsize
#define Merrors  maint.m_errors

Dev blkdev();
```

Die Funktion **blkdev()** liefert eine Gerätenummer als Resultat. Wir vereinbaren auch sie deshalb in der Definitionsdatei.

Nach diesen Vorbemerkungen können wir uns jetzt den Hilfsfunktionen selbst zuwenden. **error()** wird wie **printf()** aufgerufen, gibt eine Fehlermeldung aus und inkrementiert die Fehlerzahl **Merrors**.

```
#define GLOBAL   /* globale Variablen definieren */
#include "maint.h"
#include "buf.h"
#include "inode.h"
#include "stat.h"
#include "minx.h"

error(fmt VARARG)
        register char * fmt;
{
        fprintf(stderr, fmt VARARG), putc('\n', stderr);
        ++ Merrors;
}
```

blkdev() untersucht, ob der als Argument übergebene Dateiname zu einem block-orientierten Gerät führt. Ist dies der Fall, liefert **blkdev()** die Gerätenummer als Resultat, andernfalls wird der aufrufende Prozeß abgebrochen. Die Gerätenummer erhält man in der Komponente **st_rdev** beim Systemaufruf **stat()**:

```
Dev blkdev(name)
        register char * name;
{       Stat buf;

        if (stat(name, &buf) == 0
            && isblk_(buf.st_mode))
                return buf.st_rdev;
        fatal("%s: kein Blockgeraet", name);
}
```

opendev() erwartet als Argument einen Dateinamen, der zu einem blockorientierten Gerät führt. Wird ein Nullzeiger übergeben, verwendet **opendev()** den in *maint.h* vordefinierten Namen **FS**. Handelt es sich um ein blockorientiertes Gerät, wird versucht, den Zugriff zu eröffnen. Außerdem wird über **Msuper** der Super-Block zur Verfügung gestellt. Aus dem Super-Block wird die Dimensionierung des Dateisystems berechnet und ausgegeben.

```
opendev(name)
        register char * name;
{
    if (! name)
            name = FS;

    if (! (Msuper = bopen_(Mdev = blkdev(name))))
            fatal("%s: kein Zugriff", name);

    Misize = BSisize(Msuper);
    Mfsize = BSfsize(Msuper);
    Mfiles = Misize * (BLOCK / sizeof(Dinode));
    Mblocks = ILIST + Misize + Mfsize;

    printf("%s: device %d/%d\n", name, major_(Mdev), minor_(Mdev));
    printf("\tisize %d (%d files), fsize %d (%d blocks total)\n",
            Misize, Mfiles, Mfsize, Mblocks);

    if (Misize <= 0 || Mfsize <= 0 || Misize > Mfsize)
    {       closedev();
            fatal("unglaublicher Super-Block");
    }
}
```

Der Schluß dieser Funktion zeigt das prinzipielle Handikap bei der Überprüfung des Dateisystems: die Dimensionierung des Dateisystems steht im Super-Block in den zwei Komponenten **s_isize** und **s_fsize**. Diese zwei Werte muß man im Wesentlichen akzeptieren – sind sie defekt, prüft man ins Nichts. **opendev()** führt deshalb eine rudimentäre Plausibilitätsprüfung durch.

opendev() eröffnet Zugriff auf das blockorientierte Gerät mit der Funktion **bopen_()**. Wie alle Benutzer dieser Funktion sind wir verpflichtet, diesen Zugriff auch wieder aufzulösen, andernfalls gerät der *minx*-Kern allmählich in Unordnung. Der *maint*-Modul stellt dafür deshalb noch die Prozedur **closedev()** zur Verfügung, die *grundsätzlich* aufgerufen werden muß, bevor der Prozeß beendet wird, der **opendev()** verwendet. **opendev()** hält sich selbst auch an diese Spielregeln, wenn **fatal()** aufgerufen wird.

```
closedev()
{
        if (Msuper)
        {       sync();
                bclose_(Mdev);
        }
}
```

sync() wird mehr oder weniger zur Illustration aufgerufen.

11.5.4 Details

ckfree() geht, ausgehend vom Super-Block, die Zeiger zur freien Liste durch und notiert alle derart erreichbaren Blöcke in **map[]**.

```
static ckfree()
{   Buf * super = bcache_(Mdev, SUPER, 0);
    Block free = 0, b;
    int f;

    if (super)
        do
        {   report(Bnum(super), "super", (Inumber) 0);
            for (f = 0; f < BSnfree(super); ++ f)
            {   b = BSfree(super, f);
                report(b, "free", (Inumber) 0);
                free += isdata(b, "free", FREE);
            }
```

Ausgehend vom Super-Block durchlaufen wir mit **super** alle Blöcke, die auf die freie Liste zeigen. Über jeden Block, den wir so erreichen, müssen wir möglicherweise berichten. Da dies eine häufige Operation ist, wird sie von einer Prozedur **report()** übernommen.

Im Block selbst berichten wir entsprechend über alle Blöcke, deren Adressen im Vektor **BSfree()** notiert sind. Zusätzlich zählen wir diese Blöcke, allerdings nur dann, wenn sie wirklich im Datenbereich des Dateisystems liegen. Auch diese Kontrolle ist so häufig, daß wir sie von einer neuen Funktion **isdata()** vornehmen lassen. **isdata()** kann dabei gleich untersuchen, daß ein Block nicht mehrfach vorkommt.

Haben wir alle Zeiger in dem von **super** bezeichneten Block erledigt, untersuchen wir, ob der Block seinerseits einen Nachfolger in der freien Liste besitzt:

```
        b = BSnext(super);
        bdone_(& super);
        if (b)
        {   if (isdata(b, "super", FREE))
                ++ free;
            else
                return;
```

Dies ist der Fall, wenn in **BSnext()** eine entsprechende Adresse gespeichert ist. Zeigt diese Adresse nicht auf einen Block im Datenbereich, ist unsere freie Liste ernsthaft defekt und wir können nur noch die weitere Untersuchung abbrechen. Andernfalls versuchen wir, diesen neuen Block als **super** zu übernehmen, seine Kontrollinformation zu verifizieren, und schließlich die Analyse fortzusetzen.

```
            if (super = bcache_(Mdev, b, 0))
            {   if (BSisize(super) != Misize
                    || BSfsize(super) != Mfsize)
                    error("%d: i/fsize??", b);
            }
            else
                    error("%d: freie Liste??",b);
        }
    } while (super);
    else
        error("%d: Super-Block??", SUPER);
    display(free, "free block", "", "s");
}
```

Zum Schluß zeigen wir noch die Anzahl der verfügbaren freien Blöcke. Auch die Formatierung der statistischen Information ist so häufig, daß wir dafür eine eigene Prozedur verwenden.

Untersuchen wir kurz die bisher verwendeten Hilfsroutinen:

```
static report(b, kind, i)
        register Block b;
        char * kind;
        Inumber i;
{
        if (b >= 0 && b < Mblocks && (map[b] & REPORT))
        {       printf("%d: %s block", b, kind);
                if (i)
                        printf(" in inode %d", i);
                putchar('\n');
        }
}
```

report() berichtet, falls die angegebene Adresse überhaupt plausibel und ein Bericht in den Kommandoargumenten verlangt wurde, in welchem Kontext der Block
gefunden wurde. In der Regel enthält **kind** den Blocktyp. Ist der Block einer Inode
zugewiesen, wird dies zusätzlich berichtet mit Hilfe des Parameters **i**.

Blöcke sollten sich immer im Datenbereich des Dateisystems befinden, also nach
der llist in einem Vektor mit **s_fsize** Elementen. In **map[]** darf der Block noch nicht
bekannt sein, denn sonst ist er mehrfach erreichbar. Beide Kontrollen übernimmt die
Funktion **isdata()**:

```
static int isdata(b, kind, use)
        register Block b;
        char * kind;
        int use;
{
        if (b < ILIST + Misize || b >= Mblocks)
                error("%d: Adresse (%s)??", b, kind);
        else if (map[b] & USED)
                error("%d: doppelt (%s)??", b, kind);
        else
        {       map[b] |= use;
                return 1;
        }
        return 0;
}
```

Gibt man Statistiken aus, sollte man Singular und Plural der Einheiten korrekt darstellen. Bei der Funktion **display()** erfolgt das mit Hilfe von drei Argumenten, dem anfänglichen Text und zwei möglichen Endungen. Wir haben hier **display()** immer mit den englischen Texten aufgerufen, das Verfahren funktioniert aber auch im Deutschen.

```
static display(n, text, single, more)
        int n;
        char * text;
        char * single, * more;
{
        if (n)
                printf("%9d %s%s\n", n, text, n == 1? single: more);
}
```

ckilist() geht alle belegten Inodes durch und notiert für Dateien und Kataloge deren Datenblöcke in **map[]**.

```
static ckilist()
{       Inode * ip;
        register Inumber i;
        Block used = 0;
        Inumber regs = 1, dirs = 0, blks = 0, chrs = 0;

        for (i = 1; i < Mfiles; ++ i)
                if (ip = icache_(Mdev, i, 0))
                {       if (Inlink(ip) < 0)
                                error("i %d: link-Zahl %ld??",
                                        i, Inlink(ip));
```

Eine Inode gilt als belegt, wenn ihre *link*-Zahl positiv ist. Negative *link*-Zahlen bemängeln wir entsprechend. Ist die *link*-Zahl positiv, müssen wir in Abhängigkeit vom Typ der Inode verfahren:

```
                      else if (Inlink(ip) > 0)
                              switch (istyp_(Imode(ip))) {
                              case S_IFREG:
                                      ++ regs;
                                      used += ckaddr(ip);
                                      break;
                              case S_IFDIR:
                                      ++ dirs;
                                      used += ckaddr(ip);
                                      break;
                              case S_IFCHR:
                                      ++ chrs;
                                      break;
                              case S_IFBLK:
                                      ++ blks;
                                      break;
                              default:
                                      error("i %d: Typ 0%06o??",
                                            i, Imode(ip));
                              }
```

Zum Zugriff auf die Inode verwenden wir die Funktion **icache_()** aus dem *inode*-Modul. Die Untersuchung der Datenblöcke erfolgt für Dateien und Kataloge gleich, wir überlassen sie daher einer Funktion **ckaddr()**. Ist der Zugriff auf die Inode abgeschlossen, geben wir sie mit **idone_()** wieder frei und fahren mit der nächsten Inode fort. Zum Schluß können wir zeigen, wieviele Blöcke belegt sind, wieviele Inodes belegt sind und mit welchen Typen:

```
                      idone_(& ip);
              }
              else
                      error("i %d: Zugriff??", i);
      display(used, "used block", "", "s");
      display(regs + dirs + chrs + blks, "used inode", "", "s");
      display(regs - 1, "file", "", "s");
      display(dirs, "director", "y", "ies");
      display(chrs, "character special file", "", "s");
      display(blks, "block special file", "", "s");
  }
```

Man beachte, daß der *icheck*-Algorithmus eine wesentliche Schwäche hat: **ckfree()** und **ckilist()** gehen das Dateisystem unabhängig voneinander und nacheinander durch. Ändert sich der Zustand zwischenzeitlich, wird *icheck* natürlich Fehler entdecken!

Denkpause 11.5 Auch die Anzahl der freien Inodes wäre nützlich zu wissen. ⇨

ckaddr() untersucht alle Blockadressen, die in einer Inode gespeichert sind, berichtet über die Verwendung der Blöcke und stellt sicher, daß die Blöcke im Datenbereich liegen.

```
static Block ckaddr(ip)
        register Inode * ip;
{       register Block b;
        int a;
        Block used = 0;

        for (a = 0; a < ADDR; ++ a)
                if (b = Iaddr(ip, a))
                {       report(b, "data", Inum(ip));
                        used += isdata(b, "data", DATA);
                }
        return used;

}
```

Prüfung und Bericht übernehmen die uns schon bekannten Routinen **isdata()** und **report()**. **ckaddr()** liefert als Resultat die Zahl der von der Inode aus erreichbaren Datenblöcke, damit die Statistik in **ckilist()** entsprechend geführt werden kann.

Denkpause 11.6 Eigentlich sollte eine Inode nur soviele Adressen enthalten, daß **di_size** gerade erfüllt werden kann. ⇨

Denkpause 11.7 Blockadressen können bekanntlich null sein – sie stehen dann für Blöcke, die nur aus Nullzeichen bestehen. Solche Blöcke entstehen durch Aufrufe von **lseek()** bei Schreibzugriff, die über das Ende einer Datei hinweg führen. Erweitern Sie die statistischen Angaben um die Zahl solcher Blöcke. ⇨

ckmap() geht jetzt noch **map[]** durch und berichtet über alle Datenblöcke, die weder von **ckfree()** noch von **ckilist()** notiert wurden, die also aus dem Dateisystem 'verschwunden' sind.

```
static ckmap()
{       register Block missing = 0, b;

        for (b = ILIST + Misize; b < Mblocks; ++ b)
                if (! (map[b] & USED))
                {       report(b, "missing", (Inumber) 0);
                        ++ missing;
                }
```

```
            if (missing)
            {       display(missing, "missing block", "", "s");
                    ++ Merrors;
            }
    }
```

Ein verschwundener Block gilt als Fehler, wir müssen also **Merrors** entsprechend inkrementieren.

mkfree() funktioniert ähnlich wie **freelist()** (Abschnitt 11.4.3): Der Super-Block wird mit einer leeren freien Liste initialisiert. Anschließend werden alle Datenblöcke, die *nicht* von **ckilist()** in **map[]** notiert wurden, in diese freie Liste eingetragen.

```
    static mkfree()
    {       register Block free = 0, b;

            BSisize(Msuper) = Misize;
            BSfsize(Msuper) = Mfsize;
            BSnfree(Msuper) = 0;
            BSnext(Msuper) = (Block) 0;
            bwrite_(Msuper);
            for (b = Mblocks; -- b >= ILIST + Misize; )
                    if (! (map[b] & DATA))
                            bfree_(Mdev, b), ++ free;
            display(free, "block", " rebuilt", "s rebuilt");
    }
```

Denkpause 11.8   Unsere Fassung von *icheck* produziert unter Umständen widersprüchliche oder mehrfache Fehlermeldungen. Ist zum Beispiel die Option **−s** angegeben, sollte man wohl keine Beschwerden über verschwundene Blöcke ausgeben, denn sie werden ja anschließend wieder in die freie Liste aufgenommen. Pro Block könnte man mit einem weiteren Bit in **map[]** die Zahl der Fehlermeldungen auf eine einzige beschränken. ➡

11.6   Konsistenz der Kataloge - "dcheck"

11.6.1   Prinzip

Das Katalogsystem besteht aus dem Wurzelkatalog /, von dem aus alle Kataloge, Dateien und Gerätedateien durch Pfade erreichbar sind. Das Dateisystem ist in bezug auf die Kataloge konsistent, wenn alle belegten Inodes genausooft erreichbar sind, wie dies ihre *link*-Zahlen angeben. Die Wurzel sollte ein Katalog sein und Inode Null muß belegt sein ohne einen Namen zu besitzen. Zur Überprüfung der Konsistenz der Kataloge kann das Kommando *dcheck* verwendet werden:

```
NAME                                              DCHECK(1M)
    dcheck - Pfade ueberpruefen

SYNOPSIS
    dcheck [-i inum...] [filesystem]
```

dcheck überprüft die Konsistenz der Kataloge auf dem durch **filesystem** bezeichneten, blockorientierten Gerät. Die Option **−i** dient zur Übermittlung von Inode-
Nummern an *dcheck*. Bei der Überprüfung der Kataloge berichtet *dcheck*, wo sich
die angegebenen Inodes im Katalogsystem befinden. Ist das Katalogsystem defekt,
kann man auf diese Weise die Position betroffener Inodes verfolgen. Außerdem kann
man Inodes untersuchen, über die im Zusammenhang mit Defekten im linearen Dateisystem von *icheck* berichtet wurde. Auch *dcheck* ist ein antiquiertes Programm,
das heute durch *fsck* weitgehend überholt ist, siehe Abschnitt 11.7.

11.6.2 Algorithmus

Die Vorbemerkungen zu *mkfs* im Abschnitt 11.4.2 und zu *icheck* im Abschnitt 11.5.2
gelten auch für *dcheck*: wir betrachten den Algorithmus im Kontext von *minx*, das
heißt, wir manipulieren Inodes und Dateizugriff mit den Abstraktionen der *inode*- und
file-Module aus dem *minx*-Kern.

```
#define USAGE    fatal("dcheck [-i inum...] [filesystem]")
#include "dir.h"
#include "file.h"
#include "inode.h"
#include "maint.h"
#include "minx.h"
#include <ctype.h>

static struct map {      /* Verwendung der Inodes... */
        Use nlink;              /* relative link-Zahl */
        char report;            /* != 0: Bericht */
} * map;
```

Zentrale Datenstruktur ist auch in diesem Programm **map[]**, eine Beschreibung aller
Inodes. Da wir für jede Inode die *link*-Zahl kontrollieren müssen, benötigen wir wenigstens einen Vektor von Zugriffszählern, in denen wir die Differenz zwischen tat-
sächlicher *link*-Zahl aus der Inode und nötiger *link*-Zahl, errechnet als Anzahl der
Pfade zur Inode, registrieren. Zur Speicherung der für die Option **−i** übergebenen
Inode-Nummern würde hier ebenfalls eine kleine Liste genügen, aber wir speichern
auch hier die Nachfrage nach Berichten in **map[]**.

```
MINX(dcheck)
{       char iflag = 0;          /* != 0: -i */
        char * filesystem = (char *) 0;

        OPT
        ARG 'i':
                iflag = 1;
        OTHER
                USAGE;
        ENDOPT
        switch (argc) {
        case 0:
                if (iflag)
                        USAGE;
                break;
        case 1:
                if (iflag
                    && (! isascii(**argv) || ! isdigit(**argv)))
                        USAGE;
        default:
                if (! isascii(* argv[argc-1])
                    || ! isdigit(* argv[argc-1]))
                        filesystem = argv[--argc];
                if (! iflag && argc)
                        USAGE;

        }
```

Die Dekodierung der Kommandoargumente erfolgt genau wie für *icheck* im Abschnitt 11.5.2. Anschließend wird der Zugriff auf das blockorientierte Gerät wieder mit Hilfe von **opendev()** eingeleitet und **map[]** wird dynamisch angelegt und initialisiert:

```
        opendev(filesystem);

        Merrors = 0;

        if (map = (struct map *)
                calloc(Mfiles, sizeof(struct map)))
        {       if (iflag)
                        do
                        {       register Inumber i;

                                if ((i=(Inumber) atoi(*argv)) < 0
                                    || i >= Mfiles)
                                        error("%d: Bereich?", i);
                                else
                                        map[i].report = 1;
                        } while (++ argv, -- argc);
```

```
                    ckizero();
                    ckiroot();
                    ckilist();
                    ckmap();
                    free(map);
            }
            else
                    error("kein Platz fuer Inode-Liste??");

            closedev();

            return Merrors != 0;
    }
```

Die eigentliche Prüfung erfolgt in vier Schritten:

ckizero() kontrolliert, daß Inode Null ein bestimmtes Format hat, das verhindert, das diese Inode als frei zur Verfügung gestellt werden kann.

ckiroot() stellt sicher, daß es sich bei der Wurzel wirklich um einen Katalog handelt.

ckilist() untersucht alle Inodes.

ckmap() liefert einen Prüfbericht mit Hilfe der Information, die **ckilist()** in **map[]** eingetragen hat.

In **ckilist()** wird für jede Inode eine Reihe von Tests vorgenommen, die sich auf die Plausibilität der Inode beziehen. Beispielsweise sollten *link*-Zahl und Dateigröße nicht negativ sein, die Inode sollte nur so viele Datenblöcke besitzen, wie ihrer Größe entspricht, Kataloge sollten wenigstens die reservierten zwei Pfadkomponenten enthalten, usw. In jedem Fall wird eine plausible *link*-Zahl zur **nlink**-Komponente der **map[]** addiert.

Für Kataloge wird der Inhalt der durch die Inode beschriebenen Datenfläche untersucht. Dort stehen Pfadkomponenten und Inode-Nummern. Man kann zum Beispiel das Format der Pfadkomponenten prüfen – sie dürfen nur am Schluß Nullzeichen enthalten. Die Inode-Nummern registriert man, indem man jeweils **nlink** für das betroffene Element in **map[]** dekrementiert, da ja ein weiterer Pfad zu der Inode entdeckt wurde. Ist das Katalogsystem konsistent, so müssen zum Schluß alle Komponenten **nlink** von **map[]** den Wert null besitzen.

11.6.3 Details

minx reserviert Inode Null dadurch, daß sie als Datei mit Größe null und einem Pfad definiert ist. Dies wird von **ckizero()** überprüft:

```
static ckizero()
{        Inode * ip = icache_(Mdev, 0, 0);

         report(0, "inode 0", 0);
         if (! ip
             || ! isfile_(Imode(ip))
             || Inlink(ip) != 1
             || Isize(ip) != (Size) 0)
                 error("0: defekt??");
         else
                 ckaddr(ip);
         if (ip)
                 idone_(& ip);
}
```

Den Zugriff auf eine Inode realisieren wir mit Hilfe der **icache_()**- und **idone_()**-Funktionen des *inode*-Moduls. Falls verlangt, erfolgt die Berichterstattung über Inodes durch die Prozedur **report()**, der Inode-Nummer, Kontext und eventuell eine übergeordnete Inode-Nummer übergeben werden:

```
static report(i, kind, j)
         register Inumber i;
         char * kind;
         Inumber j;
{
         if (i >= 0 && i < Mfiles && map[i].report)
         {        printf("%d: %.*s", i, DIRSIZ, kind);
                  if (j)
                          printf(", im Katalog %d", j);
                  putchar('\n');
         }
}
```

Es wird sich später zeigen, daß als Kontext manchmal auch die Pfadkomponente zur Verfügung steht, bei dem eine Inode gefunden wurde. Deshalb wählen wir zur Ausgabe ein String-Formatelement, das sich auch für Pfadkomponenten eignet, die ja nicht unbedingt mit Nullzeichen abgeschlossen sind. Auch hier muß man in **report()** verifizieren, daß nur auf ein existentes Element von **map[]** zugegriffen wird.

ckaddr() untersucht, was schon für *icheck* vorgeschlagen wurde, nämlich, ob eine Inode auch nur so viele Datenblöcke ihr eigen nennt, wie dies ihre Dateigröße erlaubt:

```
static ckaddr(ip)
        register Inode * ip;
{       int a = (Isize(ip) + BLOCK-1) / BLOCK;

        while (a < ADDR)
                if (Iaddr(ip, a++))
                {       error("%d: zu viele Bloecke??", Inum(ip));
                        break;
                }
}
```

Die notwendige Anzahl Blöcke ergibt sich aus der aufgerundeten Dateigröße. Jenseits davon dürfen keine Datenblöcke mehr in der Inode eingetragen sein. **ckaddr()** wird nur aufgerufen, wenn die Dateigröße der Inode plausibel ist. Wäre dies nicht der Fall, müßten wir den Adreßtest besser absichern.

Die Wurzel wird zusammen mit allen anderen Inodes überprüft. In **ckiroot()** untersuchen wir daher nur, ob es sich bei der Wurzel auch wirklich um einen Katalog handelt:

```
static ckiroot()
{       Inode * ip = icache_(Mdev, ROOT, 0);

        if (! ip
           || ! isdir_(Imode(ip)))
                error("%d: defekte Wurzel??", ROOT);
        if (ip)
                idone_(& ip);
}
```

mkfs erzeugt nur ein Dateisystem, bei dem die Wurzel ein Katalog ist. In *rmdir* weigern wir uns außerdem, die Wurzel zu löschen. Trotzdem...

Die eigentliche Arbeit leistet *dcheck* in **ckilist()**. Hier werden der Reihe nach alle Inodes je nach Typ geprüft:

```
static ckilist()
{       register Inumber i;
        Inode * ip;

        for (i = 1; i < Mfiles; ++ i)
                if (ip = icache_(Mdev, i, 0))
                {       map[i].nlink += Inlink(ip);
                        if (Inlink(ip) < 0)
                                error("%d: link-Zahl??", i);
                else
                                switch (istyp_(Imode(ip))) {
                                case S_IFDIR:
                                        report(i, "Katalog", 0);
                                        ckfile(ip);
                                        break;
                                case S_IFREG:
                                        report(i, "Datei", 0);
                                        ckfile(ip);
                                        break;
                                case S_IFBLK:
                                        report(i, "Block", 0);
                                        break;
                                case S_IFCHR:
                                        report(i, "Character", 0);
                                        break;
                                default:
                                        report(i, "Frei", 0);
                                        ckfree(ip);
                                }
                        idone_(& ip);
                }
                else
                        error("%d: kein Zugriff??", i);
}
```

Je nach Typ der Inode wird entsprechend berichtet. Anschließend übernehmen für Kataloge und Dateien **ckfile()** und für freie Inodes **ckfree()** die weitere Analyse. Geräte werden hier nicht näher untersucht.

Denkpause 11.9 Bei Geräten könnte man die Gerätenummern auf Plausibilität im lokalen System untersuchen. Warum ist dies zweischneidig? ☞

Denkpause 11.10 Bei Geräten könnte man untersuchen, daß wirklich nur die erste Blocknummer durch die Gerätenummer belegt ist. Ist dies wirklich problematisch?

☞

Freie Inodes, kenntlich daran, daß keine Pfade zu ihnen führen, daß also ihre *link*-Zahl null ist, sind relativ leicht zu prüfen:

```
static ckfree(ip)
        register Inode * ip;
{
        if (Inlink(ip))
                error("%d: frei, link-Zahl %d??",
                        Inum(ip), Inlink(ip));
        if (Imode(ip))
                error("%d: frei, mode 0%06o??",
                        Inum(ip), Imode(ip));
        if (Isize(ip))
                error("%d: frei, Groesse %ld??",
                        Inum(ip), Isize(ip));
        else
                ckaddr(ip);
}
```

Alle Einträge sollten gelöscht sein. Wir berichten jeden Fehler einzeln.

Dateien und Kataloge werden in **ckfile()** zunächst gemeinsam überprüft. Ihre *link*-Zahl sollte positiv sein – als 'frei' bezeichneten wir in **ckilist()** Inodes, deren Typ wir nicht verstanden – ihre Dateigröße muß plausibel sein und sie müssen die richtige Anzahl Datenblöcke besitzen:

```
static ckfile(ip)
        register Inode * ip;
{       int n;
        File * fp;
        Direct dir;

        if (! Inlink(ip))
                error("%d: benutzt, link-Zahl 0??", Inum(ip));
        if (Isize(ip) < (Size) 0 || Isize(ip) > MAXSIZE)
        {       error("%d: benutzt, Groesse %ld??",
                        Inum(ip), Isize(ip));
                return;
        }
        ckaddr(ip);
        if (! isdir_(Imode(ip)))
                return;
```

Ist die Dateigröße unsinnig, ziehen wir es vor, keine weiteren Prüfungen vorzunehmen. Andernfalls können wir die Datenblöcke wieder von **ckaddr()** untersuchen lassen.

Für Dateien ist die Prüfung damit abgeschlossen. Kataloge werden noch weiter analysiert:

```
if (Inlink(ip) < 2
    || Isize(ip) < (Size) 2 * sizeof(Direct)
    || Isize(ip) % sizeof(Direct))
{       error("%d: defekter Katalog??", Inum(ip));
        return;
}
```

Ein Katalog muß wenigstens **2** als *link*-Zahl besitzen. Die Dateigröße muß Platz für die reservierten Pfadkomponenten bieten, und sie muß außerdem ein ganzzahliges Vielfaches der Größe eines Katalogeintrags sein.

Ist die Inode als Katalog plausibel, müssen wir ähnlich wie bei *ls* die Einträge lesen und für die Inode-Nummern **map[].nlink** dekrementieren, denn wir haben ja jeweils einen Verweis auf die Inode gefunden. Problematisch ist an dieser Stelle nur, daß das Dateisystem nicht montiert ist, daß wir also den Katalog lesen müssen, ohne ihn mit **open()** ansprechen zu können. Wir verwenden dazu Routinen aus den *file*- und *io*-Modulen des *minx*-Kerns, die genau die nötigen Operationen realisieren. Im Ernstfall müßte man an dieser Stelle die durch die Adressen in der Katalog-Inode designierten Blöcke lesen.

```
if (fp = fopen_(Mdev, Inum(ip)))
{   while ((n = ifread_(fp, & dir, sizeof dir))
                == sizeof dir)
        if (dir.d_ino)
            if (dir.d_ino < 0
                || dir.d_ino >= Mfiles)
                error("%d: Verweis auf %d??",
                        Inum(ip), dir.d_ino);
            else
            {   report(dir.d_ino, dir.d_name, Inum(ip));
                -- map[dir.d_ino].nlink;
            }
    if (n)
        error("%d: E/A Fehler im Katalog??", Inum(ip));
    fclose_(& fp);
}
else
    error("%d: kein Zugriff zu Katalog??", Inum(ip));
}
```

Ist ein Katalogeintrag aktiv, das heißt, enthält er eine von null verschiedene Inode-Nummer, dann muß diese Nummer zunächst einmal plausibel sein, also in die Ilist zeigen. Ist dies der Fall, kann mit **report()** ein Bericht geliefert werden.

Denkpause 11.11 Überprüfen Sie das Format der Pfadkomponente in einem aktiven Katalogeintrag. In einem inaktiven Katalogeintrag sollte die Pfadkomponente vielleicht ebenfalls gelöscht sein? ➡

ckilist() hat alle Inodes untersucht und mit Hilfe von **ckfile()** die Pfade in **map[].nlink** registriert. Zum Schluß muß man überprüfen, daß das Katalogsystem wirklich konsistent ist, das heißt, daß jetzt **nlink** im ganzen Vektor **map[]** den Wert null besitzt:

```
static ckmap()
{          register Inumber i;

        for (i = 1; i < Mfiles; ++ i)
            if (map[i].nlink < 0)
                error("%d: link-Zahl um %d zu klein??", i,
                        - map[i].nlink);
            else if (map[i].nlink > 0)
                error("%d: link-Zahl um %d zu gross?", i,
                        map[i].nlink);
}
```

Die *link*-Zahl jeder Inode wurde zu **nlink** *addiert*, für jeden Verweis wurde **nlink** *dekrementiert*. Ist also **nlink** negativ, existieren zu viele Verweise, ist **nlink** positiv, existieren zu wenig Verweise auf die Inode.

Fehlerberichte sollte man in der Terminologie des Lesers formulieren. Außerdem müssen sie knapp und vollständig sein. Hier ist das ein bißchen schwierig: die Terminologie des Lesers wäre etwa *für ... existieren zu wenig Pfade*, aber im Abschnitt 11.7.4 werden wir sehen, daß der 'überlegt tapfere' Leser sich eben doch mit der *link*-Zahl auseinandersetzen muß. Wenigstens sollte man dem Leser andeuten, wie problematisch die Situation ist – eine mögliche Skala reicht von *Information* bis zu *Panik* und schließlich totalem Schweigen. Wir haben dies hier in Form von Fragezeichen angedeutet, die den Grad der Verblüffung andeuten sollen, die *dcheck* jeweils packt. Wirkliche UNIX Programme sind stiller!

Denkpause 11.12 Bei Disketten haben *icheck* und *dcheck* relativ lange Laufzeiten selbst bei sehr kleinen Dateisystemen. Untersuchen sie mit Hilfe der Ablaufverfolgung, woran das liegt. Wie kann man die Progamme ändern um das Problem zu umgehen? ➡

11.7 Reparatur

11.7.1 Prinzip – "fsck"

Längere Erfahrung mit UNIX zeigt, daß Dateisysteme selten bei normalem Rechenbetrieb zerstört werden. Problematisch sind in der Regel unüberlegte Aktionen des Super-Users und vor allem Hardware-Zusammenbrüche, sei es durch defekte Plattenlaufwerke, feine Instabilitäten im Hauptspeicher oder auch nur schlichte Schwankungen in der Stromversorgung.

UNIX Dateisysteme sind allerdings empfindlich, da sie praktisch keine redundante Information enthalten, wie zum Beispiel eine zweite Ilist, doppelte Adressen in den Inodes, Zeiger von Datenblöcken auf deren Besitzer, Kopien der freien Liste und vor allem (oder auch wenigstens) eine Kopie des Super-Blocks. Ist ein Dateisystem defekt, breitet sich der Fehler in der Regel aus. Es ist also unabdingbar, daß bei *jeder* Inbetriebnahme eines UNIX Systems als erste Amtshandlung eine Prüfung der Dateihierarchie vorgenommen wird. Ebenso sollte man jedes Dateisystem prüfen, bevor es mit **mount()** zu der Dateihierarchie hinzugefügt wird.

Prüfung und Reparatur werden heute in der Regel mit Hilfe des Kommandos *fsck* praktisch ohne Einflußnahme eines kundigen Benutzers durchgeführt:

```
NAME                                        FSCK(1M)
      fsck - Dateisystem pruefen und reparieren

SYNOPSIS
      fsck [-syn] [filesystem...]
```

fsck überprüft und korrigiert Dateisysteme. Ist kein **filesystem** angegeben, entnimmt *fsck* die Liste einer bestimmten Datei, meist */etc/checklist* oder */etc/fstab*. Die Korrektur erfolgt normalerweise im Dialog mit dem Benutzer, der vorgeschlagene Korrekturen mit der Antwort **yes** akzeptieren und mit **no** verhindern kann. Die Optionen unterdrücken den Dialog und nehmen die entsprechende Antwort von vornherein an.

fsck kontrolliert normalerweise auch die freie Liste und berechnet sie nur neu, wenn das Dateisystem defekt ist. Die Option **s** (**s**alvage) erzwingt eine Neukonstruktion.

In der Regel korrigiert *fsck* etwa so gut wie ein recht erfahrener Benutzer. Wirklichen Ärger gibt es nur, wenn man mit *fsck* eine Platte poliert, die gar nicht zu einem UNIX System gehört, oder wenn man mit einem defekten Laufwerk auf einem im Prinzip korrekten Dateisystem herumoperiert.

11.7.2 Inode modifizieren – "clri" und "ipatch"

Um die Korrekturvorgänge und -möglichkeiten bei *fsck* zu verstehen, betrachten wir, wie man ein vorgegebenes Dateisystem unter Einsatz von *icheck* und *dcheck* sowie gewisser anderer Kommandos aus definierten, typischen Fehlersituationen wiederbelebt. Im *minx*-Kern existiert beim Start im Speicher folgendes Dateisystem:

```
                                      |-- 3: root  b<0,0>
                                      |-- 4: A:    b<1,0>
                     |-- 2: dev [4] --|-- 5: B:    b<1,1>
                     |                |-- 6: null  c<0,0>
                     |                |-- 7: tty   c<1,0>
    |-- 1: / [3] --  |                |-- 8: err   c<1,2>
                     |
                     |                |-- 10: 1     [ 6, 7   ]
                     |                |-- 11: 2     [ 8, 9,10]
                     |-- 9: man [5] --|-- 12: 3     [11,12   ]
                                      |-- 13: stdio [13,14   ]
                                      |-- 14: 4     [15,16   ]
                                      |-- 15: 8     [17      ]
```

Folgende Bezeichnungen werden in diesem Diagramm verwendet:

n: name n ist die Inode-Nummer, *name* ist die Pfadkomponente.

[*b*,...]   zeigt für Dateien und Kataloge die abhängigen Datenblöcke.

d<*a,b*>   zeigt für Gerätedateien den Typ *d*, also **b** oder **c**, und die Geräte-nummer als Paar von *major*-Nummer *a* und *minor*-Nummer *b*.

Da sich dieses Dateisystem bei *minx* im Speicher befindet, also bei jedem Start von *minx* neu und korrekt geladen wird, ist unserer Zerstörungs- und Reparaturwut in bezug auf dieses Dateisystem keine Grenze gesetzt. Bevor wir allerdings reparieren können, müssen wir zunächst für Unordnung sorgen.

```
NAME                                              CLRI(1M)
      clri - Inode loeschen


SYNOPSIS
      clri filesystem inum...
```

Auch *clri* gehört zu den antiken Dateisystem-Pflegekommandos. Im angegebenen **filesystem** löscht es die angegebenen Inodes, ohne allerdings etwa die zugehörigen Datenblöcke freizugeben oder gar das Katalogsystem entsprechend zu korrigieren.

Wir werden noch sehen, daß *clri* auch zu Reparaturzwecken dienen kann. Für kontrollierte Zerstörungen ist das Kommando fast ideal – die einzige Sicherheit im Ernstfall besteht im Zugriffsschutz für die Gerätedatei **filesystem**.

dcheck und *icheck* werden übrigens mit ganz ähnlichen Argumenten aufgerufen. Bei beiden ist die Angabe der Gerätedatei nicht zwingend verlangt. *clri* weicht davon ganz bewußt ab. Naive Aufrufe in der Hitze des Gefechts mit einem defekten Dateisystem werden auf diese Weise mit gewisser Wahrscheinlichkeit verhindert.

Für *minx* ist *clri* trivial zu implementieren:

```
#define USAGE    fatal("clri filesystem inum...")
#include "inode.h"
#include "maint.h"
#include "minx.h"

static cleari(num)
        register Inumber num;
{       Inode * ip;

        if (num < 0 || num >= Mfiles)
                error("%d: keine Inode?", num);
        else if (ip = icache_(Mdev, num, 1))
        {       iwrite_(ip);
                idone_(& ip);

        }
        else
                error("%d: kein Zugriff??", num);
}

MINX(clri)
{
        OPT
        OTHER
                USAGE;
        ENDOPT
        if (argc < 2)
                USAGE;

        opendev(*argv);
        ++ argv, -- argc;

        Merrors = 0;

        do
                cleari((Inumber) atoi(*argv));
        while (++argv, --argc);

        closedev();

        return Merrors != 0;
}
```

Die einzige Falle besteht bei einer Implementierung für UNIX darin, daß *clri* einen *Teil* eines Blocks auf der Platte, eben die Inode, neu schreibt. Der Rest des Blocks darf dadurch natürlich nicht verändert werden. Man muß also unbedingt zuerst den ganzen Block lesen, dann im Puffer die Inode ändern, und schließlich den ganzen Block in die Ilist zurückschreiben. Dies findet bei *minx* in **inodeio()** tief im *inode*-Modul statt.

Es ist offensichtlich, daß das Verfahren ziemlich sicher mit viel Ärger endet, wenn man das betroffene Dateisystem im ganzen Zeitraum nicht exklusiv besitzt! Auch bei *minx* ist ein Aufruf **icache_(..., 1)**, mit dem die Inode gelöscht ins Inode-Depot gebracht werden soll, nur erfolgreich, wenn gleichzeitig kein anderer Zugriff die Inode schon im Inode-Depot festhält. Markiert man die Inode nicht mit **iwrite_()** als modifiziert, wird sie nicht in die Ilist zurückübertragen.

Für Reparaturen kann man mit *clri*, *dcheck* und *icheck* auskommen. Kompliziertere Verwicklungen kann man auch dadurch anrichten, daß man eine Inode mit einem *Debugger* wie *adb*(1) verändert. Um zu zeigen, daß man mit sehr geringem Aufwand auch ein Programm schaffen kann, das speziell die Änderung einer Inode ermöglicht, ohne daß man dazu in die Geheimnisse von *adb* und Konsorten eindringen muß, skizzieren wir hier noch *ipatch* :[2]

```
       NAME                                             IPATCH
              ipatch - Inode modifizieren


       SYNOPSIS
              ipatch filesystem


       KOMMANDOS
              a pos block          i.di_addr[pos] = block
              l nlink              i.di_nlink = nlink
              m mode               i.di_mode = mode
              p                    printf(i)
              q, control-D         exit()
              r [ inum ]           i = Ilist[inum]
              s size               i.di_size = size
              w [ inum ]           Ilist[inum] = i
```

ipatch dient zur Änderung der Ilist vom angegebenen **filesystem**. Die Kommandos lehnen sich sehr stark an den Editor *ed* an:

> **r** liest eine Inode in den Arbeitsraum von *ipatch* ein. Beim ersten Mal muß eine Inode-Nummer angegeben werden, später erinnert sich *ipatch* an die zuletzt verwendete Nummer.

---

[2] *ipatch* ist ein Wortspiel.

a l, **m** und **s** definieren mit ihren Argumenten die entsprechenden Komponenten der Inode neu.

p zeigt die im Arbeitsspeicher befindliche Inode.

w schließlich schreibt die Inode in die Ilist zurück. Eine Inode-Nummer kann explizit angegeben werden, damit ist auch ein Kopieren von Inodes möglich.

ipatch hat die typische Architektur eines Editors. Das Hauptprogramm besteht aus einer kleinen Schleife, in der Kommandos zeilenweise eingelesen und in Abhängigkeit von ihrem ersten Buchstaben an entsprechende Prozeduren zur Bearbeitung übergeben werden:

```
opendev(*argv);

while (gets(cmd) && *cmd != 'q')
{       switch (* cmd) {
        case 'a':
                addr(cmd+1);
                continue;
        case 'l':
                lcnt(cmd+1);
                continue;
        case 'm':
                mode(cmd+1);
                continue;
        case 'p':
                show();
                continue;
        case 'r':
                get(cmd+1);
                continue;
        case 's':
                size(cmd+1);
                continue;
        case 'w':
                put(cmd+1);
                continue;
        }
        puts("a l m p q r s w?");
}

closedev();
```

Die Prozeduren bearbeiten eine global zur Verfügung stehende Inode. Wir betrachten als Beispiel nur **put()**, alle anderen Kommandos werden analog realisiert:

```
        static Inumber dinum = -1;        /* >= 0: Inode im Speicher */
        static Dinode di;

        static put(cp)                    /* w [ ino ] */
               register char * cp;
        {      Inumber num;
               Inode * ip;

               if (sscanf(cp, "%hd", & num) == 1)
               {      if (num < 0 || num >= Mfiles)
                      {      error("w [ 0..%d ]", Mfiles-1);
                             return;
                      }
               }
```

sscanf() liefert als Resultat die Anzahl der umgewandelten und zugewiesenen Werte. Finden wir wirklich ein dezimales Argument, muß dessen Wert auch als Inode-Nummer zulässig sein. Wir erlauben speziell, daß auch Inode Null manipuliert werden darf.

```
               else if ((num = dinum) < 0)
               {      error("w 0..%d", Mfiles-1);
                      return;
               }
```

Ist kein dezimales Argument angegeben worden, verwenden wir die gespeicherte Inode-Nummer **dinum**. Ist diese nicht negativ, so wurde sie schon früher verifiziert. Andernfalls wurde noch keine Inode eingelesen oder geschrieben, und wir zeigen unserem Benutzer die Möglichkeiten des **w**-Kommandos in *ipatch*, und zwar in Abhängigkeit von der vorhandenen Ilist.

Ist das Argument auf diese Weise verifiziert, schreiben wir die im Speicher vorhandene Inode ohne weitere Analyse ins Dateisystem:

```
               if (ip = icache_(Mdev, num, 1))
               {      Idinode(ip) = di, iwrite_(ip);
                      idone_(& ip);
               }
               else
                      error("kein Zugriff??");
        }
```

11.7.3   Lineare Verwicklungen

In der Regel wird ein Dateisystem dadurch defekt, daß der Rechner zum Beispiel durch Stromausfall zum Stehen kommt, bevor alle im Block-Depot befindlichen Blöcke im Dateisystem aktualisiert wurden. Bei einem Zusammenbruch des Systems, also bei **panic**, wird deshalb auch noch versucht, den Systemaufruf **sync()**

auszuführen. In der Regel findet man in den Systemunterlagen auch noch Hinweise, wie man bei Zusammenbrüchen manuell einen Sprung zur **panic**-Routine im Systemkern provozieren kann, damit **sync()** stattfindet.

Sind Blöcke nicht aktualisiert, herrscht primär Unsicherheit, welche Blöcke zur freien Liste gehören, und welche sich (schon oder noch) im Besitz von Inodes befinden. Die Unsicherheit wird dadurch sichtbar, daß *icheck* sich über 'fehlende' oder 'doppelt vorhandene' Blöcke beschwert. Korrigiert man diese Probleme sofort, ist es kaum möglich, daß Blöcke gleichzeitig von mehreren Inodes aus erreichbar sind.

Zur Korrektur muß man jetzt nur die freie Liste als Komplement der von den Inodes aus erreichbaren Datenblöcke neu berechnen:

```
inode -s ...
```

Ein zweiter Lauf von *icheck* darf keine Fehlermeldungen mehr liefern. Ist dies doch der Fall, handelt es sich um Blöcke, die mehreren Inodes gleichzeitig gehören. Diese Situation ist nicht mehr problemlos zu korrigieren, da verschiedene Inodes schließlich verschiedene Datenmengen beschreiben, die nicht gut gleichzeitig in den gleichen Blöcken stehen können.

Mit der Option **−b** kann man jetzt von *icheck* die betroffenen Inode-Nummern erfahren. Ist das Katalogsystem noch relativ unbeschädigt, kann ein Kommando *ncheck*(1M) dazu verwendet werden, die zu diesen Inode-Nummern gehörenden Namen festzustellen. Die Situation ist trotzdem fast nur radikal zu korrigieren: man sollte die betroffenen Inodes mit *clri* löschen und anschließend nochmals die freie Liste neu berechnen.

Stellt man mit *ncheck* fest, daß große oder besonders liebenswerte Dateien betroffen sind, kann man das Problem auch ausklammern, später in der Dateihierarchie die Dateien kopieren, dann erst die Inodes löschen, die freie Liste neu bilden und schließlich mit einem Editor oder ähnlichen Programmen versuchen, möglichst große Teile der Dateien aus den Kopien zu regenerieren. Entscheidend ist bei einem solchen Unternehmen, daß keine Verwicklungen zwischen der freien Liste und den Inodes bestehen, sonst richtet man beim Kopieren nur noch mehr Schaden an!

Denkpause 11.13 Das Problem kann man bei *minx* mit folgenden *ipatch* Kommandos herbeiführen:

```
$ ipatch /dev/root
r 12                     { /man/3 }
a 0 13                   { aus /man/stdio }
w
q
```

Versuchen Sie, den neuen Inhalt der betroffenen Dateien zu retten. Hinweis: Da das Dateisystem im Speicher sehr klein ist, müssen Sie eine andere Datei löschen um Platz zu schaffen. ✐▷

Ist ein Katalog von Verwicklungen betroffen, muß man leider auch die Datenfläche mit *clri* und *icheck* entwirren. In diesem Fall verliert man aber möglicherweise den Zugriff über Pfade auf die Inodes, die in dem Katalog eingetragen werden. *fsck* verfügt über eine elegante Reparaturtechnik für diese Situation, siehe Abschnitt 11.7.5.

Denkpause 11.14 Löschen Sie Inode 9, also den Katalog **man**, und versuchen Sie mit *ipatch* die dort vorher enthaltenen Dateien dadurch zu retten, daß Sie Inodes im Katalog **dev** überschreiben. Vorsicht: Nicht alle Inodes sind dort überflüssig. Das Problem ist lösbar, ohne daß auch nur eine Inode verlorengeht. Sollte man in einem Dateisystem eine Reihe von 'unbenutzten' Pfaden mit Inodes am Ende für solche Reparaturen reservieren, oder geht das noch einfacher? ✏▷

11.7.4 Katalogprobleme

Hat man das lineare Dateisystem zur Zufriedenheit von *icheck* korrigiert, muß man sich um das Katalogsystem kümmern. *dcheck* kennt zwei prinzipielle Probleme: die *link*-Zahl einer Inode kann zu groß oder zu klein sein.

Ist die *link*-Zahl zu klein, kann das langfristig zu Schwierigkeiten führen. In diesem Fall verweisen nämlich mehr Pfade auf die Inode, als in der Inode selbst notiert ist. Ist die *link*-Zahl bereits null, wird die Inode als frei betrachtet und später für **creat()** oder **mknod()** vergeben, obgleich sie möglicherweise Daten kontrolliert, die über Pfade noch angesprochen werden können. Ist die *link*-Zahl noch nicht null, kann sie es dadurch werden, daß einige der Pfade zur Inode gelöscht werden!

Man korrigiert das Problem entweder mit einem Programm wie *ipatch*, mit dem man die *link*-Zahl den tatsächlichen Gegebenheiten anpassen kann, oder indem man die betroffenen Daten wieder kopiert und anschließend alle Namen löscht, die auf die Inode verweisen. Die Namen kann man bei *minx* mit der Option −**i** bei *dcheck* oder allgemein wieder mit *ncheck*(1M) erfahren. Hat eine der betroffenen Inodes schon null als *link*-Zahl, darf man natürlich nur in eine existente Datei kopieren, sonst zerstört man unter Umständen gerade eine der Inodes, deren Daten man retten will.

Denkpause 11.15 *dcheck* sollte vielleicht eine Option besitzen, die die aus den Pfaden berechneten *link*-Zahlen in die Inodes einträgt. ✏▷

Ist die *link*-Zahl in einer Inode zu groß, kann sich das Problem wenigstens nicht ausbreiten. Werden alle Pfade zu der betroffenen Inode gelöscht, ist die *link* Zahl dadurch nicht auf null zu reduzieren; die Inode und die von ihr kontrollierten Daten verbleiben im linearen Dateisystem, ohne vom Katalogsystem noch erreichbar zu sein.

Auch dieses Problem läßt sich durch Kopieren der Daten, Entfernen aller relevanten Namen, Löschen der betroffenen Inode und Neukonstruktion der freien Liste lösen, vorausgesetzt, es existiert wenigstens noch *ein* Pfad zur betroffenen Inode. Kein Pfad verbleibt zum Beispiel, wenn ein übergeordneter Katalog verlorengeht, siehe Denkpause 11.14.

11.7.5 Ausblick – "fsck"

Die beiden vorhergehenden Abschnitte haben skizziert, wie man ein defektes Dateisystem einigermaßen systematisch reparieren kann. Man kann diese Schritte durchaus automatisieren:

Im Wesentlichen mit einem Durchgang von *icheck* identifiziert man alle Inodes, die Datenblöcke nicht exklusiv besitzen. Verwicklungen mit der freien Liste läßt man dabei außer acht.

Die betroffenen Inodes werden gelöscht.

Mit einem Durchgang von *dcheck* werden jetzt die korrekten *link*-Zahlen bestimmt. Dabei entdeckt man auch Katalogkomponenten, die nicht auf die Ilist oder auf nicht mehr vorhandene Inodes verweisen.

Die Komponenten sowie die *link*-Zahlen werden korrigiert.

Entstehen dadurch freie Inodes, können die von ihnen kontrollierten Datenblöcke freigegeben werden.

Zum Schluß wird falls nötig die freie Liste neu berechnet.

Durch Intervention eines kundigen Benutzers kann man Inodes und Pfade vor der Zerstörung durch *fsck* bewahren. Wie früher besprochen, kann der Benutzer dann noch versuchen, Teile von Dateien zu retten, die durcheinandergeraten sind.

Wir haben auch gesehen, daß man Inodes ohne Pfade dadurch retten kann, daß man mit der Inode-Information eine andere Inode überschreibt, die noch einen Pfad besitzt. Eine andere Lösung desselben Problems besteht darin, daß man einfach in einen Katalog eine neue Pfadkomponente einträgt und diese mit der herrenlosen Inode verknüpft.

Moderne Versionen von *fsck* realisieren diese Technik. Allerdings befindet sich zu diesem Zeitpunkt die freie Liste meist grob in Unordnung, folglich muß das 'Katalog-Fundbüro' schon existieren und für den gewünschten Eintrag Platz bieten. *mkfs* oder der kundige Systemverwalter legen deshalb in jedem Dateisystem im Wurzelkatalog einen Katalog *lost+found* an, der viele unbenutzte Einträge enthält, und den *fsck* dann verwendet:

```
mkdir lost+found
cd lost+found
for i in 0 1 2 3 4 5 6 7 8 9 a b c d e f
do      for j in 0 1 2 3 4 5 6 7 8 9 a b c d e f
        do      >$i$j
        done
done
rm -f *
```

Da Kataloge beim Löschen von Dateien nicht verkürzt werden, entstehen so 256 freie Einträge. Der Katalog muß natürlich angelegt werden, bevor die ersten Probleme auftreten und bevor *fsck* bemüht wird. Der Aufwand lohnt sich ohnehin nur für Dateien, deren Größe von null verschieden ist.

Bleibt ein prinzipielles Problem: wir haben immer wieder betont, daß die hier beschriebenen Verfahren nur funktionieren, wenn sie auf ein Dateisystem angewendet werden, das exklusiv zur Verfügung steht. Gehört das Dateisystem zur Dateihierarchie, passiert im günstigen Fall gar nichts, insbesondere auch keine Korrektur. In weniger günstigen Fällen kommt es zu Konflikten zwischen Korrektur und Systemkern.

Man darf also eigentlich nur Dateisysteme reparieren, die nicht durch **mount()** zum Teil der Dateihierarchie wurden. Ist die beim Start des Systems notwendige Dateihierarchie selbst defekt, sollte man sie als Dateisystem von einer zweiten Hierachie aus reparieren, die man zu diesem Zweck vorbereitet hat, und die man normalerweise außerhalb des Rechners aufbewahrt. Ist dies nicht möglich, muß man dafür sorgen, daß möglichst wenig Aktivität im System herrscht. Dann repariert man, und anschließend muß man verhindern, daß die reparierte Information und etwa noch im System verborgene, alte Informationen im Dateisystem auf der Platte in Konflikt geraten, das heißt, man muß nach der Reparatur das System sofort neu starten, um zu verhindern, daß veraltete Information aus dem Systemkern zur Platte gelangt. Dies würde als Konsequenz eines Aufrufs von **sync()** erfolgen, denn der sorgt zum Beispiel dafür, daß der im System verborgene ursprüngliche Super-Block mit einer möglicherweise defekten freien Liste zur Platte gelangt. **sync()** darf also nach einer solchen Reparatur *nicht* ausgeführt werden!

Kapitel 12: Prozesse

Ein *Prozeß* ist nach Definition die Ausführung eines Programms. Aus der Sicht des Betriebssystems ist ein Prozeß eigentlich eine Datenstruktur, die das System befähigt, die Ausführung eines Programms in die Wege zu leiten, zu unterbrechen und fortsetzen zu lassen, um schließlich bei Programmende einem Auftraggeber zu berichten. In der UNIX Literatur findet man daher den Begriff *Image* für den Zustand eines hypothetischen Computers, auf dem ein Programm ausgeführt wird, und unter einem Prozeß versteht man dann die Ausführung von einem Image auf dem Computer selbst [Rit74a].

Zu einem Image gehören natürlich der Programmtext und die vom Programm manipulierten Daten, also die im Programm definierten Variablen und die dynamisch erworbenen Datenflächen. Der hypothetische Computer hat aber auch noch Zustandsvariablen, die im Programm nicht explizit ausgewiesen werden: Programmzähler, Condition Codes, Register usw. Auch die Dateiverbindungen, über die das Programm verfügt, gehören zum Image. Daten und Zustandsvariablen gehören jeweils zu einem einzigen Image. Dateiverbindungen können, wie wir im Kapitel 10 gesehen haben, zu mehr als einem Image gleichzeitig gehören, und auch den Zugriff auf einen Programmtext kann sich ein Image mit anderen teilen, wenn der Programmtext *pure* ist, das heißt, während der Ausführung nicht verändert wird.

Die meisten Betriebssysteme ermöglichen scheinbar gleichzeitig mehrere Prozesse, indem sie einem Prozeß erlauben, ein neues Image zu kreieren, das dann mehr oder weniger abwechselnd mit dem ursprünglichen Image zur Ausführung gebracht wird. Primitivere Betriebssysteme wie CP/M-86 oder MS-DOS führen zuerst das neue Image bis zum Programmende aus und kehren dann zum ursprünglichen Prozeß zurück, flexiblere Systeme wechseln von einem rechenbereiten Image zum nächsten.

In diesem Kapitel betrachten wir Vokabeln und Techniken zum Prozeßmanagement bei UNIX: mit **fork()** kann ein Prozeß sein Image kopieren, durch **exec** kann ein Prozeß sein Image neu definieren, das heißt, ein neues Programm zur Ausführung bringen, **exit()** bricht den Prozeß ab und **wait()** unterbindet die weitere Ausführung eines Prozesses, bis ein von ihm früher erzeugter Prozeß seine Ausführung beendet. UNIX kann von einem Image zu einem anderen (oder auch zum gleichen) ein *Signal* übertragen. Ein Prozeß kann sich mit **signal()** auf das Eintreffen eines Signals vorbereiten und er kann mit **kill()** ein Signal zu einem Image senden. **pause()** unterbindet die weitere Ausführung eines Prozesses, bis ein Signal zugestellt wird. Ein Signal kann auch vom Terminal her erzeugt werden, oder mit **alarm()** bei der Zeitverwaltung im Betriebssystem bestellt werden. **pipe()** schließlich ist eine Dateiverbindung, die von einem Image zu einem anderen führen kann, und die deshalb wohl die häufigste Form von Prozeßkommunikation im UNIX System darstellt.

Zur Illustration betrachten wir, wie die Büchereifunktionen **system()** und **popen()** implementiert werden und wir untersuchen, wie die Shell prinzipiell funktioniert. Wir skizzieren auch zwei klassische Anwendungen für Prozeßkommunikation, nämlich Stapelverarbeitung beim Drucker (*spooling*) und bei aufwendigen Rechnungen (*batch*).

12.1   Manipulationen mit Programmen und Prozessen
12.1.1   Ein neues Image – "exec"

```
NAME                                                      EXEC(2)
        exec - Programm zur Ausfuehrung bringen

SYNOPSIS
        #define NULL (char *) 0

        int execlp(name, arg0, arg1, ..., argn, NULL)
        int execvp(name, argv)

        int execl(name, arg0, arg1, ..., argn, NULL)
        int execv(name, argv)

        int execle(name, arg0, arg1, ..., argn, NULL, envp)
        int execve(name, argv, envp)
        extern char ** environ;

           char * name, * arg0, * arg1, ..., * argn;
           char ** argv, ** envp;
```

exec in seinen verschiedenen Formen ist der Systemaufruf, mit dem ein Prozeß sein eigenes Image neu definiert: **name** verweist auf eine Datei, die ein übersetztes Programm (also kein Shell-Skript) enthalten muß. Dieses Programm kommt im gleichen Prozeß an Stelle des bisherigen Programms zur Ausführung. **exec** hat tatsächlich einen Resultatwert: kann die Datei nicht als Image verwendet werden, liefert **exec -1**. Im Regelfall kommt das ursprüngliche Programm natürlich vom Aufruf von **exec** nicht zurück.

Die verschiedenen Formen von **exec** unterscheiden sich in der Art der Parameter und im Stil der Suche nach der Datei: **execlp()** und **execvp()** suchen nach der Datei unter Verwendung des Suchpfads der Shell, also mit den Teilwerten der Shell-Variablen **PATH** vor dem in **name** befindlichen Dateinamen. Die anderen Funktionen verwenden **name** direkt.

Bei der Parameterübergabe geht es aus der Sicht der C Programmierung darum, Zeichenketten von **exec** an **main()** zu übergeben. Im Abschnitt 5.16 wurde ausgeführt, daß **main()** einen Vektor **argv[]** von Zeichenketten erhält, der mit einem Nullzeiger abschließt. **argc**, die Anzahl der Zeigerwerte in diesem Vektor vor dem abschließenden Nullzeiger, ist leicht zu bestimmen und muß folglich nicht von **exec** erzeugt werden.

Bei **execlp()** und **execl()** werden die einzelnen Zeichenketten auch als einzelne Argumente angegeben, bei **execvp()** und **execv()** sind sie in einem Vektor zusammengefaßt. Die **execl**-Formen sind leichter in der Handhabung, aber nur bei den

execv-Formen kann man eine zur Laufzeit variable Anzahl von Argumenten übergeben. Den abschließenden Nullzeiger sollte man übrigens nicht als Integer formulieren, da bei manchen Implementierungen eine Integer weniger Platz benötigt als ein Zeiger.

Man sieht hier, daß der Dateiname für das neue Programm und das Argument **arg0** oder **argv[0]** durchaus nicht gleich sein müssen. Nach Konvention übergibt man allerdings meistens den Wert **basename(name)**[1] als erstes Argument an **main()**.

12.1.2   Verdeckte Argumente

Im Abschnitt 9.6.2 lernten wir die Büchereifunktion **getenv()** kennen, mit der sich ein Programm Zugang zu manchen Shell-Variablen verschaffen kann. **getenv()** durchsucht dazu den Vektor **environ[]**, der ähnlich wie **argv[]** organisiert ist: er besteht aus Zeigerwerten und einem abschließenden Nullzeiger. Jeder Zeigerwert verweist auf eine Zeichenkette, die aus einem Variablennamen, = und dem Wert der Variablen besteht.

Denkpause 12.1   Das Shell-Kommando *set* zeigt alle Variablen und ihre Werte, das Shell-Kommando *export* zeigt die Variablennamen, die für Export markiert sind. Von Berkeley gibt es das Kommando *printenv*, das Variablen und Werte zeigt, die einem Programm übergeben wurden. Untersuchen Sie Denkpause 9.10 mit *printenv* an Stelle von *show*. ▭▷

Auch der Vektor **environ[]** wird bei **exec** übergeben. Wenn man die Funktionen **execle()** oder **execve()** verwendet, kann man den Vektor **envp[]** explizit vorgeben, bei den anderen Versionen von **exec** werden die Shell-Variablen einfach durchgereicht:

```
int execv(namc, argv)
        char * name, ** argv;
{       extern char ** environ;

        return execve(name, argv, environ);
}
```

Denkpause 12.2   Kann sich **execl()** analog auf **execle()** stützen? ▭▷

environ[] ist als globale Variable ganz praktisch, sonst hätte **getenv()** nämlich gewisse Schwierigkeiten beim Zugriff auf die Werteliste. Tatsächlich steht die Werteliste bei **main()** auch explizit zur Verfügung, denn **main()** hat folgende vollständige Parameterliste:

---

[1]   **basename()** ist keine Büchereifunktion. Wir haben sie im Abschnitt 9.7.2 definiert.

```
int main(argc, argv, envp)
        int argc;              /* Elemente in argv[] */
        char ** argv;          /* Name und Argumente */
        char ** envp;          /* environ[] */
{
        ...
```

12.1.3 Prozeßmanagement – "exit()", "fork()" und "wait()"

Die restlichen Systemaufrufe zum Umgang mit Prozessen sind erheblich einfacher als **exec** mit allen seinen Abarten:

```
NAME                              EXIT(2), FORK(2), WAIT(2)
        exit() - Prozess beenden
        fork() - Prozess erzeugen
        wait() - Prozessende abwarten

SYNOPSIS
        exit(code) int code;
        _exit(code) int code;
        int fork()
        int wait(statusp) int * statusp;
```

exit() haben wir schon häufig benützt. Wir sahen im Abschnitt 10.13.4, daß **exit()** zwei Aufgaben hat: die Dateiverbindungen müssen gelöst werden, bevor der Prozeß selbst beseitigt werden kann. Verwendet man *stdio*, müssen bei **exit()** zusätzlich die Ausgabepuffer der *stdio*-Bücherei noch geschrieben werden. **exit()** muß also **fclose()** auf Benutzerebene und nicht nur **close()** innerhalb vom System implizieren.

exit() ist daher eine Funktion der *stdio*-Bücherei, die die nötigen Aufräumungsarbeiten vornimmt. **_exit()** ist der eigentliche Systemaufruf, der den aufrufenden Prozeß eliminiert. Bei **exit()** werden die *stdio*-Puffer noch geleert, bei **_exit()** nicht.

Denkpause 12.3 Aus der Definitionsdatei *stdio.h* ergibt sich, wie **exit()** formuliert werden muß. ➡

So wie **exec** mit **main()** kooperiert – allerdings im gleichen Prozeß – arbeiten auch **exit** und **wait()** zusammen: **wait()** blockiert einen Prozeß, bis ein von ihm erzeugter Prozeß **exit** ausführt. **wait()** liefert dann die Prozeßnummer des beendeten Prozesses. Hat ein Prozeß keine Prozesse erzeugt, oder wurde **wait()** unterbrochen (siehe Abschnitt 12.2.4), liefert **wait()** wie bei Systemaufrufen üblich **-1**.

Das Argument, das an **exit** im beendeten Prozeß übergeben wurde, kann man bei **wait()** empfangen: hat **wait()** keinen Nullzeiger als Argument, wird über den Zeigerwert ein Integer-Wert abgelegt, den man folgendermaßen decodieren kann:

```
#define code(x)  ((x) >> 8 & 255)
#define core(x)  ((x) >> 7 &   1)
#define sig(x)   ((x)      & 127)
```

code(*statusp) ist der Wert, der an **exit** übergeben wurde. Man kann also nur einen relativ kleinen Wertebereich verwenden. **core(*statusp)** ist dann nicht null, wenn für den beendeten Prozeß ein Speicherauszug, also eine Datei *core* im Arbeitskatalog des Prozesses, angelegt wurde. **sig(*statusp)** erklärt, warum der Prozeß beendet wurde. Geschah dies aus eigenem Entschluß, also durch expliziten Aufruf von **exit**, oder durch impliziten Aufruf am Ende des Hauptprogramms, ist **sig(*statusp)** null. Wurde der Prozeß durch eigenes oder fremdes Verschulden abgebrochen, ist **sig(*statusp)** die *Signalnummer*, die für den Abbruch verantwortlich ist. Signale besprechen wir im Abschnitt 12.2.

UNIX überträgt von **exit** an **wait()** einen Wert. Wurde **wait()** noch nicht aufgerufen, muß dieser Wert im System aufbewahrt werden – dies geschieht in der Prozeßtabelle des Systems. Man kann dies folgendermaßen demonstrieren:

> `$ date & date & date & ps &`

ps sollte jetzt drei Prozesse in einem bereits beendeten Zustand zeigen. Klappt dies nicht, kann man *sleep* vor *ps* einschalten; wichtig ist nur, daß alle Aktivitäten im Hintergrund erfolgen.

wait() hat also eine sehr wichtige Reinigungsfunktion für das System. Geht ein Prozeß zu Ende, bevor die von ihm erzeugten Prozesse abgeschlossen sind, erbt der Initialisierungsprozeß des Systems, Prozeß 1, diese Prozesse. Da dieser Prozeß und für Hintergrundprozesse zunächst die Shell sehr häufig **wait()** ausführen, ist im Normalfall für eine kontinuierliche Reinigung der Prozeßtabelle gesorgt.

Denkpause 12.4 Wie kann man diesen Aspekt des Systems unter Umständen empfindlich stören? ☞

fork() ist am schwersten zu verstehen, denn es ist eine Funktion, die zwei verschiedene Resultatwerte liefert – allerdings in verschiedenen Prozessen! Mit **fork()**[2] kopiert ein Prozeß sein Image und es entsteht ein zusätzlicher Prozeß. Die Anzahl der möglichen Prozesse sowie die Anzahl der Prozesse eines Benutzers ist limitiert, bei entsprechenden Fehlern liefert **fork()** **-1**.

Funktioniert alles, liefert **fork()** dem ursprünglich aufrufenden Prozeß als Resultat die Prozeßnummer des neu erzeugten Prozesses. Man kann diese Prozeßnummer dazu verwenden, bei **wait()** die Identität des Abkömmlings zu verifizieren. Zur Adressierung von Signalen (Abschnitt 12.2.2) muß man außerdem die Prozeßnummer des Empfängers kennen: bei UNIX kann folglich der Vater leicht den Sohn eliminieren, aber der Sohn erfährt die Identität des Vaters eigentlich nur dadurch, daß dieser seine Prozeßnummer mit **getpid()** im Image hinterlegt, bevor der neue Prozeß erzeugt wird.

---

[2] Zu deutsch *Gabel*, auch dies eine plastische Beschreibung des Vorgangs, die allerdings schon vor UNIX existierte.

Bei **fork()** wird das gesamte Image kopiert, also Programmtext, Daten, Dateiverbindungen, Registerinhalte und auch Programmzähler. Dies hat zur Folge, daß der neue Prozeß im Moment seiner Erzeugung ebenfalls **fork()** ausführt und dadurch als erstes einen Resultatwert erhält. Im Gegensatz zum ursprünglichen Prozeß erhält der neue Prozeß aber den Wert **0**. Dies ist sehr wichtig, denn beide Prozesse führen ja weiter den gleichen Programmtext aus, sollen aber vermutlich unterschiedliche Aktivitäten entfalten. Durch Unterscheidung der Resultatwerte von **fork()** kann man dies im Programmtext arrangieren.

12.1.4   Kommando als Unterprogramm – "system()"

Im Abschnitt 9.6.3 haben wir ein sehr einfaches Beispiel für Prozeßmanagement kennengelernt:

```
NAME                                              SYSTEM(3)
      system() - Kommando ausfuehren lassen


SYNOPSIS
      int system(cmd) char * cmd;
```

system() läßt eine Zeichenkette durch eine Shell als Kommando ausführen. Ist der Auftrag erfolgreich abgeschlossen, liefert **system()** den **exit**-Code der Shell.

Vom Prozeßmanagement her können wir **system()** sehr leicht implementieren. Man muß eigentlich nur wissen, daß die Shell in der Regel den Dateinamen */bin/sh* hat, und daß eine Option **-c** existiert, mit der man der Shell ein einzelnes Argument als Kommandofolge übergeben kann.

```
#define SHELL    "/bin/sh"       /* Kommandoprozessor */

int system(cmd)                  /* erster Versuch */
        char * cmd;
{       int pid, status;

        switch (pid = fork()) {
        case -1:                 /* Fehler */
            return -1;
        case 0:                  /* Sohn */
            execl(SHELL, "sh", "-c", cmd, (char *) 0);
            _exit(127);
        default:                 /* Vater */
            while (wait(&status) != pid)
                ;
            return status;
        }
}
```

Denkpause 12.5 Warum steht hier nach **execl()** **_exit()** und nicht einfach **return**? Warum sollte man auf keinen Fall **exit()** verwenden? ▱▷

Denkpause 12.6 Wird **status** korrekt decodiert? Was macht die Büchereifunktion **system()**? ▱▷

Denkpause 12.7 Ist **cmd** leer, könnte man die Shell interaktiv aufrufen. Das ist effizienter als ein Aufruf **system("sh")**. Dabei spielt allerdings noch die Option **-i** eine Rolle. ▱▷

Denkpause 12.8 Oft steht der Dateiname der bevorzugten Shell in einer Shell-Variablen **SHELL**. ▱▷

Denkpause 12.9 Worin bestünde der besondere Reiz, hier **execlp()** zu verwenden? ▱▷

Wir können **system()** zum Beispiel mit folgendem Hauptprogramm testen:

```
#include <stdio.h>

main(argc, argv)
        int argc;
        char ** argv;
{       int i, len;
        char * cmd, * malloc();

        for (len = 0, i = 1; i < argc; ++ i)
                len += strlen(argv[i]) + 3;
        if (! len)
                fputs("kein Argument\n", stderr), exit(1);
        if (! (cmd = malloc(len)))
                fputs("kein Speicherplatz\n", stderr), exit(1);
        sprintf(cmd, "'%s'", argv[1]);
        for (i = 2; i < argc; ++ i)
        {       strcat(cmd, " '");
                strcat(cmd, argv[i]);
                strcat(cmd, "'");
        }
        while ((i = getchar()) != EOF)
        {       putchar(i);
                if (i == '\n')
                        system(cmd);
        }
}
```

Zuerst werden alle Argumente des eigenen Programms in eine Zeichenkette verkettet. Anschließend wird die Standard-Eingabe zur Standard-Ausgabe kopiert, wobei nach jeder Zeile die Zeichenkette einmal mit **system()** als Kommando ausgeführt wird.

Denkpause 12.10 Warum werden in die Zeichenkette einfache Anführungszeichen eingefügt? Wie demonstriert man ihren Effekt? ➾

Denkpause 12.11   Kann man bei diesem Testprogramm zum Beispiel die Standard-Eingabe des durch **system()** ausgeführten Kommandos beeinflussen? Kann man das überhaupt? ➾

Unser **system()** hat einen subtilen Fehler, der davon herrührt, daß bei **fork()** und **exec** die Dateiverbindungen erhalten bleiben. Verwendet man einen Textbetrachter wie *crt* aus Kapitel 8 und führt zwischendurch mit dieser Version von **system()** zum Beispiel den Editor aus

```
$ crt </etc/passwd
root:...:0:0:Super User:/:
...
<stdin [1..23] {h for help} ?!ed
```

so erhält *ed* ebenfalls die Datei */etc/passwd* als Standard-Eingabe, versucht von dort Kommandos zu lesen, und dann gibt's vermutlich Tränen.

Als Abhilfe empfiehlt sich bei Dialogprogrammen, daß man zum Beispiel das Terminal, also die Gerätedatei */dev/tty*, dem von **system()** erzeugten Prozeß als Standard-Ein- und -Ausgabe sowie als Diagnose-Ausgabe zur Verfügung stellt:

```
#define TTY     "/dev/tty"      /* aktuelles Terminal */

int system(cmd)                 /* zweiter Versuch */
        char * cmd;
{
        ...

        case 0:                 /* Sohn */
                close(0);
                if (open(TTY, 2) == 0
                    && dup2(0, 1) == 1
                    && dup2(0, 2) == 2)
                        execl(SHELL, "sh", "-c", cmd, (char *) 0);
                _exit(127);

        ...
}
```

Tatsächlich sollte man sehr vorsichtig sein, wenn man mit **system()** ein beliebiges Kommando ausführen läßt: alle Dateiverbindungen werden mit Zugriff auf ihre aktuelle Position vererbt und je nach Laune des Kommandos kann dabei sehr viel zu Bruch gehen. Speziell Super-User-Kommandos müssen hier ganz besonders sorgfältig codiert werden.

Denkpause 12.12 Wie stellt man fest, ob ein Prozeß über solche zusätzlichen Dateiverbindungen verfügt? ➾

Es gibt übrigens einen Systemaufruf

```
NAME                                    IOCTL(2)
     ioctl() - Optionen uebergeben

SYNOPSIS
     #include <sgtty.h>

     int ioctl(fildes, FIOCLEX) int fildes;
```

mit dem man für einen Filedeskriptor **fildes** festlegen kann, daß diese Dateiverbindung bei einem Aufruf von **exec** implizit gelöst wird.

Es erscheint vielleicht unsinnig, daß sich zwei Prozesse nach **fork()** die aktuelle Position in einer Datei teilen. Das *goto*-Kommando bei UNIX Version 6 hatte dafür aber eine vernünftige Verwendung:

```
: marke


     ...


     goto marke
```

goto wurde von der Shell mit der gleichen Standard-Eingabe aufgerufen, von der die Shell ein Shell-Skript las. *goto* konnte deshalb die Standard-Eingabe hinter eine Marke positionieren, die als Kommentar im Shell-Skript stand. Nach Abschluß des *goto*-Kommandos las die Shell dann im Shell-Skript hinter der Marke die nächste Anweisung. Denkpause 10.36 demonstrierte diese Technik bei der *minx*-Shell.

Denkpause 12.13 Was passiert, wenn man bei dieser Implementierung *goto* vom Terminal aufruft? ➾

Die letzte Denkpause soll einen weiteren, sehr subtilen Fehler von **system()** aufzeigen, den wir jedoch erst im Abschnitt 12.2.3 beseitigen können.

Denkpause 12.14 Was passiert bei unserer bisherigen Fassung von **system()**, wenn man bei diesem Beispiel den Editor ausführt und im Editor die *interrupt*-Taste (*break* oder *del*) drückt? Was passiert bei der offiziellen Fassung? ➾

12.1.5   Wie macht's die Shell?

Wir wissen jetzt genügend über Prozeßmanagement, um die meisten Aspekte der Shell verstehen zu können.

```
$ cmd < eingabe > ausgabe
```

Ein Kommando wird analog zu **system()** ausgeführt: mit **fork()** entsteht eine Kopie der Shell, die Argumente werden gesammelt und verpackt, das Kommando wird mit **execv()** eingeführt und die ursprüngliche Shell wartet mit **wait()** den Vorgang ab. Standard-Ein- und -Ausgabe werden in der kopierten Shell genau dort umgelenkt, wo wir in unserer zweiten Fassung von **system()** das Terminal angeschlossen haben.

```
$ cmd &
```

Soll ein Kommando im Hintergrund ablaufen, also scheinbar gleichzeitig mit der Shell, entfällt der Aufruf von **wait()**, mit dem die Shell sonst die Ausführung eines Kommandos abwartet. Diesen Aufruf kann man später mit dem Shell-Kommando *wait* nachholen, damit wartet die Shell auf einen erzeugten Prozeß.

Gewisse zusätzliche Maßnahmen sorgen für Komfort, sie werden alle von der Kopie der Shell zwischen **fork()** und **exec** getroffen. Die Standard-Eingabe eines Hintergrundprozesses wird als Voreinstellung mit */dev/null* verbunden, damit sich Shell und Kommando möglichst nicht um Zeichen vom Terminal streiten. Manche Signale werden für Hintergrundprozesse nach Voreinstellung ignoriert, siehe Abschnitt 12.2.5. Mit dem Systemaufruf **nice()** könnte die Shell übrigens auch die Priorität eines Hintergrundprozesses grundsätzlich reduzieren – 'nette' Mitbenutzer eines Systems verwenden dazu das Kommando *nice*(1).

```
$ exec cmd
```

exec ist eine Anweisung an die Shell, ein Kommando im eigenen Prozeß, also an Stelle der Shell, zur Ausführung zu bringen. Jetzt entfällt bei **system()** sozusagen der Aufruf von **fork()**. Mit *exec* kann man übrigens Standard-Ein- und -Ausgabe der Shell selbst beeinflussen:

```
exec < neue_eingabe
```

sorgt dafür, daß die Shell selbst Kommandos aus der Datei *neue_eingabe* liest. Diese Technik kann man vor allem dazu benützen um die Ausgabe eines Shell-Skripts unbedingt zum Terminal, also zu */dev/tty*, zu lenken.

exec ist oft die letzte Rettung um eine Prozeßlawine zum Stehen zu bringen:

```
$ kill -9 0
```

ist zwar ein Kommando, das alle Prozesse für das eigene Terminal abbricht, aber die Ausführung dieses Kommandos erfolgt (bei der Bourne Shell) selbst als Prozeß! Die richtige Notbremse ist daher

```
$ exec kill -9 0
```

Nach *exec* ist die ursprüngliche Shell nicht mehr vorhanden, denn an ihrer Stelle wird ja ein Kommando ausgeführt. Mit Shell-Skripten kann man dadurch Standard-Kommandos mit zusätzlichen Parametern ausstatten, ohne während der Ausführung des Kommandos die für das Shell-Skript nötige Shell noch im System zu halten:

```
PATH=/bin:/usr/bin

case $#
in 0)   exec pr -l72
;; *)   exec pr -l72 "$@"
esac
```

So trimmt man *pr* als Voreinstellung auf die bei uns übliche Papierlänge.

Denkpause 12.15 Wo installiert man ein derartiges Kommando? Ist das für alle Anwendungen vollkommen transparent? ➡

Denkpause 12.16 Manche Kommandos führt die Shell stillschweigend im Stil von *exec* aus, zum Beispiel *login* und *newgrp*. Worin unterscheiden sich diese Kommandos von *cd*, das ja auch von der Shell selbst ausgeführt wird? Worin besteht der Unterschied zwischen *login* und *su* – beide Kommandos führen eine neue Benutzeridentität ein? ➡

Ein Prozeß kann keineswegs in ein fremdes Image eingreifen. Bei der Shell hat dies die (un)angenehme Konsequenz, daß ein Kommando – selbst wenn es ein Shell-Skript ist – Variablen der aufrufenden Shell nicht verändern kann: das Kommando wird als separater Prozeß ausgeführt und kann deshalb die Variablen im fremden Image nicht ändern um auf diese Weise zum Beispiel einen Resultattext zu liefern. Dies gilt für den expliziten Aufruf eines Shell-Skripts genauso wie für Klammerung von Kommandos mit runden Klammern:

```
$ skript
$ ( kommandos )
```

Durch Klammerung kann man also Blockstruktur für Shell-Variablen einführen.

Denkpause 12.17 Wie zeigt man den Sub-Shell-Effekt bei Klammerung? (**ps**) reicht nicht! ➡

Es gibt allerdings zwei Techniken, um genau diesen Effekt zu umgehen:

```
$ { kommandos ; }
$ . skript
```

Verwendet man geschweifte Klammern, oder ruft man ein Shell-Skript mit dem Kommando . auf, wird keine zusätzliche Shell zwischengeschaltet. Geschweifte Klammern erkennt die Shell allerdings nur am Anfang eines Kommandos. Das abschließende Semikolon ist also notwendig. Wenigstens mit der zweiten Technik kann man Variablenwerte aus einem Shell-Skript zur aufrufenden Shell exportieren.

12.2   Signale

12.2.1   Begriffe

Beim Start von UNIX wird vor allem */etc/init* im Prozeß 1 zur Ausführung gebracht. Beim Start des Teilnehmerbetriebs liest dieser Prozeß die Datei */etc/ttys* und erzeugt einen Prozeß für jedes Terminal, das in dieser Datei entsprechend markiert ist. Jeder solche neue Prozeß wird der erste in einer neuen *Prozeßgruppe*, weil er nämlich als erster in einer Ahnenreihe den Zugriff auf ein Terminal eröffnet. Das Terminal selbst ist das *kontrollierende Terminal* der Prozeßgruppe.

Das kontrollierende Terminal wird bei **fork()** und **exec** sogar dann an die Nachfolgeprozesse vererbt, wenn gar kein Zugriff zu ihm mehr besteht! Die einzige Art, Prozesse ohne kontrollierendes Terminal zu bekommen, besteht darin, sie vom Prozeß 1 erzeugen zu lassen, in der Datei */etc/rc* aus der der Teilnehmerbetrieb gestartet wird, und sie eben nie mit einem Terminal zu verbinden.

Als *Signale* bezeichnet man eine Reihe von Ereignissen, die mehr oder weniger unvorhergesehen auf einen Prozeß einwirken können:

> **SIGHUP** kann eintreten, wenn das kontrollierende Terminal abgeschaltet wird, d.h., wenn die Schnittstelle die Trägerfrequenz verliert.

> **SIGINT** kann eintreten, wenn am kontrollierenden Terminal die *interrupt*-Taste gedrückt wird, normalerweise *break* oder *del*.

> **SIGQUIT** kann eintreten, wenn am kontrollierenden Terminal die *quit*-Taste gedrückt wird, normalerweise *control*-\.

> **SIGKILL** ist das Signal 9, das explizit mit dem Kommando *kill* oder mit dem Systemaufruf **kill()** geschickt wird.

> **SIGSYS** entsteht durch einen unbekannten Systemaufruf, also primär wenn man systemfremde Programme unter UNIX in Betrieb nimmt.

> **SIGPIPE** erhält der Schreiber einer Pipe, wenn der zugehörige Leser nicht mehr existiert. Mit *Pipes*, also mit Dateiverbindungen zwischen Prozessen, befassen wir uns im Abschnitt 12.3.

> **SIGALRM** erhält man selbst, wenn eine durch den Systemaufruf **alarm()** vereinbarte Zeitspanne abläuft.

> **SIGTERM** ist das Signal 15, das als Voreinstellung durch das Kommando *kill* geschickt wird.

In der Regel gibt es 16 Signale, von **1 (SIGHUP)** bis **16**, die durch Ereignisse am kontrollierenden Terminal, Fehlverhalten des Prozesses selbst oder durch Aktionen anderer Prozesse entstehen. Für das Signal 16 ist keine Bedeutung vereinbart, es sollte daher für eigene Prozeßkommunikation bevorzugt verwendet werden. In der obigen Liste fehlen die Namen der Signale, die als Reaktion auf arithmetische Fehler (z.B. Division durch Null), unbekannte Maschinenbefehle oder auch durch Zugriff auf nicht-existente Speicherbereiche provoziert werden. Diese Situationen sind ein biß-chen maschinenabhängig.

Wehrt sich ein Prozeß nicht, so ist das Eintreffen eines beliebigen Signals tödlich. Bei manchen Signalen wird in diesem Fall ein Speicherauszug als Datei *core* ange-legt (vorausgesetzt, der abgebrochene Prozeß hat entsprechende Privilegien in be-zug auf den Arbeitskatalog, seinen Programmtext, usw.). **SIGINT** und **SIGQUIT** un-terscheiden sich gerade darin, daß nur für **SIGQUIT** ein Speicherauszug angelegt wird. Im Regelfall wird man also einen Prozeß nur mit der *interrupt*-Taste abbrechen, und bei Platzmangel im System verwendet ein Super-User schon auch einmal das Kommando

```
# find / -name core -a -exec rm {} \;
```

um alle Speicherauszüge *core* wieder zu entfernen.

Ein Prozeß kann allerdings nur verenden oder ein Signal erfolgreich abfangen, wenn er selbst zur Ausführung kommt. Ein verdrängter Prozeß zum Beispiel muß vom Sy-stemkern in den Hauptspeicher gebracht werden können, damit er verendet. Vor al-lem von einem Gerätetreiber kann ein Prozeß so blockiert werden, daß er auch bei Eintreffen eines Signals nicht rechenbereit erklärt wird – solche Prozesse kann man im Regelfall nur noch durch einen Neustart des Systems eliminieren. Wer selbst Ge-rätetreiber schreibt, sollte wirklich für geeignete Abschußmaßnahmen sorgen, wenn etwa Magnetbandgerät oder Floppy-Laufwerk sich permanent verabschieden!

12.2.2   Systemaufrufe – "kill()" und "signal()"

```
NAME                                  KILL(2), SIGNAL(2)
     kill() - Signal senden
     signal() - Signalempfang vorbereiten

SYNOPSIS
     #include <signal.h>
     typedef int (* Function)();

     int kill(pid, sig) int pid, sig;
     Function signal(sig, func) int sig; Function func;
```

kill() sendet das Signal **sig** an den Prozeß **pid**. Das Resultat ist **0** bei Erfolg und **-1** wenn man zum Beispiel versehentlich an einen nicht-existenten Prozeß ein Signal zu schicken versucht. Der Super-User darf Signale an beliebige Empfänger schicken; jeder andere kann Signale nur an eigene Prozesse (also solche mit der gleichen Be-nutzernummer) schicken. Es gibt zwar einen Prozeß **0**, aber wenn man ein Signal an den Prozeß **0** schickt, geht es in Wirklichkeit an alle Prozesse in der eigenen Prozeß-gruppe. Der Super-User darf auch **-1** als **pid** verwenden; damit erreicht er alle Pro-zesse im ganzen System mit Ausnahme der Prozesse **0** und **1**; von diesem Aufruf profitiert eigentlich nur */etc/init*, also der Prozeß 1, der den Teilnehmerbetrieb kon-trolliert.

Denkpause 12.18 Es gibt ein Kommando *kill*(1), das genau die Funktion **kill()** ausführt und zum Beispiel zum Abschuß widerspenstiger Hintergrundprozesse dient. Wie im Abschnitt 12.1.5 erklärt wurde, wird *kill* als separater Prozeß ausgeführt, für den im Notfall möglicherweise im System kein Platz mehr ist. Man könnte ein Kommando *ekill* implementieren, das anschließend mit **exec** wieder eine Shell zur Ausführung bringt, das also bei

```
$ exec ekill 0
```

die Terminal-Sitzung weiterführt. ▱▷

Denkpause 12.19 Bei *kill* kann man optional die Signalnummer angeben, die an die Zielprozesse geschickt werden soll. In Berkeley darf man auch einen Signalnamen an Stelle der etwas obskuren Nummern angeben. Ohne Argumente aufgerufen, könnte das Kommando zum Beispiel alle Signalnamen ausgeben. ▱▷

Mit dem Systemaufruf **signal()** kann sich ein Prozeß gegen alle Signale außer **SIGKILL** wehren:

```
#include <signal.h>


        ...
        signal(sig, SIG_IGN);
```

Mit **SIG_IGN** sorgt man dafür, daß das Signal **sig** gar nicht erst eintrifft.

```
        int f();


        ...
        signal(sig, f);
```

Jetzt wird bei Eintreffen des Signals **sig** die Funktion **f** aufgerufen, die dabei die Signalnummer als Argument erhält.

```
#include <signal.h>


        ...
        signal(sig, SIG_DFL);
```

SIG_DFL schließlich sorgt wieder für die Voreinstellung, also dafür, daß bei Eintreffen eines Signals ein Prozeß abgebrochen wird und daß gegebenenfalls ein Speicherauszug produziert wird.

In jedem Fall liefert **signal()** den alten Signalzustand, falls ein neuer Zustand erfolgreich eingestellt wurde. Die Einstellung für **SIGKILL** kann man nicht ändern; tut man's doch, liefert **signal() -1**.

Denkpause 12.20 Für Experimente mit Signalen ist oft eine Routine sehr nützlich, die die Einstellung aller möglichen Signale ausgibt. Eine Funktion kann dabei alle drei Zustände vorfinden, als Programm findet sie natürlich nur zwei. ▱▷

Möchte man bei **SIGQUIT** einen Prozeß zwar abbrechen, aber einen Speicherauszug verhindern, erreicht man dies durch

```
int exit();
```

```
      ...
      signal(SIGQUIT, exit);
```

am Anfang des Hauptprogramms.

Denkpause 12.21 Was ändert sich in diesem Fall für einen Prozeß, der mit **wait()** auf das Ende des Prozesses wartet, der mit **SIGQUIT** abgebrochen wird? ☞

Möchte man einen Prozeß nicht einfach beenden, sondern bewußt einen Speicherauszug produzieren, kann man folgende, auch in der Bücherei vorhandene, Funktion **abort()** aufrufen:

```
#include <signal.h>

abort()
{
      signal(SIGQUIT, SIG_DFL);
      kill(getpid(), SIGQUIT);
}
```

Über **fork()** hinweg bleiben die Signalzustände (also Voreinstellung, Ignorieren oder Abfangen) immer erhalten. **SIG_IGN** oder **SIG_DFL** bleiben auch über **exec** hinweg bestehen. Eine mit **signal()** angemeldete Abfangfunktion bleibt bei **exec** natürlich nicht erhalten, denn durch **exec** werden ja Programmtext und Daten ersetzt, folglich wird für ein Signal mit Abfangfunktion bei **exec** implizit wieder **SIG_DFL** vereinbart.

Ist eine Abfangfunktion mit **signal()** angemeldet worden, so gilt dies bei den meisten Signalen nur für ein einziges Eintreffen des Signals. Sobald das Signal eingetroffen ist, also noch vor Aufruf der Abfangfunktion, gilt wieder die Voreinstellung als Reaktion auf das nächste Eintreffen des Signals. Dadurch entsteht ein Loch: wenn ein Signal sehr schnell zweimal eintrifft, verendet ein Prozeß ziemlich sicher! Bei UNIX Implementierungen aus Berkeley gibt es deshalb noch einen zusätzlichen Signalzustand (**SIG_HOLD**), durch den diese Schwachstelle beseitigt wird.

12.2.3   "system()" für Fortgeschrittene

Wie am Schluß von Abschnitt 12.1.4 vorgeführt wurde, kann es bei naiven Versionen von **system()** Probleme geben, wenn der erzeugte Prozeß Signale abfängt, der gerade wartende Erzeuger aber nicht. Die folgende Version von **system()** korrigiert das Problem:

```
#include <signal.h>

#define SHELL    "/bin/sh"       /* Kommandoprozessor */
#define TTY      "/dev/tty"      /* aktuelles Terminal */

int system(cmd)
        char * cmd;
{       int pid, status, (* sigint)(), (* sigquit)();

        switch (pid = fork()) {
        case -1:                        /* Fehler */
                return -1;
        case 0:                         /* Sohn */
                close(0);
                if (open(TTY, 2) == 0
                    && dup2(0, 1) == 1
                    && dup2(0, 2) == 2)
                        execl(SHELL, "sh", "-c", cmd, (char *) 0);
                _exit(127);
        default:                        /* Vater */
                sigint = signal(SIGINT, SIG_IGN);
                sigquit = signal(SIGQUIT, SIG_IGN);
                while (wait(&status) != pid)
                        ;
                signal(SIGINT, sigint);
                signal(SIGQUIT, sigquit);
                return status;
        }
}
```

Jetzt sind die zwei entscheidenden Signale beim Erzeuger ignoriert und der erzeugte Prozeß kann nach eigenem Ermessen handeln. Diese Version von **system()** wurde [Ker84a] nachempfunden.

Denkpause 12.22 Soll man für den erzeugten Prozeß diese Signale mit einer Voreinstellung belegen? Mit welcher? ➡

12.2.4   Abfangfunktionen

Die einfachste Abfangfunktion tut gar nichts, hat aber trotzdem einen Effekt:

```
#include <signal.h>

static catch(sig)
        int sig;
{
        signal(sig, catch);
}
```

```
main()
{
        ...
        catch(SIGINT);
}
```

Trifft jetzt **SIGINT** beim Prozeß ein, wird **catch()** ausgeführt und dadurch **SIGINT** jeweils neu mit **catch()** verknüpft.

Ruft man statt dessen

```
signal(SIGINT, SIG_IGN);
```

auf, trifft ein Signal **SIGINT** gar nicht mehr beim Prozeß ein. Ruft man **catch()** auf, trifft **SIGINT** ein und wird abgewiesen; manche Systemaufrufe (**wait()**, **pause()** und **read()** oder **write()** bei bestimmten Gerätedateien) werden dann unterbrochen und liefern **-1** als Resultat.

So unbedingt wie hier sollte man übrigens eine Funktion eigentlich nicht mit einem Signal verbinden. Für ein als Hintergrundprozeß ausgeführtes Programm sorgt die Shell zwischen **fork()** und **exec** dafür, daß **SIGINT** und **SIGQUIT** ignoriert werden. Läßt man das Programm dagegen interaktiv ausführen, bleiben die Signale voreingestellt. Wenn das Programm nun die Signale immer mit einer Abfangfunktion verbindet, macht es als Hintergrundprozeß die Anstrengungen der Shell zunichte. Man sollte deshalb meistens ein Signal nur dann abfangen, wenn es nicht schon ignoriert wird:

```
if (signal(sig, SIG_IGN) != SIG_IGN)
        signal(sig, catch);
```

Eine typischere Abfangfunktion hat folgende Form:

```
#include <signal.h>

static catch(sig)
        int sig;
{
        signal(sig, SIG_IGN);
        ...
        signal(sig, catch);
}
```

Am Anfang der Funktion wird das Signal ignoriert, am Schluß wird das Signal wieder mit der gleichen Funktion verbunden. Dazwischen kann eigentlich beliebig programmiert werden. Man sollte aber bei Zugriff auf globale Datenstrukturen vorsichtig sein, denn sie könnten bei Eintreffen des Signals ja gerade vom Hauptprogramm verändert werden und sich folglich in Unordnung befinden.

Häufig setzt die Abfangfunktion eine globale Variable, die im Hauptprogramm zu einem geeigneten Zeitpunkt geprüft wird. Alternativ kann man auch zum Hauptprogramm zurückspringen:

```
#include <setjmp.h>
#include <signal.h>

static jmp_buf reset;

static catch()
{
        ...
        longjmp(reset, 1);
}

main()
{
        ...
        setjmp(reset);
        signal(SIGINT, catch);
        ...
}
```

setjmp() und **longjmp()** sind nützliche Funktionen zur Fehlerbehandlung, die wir im Abschnitt 7.4.3 kennengelernt haben. **setjmp()** sorgt dafür, daß der nachfolgende Aufruf von **longjmp()** einen Aufsetzpunkt hat: das Programm kehrt dann zum zweiten Mal von **setjmp()** zurück. Anschließend kann zum Beispiel im Hauptprogramm mit einer Kommandoschleife wieder begonnen werden, etc. Mit dieser Technik wird typischerweise die Fehler- und Signalbehandlung in Programmen wie *ed* realisiert.

12.2.5 Signale und die Shell

Vom Terminal erzeugte Signale, also **SIGHUP**, **SIGINT** und **SIGQUIT**, werden immer an alle Prozesse einer Prozeßgruppe geliefert. Eine interaktive Shell, also eine, die mit einem Terminal für Ein- und Ausgabe verbunden ist, muß sich daher gegen **SIGINT** und **SIGQUIT** selbst schützen, sonst wäre eine Terminal-Sitzung schnell beendet.

Jede Shell ignoriert **SIGQUIT**. Eine interaktive Shell fängt **SIGINT** ab, aber die abfangende Funktion tut nichts. Dies hat zur Folge, daß das Shell-Kommando *wait* mit der *interrupt*-Taste unterbrechbar wird, da **wait()** zu den Systemaufrufen gehört, die von einem Signal vorzeitig beendet werden.

Da für einen Prozeß im Hintergrund **SIGINT** und **SIGQUIT** nach Voreinstellung ignoriert werden, kann man mit

```
$ wait $!
```

wesentlich besser als mit *ps* feststellen, ob der letzte Hintergrundprozeß **$!** schon fertig ist: entweder *wait* findet nicht statt, oder man unterbricht den Wartezustand mit der *interrupt*-Taste und weiß, daß der Hintergrundprozeß noch aktiv ist.

Je nach Implementierung der Bourne Shell hat *wait* nicht unbedingt einen Parameter. Ohne Parameter wartet das Kommando dann bis der nächste Hintergrundprozeß zu Ende geht.

SIGTERM wird von einer interaktiven Shell auch ignoriert. Nach Definition schickt das Kommando *kill*(1) als Voreinstellung gerade **SIGTERM**. Dies hat zur Folge, daß

```
$ kill 0
```

zum Beispiel in einer Notsituation alle eigenen Prozesse eliminiert, daß aber die Shell selbst und damit die Terminal-Sitzung nicht abgebrochen wird.

Für Hintergrundprozesse werden zwar **SIGINT** und **SIGQUIT** ignoriert, aber für **SIGHUP** bleibt die Voreinstellung und kann zum Beispiel dafür verantwortlich sein, daß bei Abschalten des Terminals am Ende einer Sitzung auch die sorgfältig zur späteren Verarbeitung in den Hintergrund geschickten Prozesse verenden. Funktioniert eine Terminal-Schnittstelle entsprechend, sollte man derartige Kommandos mit dem Präfix *nohup*(1) versehen, denn damit wird ein Kommando auch noch gegen **SIGHUP** isoliert. Außerdem freut sich der nächste Terminal-Benutzer, denn Standard- und Diagnose-Ausgabe des Kommandos landen dann in einer Datei *nohup.out* im Arbeitskatalog und nicht auf seinem Bildschirm!

Auch für ein Shell-Skript kann man Signale kontrollieren. Die Rolle der Funktion **signal()** spielt dabei das Shell-Kommando *trap*:

```
SIGINT=2 SIGQUIT=3 SIGTERM=15

trap '' $SIGINT
trap $SIGQUIT
trap : $SIGTERM
trap 'echo Auf Wiedersehen' 0
```

trap vereinbart sein erstes Argument als Kommandofolge, die abgewickelt werden soll, wenn eines der anschließend angegebenen Signale eintrifft. Ein leeres erstes Argument sorgt dafür, daß die Signale ignoriert werden; fehlt das erste Argument, herrscht die Voreinstellung für die nachfolgenden Signale.

Im Beispiel wird **SIGINT** ignoriert, **SIGQUIT** erhält seine Voreinstellung wieder, **SIGTERM** führt zur Ausführung des Kommandos : das keinen Effekt hat, und **Auf Wiedersehen** wird schließlich am Schluß des Shell-Skripts ausgegeben.

Denkpause 12.23 **SIGINT** und **SIGTERM** haben hier scheinbar den gleichen Effekt. Worin besteht der Unterschied, wenn dieses Shell-Skript einen neuen Prozeß erzeugt? ➡

12.2.6   Ruhepause – "alarm()", "pause()" und "sleep()"

```
NAME                                    ALARM(2), PAUSE(2)
      alarm() - Zeitspanne markieren
      pause() - Signal abwarten

SYNOPSIS
      unsigned alarm(seconds) unsigned seconds;
      pause()
```

alarm() sorgt dafür, daß nach Ablauf einer Anzahl von Sekunden **SIGALRM** beim Prozeß eintrifft. Dabei kann jeweils nur ein Signal bestellt werden; **alarm()** liefert als Funktionswert den Rest, der von einer eventuell zuletzt bestellten Zeitspanne noch übrig ist. Es empfiehlt sich natürlich, vor Aufruf von **alarm() SIGALRM** mit einer geeigneten Abfangfunktion zu verbinden.

Man verwendet **alarm()** beispielsweise um einen Prozeß für eine gewisse Zeit stillzulegen, ohne daß dadurch Rechenaufwand entsteht. Dazu benötigt man zusätzlich den Systemaufruf **pause()**, der einen Prozeß so lange blockiert, bis ein Signal eintrifft. Hat man keine Vorkehrungen getroffen um das Signal abzufangen, wird der Prozeß dann natürlich abgebrochen. Bei **pause()** sollte man Signale übrigens immer abfangen und nicht etwa ignorieren, denn im letzteren Fall treffen sie ja bekanntlich gar nicht erst ein! **pause()** liefert immer **-1** als Resultat, denn dieser Systemaufruf geht nur durch eine Unterbrechung zu Ende.

Eine Zeitspanne kann man nun mit folgender Büchereifunktion abwarten:

```
NAME                                                SLEEP(3)
      sleep() - Zeitspanne abwarten

SYNOPSIS
      sleep(seconds) unsigned seconds;
```

Prinzipiell implementiert man **sleep()** als Kombination von **alarm()** und **pause()**. Eine Reihe von Details kann man sich noch anders überlegen.

```
#include <signal.h>

static catch() {}
```

```
int sleep(seconds)
        unsigned seconds;
{
        signal(SIGALRM, catch);
        alarm(seconds);
        pause();
        return alarm(0)? -1: 0;
}
```

Denkpause 12.24 Soll **sleep()** wirklich über das **SIGALRM**-Signal exklusiv verfügen? Man könnte sich auch in eine bestehende Zeitspanne einhängen. ⇨

Denkpause 12.25 Liefert die offizielle Fassung von **sleep()** ein sinnvolles Resultat? ⇨

Denkpause 12.26 Soll **sleep()** durch ein anderes Signal abgekürzt werden können, das der Prozeß gerade abfängt, oder soll immer die ganze Zeitspanne ablaufen? Was macht die offizielle Fassung von **sleep()**? Wie verhält sich das Kommando *sleep*(1)? ⇨

Zum Test der verschiedenen Fassungen von **sleep()**, insbesondere in bezug auf die Reaktion auf ein *interrupt*-Signal, kann folgendes Hauptprogramm dienen:

```
main(argc, argv)
        int argc;
        char ** argv;
{       int i;

        signal(SIGINT, catch);

        if (argc >= 2)
        {       printf("sleep(%d) ==", i = atoi(argv[1]));
                printf("%d\n", sleep(i));
        }
}
```

12.2.7   Das geteilte Terminal

Gelegentlich möchte man Zugriff zu einem Terminal für mehrere Prozesse gleichzeitig ermöglichen. Problematisch ist das nur, wenn mehr als ein Prozeß auf einmal vom Terminal Eingabe anfordert. Um dabei eine zufällige Zuordnung von Eingabezeichen und Prozeß zu vermeiden, müssen die Prozesse ihre Aktivitäten synchronisieren.

Man kann das Problem als 'Signal Puzzle' formulieren: was macht das folgende Programm?

```
#include <signal.h>

catch() {}

main()
{       int vater, ich, sohn;

        signal(16, catch);
        for (vater = 0; ich = getpid(); vater = ich)
                switch (sohn = fork()) {
                default:
                        pause();
                case -1:
                        signal(SIGALRM, catch);
                        alarm(2);
                        getchar();
                        alarm(0);
                        if (vater)
                        {       signal(16, catch);
                                kill(vater, 16);
                                pause();
                        }
                        kill(sohn, 16);
                        wait(0);
                        exit(0);
                case 0:
                        ;
                }
}
```

Man sieht, daß auch ein Programm ohne **goto**-Anweisungen durchaus nicht immer leicht zu verstehen ist!

Zuerst entsteht eine Folge von Prozessen. Jeder Prozeß, der erfolgreich einen weiteren Prozeß generiert hat, wartet dann mit **pause()** auf ein Signal.

Der letzte Prozeß der Folge schafft **fork()** nicht mehr und überspringt daher die **pause()**. Mit **getchar()** möchte dieser Prozeß ein Zeichen (genauer gesagt, einen Zeilentrenner) von der Standard-Eingabe lesen.

Weil dies möglicherweise sehr lange auf sich warten läßt, arrangiert der Prozeß mit **alarm()**, daß spätestens nach zwei Sekunden **SIGALRM** eintrifft. **catch()** ist notwendig, damit dieses Signal erkannt wird, aber nicht zum Abbruch des Prozesses führt. Trifft das Signal ein *bevor* ein Zeilentrenner zur Verfügung steht, wird der **getchar()** zugrunde liegende Systemaufruf **read()** unterbrochen, das heißt, **getchar()** wird vorzeitig beendet.

Nur wenige Systemaufrufe können durch Signale vorzeitig abgebrochen werden, **read()** insbesondere nur, wenn es sich gegen ein Terminal richtet. Zum Beispiel bei einem Gerätetreiber für ein Magnetbandgerät ist **read()** normalerweise auch dann nicht zu unterbrechen, wenn das Magnetbandgerät etwa defekt ist. Dies erklärt, warum bei Hardware-Defekten meist Prozesse im System verbleiben, die nicht mehr abgebrochen werden können.

Wurde ein Systemaufruf durch ein Signal vorzeitig abgebrochen, findet man in der **extern** verfügbaren **int** Variablen **errno** den Wert **EINTR**; dadurch könnte man in diesem Beispiel den Abbruch des Lesevorgangs feststellen. **alarm(0)** sorgt auf alle Fälle dafür, daß **SIGALRM** später nicht mehr eintreffen kann.

In der nachstehenden Zeichnung ist der Ablauf der einzelnen Prozesse auseinandergezogen dargestellt:

```
    erster Prozess        |   mittlere Prozesse    |     letzter Prozess
--------------------------+------------------------+------------------------
signal(16, catch)         |                        |
vater = 0                 |                        |
ich = getpid()            |                        |
switch (sohn = fork())    |                        |
case 0:                   |                        |
       ------------------> vater = ich             |
                          | ich = getpid()         |
                          | switch (sohn = fork()) |
                          | case -1:               |
                          |       ------------------> signal(SIGALRM, catch)
                          |                        | alarm(2)
                          |                        | getchar()
                          |                        | alarm(0)
                          | default:               | assert(vater != 0)
                          |    pause()             | signal(16, catch)
                          |       <~~~~~~~~~~~~~~~~~ kill(vater, 16)
                          | signal(SIGALRM, catch) |
                          | alarm(2)               |
                          | getchar()              |
                          | alarm(0)               |
default:                  | assert(vater != 0)     |
    pause()               | signal(16, catch)      |
       <~~~~~~~~~~~~~~~~~~ kill(vater, 16)         |
signal(SIGALRM, catch)    |                        |
alarm(2)                  |                        |
getchar()                 |                        |
alarm(0)                  |                        |
assert(vater == 0)        | pause()                |
kill(sohn, 16) ~~~~~~~~~~~>|                       | pause()
                          | kill(sohn, 16) ~~~~~~~~~~>|
                          |                        | kill(-1, 16) == -1
                          | wait(0)                | wait(0) == -1
wait(0)                   |    <~~~~~~~~~~~~~~~~~~~~~~ exit(0)
       <~~~~~~~~~~~~~~~~~~ exit(0)                  |
exit(0)
```

Bei allen Prozessen, mit Ausnahme des ersten, ist **vater** die Prozeßnummer des Vorgängers in der Folge und daher von null verschieden. Entlang der Prozeßfolge wird also jetzt rückwärts, von Nachfolger zu Vorgänger, das Signal 16 geschickt. **pause()** dient gerade dazu, einen Prozeß bis zum Eintreffen eines Signals stillzulegen.

Jeder Prozeß wartet seinerseits wieder auf eine Eingabe, beziehungsweise auf den Ablauf einer Zeitspanne, und schickt dann Signal 16 an seinen Vorgänger. Im ersten Prozeß hat **vater** den Wert null, deshalb wird das Signal 16 nicht mehr weiter propagiert.

sohn hat in allen Prozessen den von **fork()** gelieferten Funktionswert, enthält also normalerweise die Prozeßnummer des nachfolgenden Prozesses. Jetzt wird schließlich entlang der Folge vom ersten zum letzten Prozeß nochmals das Signal 16 weitergeleitet.

Hat ein Prozeß das Signal 16 an seinen Nachfolger abgeschickt, führt er **wait()** aus, wartet also auf die Terminierung seines nachfolgenden Prozesses. Beim letzten Prozeß hat **sohn** den Wert **-1**. Normale Benutzer dürfen **-1** als Prozeßnummer bei **kill()** nicht angeben, folglich wird das Signal 16 im letzten Prozeß *nicht* weitergeleitet. [3] Genau dieser Prozeß hat aber auch keine Abkömmlinge, daher wird dort auch **wait()** sofort (mit Fehler) abgebrochen.

Der letzte Prozeß der Folge erreicht damit **exit()** und erfüllt so **wait()** im vorletzten Prozeß. Unsere Prozeßfolge kommt also in umgekehrter Reihenfolge ihrer Erzeugung zu Ende.

Das Beispiel entstand im Wesentlichen zur Demonstration, daß sich mehrere Prozesse ziemlich diszipliniert die Benutzung eines einzigen Terminals teilen können. **alarm()** wird hier dazu verwendet, einen Lesevorgang abzubrechen, wenn die gewünschte Eingabe zu lange auf sich warten läßt. Die beteiligten Prozesse erhalten so auch dann Rechenzeit, wenn vom Terminal her nichts mehr eingegeben wird.

12.2.8   Signale stapelweise

Manchmal sollte eine Phase eines Prozesses unter keinen Umständen unterbrochen werden können. Gegen **SIGKILL** ist auch der Super-User nicht gefeit, aber alle anderen Signale können wir mit der folgenden Funktion **disable()** sperren. Ein Aufruf von **enable()** stellt später den ursprünglichen Zustand wieder her:

```
#include <signal.h>

static int (* sigs[NSIG-1])();
```

---

[3] Der Super-User würde an dieser Stelle alle Prozesse in seinem System eliminieren!

```
disable()
{      register int i;

       for (i = 1; i < NSIG; ++ i)
              if (i != SIGKILL)
                     sigs[i-1] = signal(i, SIG_IGN);
}

enable()
{      register int i;

       for (i = 1; i < NSIG; ++ i)
              if (i != SIGKILL)
                     signal(i, sigs[i-1]);
}
```

Je nach Kontext im Programm muß man oft noch Aufräumungsarbeiten durchführen: in einer Gegend existiert eine temporäre Datei, in einer anderen Gegend hat das Terminal gerade kein Echo, wieder an einer anderen Stelle hat eine Datei vielleicht die falschen Zugriffsrechte und gelegentlich existiert auch noch ein zweiter oder dritter Prozeß, den man beseitigen sollte. Im Abschnitt 8.8 sahen wir, daß man einen einzelnen solchen Fall relativ leicht schützt:

```
#include <signal.h>
#include <sgtty.h>
#include <stdio.h>

static struct sgttyb sgttyb;

static echo(i)
       register int i;
{
       stty(fileno(stdout), & sgttyb);
       if (i)
              kill(getpid(), i);
}

main()
{      int flags;

       gtty(fileno(stdout), & sgttyb);
       flags = sgttyb.sg_flags, sgttyb.sg_flags &= ~ECHO;
       stty(fileno(stdout), & sgttyb);
       sgttyb.sg_flags = flags;
```

```
        ...
        signal(SIGINT, echo);
        ...
        echo(0);
        signal(SIGINT, SIG_DFL);
        ...
}
```

Im Hauptprogramm wird mit den Systemaufrufen **gtty()** und **stty()** sowie mit einigen Bit-Manipulationen das Terminal-Echo abgeschaltet. Die Funktion **echo()** wird an **SIGINT** angeschlossen und erledigt bei Bedarf die nötigen Aufräumungsarbeiten. Wurde die Routine durch **SIGINT** aufgerufen, so wird dem Prozeß anschließend nochmals das gleiche Signal geliefert.

Im allgemeinen Fall sollte man solche reparierenden Routinen schachteln können. Dazu kann man folgende Funktionen verwenden, die im Wesentlichen eine Kombination aus den Ideen von **disable()** und **abort()** darstellen:

int catch(f) int (* f)();	vereinbart, ähnlich wie **signal()**, f als Reaktion auf alle Signale außer **SIGKILL**, die nicht gerade ignoriert werden.
int recatch(i) int i;	Die erwähnte Funktion **f()** wird jeweils mit der Nummer des gerade eingetroffenen Signals als Argument aufgerufen. Am Beginn der Funktion gilt für das Signal selbst die Voreinstellung. **recatch(i)** stellt für das Signal **i** den Zustand wieder her, der *mit* dem letzten Aufruf von **catch()** vereinbart wurde.
int uncatch()	stellt für jedes Signal den Zustand wieder her, der *vor* dem letzten Aufruf von **catch()** bestand.

Im Erfolgsfall liefern die Funktionen 0, im Fehlerfall -1.

Mit diesen Funktionen kann man Signale stapelweise abarbeiten: Will man jeweils nur die neuste Reaktion, beendet man die Abfangfunktion mit **recatch()**. Will man ein Signal bis zum bitteren Anfang verfolgen, ruft man am Ende der Abfangfunktion **uncatch()** auf und schickt sich dann das Signal gleich nochmals. Am Anfang der Funktion wird man wohl das Signal in jedem Fall zunächst ignorieren.

Die Funktionen selbst sind nicht besonders kompliziert. Im Wesentlichen verwalten sie dynamisch einen Stack, auf dem sie die alten Einstellungen der Signale aufbewahren, die **signal()** liefert:

```c
#include <signal.h>

static struct signals {
        int (* s_sigs[NSIG-1])();
        struct signals * s_prev;
        } * top;

static struct signals * push()
{       char * malloc();
        register struct signals * p = (struct signals *)
                malloc(sizeof(struct signals));

        if (p)
                p->s_prev = top, top = p;
        return p;
}

int catch(f)
        register int (* f)();
{       register int i;
        register struct signals * p = push();

        if (p)
        {       for (i = 1; i < NSIG; ++ i)
                        if (i != SIGKILL
                                && (p->s_sigs[i-1] = signal(i, SIG_IGN))
                                != SIG_IGN)
                                signal(i, f);
                return 0;
        }
        return -1;
}

int uncatch()
{       register int i;
        register struct signals * p = top;

        if (p)
        {       for (i = 1; i < NSIG; ++ i)
                        if (i != SIGKILL)
                                signal(i, p->s_sigs[i-1]);
                top = top->s_prev;
                free(p);
                return 0;
        }
        return -1;
}
```

```
int recatch(i)
        register int i;
{
        if (top)
        {       signal(i, top->s_sigs[i-1]);
                return 0;
        }
        return -1;
}
```

12.3   Dateiverbindung zwischen Prozessen

Eine *Pipe*[4] ist eine namenlose Datei, in die ein Prozeß schreibt, und die ein zweiter Prozeß liest. UNIX sorgt dabei dafür, daß lesen und schreiben genau sequentiell erfolgen, und daß die Prozesse relativ zueinander so ablaufen, daß die nötige Dateigröße klein bleibt. An Stelle der Kommandofolge

```
$ cmd1 > temporaer
$ cmd2 < temporaer
$ rm temporaer
```

tritt der parallele, gekoppelte Ablauf der Kommandos

```
$ cmd1 | cmd2
```

und die temporäre Datei samt Platzbedarf und Aufräumungsarbeiten entfällt.

In neueren Versionen von UNIX gibt es auch Pipes mit Namen. Dies bleibt hier unberücksichtigt.

Mit Pipes kann man besonders bei kleinen Systemen Aufträge abwickeln, die aus einer Folge von Prozessen bestehen, bei denen große Datenmengen als Zwischenprodukte entstehen. Typisches Beispiel ist hier Textformatierung a la UNIX:

```
refer kapitel | tbl | eqn | ditroff | dcat
```

refer sorgt für die richtigen Literaturverweise im gewünschten Kapitel, *tbl* rückt Tabellen zurecht, *eqn* kümmert sich um die mathematischen Formeln, *ditroff* zerlegt das Ganze in einzelne Schritte, aus denen *dcat* schließlich ein Kapitel auf dem Laserdrucker zaubert. Ganz abgesehen davon, daß man keine temporären Dateinamen erfinden und Trümmer gegebenenfalls auch nicht beseitigen muß, kann man wohl nur mit dieser Anordnung das extreme Datenvolumen kontrollieren, das bei der Formatierung sonst entstehen würde.

Pipes sind wohl am stärksten für den bei UNIX üblichen Programmierstil verantwortlich: Man entwickelt ein Programm immer so als Filter, daß es auf möglichst beliebige Eingaben angewendet werden kann, und daß es seine Ausgabe nicht mit Titeln

---

[4]   Zu deutsch (beinahe) *Leitung*, und damit eine gute Charakterisierung der Situation.

oder unwesentlichen statistischen Angaben verbrämt. Mit Pipes kann man solche Programme dann elegant kombinieren und damit komplexe Aufgaben lösen.

Pipes sind ein elegantes Konzept, aber ein ziemlich kompliziertes Gebilde aus Dateien und Prozessen. Natürlich benötigt man einen neuen Systemaufruf um eine Pipe zu konstruieren, aber es ist eine interessante Entwurfsaufgabe, diesen Systemaufruf und seine Verpackung für die *stdio*-Bücherei möglichst primitiv zu gestalten. Hier gilt ganz besonders Hoare's Maxime [Hoa73a], daß man als Designer zwar die Vorstellungen seiner Kunden zur Kenntnis nehmen, dann aber das implementieren soll, was die Kunden wirklich benötigen.

12.3.1   Systemaufruf – "pipe()"

```
NAME                                          PIPE(2)
      pipe() - Dateiverbindung fuer Prozesskommunikation

SYNOPSIS
      int pipe(fildes) int fildes[2];
```

pipe() deponiert *zwei* Filedeskriptoren im Vektor **fildes[]**: **fildes[0]** ist für Lesezugriff und **fildes[1]** ist für Schreibzugriff vorgesehen. Beide Filedeskriptoren sind mit der gleichen, namenlosen Datei verbunden. Als Funktionsresultat liefert **pipe()** normalerweise null und bei Fehlern **-1**.

Die Besonderheit besteht darin, daß Zugriff auf die Datei und Prozeßmanagement gekoppelt sind:

- ist die Datei leer, wird ein Prozeß blockiert, wenn er zu lesen versucht.

- ist die Datei 'voll', wird ein Prozeß blockiert, wenn er zu schreiben versucht. Die maximal mögliche Größe der Datei ist dabei eine Systemkonstante, die in der Regel so gewählt ist, daß die Datei keine indirekten Blockadressen benötigt.

Anders als bei normalen Dateien kann die Information in einer durch **pipe()** erzeugten Datei auch nur einmal gelesen werden: durch Leseoperationen reduziert sich die Dateilänge vom Anfang der Datei her! Die namenlose Datei, die wir im Folgenden als Pipe bezeichnen, hat also die Charakteristik einer Warteschlange für Zeichen.

Es gibt zwar ein Kommando (*tar*), das eine Pipe als Ringpuffer verwendet, aber der Nutzen hält sich in Grenzen: schreibt ein Prozeß zuviel in eine Pipe, zu der er allein Zugriff besitzt, wird er blockiert und nimmt am Rechenbetrieb nicht mehr teil.

Man kann eine Pipe allerdings sehr elegant zur Kommunikation zwischen zwei Prozessen verwenden. Ein einzelner Prozeß erzeugt dazu eine Pipe

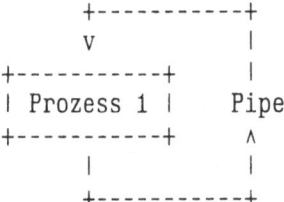

und verdoppelt dann sein Image mit **fork()**:

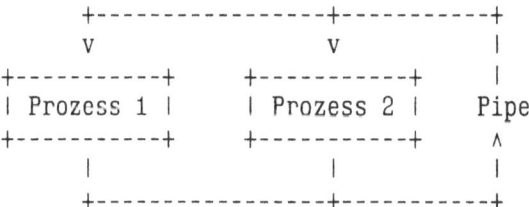

Zum Schluß koppeln sich die Prozesse sicherheitshalber jeweils von einer Seite der Pipe ab:

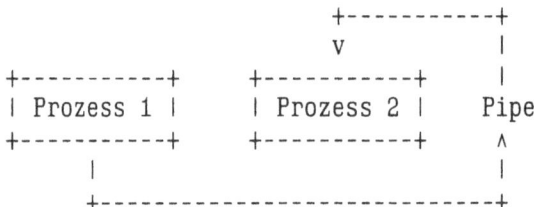

Die Pipe führt jetzt von einem zum andern Prozeß, dient als Datenleitung zwischen den Prozessen, und sorgt zusätzlich für eine Anpassung der relativen Ausführungsgeschwindigkeiten der Prozesse, damit die Länge der Pipe und damit ihr Platzbedarf im Dateisystem begrenzt bleibt. Schreibt in unserem Beispiel Prozeß 1 zuviel, wird er so lange blockiert, bis Prozeß 2 die Pipe wieder entsprechend geleert hat. Leert Prozeß 2 die Pipe, wird er so lange blockiert, bis Prozeß 1 wieder Daten produziert hat.

Als Mittel zur Prozeßkommunikation haben Pipes auch ihre Schwächen: Eine Pipe kann nur zwischen Prozessen existieren, bei denen ein gemeinsamer Vorfahre für die Pipe gesorgt hat. Eine Pipe ist eine lose Kopplung zwischen zwei Prozessen, denn eine gewisse Datenmenge kann sich immer in der Pipe befinden. Man kann also nicht etwa einen Prozeß mit zwei Pipes umgeben

```
tee eingabe | Kommando ... | tee ausgabe
```

um auf diese Weise Eingabe vom Terminal und Ausgabe zum Terminal auch noch in Dateien aufzufangen. Das Verfahren funktioniert zwar, aber am Terminal sieht man Ausgabe und Eingabe nicht mehr unbedingt in der vom Prozeß beobachteten Reihenfolge.

12.3.2   Verpackung – "popen()" und "pclose()"

```
NAME                                    PCLOSE(3), POPEN(3)
      pclose() - Pipe aufloesen
      popen() - Pipe aufbauen

SYNOPSIS
      #include <stdio.h>

      int pclose(fp) FILE * fp;
      FILE * popen(cmd, mode) char * cmd, * mode;
```

Als Beispiel für die Konstruktion einer Pipe betrachten wir zwei *stdio*-Funktionen:
popen() läßt mit Hilfe der Shell **cmd** ausführen und erzeugt eine Pipe zwischen dem
Aufrufer von **popen()** und dem neu entstehenden Prozeß. **popen()** liefert einen Filepointer für Lese- oder Schreibzugriff auf die Pipe: ist **mode "r"**, liest der Aufrufer aus
der Pipe und der neue Prozeß erhält die Pipe als Standard-Ausgabe; ist **mode "w"**,
schreibt der Aufrufer über den Filepointer in die Pipe und der neue Prozeß erhält diese Information als Standard-Eingabe.

```
        #include <stdio.h>

        #define SHELL   "/bin/sh"        /* Kommandoprozessor */

        FILE * popen(cmd, mode)
                char * cmd;
                char * mode;
        {       int fildes[2];
                FILE * fp;
                int i = *mode == 'r';

                if (pipe(fildes) == -1)
                        return (FILE *) 0;

                switch (fork()) {
                case -1:                    /* Fehler */
                        return (FILE *) 0;
                case 0:                     /* Sohn */
                        if (dup2(fildes[i], i) == i)
                        {       close(fildes[0]);
                                close(fildes[1]);
                                execl(SHELL, "sh", "-c", cmd, (char *) 0);
                        }
                        _exit(127);
```

```
            default:                /* Vater */
                if (! (fp = fdopen(fildes[!i], mode)))
                        close(fildes[!i]);
                close(fildes[i]);
                return fp;
        }
}
```

Die Konstruktion folgt genau dem Schema aus Abschnitt 12.3.1: kann die Pipe kreiert und ein zweiter Prozeß erzeugt werden, trennen sich die Prozesse wechselseitig von der Pipe ab. Mit **fdopen()** entsteht aus dem Filedeskriptor der Filepointer, der als Resultat dem Aufrufer von **popen()** geliefert werden muß.

Die Eleganz dieser Funktionen liegt vor allem darin, daß sämtliche *stdio*-Funktionen zusammen mit **popen()** verwendet werden können, man kann sich damit zum Beispiel in einem Programm zentral überlegen, ob man für Ein- oder Ausgabe eine Datei verwenden will, oder ob man andere Prozesse zur Vor- oder Nachbereitung verwenden will: je nach Wunsch erzeugt man seine Filedeskriptoren eben mit **fopen()** oder **popen()**.

Zweckmäßig ist allerdings, daß man eine durch **popen()** erzeugte Dateiverbindung mit **pclose()** löst, damit der zweite Prozeß auch entsprechend informiert wird.

```
#include <errno.h>
#include <stdio.h>

int pclose(fp)
        FILE * fp;
{       int status;
        extern int errno;

        if (fclose(fp) == EOF)
                return -1;
        while (wait(&status) == -1)
                if (errno != EINTR)
                        return -1;
        return status;
}
```

Liest man aus einer Pipe, zu der kein Prozeß mehr eine Schreibverbindung besitzt, erhält man **EOF**. Schreibt man eine Pipe, zu der kein Prozeß mehr eine Leseverbindung besitzt, erhält man ein **SIGPIPE**-Signal. Besonders im letzteren Fall sollte man eher dem Leseprozeß **EOF** setzen, indem man selbst die Verbindung zur Pipe löst, und dann mit **wait()** auf das Ende des Prozesses warten. Das fremde Prozeßende abzuwarten ist handwerklich besser, als durch Beenden des eigenen Prozesses dem fremden Prozeß implizit **EOF** zu setzen, denn sonst kommt der zusätzlich erzeugte Prozeß möglicherweise erst nach seinem Erzeuger zu Ende, also nachdem sich etwa die Shell schon wieder am Terminal gemeldet hat. Hier ist übrigens die Konvention sehr wesentlich, nach der Filter-Programme in UNIX normalerweise aufhören, wenn sie das Ende ihrer Eingabe erreichen.

Das folgende Hauptprogramm demonstriert die Fähigkeiten von **popen()** und **pclose()**:

```
#include <stdio.h>

main()
{       FILE * fp;
        int ch;

        if (fp = popen("tr 'a-z' 'A-Z'", "r"))
        {       while ((ch = getc(fp)) != '\n')
                        putchar(ch);
                putchar('\n');
                printf("pclose == %d\n", pclose(fp));
        }
        else
                perror("in"), exit(1);

        if (fp = popen("tr 'A-Z' 'a-z'", "w"))
        {       for (ch = 'A'; ch <= 'Z'; ++ ch)
                        putc(ch, fp);
                putc('\n', fp);
                ch = pclose(fp);
                printf("pclose == %d\n", ch);
        }
        else
                perror("out"), exit(1);
}
```

Mit Hilfe des Kommandos *tr*(1) werden hier Kleinbuchstaben in Großbuchstaben umgewandelt. Die erste resultierende Zeile kopiert unser Hauptprogramm zu seiner Standard-Ausgabe. Anschließend wird eine Zeile mit Großbuchstaben erzeugt und mit Hilfe von *tr* als Kleinbuchstaben zur Standard-Ausgabe kopiert.

Denkpause 12.27 Warum muß man die Eingabe zu diesem Programm am Terminal explizit beenden, bevor die erste Ausgabezeile erscheint? Was passiert, wenn man für dieses Programm die Ausgabe in eine Datei lenkt? ⇒

12.4   Prozeßsynchronisation

Um die Betriebsmittel eines Rechnersystems möglichst optimal auszunützen, werden manche Aufgaben nicht 'gleichzeitig' für alle Benutzer, sondern sequentiell innerhalb einer Klasse von Problemen abgewickelt. *Stapelverarbeitung* ist ein nahezu klassisches Beispiel für Prozeßmanagement und -kommunikation. Wir betrachten prinzipielle Lösungen für zwei verschiedene Arten von Stapelverarbeitung.

12.4.1 Druckermanagement – "spool"

Man kann selten jedem Benutzer eines Rechnersystems einen privaten Drucker zur Verfügung stellen. Der Druckvorgang dauert außerdem in der Regel so lange, daß ein Benutzer sicher nicht abwarten möchte, bis sein Prozeß die direkte Ausgabe zum Drucker abgeschlossen hat. Man geht deshalb in der Regel so vor, daß man die für den Drucker bestimmte Ausgabe eines Prozesses zunächst in einer temporären Datei sammelt, und die Datei nach Abschluß des Prozesses durch einen Hintergrundprozeß zum Drucker kopiert und löscht. Der Hintergrundprozeß operiert dabei unabhängig von der Arbeit des Benutzers am Terminal und oft sogar unabhängig von einem Auftrag des Benutzers selbst. Er wird in der UNIX Literatur als *Dämon* bezeichnet.

Die temporäre Datei verwaltet in der Regel ein eigener Prozeß, der sogenannte *Spooler*, der meistens am Ende einer Pipe verwendet wird und der dadurch für die Benutzer die Rolle der Drucker-Gerätedatei spielt:

```
$ pr a b c | lpr
```

Mit **popen()** kann dieser Prozeß natürlich auch dynamisch von einem anderen Prozeß zur Druckerausgabe aufgerufen werden. Als Schema betrachtet, passiert folgendes:

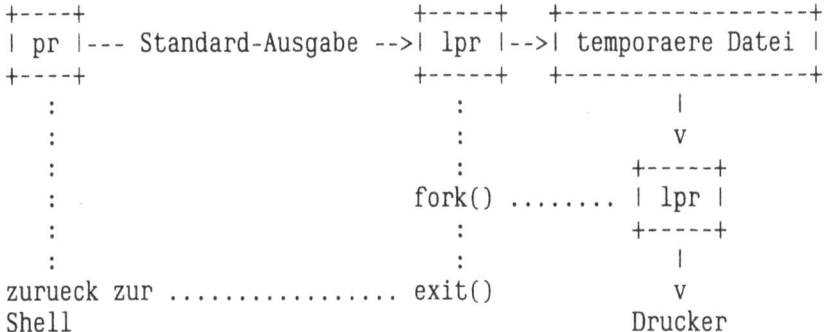

```
+----+                          +-----+  +------------------+
| pr |--- Standard-Ausgabe -->| lpr |-->| temporaere Datei |
+----+                          +-----+  +------------------+
  :                                :               |
  :                                :               v
  :                                :            +-----+
  :                             fork() ........ | lpr |
  :                                :            +-----+
  :                                :               |
zurueck zur ................ exit()                v
Shell                                           Drucker
```

lpr muß zunächst seine Standard-Eingabe in eine temporäre Datei kopieren. Anschließend wird der Dämon erzeugt, der sich um die Kopie dieser Datei zum Drucker bemühen soll. Der ursprüngliche Aufruf von *lpr* wird unabhängig von diesem Kopiervorgang beendet, damit die Arbeit mit der Shell weitergehen kann. Der Dämon hat dann das Problem, daß der Drucker möglicherweise gerade nicht verfügbar ist, in der Regel, weil ein anderer Dämon dort einen Druckauftrag abwickelt.

Wenn alle Druckaufträge per Dämon abgewickelt werden, zum Beispiel weil die Zugriffsberechtigung der Drucker-Gerätedatei dies erzwingt, spielt es eigentlich keine Rolle, ob ein spezieller Druckauftrag tatsächlich von dem Dämon bearbeitet wird, der ursprünglich damit beauftragt wurde. Man legt deshalb die temporären Dateien in einem öffentlichen Katalog an, zum Beispiel in */usr/spool/lp*, und konstruiert den Dämon folgendermaßen:

```
+---------------------------------------+
|       Drucker exklusiv verfuegbar     |
| nein |              ja                |
+------+--------------------------------+
|      | while (Druckauftrag vorhanden) |
|      |    +-------------------------+  |
|      |    | Druckauftrag abwickeln  |  |
|      |    +-------------------------+  |
|      |    | Druckauftrag loeschen   |  |
|      |    +-------------------------+  |
|      |                              |  |
+------+--------------------------------+
```

Man erkennt jetzt, daß eigentlich drei Programme an dem Verfahren beteiligt sind:

- der Spooler erzeugt den Druckauftrag in einem öffentlichen Katalog und startet einen Dämon.

- der Dämon eröffnet exklusiven Zugriff zum Drucker und sucht nach einem Druckauftrag.

- ein *Despooler* wird vom Dämon für den eigentlichen Druckvorgang gestartet, und kopiert aus temporären Dateien zum Drucker.

Auf diese Weise kann der Spooler ein normales Programm sein. Die Druckaufträge stehen in einem öffentlichen Katalog, der als Warteschlange dient, und unterliegen dem Zugriffsschutz ihrer Auftraggeber. Der Dämon ist ein Programm, das für den Super-User ausgeführt wird, und das deshalb auch geschützte Druckaufträge beliebiger Benutzer erreichen kann. Als Super-User-Kommando kann der Dämon dann auch Zugriff zu einem entsprechend geschützten Drucker eröffnen. Der Despooler erbt den Drucker vom Dämon und wird vom Dämon wieder mit der effektiven Benutzeridentifikation des ursprünglichen Auftraggebers, nämlich des Besitzers der Druckauftragsdatei, ausgestattet. Der Despooler ist von da ab ein normales Programm und kann folglich (nicht einmal versehentlich) geschützte Daten anderer Benutzer manipulieren.

Wie man einen Katalog nach Dateien durchsucht, haben wir schon öfters gesehen. Man sollte nur die Dateinamen der Druckaufträge zum Beispiel mit Hilfe der Prozeßnummer des jeweiligen Spoolers so gestalten, daß schon aus ihnen die Reihenfolge hervorgeht, in der die Aufträge erteilt wurden, damit die Erledigung dann auch etwa in dieser Reihenfolge erfolgt.

Für den Dämon bleibt als wesentliches Problem der Prozeßkommunikation, wie er für exklusiven Zugriff zu einem Drucker sorgt. Das Problem wird dadurch vereinfacht, daß wir davon ausgehen, daß sich nur Dämonen um den Drucker bewerben, daß also kooperierende Prozesse exklusiven Zugriff zu einem Betriebsmittel verlangen.

Nach Dijkstra [Dij68a] löst man das Problem mit *semaphores*, die in UNIX System V auch zur Verfügung stehen. [Gai84a] zeigt eine Reihe von Möglichkeiten auf, wie man das Problem mit den in diesem Band bereits besprochenen Systemaufrufen lösen kann.

Am einfachsten ist es, wenn sich der Gerätetreiber des Druckers gegen die gleichzeitige Eröffnung einer Dateiverbindung mit mehreren Prozessen wehrt. Bei [Rit78a] oder [Sch84b] kann man nachlesen, wie ein solcher Treiber konstruiert wird. Gelingt ein **open()**-Aufruf bei einer derartigen Drucker-Gerätedatei, ist man sicher, daß noch kein anderer Prozeß Zugriff auf den angeschlossenen Drucker besitzt. Diese Lösung hat außerdem den Vorteil, daß der exklusive Zugriff zum Drucker bei Prozeßende oder -abbruch auch ohne explizite Aktion des Dämons gelöst wird.

Heute werden aber vor allem billige Drucker mehr und mehr über V24-Schnittstellen an Stelle von Terminals angeschlossen. Der Terminal-Treiber stellt, vor allem beim Super-User, keinen exklusiven Zugriff auf eine Schnittstelle zur Verfügung. Folgende Überlegung funktioniert aber auch beim Super-User zuverlässig – im Gegensatz zu anderen, oft propagierten Techniken: **link()** verläuft nur dann erfolgreich, wenn die neu zu konstruierende Pfadkomponente noch nicht existiert. Selbst wenn zwei Dämonen gleichzeitig versuchen, die gleiche, noch nicht existente Pfadkomponente neu einzutragen, ist nur ein Dämon dabei erfolgreich. Hält sich ein erfolgloser Dämon an die Spielregeln, hat der erfolgreiche Dämon auf diese Weise eine Zone geschaffen, in der er exklusiv operieren kann. Er muß allerdings unbedingt vor seinem Ableben dafür sorgen, daß die Pfadkomponente auch wieder entfernt wird, sonst bleiben die anderen Dämonen 'ewig' ausgeschlossen.

Als Despooler kann prinzipiell ein beliebiges Programm verwendet werden. Das Programm erhält vom Dämon Zugriff auf den Drucker, zum Beispiel als Standard-Ausgabe, und den Druckauftrag, zum Beispiel in Form von Kommandoargumenten oder als Standard-Eingabe. Es ist also durchaus denkbar, daß man selbst einen Textformatierer als Despooler einsetzt. Man muß dabei nur darauf achten, daß der Despooler sein primäres Betriebsmittel, eben den Drucker, auch möglichst gut ausnutzt, und daß er den Zugriff auf den Drucker nicht unkontrolliert weitervererbt.

12.4.2   Stapelverarbeitung – "batch"

Man kann mit einer Abwandlung dieses Verfahrens auch zum Beispiel dafür sorgen, daß bestimmte Kommandos, über den ganzen Rechenbetrieb betrachtet, sequentiell für alle Teilnehmer abgewickelt werden. Nach unseren Erfahrungen kann der Durchsatz eines Systems entscheidend verbessert werden, wenn man etwa speicherintensive Anwendungen wie Übersetzer nicht parallel betreiben läßt.

Prinzipiell müßte also zum Beispiel *cc*(1) wie ein Spooler einen Auftrag in einem öffentlichen Katalog hinterlegen, für den dann später der eigentliche Übersetzer als Despooler aufgerufen wird. Die Lösung ist in dieser Form allerdings abzulehnen, da Hilfsprogramme wie *make*(1) sich darauf verlassen, daß eine Übersetzung auch abgeschlossen ist, wenn das Übersetzungskommando beendet wird.

Diesmal muß man also Prozesse an Stelle von Dateien in einer Warteschlange organisieren. Ein *cc*-Prozeß, als Beispiel, hinterlegt aber trotzdem eine Datei in einem öffentlichen Katalog. Alle beteiligten Prozesse können sich an Hand von derartigen Dateien informieren, mit wem sie sich in bezug auf sequentielle Verarbeitung absprechen wollen. Der 'erste' Prozeß, zum Beispiel definiert durch einen entsprechend aus Prozeßnummern abgeleiteten Dateinamen, läßt die verlangte Übersetzung abwickeln und informiert anschließend entweder durch Löschen seiner Datei aus dem öffentlichen Katalog oder durch ein Signal den 'zweiten' Prozeß, der im Katalog eine Datei hinterlegt hat.

Die Ausgestaltung dieser Techniken in *spool-* und *batch*-Systeme ist eine gewisse Fleißübung. Zum Drucken ist sie unabdingbar, gehört aber in der Regel schon zum Lieferumfang eines UNIX Systems, aber auch bei der Abwicklung betriebsmittelintensiver Anwendungen kann sie dramatische Leistungsgewinne erzielen. Entsprechende Programme können mit den anderen Beispielen aus diesem Buch über den Verlag auf Datenträger bezogen werden.

Anhang 1: Hinweise zu den Denkpausen

```
#include <stdio.h>
#define ANZAHL  23                 /* gesuchte Zeilen */

static char * rfind(buf, len, ch, np)
                                   /* Puffer absuchen */
        char * buf;                /* Puffer */
        int len;                   /* benutzte Laenge */
        int ch;                    /* gesuchtes Zeichen */
        int * np;                  /* & Anzahl */
{       char * cp = buf + len;

        while (cp > buf)
                if (*--cp == ch && -- *np < 0)
                        return cp;
        return (char *) 0;
}

static show(fp, buf, len, cp)    /* Puffer und Datei ausgeben */
        FILE * fp;                 /* Dateiverbindung */
        char * buf;                /* Puffer */
        int len;                   /* benutzte Laenge */
        char * cp;                 /* Beginn Ausgabe */
{       int ch;

        if (cp < buf + len)
                fwrite(cp, 1, buf+len - cp, stdout);
        while ((ch = getc(fp)) != EOF)
                putchar(ch);
}

static int action(fnm, fp)       /* rueckwaerts suchen */
        char * fnm;                /* Dateiname */
        FILE * fp;                 /* Dateiverbindung */
{       int nl = ANZAHL;           /* so viele \n */
        char buf[BUFSIZ], * cp;
        long pos;

        if (fseek(fp, 0L, 2) == -1)
        {       perror(fnm);
                return -1;
        }
        pos = ftell(fp);
```

```
                    /* in Schritten von BUFSIZ */
                    while (pos > (long) BUFSIZ)
                    {       fseek(fp, pos -= BUFSIZ, 0);
                            fread(buf, BUFSIZ, 1, fp);
                            if (cp = rfind(buf, BUFSIZ, '\n', & nl))
                            {       show(fp, buf, BUFSIZ, cp+1);
                                    return 0;
                            }
                    }

                    /* am Dateianfang */
                    fseek(fp, 0L, 0);
                    if (pos > 0L)
                    {       fread(buf, (int) pos, 1, fp);
                            if (cp = rfind(buf, (int) pos, '\n', & nl))
                            {       show(fp, buf, (int) pos, cp+1);
                                    return 0;
                            }
                    }

                    /* ganze Datei */
                    show(fp, buf, (int) pos, buf);
                    return 0;
            }
```

Als Hauptprogramm kann das Filter-Programm im Abschnitt 8.6 verwendet werden.

8.2

fseek() kann nicht auf eine Pipe angewendet werden. Jetzt muß man sequentiell lesen und in einem Ringpuffer zwischenspeichern.

8.3

Man liest eine Zeile zuerst mit **gets()** in einen Puffer, wie das unmittelbar nach der Denkpause für die Paßwortdatei vorgeführt wird.

8.5

```
        FILE * tmpfile()                    /* temporaere Datei anlegen */
        {       static char * temp;
                FILE * fp;
                int fd;

                if (! temp)
                        temp = mktemp("/tmp/tXXXXXX");
```

```
            if ((fd = creat(temp, 0600)) != -1
                && (close(fd), fd = open(temp, 2)) != -1
                && (fp = fdopen(fd, "w")))
            {       unlink(temp);
                    return fp;
            }
            close(fd);
            return (FILE *) 0;
    }


    FILE * tmpread(fp)                   /* temporaere Datei lesen */
            FILE * fp;
    {       int fd = -1;

            fflush(fp);
            rewind(fp);
            if (ferror(fp)
                || (fd = dup(fileno(fp))) == -1
                || fclose(fp) == EOF
                || ! (fp = fdopen(fd, "r")))
            {       fclose(fp);
                    close(fd);
                    return (FILE *) 0;
            }
            return fp;
    }
```

9.1

```
    static int cat(name)
            char * name;
    {       int result = -1;
            register FILE * fp = stdin;
            register int ch;

            if (name && ! (fp = fopen(name, "r")))
                    perror(name);
            else
            {       while ((ch = getc(fp)) != EOF)
                            if (putchar(ch) == EOF)
                            {   perror(name? name: "standard input");
                                break;
                            }
                    result = (ch == EOF) - 1;
            }
```

```
        if (name && fclose(fp) == EOF)
                perror(name), result = -1;
        return result;
}
```

putchar() und **fclose()** liefern **EOF** bei Fehlern. Leichte Unstimmigkeiten in *stdio.h* führen dazu, daß **putchar(0377)** bei manchen Systemen auch **EOF** liefert (warum?).

9.2

In **main()** muß man Zwischenspeicherung für die Standard-Ausgabe unterbinden:

```
    if (uflag)
            setbuf(stdout, NULL);
```

In **cat()** verhindert man Zwischenspeicherung für die Eingabedatei:

```
    if (uflag)
            setbuf(fp, NULL);
```

Den Effekt kann man zum Beispiel mit

```
    $ cat -u | cat -u
```

beobachten.

9.3

Da der **cbreak**-Zustand besteht, muß **cat −u** mit der *interrupt*-Taste abgebrochen werden. Dadurch wird aber *stty* nicht zum zweiten Mal aufgerufen.

9.7

Ein sehr einfacher Kunstgriff besteht darin, die Fläche für die Pfadkomponente in **pwd()** um ein Byte zu verlängern:

```
    static struct {
            Inumber d_ino;
            char d_name[DIRSIZ+1];
            } dir;
```

Da diese Fläche nicht rekursiv verwendet wird, vereinbart man sie **static**, damit sie mit Nullzeichen initialisiert wird. Jetzt muß man noch den Transfer aus dem Katalog in diese Fläche korrigieren:

```
    while ((n = read(fd, & dir, sizeof(Direct))) == sizeof(Direct))
            ...
```

Direct ist die Struktur eines Katalogeintrags im Dateisystem. **sizeof dir - 1** kann an dieser Stelle übrigens einen anderen Wert besitzen als **sizeof(Direct)**, wenn der C Compiler etwa Strukturen auf Wortlänge ausgleicht.

9.8

Innerhalb der folgenden Schleife in **pwd()**

```
    while ((n = read(fd, & dir, sizeof(Direct))) == sizeof(Direct))
```
gilt:

buf bezieht sich auf den Katalog, dessen Name im aktuellen Aufruf von **pwd()** gesucht ist.

dbuf bezieht sich auf dessen übergeordneten Katalog.

Der Prozeß hat als Arbeitskatalog diesen übergeordneten Katalog.

Liegen **buf** und **dbuf** im gleichen Dateisystem, verfahren wir wie bisher:

```
            if (dir.d_ino)
            {       if (buf.st_dev == dbuf.st_dev)
                    {       if (buf.st_ino != dir.d_ino)
                                    continue;
                    }
```

Liegen **buf** und **dbuf** in verschiedenen Dateisystemen, muß man für jeden Katalogeintrag mit **stat()** untersuchen, ob er sich infolge eines **mount()**-Aufrufs etwa auf den durch **buf** beschriebenen Katalog bezieht:

```
                    else if (stat(dir.d_name, & cbuf))
                    {       perror(dir.d_name);
                            close(fd);
                            return -1;
                    }
                    else if (buf.st_dev != cbuf.st_dev
                            || buf.st_ino != cbuf.st_ino)
                            continue;
                    printf("%.*s/", DIRSIZ, dir.d_name);
                    close(fd);
                    chdir(dir.d_name);
                    return 0;
            }
```

9.9

```
    main(argc, argv)
            int argc;
            char ** argv;
    {       char * cp, * getenv();
            int result = 0;
```

```
            while (++ argv, -- argc)
                if (cp = getenv(*argv))
                        printf("%s = %s\n", *argv, cp);
                else result = 1;
            return result;
    }
```

echo erhält den *Wert* der Shell-Variablen **$HOME** als Kommandoargument, zeigt also diesen Wert. *show* erhält den Text **HOME**, wird also wohl den gleichen Wert wie *echo* ausgeben. Wird an *show* der *Wert* von **$HOME** als Argument übergeben, kann wohl **getenv()** keine Shell-Variable mit einem solchen Namen finden.

9.10

```
    1
    name = text
    2
    3
    4
    5
    name = text
    6
    7
    name = text
```

Zuweisungen an Shell-Variablen unmittelbar vor dem Kommandonamen werden genau für das Kommando exportiert; dies erklärt die Fälle **1** bis **4**. Die Option **−k**, die auch durch *set* in der Shell selbst gesetzt werden kann, bestimmt, daß auch Zuweisungen nach dem Kommandonamen noch exportiert werden. Fall **6** zeigt, daß runde Klammern Operationen in einer Sub-Shell einschließen (Abschnitt 12.1.5). Fall **7** schließlich ist wohl die Regel und nicht die Ausnahme: markiert man Shell-Variablen mit dem Kommando *export*, werden sie immer für **getenv()** zur Verfügung gestellt.

9.11

Die Dateinamen sind zwar äquivalent, *cd* ist aber ein Kommando das die Shell selbst ausführt. Solche Kommandonamen werden erkannt bevor nach Dateinamen als Kommandonamen überhaupt gesucht wird. ./**cd** ist nur ein Dateiname.

9.12

```
    $ /bin/date
```

9.13

```
    $ ./pwd
```

9.14

Der Wurzelkatalog verweist mit . *und* .. auf sich selbst.

9.15

```
#define RMDIR    "rmdir "
int rmdir(name)
        char * name;
{       char * calloc();
        char * cp = calloc(strlen(name) + sizeof RMDIR, 1);
        int result;

        if (cp)
        {       strcpy(cp, RMDIR);
                strcat(cp, name);
                result = system(cp);
                free(cp);
        }
        else
                result = -1;
        return result;

}
```

9.16

```
#define RMDIR    "PATH=/bin:/usr/bin; rmdir "
```

9.20

Im ersten Fall ist **neu** die neue Inode, im zweiten Fall ist **information** die neue Inode. Zum Nachweis kann man **ls −i** verwenden.

9.21

```
#include "stat.h"
static Stat outstat;
static int isout(fd, name)
        Fd fd;
        char * name;
{       int result;
        Stat instat;

        if (result = fstat(fd, & instat))
                perror(name);
        else if (result = instat.st_dev == outstat.st_dev
                        && instat.st_ino == outstat.st_ino
                        && isfile_(instat.st_mode))
        {       fputs(name? name: "standard input", stderr);
                fputs(": nicht auf sich selber\n", stderr);
        }
        return result;
}
```

outstat wird in **main()** initialisiert:

```
if (fstat(1, & outstat))
        perror("standard output"), fatal(0);
```

isout() trifft zu, wenn die mit **fd** verbundene Inode auch die Inode ist, zu der die Ausgabe erfolgt, und wenn es sich bei der Inode um eine normale Datei handelt. Diese Funktion wird aufgerufen unmittelbar bevor die eigentliche Kopie in **cat()** vorgenommen wird:

```
static int cat(name)
        char * name;
{       int result = -1;
        register Fd fd = 0;
        register int n;
        char buf[BLOCK];

        if (name && (fd = open(name, 0)) < 0)
                perror(name);
        else if (! isout(fd, name))
        {       while ((n = read(fd, buf, sizeof buf)) > 0)
                        ...
```

9.22

Der Fall

```
$ cat a b >> a
```

führt nicht zum Überlaufen des Dateisystems.

9.25

```
# datei=/Baum/Grp1/Ben2/Privat
# cat > $datei
... Text ...
^D
# chmod 666 $datei
# ln $datei /Baum/Grp2/Ben1
```

Mit dieser Datei entsteht ein 'Tunnel' zwischen den beteiligten Benutzern, durch den sie beliebige Daten austauschen können.

9.26

Wenigstens *mkdir*, *rmdir*, *mail*, *passwd*, *login* und *su* sollten Sie finden!

9.27

```
# chown 0 /bin/ps
# chmod 4711 /bin/ps
# chmod 0 /dev/swap
```

9.28

```
# chown 0 / /bin/pwd
# chmod g-rw,o-rw /
# chmod 4711 /bin/pwd
```

9.30

```
chmod(name, mode & ~umask())
```

9.31

```
# kommando=/bin/chown
# chown 0 $kommando
# chmod 4711 $kommando
```

Das Risiko liegt darin, daß der Systemaufruf **chown()** das Bit **S_ISUID** möglicherweise nicht löscht. Wenn man ein Image besitzt, kann man dieses Bit setzen. Kann man das Image anschließend mit einer entsprechend öffentlichen Fassung von *chown* in den Besitz des Super-Users bringen, erhält man so ein Super-User-Kommando.

9.32

```
main(argc, argv)
        int argc;
        char ** argv;
{       int result = 0;

        while (++argv, --argc)
                if (chown(*argv, getuid(), getgid()))
                        result = 1, perror(*argv);
        return result;
}
```

9.33

```
int rmdir(name)
        char * name;
{       int result = -1;
        char * buf = calloc(strlen(name) + sizeof "/..", 1);
        char * dir = dirname(name);

        if (! *name)
                fputs("rmdir: null name\n", stderr);
        else if (! buf || ! dir)
        {       fputs(name, stderr);
                fputs(": no room\n", stderr);
        }
        else if (access(dir, 2))
                perror(name);
        else ...
```

9.34

```
static int mkdir(name)
        char * name;
{       char * calloc(), * dirname();
        char * buf = calloc(strlen(name) + sizeof "/..", 1);
        char * dir = dirname(name);
        int result = -1;

        if (! *name)
                fputs("mkdir: null name\n", stderr);
        else if (! buf || ! dir)
        {       fputs(name, stderr);
                fputs(": no room\n", stderr);
        }
        else if (access(dir, 2))
                perror(name);
        else if (mknod(name, S_IFDIR | 0755, 0))
                perror(name);
        else if (chown(name, getuid(), getgid()))
        {       perror(name);
                unlink(name);
        }
        else ...
```

10.1

Ein Text würde als Zeichenkette übergeben, also in C als Adresse seines ersten Elements. In UNIX befinden sich Systemkern und Benutzerprozeß in verschiedenen Adreßräumen und eine Adresse aus dem Adreßraum des Systems wäre für den Benutzerprozeß ziemlich nutzlos.

10.2

Die Tabellenelemente enthalten Adressen und können nach der Initialisierung nicht mehr verschoben werden. Legt man sie in dem Speicherbereich an, in den das System auch Prozesse lädt, würde dieser Bereich leicht zerstückelt. Reserviert man aber eine begrenzte Fläche und verwaltet sie dynamisch, ist nicht mehr viel gewonnen. Außerdem besteht die Gefahr von *deadlock*, das heißt, daß Prozesse in zyklischer Abhängigkeit Speicherbereiche besitzen und zusätzliche benötigen.

10.3

```
static int cmp(a, b)
        register Block * a, * b;
{

        return *b - *a;           /* in umgekehrter Reihenfolge */

}
```

```
void bfree_(dev, num)
        Dev dev;
        Block num;
{
        ...
        if (BSnfree(bp) < NFREE)
                BSfree(bp, BSnfree(bp)++) = num;
        else
        {       qsort(& BSfree(bp, 0), NFREE, sizeof(Block), cmp);
                ...
}
```

qsort() steht in der C Bücherei zur Verfügung. Shell's Sort [Ker77a] ist vielleicht zu bevorzugen: ist der Vektor nahezu sortiert, benötigt eine naive Implementierung von **qsort()** viel Platz auf dem Stack.

Eine ernsthafte Lösung sollte für *interleafing* sorgen: benachbarte Vektorelemente sollten Blockadressen enthalten, die so voneinander entfernt sind, daß bei sequentiellem Zugriff möglichst keine leeren Umdrehungen der Platte erfolgen.

10.5

```
static struct filesystem {
        char boot [BLOCK];
        Super superblock;
        char data [I+F+D] [BLOCK];
        } Minx = {
        "",                     /* leerer Boot-Block */
        { I, F+D }              /* Super-Block */
        };
```

Jetzt ist zwar die freie Liste fälschlicherweise leer, aber das Testprogramm gibt ja zuerst alle Blöcke frei...

10.6

```
#define MODULE  "fpy"

#include <stdio.h>
#include "param.h"
#include "buf.h"

static struct {
        char * name;            /* Dateiname */
        int fd;                 /* zunaechst -1 */
        int blks;               /* Anzahl Bloecke */
        } fpy[] = {             /* ein Eintrag pro minor_() */
                /* initialisieren! */
        };
```

```
int fpy_io_(bp)
        register Buf * bp;
{       register int drive;
        int (* io)(), read(), write();
        long lseek(), l;

        drive = minor_(Bdev(bp));
        if (drive < 0 || drive >= DIM(fpy))
                return Berror(bp) = ENXUNIT;
        if (fpy[drive].fd == -1)
                if ((fpy[drive].fd = open(fpy[drive].name, 2)) == -1
                || (l = lseek(fpy[drive].fd, 0L, 2)) == -1L)
                        panic_("cannot open %s", fpy[drive].name);
                else
                        fpy[drive].blks = l / BLOCK;
        if (Bnum(bp) < 0 || Bnum(bp) >= fpy[drive].blks)
                return Berror(bp) = ESEEK;
        if (lseek(fpy[drive].fd, (long) BLOCK * Bnum(bp), 0) == -1L)
        {       error_("seek error on %s", fpy[drive].name);
                return Berror(bp) = ESEEK;
        }
        io = Bwrite(bp)? write: read;
        if ((*io)(fpy[drive].fd, Bbuf(bp), BLOCK) != BLOCK)
        {       error_("i/o error on %s", fpy[drive].name);
                return Berror(bp) = Bwrite(bp)? EWRITE: EREAD;
        }
        return Berror(bp) = 0;
}
```

10.8

Der limitierende Faktor ist, daß **Block** als **short** vereinbart wurde. Ganz analog genügt es auch so ziemlich, wenn die Ilist so vielen Inodes Platz bietet, wie es Datenblöcke im Dateisystem geben kann.

10.10

Bei einem Aufruf von **imount_()** befindet sich wenigstens die Inode im Inode-Depot, mit der verknüpft werden soll. **busy()** entdeckt deshalb für die Gerätenummer dieser Inode eine Inode im Inode-Depot. Dies verhindert, daß ein Dateisystem mit sich selbst verknüpft wird. Nach einem erfolgreichen Aufruf von **imount_()** befindet sich wenigstens je eine Inode von den beteiligten Dateisystemen im Inode-Depot. Dadurch kann kein Kreis geschlossen werden.

10.11

Die Pflegekommandos im Kapitel 11 können recht unsichere Zustände des Systems herbeiführen.

10.12

ialloc_() markiert die freie Inode nicht als verändert. **idone_**() transferiert sie ohne vorherigen Aufruf von **iwrite_**() nicht mehr in die Ilist zurück und **ialloc_**() würde folglich endlos die gleiche Inode zur Verfügung stellen.

10.13

Das Dateisystem enthält drei Kataloge mit *link*-Zahlen, die durch **iunlink_**() im Testprogramm nicht auf null reduziert werden. Diese Inodes werden im ersten Teil des Testprogramms nur freigegeben, wenn man ihre *link*-Zahlen explizit auf eins setzt und dann erst **iunlink_**() aufruft.

10.14

Man sollte jeden Block der Ilist im Block-Depot fixieren, während seine Inodes bearbeitet werden.

10.15

Der Block muß zur Inode gehören, auf die die **File**-Struktur verweist.

10.17

strncpy() kopiert höchstens bis zum ersten Nullzeichen.

10.18

Siehe Anhang 2.

10.19

```
#define MODULE   "std"
#include "param.h"
#include "file.h"
#include <stdio.h>
int std_read_(fp, buf, len)
        File * fp;
        char * buf;
        int len;
{
        len = read(0, buf, len);
        return len;
}
std_write_(fp, buf, len)
        File * fp;
        char * buf;
        int len;
{
     len = write(minor_((Dev) FIaddr(fp, 0)) == 2? 2: 1, buf, len);
     return len;
}
```

10.23

Bei Katalogen spielt der Positionszeiger keine (permanente) Rolle, beim Resultat von **nopen_()** geht er aber in den Besitz des Aufrufers über, also ist hier ein neuer Eintrag in die File-Tabelle notwendig.

10.24

work() ruft **fopen_()** auf, das seinerseits **icache_()** aufruft. **icache_()** sucht die Inode mit **find()** im *inode*-Modul. Diese Funktion sorgt für den Übergang zwischen Dateisystemen.

10.25

Man kann den Katalog ohne Zugriffsrechte mit einem Pfad verlassen, der bei der Wurzel beginnt.

10.26

nlink_() sucht zuerst nach einem freien Katalogeintrag.

10.27

Könnte Zugriff zu einem Gerät nur mit **openM()** eröffnet werden, wäre zum Beispiel die Umlenkung der Standard-Ausgabe durch die Shell recht aufwendig zu codieren. Bei Dateien müßte man **creatM()** und bei Geräten **openM()** verwenden. Die Unterscheidung verursacht zusätzlichen Aufwand. Ähnliches gilt für **fopen(..., "w")**.

10.31

Die *link*-Zahl wurde von **ialloc_()** im Auftrag von **fcreat_()** initialisiert.

10.32

Gehört der Wurzelkatalog zu einem durch **mountM()** eingeführten Dateisystem, gilt **FIuse(fp) > 1**, denn ein Zugriff auf seine Inode wurde früher durch **imount_()** im Inode-Depot gespeichert. Auf die Wurzel-Inode der Dateihierarchie hat *minx* selbst immer schon einen Zugriff.

10.33

An ihre Stelle tritt der Zugriffsschutz der neuen Wurzel.

10.35

Für ein zeichenorientiertes Gerät ist **lseekM()** relativ zum Dateiende sinnlos und daher verboten. Bei UNIX wird **lseek()** bei derartigen Geräten stillschweigend ignoriert.

10.36

Die erste Fassung von **script** wird bis **exit** ausgeführt. In der zweiten Fassung liest die in **script** aufgerufene Shell bis **exit**. Da sie wegen **dup()** den gleichen Positionszeiger für **script** besitzt wie die ursprünglich mit **script** als Standard-Eingabe aufgerufene Shell, führt diese das **ls**-Kommando am Schluß aus.

10.37

Jedes Kommando erhält einen Eintrag in **cmds[]**. Mehrere Einträge können jedoch die gleiche Funktion verwenden:

```
{  "cp",         doclm      },    /* cp old new, cp old... dir */
{  "ln",         doclm      },    /* ln old new, ln old... dir */
{  "mv",         doclm      },    /* mv old new, mv old... dir */
```

11.1

Erreicht man eine Wurzel-Inode, kennt man durch **st_dev** die Gerätenummer des Dateisystems. In /etc/mtab sollten sich alle Gerätenamen und Katalognamen befinden, zwischen denen *mount*-Verknüpfungen bestehen. Für jeden Gerätenamen kann man versuchen mit **stat()** zu klären, ob er zum gesuchten Dateisystem gehört, das heißt, ob **st_rdev** für die Gerätedatei mit **st_dev** der Wurzel-Inode übereinstimmt. Ist dies der Fall, muß der zugehörige Katalogname in /etc/mtab dem von unserer Fassung von *pwd* berechneten Pfad vorausgehen. Es gibt Fehlerquellen: Der Katalogname in /etc/mtab ist möglicherweise auf 32 Zeichen abgebrochen worden. Der Gerätename in /etc/mtab besteht nur aus der letzten Pfadkomponente; gehört er nicht zum Katalog /dev, kann man die Gerätedatei praktisch nicht finden. /etc/mtab muß nicht mit den wirklichen Verhältnissen im Systemkern übereinstimmen.

11.2

Führt man *sync* nicht aus, ist die Diskette anschließend mehr oder weniger defekt. Ein interessante Korrektur besteht darin, **syncM()** durch **exitM()** ausführen zu lassen, wie das zum Beispiel bei VENIX geschieht. In diesem Fall sollte ein Dateisystem nur noch defekt werden können, wenn man *minx* abbricht, während gerade ein Kommando ausgeführt wird. Bei einem solchen System darf allerdings ein Dateisystem-Pflegekommando nur dann noch **exit()** ausführen, wenn es für ein Dateisystem ausgeführt wird, das nicht mit der Dateihierarchie in Verbindung steht.

11.5

```
display(Mfiles-1 - (regs+dirs+chrs+blks), "free inode", "", "s");
```

11.6

Siehe **ckaddr()** im Abschnitt 11.6.3.

11.9

```
#include "conf.h"
register Dev dev;

case S_IFBLK:
        dev = (Dev) Iaddr(ip, 0);
        if (major_(dev) < 0 || major_(dev) >= nbdev)
                error(...);
```

Der Test ist zweischneidig, wenn man zum Beispiel mit einem System, das speziell für Reparaturzwecke generiert wurde, ein 'fremdes' Dateisystem überprüft. In der Regel werden allerdings bei einer Implementierung stets gleiche Konfigurationstabellen verwendet; fehlende Gerätetreiber führen zu entsprechenden Funktionen und nicht zu einer Verkürzung der Tabellen **bdevsw[]** oder **cdevsw[]**.

11.10

Das ist nur problematisch, wenn Blockadressen weder beim Löschen einer Geräte-Inode noch bei Vergabe einer neuen Inode gelöscht werden.

11.12

ckilist() liest die Inodes einzeln, **icache_()** und **idone_()** verursachen daher einen Blocktransfer je Inode und nicht nur je Block der Ilist. Man kann den Vorgang beschleunigen, wenn man mit **bcache_()** entweder jeweils einen oder gleich alle Blöcke der Ilist im Block-Depot resident macht.

11.14

```
$ clri /dev/root 9        { Dateisystem zerstoeren }
$ icheck -s               { freie Liste korrigieren }
$ dcheck -i 9             { welcher Dateiname? }
$ dcheck -i 1 10 11 12 13 14 15
$ rm man                  { rmdir funktioniert nicht mehr! }
$ cp /dev/null 1          { neue, leere Datei }
$ ls -i 1                 { Inode-Nummer feststellen }
$ ipatch /dev/root
r 10                      { nicht mehr verbundene Inode }
w 9                       { .. auf neue Inode kopieren }
q
$ clri /dev/root 10       { urspruengliche Inode loeschen }
```

Ab *cp* muß der Vorgang für die übrigen von *dcheck* gemeldeten Inodes wiederholt werden. Zum Schluß bleibt eine Inode übrig und man kann den Katalog */man* neu anlegen:

```
$ mkdir man
$ mv 1 2 3 stdio 4 8 man
$ ipatch /dev/root        { link-Zahl zu gross }
r 1
l 4
w
q
```

12.1

Mit Argumenten funktioniert *printenv* wie *show* aus Denkpause 9.9, allerdings ohne dann die Variablennamen noch auszugeben. Ohne Argumente formuliert man *printenv* etwa wie folgt:

```
main(argc, argv, envp)
        int argc;
        char ** argv;
        char ** envp;
{
        while (* envp)
                puts(*envp++);
}
```

12.2

Bei den **execl**-Formen muß man *beim Übersetzen* die exakte Anzahl der zu überge-
benden Argumente kennen.

12.3

```
#include <stdio.h>

exit(code)
        register int code;
{       register FILE * fp;

        for (fp = _iob; fp < _iob + _NFILE; ++ fp)
                if (fp->_flag & (_IOREAD|_IOWRT))
                        fclose(fp);
        _exit(code);
}
```

12.4

Ein Kommandoprozessor, der Hintergrundprozesse erzeugt und alle anderen Kommandos selbst abwickelt, also ohne **wait()**, ist in dieser Hinsicht problematisch.
Dies geschieht etwa, wenn man im Editor Shell-Kommandos nur in den Hintergrund
schickt. Die Prozeßelemente der beendeten Hintergrundprozesse werden dann erst
freigegeben, wenn der Kommandoprozessor beendet wird und die verwaisten Prozeßelemente dem Initialisierungsprozeß zufallen. Auch eine Prozeßlawine stört:

```
main()
{
        for (;;)
                if (fork() == -1)
                        sleep(5);
}
```

12.5

Wir befinden uns im neu erzeugten Prozeß. **return** veranlaßt das, was der Erzeuger
erst nach Abschluß dieses Prozesses vorhat. **exit()** würde die *stdio*-Puffer beim
Sohn (zusätzlich zum Vater) ausgeben!

12.6

status > > 8 & 255 ist der Wert, der an **exit()** übergeben wurde. Man verwendet folgendes Programm

```
main(argc, argv)
        int argc;
        char ** argv;
{
        printf("%d\n", system(argv[1]));
}
```

in der Form

```
$ a.out 'sleep 120' &
```

Stellt man die Prozeßnummer des erzeugten Prozesses mit *ps* fest und bricht ihn mit *kill* ab, so sieht man bei unserer Implementierung von **system()** den Wert des abbrechenden Signals, nämlich 15.

12.8

```
char * shell = getenv("SHELL");

if (! shell || ! *shell)
        shell = "/bin/sh";
```

Ist der in der Shell-Variablen **SHELL** deponierte Dateiname der bevorzugten Shell kein voller Pfad, muß man dann allerdings noch **execlp()** verwenden:

```
if (*shell != '/')
        execlp(shell, ...)
else
        execl(shell, ...)
```

12.9

system() hängt davon ab, daß das aufgerufene Programm die Option **-c** korrekt verarbeitet. Verwendet man **execlp()**, kann auf dem Suchpfad eine Datei *sh* gefunden werden, die ganz anders funktioniert.

12.10

```
$ echo a > a; echo b > b; echo 'a b' > ab; mv ab 'a b'
$ a.out cat a b 'a b'
```

Das aufgerufene Kommando *cat* erhält durch die Verpackung mit Anführungszeichen hier *drei* Argumente und liefert folglich drei Ausgabezeilen.

12.11

Prinzipiell kann man bei **system()** beliebige Ein- und Ausgabeumlenkungen vornehmen. Bei unserem Testprogramm würden diese aber durch die Anführungszeichen der Shell verborgen bleiben.

12.12

```
#include <stdio.h>
#include <sys/types.h>
#include <sys/stat.h>

main()
{       int i;
        struct stat buf;

        for (i = 0; i < _NFILE; ++ i)
                if (fstat(i, & buf) != -1)
                        printf("%d: offen\n", i);
}
```

_NFILE ist nicht unbedingt die maximal mögliche Anzahl von File*deskriptoren*.

12.13

Wahrscheinlich passiert nichts, denn **lseek()** sollte beim Terminal ignoriert werden.

12.14

Bei uns bleibt der Editor übrig und unser Testprogramm wird abgebrochen. Anschließend streiten sich Editor und Shell um das Terminal...

12.15

Als Super-User kann man derartige Kommandos in einem Katalog */usr/local/bin* installieren. Teilnehmer sollten dann diesen Katalog *vor* den üblichen Katalogen in **PATH** einfügen, am besten durch

```
PATH=:/usr/local/bin:$PATH; export PATH
```

in **$HOME/.profile**. Die Lösung ist nicht völlig transparent, denn ein derartiges Shell-Kommando kann nicht mehr mit dem Systemaufruf **exec** aufgerufen werden.

12.16

login und *newgrp* müssen Super-User-Kommandos sein, die Shell ist das tunlichst nicht. *su* gilt als temporäre, *login* als endgültige Änderung der Benutzeridentifikation am Terminal; *su* wird also nicht implizit mit *exec* ausgeführt.

12.17

```
( ps; ps )
```

Das letzte Kommando führt die Sub-Shell per *exec* aus.

12.18, 12.19

Als *ekill* aufgerufen, lädt das nachfolgende Kommando anschließend eine Shell. Als *kill* aufgerufen, verhält es sich wie *kill*(1), wobei Signalnamen an Stelle von -nummern angegeben werden können.

```
#include <stdio.h>
#include <signal.h>
#include <ctype.h>

#define eq(a,b) (strcmp((a), (b)) == 0)

static char * signals[] = {
        "HUP", "INT", "QUIT", "ILL", "TRAP",
        "IOT", "EMT", "FPE", "KILL", "BUS",
        "SEGV", "SYS", "PIPE", "ALRM", "TERM",
        0 };
static char eflag;                      /* argv[0][0] */

exit(code)                              /* abbrechen oder zur Shell */
        int code;
{
        if (eflag == 'e'
            && isatty(fileno(stdin))
            && isatty(fileno(stdout)))
                execl("/bin/sh", "sh", "-i", 0);
        _exit(code);
}

static int signum(name)                 /* Nummer eines Signals */
        char * name;
{       register char ** sig = signals,
                * ucase = stoupper(strsave(name));

        while (*sig)
                if (eq(ucase, *sig++))
                {       cfree(ucase);
                        return sig - signals;
                }
        return -1;
}

main(argc, argv)
        int argc;
        register char ** argv;
{       register int sig = SIGTERM;

        eflag = **argv;         /* basename() ?? */
        if (*++argv && **argv == '-')
        {       if (isascii(*++argv) && isdigit(**argv))
                        sig = atoi(*argv);
```

```
                        else
                                sig = signum(*argv);
                        if (sig <= 0 || sig >= NSIG)
                        {       fputs(*argv, stderr);
                                fputs(": is not a signal\en", stderr);
                                exit(1);
                        }
                        ++argv;
                }

        if (*argv)
                do
                        if (isascii(**argv) && isdigit(**argv)
                            && kill(atoi(*argv), sig) == -1)
                                perror(*argv);
                while (*++argv);
        else
                for (argv = signals; *argv; ++ argv)
                        fprintf(stderr, "%d\et%s\en",
                                argv - signals + 1, *argv);
        exit(0);
}
```

strsave() erschien im Abschnitt 6.7. **stoupper()** verwandelt sein String-Argument in
Großbuchstaben:

```
        #include <ctype.h>

        char * stoupper(s)              /* String wird GROSS */
                register char * s;
        {       register char * cp;

                for (cp = s; *cp; ++cp)
                        if (isascii(*cp) && islower(*cp))
                                *cp = toupper(*cp);
                return s;
        }
```

12.20

```
        #include <signal.h>
```

```
main()
{       int i, (* s)();

        for (i = 1; i < NSIG; ++ i)
            if (i != SIGKILL)
                if ((s = signal(i, SIG_IGN)) == SIG_IGN)
                    printf("%d: ignoriert\n", i);
                else
                {       if (s != SIG_DFL)
                        printf("%d: f() 0x%x\n", i, s);
                        signal(i, s);

                }

}
```

12.21

Der Prozeß erhält **SIGQUIT** dann als **exit**-Code im **code()**-Bereich und nicht im **sig()**-Bereich des Werts, der bei **wait()** als Status abgelegt wird.

12.22

Der erzeugte Prozeß erhält **SIG_IGN** für die gleichen Signale wie sein Erzeuger. Fängt der Erzeuger ein Signal ab, erhält der erzeugte Prozeß nach **exec SIG_DFL**. Meistens ist das schon eine sinnvolle Einstellung.

12.23

Der neue Prozeß erhält für **SIGTERM** die Voreinstellung, **SIGINT** wird ignoriert.

12.24

Die offizielle Fassung hängt sich in eine bestehende Zeitspanne ein. Dabei können die beteiligten Zeitspannen aber um eine Sekunde ungenau werden.

12.26

sleep() ist (bei VENIX) ununterbrechbar, *sleep* wird abgebrochen. Ersteres erscheint unlogisch.

12.27

Das Kommando *tr* puffert seine Ausgabe, da sie nicht zum Terminal erfolgt. Wird wenig eingegeben, wartet *tr* auf mehr und gibt nichts weiter.

Bei Ausgabe in eine Datei ergab sich folgendes:

```
abcdefghijklmnopqrstuvwxyz
AXEL WAS HERE
pclose == 0
pclose == 0
```

Hier puffert unser eigenes Kommando seine Ausgabe, während *tr* am Ende seines zweiten Aufrufs seinen Ausgabepuffer schon in die Datei entleert.

Anhang 2: "minx" Manual

Die folgenden Seiten befinden sich im Dateisystem **Minx**, eigentlich in der Datei *mem.c*, die im Abschnitt 10.10.3 besprochen wird. Sie bilden der Reihe nach die Dateien *man/1*, *man/2*, *man/3*, *man/stdio*, *man/4* und *man/8* in diesem Dateisystem.

Die restlichen Seiten dieses Anhangs erwiesen sich bei der Enwicklung von *minx* als nützlich. Sie entstanden gleichzeitig mit der Implementierung der einzelnen Module.

```
COMMANDS(1)              MINX MANUAL              COMMANDS(1)

NAME    DESCRIPTION                   SYNOPSIS
----------------------------------------------------------
cat     catenate and print           cat [arg..]
                                     cat -
cd      change working directory     cd [dir]
chgrp   change group                 chgrp id file..
chmod   change mode                  chmod mode file..
chown   change owner                 chown id file..
cp      copy                         cp old new
                                     cp old.. dir
echo    echo arguments               echo [-n] [arg..]
exit    logout                       exit
ln      make a link to a file        ln old [new]
                                     ln old.. dir
ls      list contents of directory   ls [-adilR] [arg..]
mkdir   make a directory             mkdir dir..
mv      move or rename a file         mv old new
                                     mv old.. dir
mount   mount file system            mount special name
pwd     print working directory name pwd
rm      remove files                 rm [-r] arg..
rmdir   remove directories           rmdir dir..
set     set trace flags              set [-+!~] [-0..z]
                                     [buf inode file io
                                      name svc]
sh      (fake) shell                 sh <see set>
sync    update super block           sync
umount  dismount file system         umount special
^D      logout                       ^D or end of file
```

```
SYSTEM CALLS(2)          MINX MANUAL          SYSTEM CALLS(2)

MODULE  SYNOPSIS                    ERROR   SUCCESS
------------------------------------------------------------
svc     access(name, mode)          -1     0
svc     chdir(name)                 -1     0
svc     chmod(name, mode)           -1     0
svc     chown(name, uid, gid)       -1     0
svc     chroot(name)                -1     0
file    close(fd)                   -1     0
name    creat(name, mode)           -1     fd for write
filc    dup(fd)                     -1     new fd
file    dup2(fd, newfd)             -1     newfd
file    exit(code)
svc     fstat(fd, sbuf)             -1     0
        getegid()                          effective group id
        geteuid()                          effective user id
        getgid()                           real group id
        getpid()                           process id
        getuid()                           real user id
svc     link(name, newname)         -1     0
io      lseek(fd, pos, from)        -1L    (long) pos
svc     mknod(name, mode, addr)     -1     0
svc     mount(blk, name, flag)      -1     0
name    open(name, rw)              -1     fd for rw (0/1/2)
io      read(fd, buf, len)          -1     0 .. len
        setgid(gid)                        0
        setuid(uid)                        0
svc     stat(name, sbuf)            -1     0
buf     sync()
svc     umount(blk)                 -1     0
name    unlink(name)                -1     0
io      write(fd, buf, len)         -1     0 .. len
------------------------------------------------------------
char * buf, * name, * newname;
int addr, code, fd, from, gid, len, mode, newfd, rw, uid;
long pos;
struct stat * sbuf;
```

```
SUBROUTINES(3)           MINX MANUAL           SUBROUTINES(3)

SYNOPSIS                      DESCRIPTION
------------------------------------------------------------
char * basename(path) char * path;
                              last component of path
char * dirname(path) char * path;
                              directory component of path
fatal(fmt VARARG) char * fmt;
                              message to stderr, exit(1)
int getpid()
                              unique process number
int isatty(fd)
                              true if fd refers to terminal
int isdir(path) char * path;
                              path is: (-1) inaccessible,
                              (1) directory, (0) other
perror(prefix) char * prefix;
                              svc error message to stderr
int process(func, suid, argc, argv, in, out)
      int (* func)(); int suid; char **argv, *in, *out;
            call (*func)(argc, argv) as a process;
            if in/out != 0, redirect; if suid == 2,
            set user id 0; return exit code or 127
```

```
STDIO(3)                 MINX MANUAL                STDIO(3)

SYNOPSIS
------------------------------------------------------------
int getchar()
int getc(fp) FILE * fp;
int fgetc(fp) FILE * fp;
char * gets(s) char * s;
char * fgets(buf, len, fp) char * buf; FILE * fp;

int putchar(ch)
int putc(ch, fp) FILE * fp;
int fputc(ch, fp) FILE * fp;
puts(s) char * s;
fputs(s, fp) char * s; FILE * fp;

printf(fmt VARARG) char * fmt;
fprintf(fp, fmt VARARG) FILE * fp; char * fmt;
------------------------------------------------------------
        possible FILE *: stdin, stdout, stderr
```

```
DRIVER(4)               MINX MANUAL              DRIVER(4)

NAME        SYNOPSIS                    DESCRIPTION
-----------------------------------------------------------
memory      /dev/root   block 0/?       root filesystem

disk        /dev/A:     block 1/0       ms-dos bare disk
            /dev/B:     block 1/1       ms-dos bare disk

null device /dev/null   character 0/?   read: EOF
                                        write: black hole

terminal    /dev/tty    character 1/?   read: stdin
            /dev/tty    character 1/!=2 write: stdout
            /dev/err    character 1/2   write: stderr
```

```
MAINTENANCE(8)          MINX MANUAL          MAINTENANCE(8)

NAME   DESCRIPTION            SYNOPSIS
-----------------------------------------------------------
clri   clear i-node          clri fs inum..
dcheck directory consistency dcheck [-i inum..] [fs]
icheck storage consistency   icheck [-s] [-b bnum..] [fs]
ipatch modify inode          ipatch fs
login  set user id           login [-e] id
mkfs   construct file system mkfs fs blocks
mknod  build special file    mknod name blc major minor
newgrp set group id          newgrp [-e] id
who    show identification   who
```

```
BUF(K)                    Minx Kernel Manual              BUF(K)

LOCAL
     static int blockio(bp)    /* perform i/o for buffer */
        register Buf * bp;
           assert(bp);
           error("blockio: dev %d/%d does not exist",..
           error("blockio: error %d on dev %d/%d",..

     static int cmp(a, b)      /* compare disk addresses */
        Block * a, * b;

     static Buf * find(dev, num)
                              /* locate buffer in cache */
        Dev dev;
        Block num;

KERNEL
     Buf * balloc_(dev)
                    /* calloc next free block to cache */
        Dev dev;
           assert(find(dev, SUPER));
           error_("balloc_: no space on %d/%d",..

     Buf * bcache_(dev, num, flag)    /* block to cache */
        Dev dev;
        Block num;
        int flag;              /* != 0: calloc contents */
           error_("bcache_: no room");

     void bclose_(dev)         /* disconnect from device */
        register Dev dev;
           assert(find(dev, SUPER));

     void bdone_(bpp)          /* release block in cache */
        register Buf ** bpp;
           assert(bpp);
           assert(*bpp);
           assert(Buse(*bpp) > 0);

     void bfree_(dev, num)     /* add block to free list */
        Dev dev;
        Block num;
           assert(find(dev, SUPER));
           error_("bfree_: dev = %d/%d, num = %d",..
```

```
BUF(K)                    Minx Kernel Manual                    BUF(K)


    Buf * bopen_(dev)                /* connect to device */
        register Dev dev;

    void bwrite_(bp)          /* mark block to be written */
        register Buf * bp;
            assert(bp);

SVC
    syncM()
```

```
ETC(K)                    Minx Kernel Manual                    ETC(K)

ERROR
    error_(fmt VARARG)
    register char * fmt;

PANIC
    panic_(fmt VARARG)
    register char * fmt;

TRACE
    static void header(func, obj, fmt VARARG)
        char * func;                        /* label */
        char * obj;                   /* type of object */
        char * fmt;                   /* != 0: reason */

    tbuf_(flag, func, bp, fmt VARARG)        /* buffer */
        int flag;
        char * func;
        register Buf * bp;
        char * fmt;

    tfil_(flag, func, fp, fmt VARARG)          /* file */
        int flag;
        char * func;
        register File * fp;
        char * fmt;
```

```
ETC(K)                   Minx Kernel Manual                   ETC(K)

    tfmt_(flag, func, fmt VARARG)
        int flag;
        char * func;
        char * fmt;


    tino_(flag, func, ip, fmt VARARG)              /* inode */
        int flag;
        char * func;
        register Inode * ip;
        char * fmt;
```

```
FILE(K)                  Minx Kernel Manual                  FILE(K)

LOCAL
    static File * make(ip)          /* make actual file */
        Inode * ip;
            error_("no more room for open files");

KERNEL
    void fclose_(fpp)                       /* release file */
        register File ** fpp;
            assert(fpp);
            if (*fpp) assert(Fuse(*fpp) > 0);

    File * fcreat_(dev)  /* file from next free inode */
        register Dev dev;

    Fd fd_()                    /* unused file descriptor */
            Uerror = "no more file descriptors";

    File * fopen_(dev, num)
                            /* file from existing inode */
        Dev dev;
        Inumber num;

    File * fp_(fd)
                /* convert file descriptor to open file */
        register Fd fd;
            Uerror = "file descriptor not open";
            Uerror = "file descriptor out of bounds";
```

```
FILE(K)              Minx Kernel Manual              FILE(K)

        void ftrunc_(fp)         /* cut file to size zero */
            register File * fp;
                assert(fp);
                assert(Finode(fp));
                assert(isfile_(FImode(fp))
                       || isdir_(FImode(fp)));

SVC
        int closeM(fd)
            register Fd fd;
                Uerror = "file descriptor not open";
                Uerror = "file descriptor out of bounds";

        int dupM(fd)
            Fd fd;
                Uerror = "file descriptor not open";
                Uerror = "file descriptor out of bounds";
                Uerror = "no more file descriptors";

        int dup2M(fd, fd2)
            Fd fd;
            register Fd fd2;
                Uerror = "file descriptor not open";
                Uerror = "file descriptor out of bounds";

        int exitM(code)
            register int code;
                _exitM();              /* should not return! */
```

```
INODE(K)             Minx Kernel Manual             INODE(K)

LOCAL
        static Inode * busy(dev)
                            /* busy test for mount/umount */
            register Dev dev;

        static Inode * find(dev, num)
                            /* locate inode in cache */
            Dev dev;
            Inumber num;
```

```
INODE(K)              Minx Kernel Manual          INODE(K)

      static int inodeio(ip)   /* perform i/o for inode */
         register Inode * ip;
             assert(ip);
             error_("inodeio: cannot read dev %d/%d inode %d",..

KERNEL
      Inode * ialloc_(dev)
                      /* get free inode, link count = 1 */
         Dev dev;
             assert(bcache_(dev, SUPER, 0));
             error_("ialloc_: no inodes on %d/%d",..

      Inode * icache_(dev, num, flag) /* inode to cache */
         Dev dev;
         Inumber num;
         int flag;                /* != 0: calloc contents */
             error_("icache_: no room");

      void idone_(ipp)         /* release inode in cache */
         register Inode ** ipp;
             assert(ipp);
             assert(*ipp);
             assert(Iuse(*ipp) > 0);
             assert(Inlink(*ipp) >= 0);

      int imount_(dev, dp)          /* mount dev onto dp */
         Dev dev;
         register Inode * dp;
             assert(dp);
             assert(Iuse(dp) == 1);
             assert(isdir_(Imode(dp)));
             assert(! Imount(dp));
             Uerror = "mount device busy";
             Uerror = "device not available";
             Uerror = "mount error";

      void itrunc_(ip)         /* cut inode to size zero */
         register Inode * ip;
             assert(ip);
```

```
INODE(K)              Minx Kernel Manual              INODE(K)


    int iumount_(dev)                    /* dismount dev */
        Dev dev;
            Uerror = "device not mounted";
            Uerror = "mount device busy";


    void iunlink_(ip)              /* reduce link count */
        register Inode * ip;
            assert(ip);
            assert(Iuse(ip) > 0);
            assert(Inlink(ip) >= 0);


    void iwrite_(ip)        /* mark inode to be written */
        register Inode * ip;
            assert(ip);
```

```
IO(K)                 Minx Kernel Manual                 IO(K)

LOCAL
    static copy(a, b, n)                    /* copy data */
        register char * a, * b;
        int n;

    static zero(a, n)                       /* copy zero */
        register char * a;
        register int n;

    static Function chrio(fp,flag)
                            /* character driver fct */
        register File * fp;
        int flag;                       /* != 0: write */
            assert(major_((Dev) FIaddr(fp,0)) >= 0);
            assert(major_((Dev) FIaddr(fp,0)) < ncdev);

    static int fget(fp)
                /* fetch file data block to read */
        register File * fp;
            assert(fp);
            assert(Finode(fp));
            assert(isfile_(FImode(fp))
                    || isdir_(FImode(fp)));
            assert(! Fbuf(fp));
            assert(Fpos(fp) < FIsize(fp));
```

```
IO(K)                    Minx Kernel Manual                    IO(K)

      static int fput(fp)
                        /* fetch file data block to write */
           register File * fp;
              assert(fp);
              assert(Finode(fp));
              assert(isfile_(FImode(fp))
                        || isdir_(FImode(fp)));
              assert(! Fbuf(fp));

      static fetch(fp)        /* fetch block device block */
           register File * fp;
              assert(fp);
              assert(Finode(fp));
              assert(isblk_(FImode(fp)));
              assert(! Fbuf(fp));
              assert(major_((Dev) FIaddr(fp, 0)) >= 0);
              assert(major_((Dev) FIaddr(fp, 0)) < nbdev);

KERNEL
      int ifread_(fp, buf, len)              /* read file */
           register File * fp;
           char * buf;
           int len;                   /* could be Size?? */
              assert(fp);
              assert(Finode(fp));
              assert(len >= 0);
              assert(! ischr_(FImode(fp)));

      Size ifseek_(fp, pos, from)        /* position file */
           register File * fp;
           register Size pos;
           int from;   /* 1: current, 2: end, else: begin */
              assert(fp);
              assert(Finode(fp));
              assert(isfile_(FImode(fp))
                      || isdir_(FImode(fp)));
```

```
    IO(K)              Minx Kernel Manual           IO(K)

        int ifwrite_(fp, buf, len)          /* write file */
        register File * fp;
        char * buf;
        int len;                            /* could be Size?? */
            assert(fp);
            assert(Finode(fp));
            assert(len >= 0);
            assert(! ischr_(FImode(fp)));

SVC
    long lseekM(fd, pos, from)
        Fd fd; long pos; int from;
            Uerror = "invalid 'from' for seek";
            Uerror = "file descriptor not open";
            Uerror = "file descriptor out of bounds";
            Uerror = "seek error";
            Uerror = "no end of file for device";
            Uerror = "invalid inode";
            error_("lseekM: dev %d/%d inode %d mode 0%06o",..

    int readM(fd, buf, len)
        int fd; char * buf; int len;
            Uerror = "negative length on read";
            Uerror = "file descriptor not open";
            Uerror = "file descriptor out of bounds";
            Uerror = "not open for read";
            Uerror = "read error";
            Uerror = /* character driver error */;
            Uerror = "invalid inode";
            error_("readM: dev %d/%d inode %d mode 0%06o",..

    int writeM(fd, buf, len)
        int fd; char * buf; int len;
            Uerror = "negative length on write";
            Uerror = "file descriptor not open";
            Uerror = "file descriptor out of bounds";
            Uerror = "not open for write";
            Uerror = "write error";
            Uerror = /* character driver error */;
            Uerror = "invalid inode";
            error_("writeM: dev %d/%d inode %d mode 0%06o",..
```

```
NAME(K)              Minx Kernel Manual            NAME(K)

LOCAL
    static char component[DIRSIZ];
                            /* extracted part of path */

    static int sep(cp)        /* length of separators */
        register char * cp;

    static int nsep(cp)   /* length of non-separators */
        register char * cp;

    static char * next(cp)
                    /* extract name, return pos past */
        register char * cp;       /* set component[] */

    static Inumber find(fp)      /* component[] in fp */
        register File * fp;
            assert(fp);
            assert(Finode(fp));
            assert(isdir_(FImode(fp)));
            Uerror = "permission denied";
            Uerror = "directory not found";
            Uerror = "i/o error in directory";

    static File * work(name)/* !=0: working directory */
        register char * name;
                    /* component[] gets last part */
            result = sep(name)? Uroot: Uwork;
            assert(result);
            assert(Finode(result));
            assert(isdir_(FImode(result)));
            Uerror = "permission denied";
            Uerror = "directory not found";
            Uerror = "i/o error in directory";
            Uerror = "not a directory";
            Uerror = "cannot open directory";

    static int exist(fp, lim)   /* !=0: device exists */
        register File * fp;
        int lim;
            assert(fp);
            assert(Finode(fp));
            Uerror = "no such device";
```

```
NAME(K)              Minx Kernel Manual              NAME(K)

KERNEL
    int nchdir_(fpp, name)
                        /* dirty work for chdir/chroot */
        register File ** fpp;
        char * name;
            assert(fpp == & Uroot || fpp == & Uwork);
            assert(*fpp);
            Uerror = "permission denied";
            Uerror = "directory not found";
            Uerror = "i/o error in directory";
            Uerror = "not a directory";
            Uerror = "cannot open directory";
            Uerror = "open error";

    int nlink_(fp, i)  /* write i,component[] into fp */
        register File * fp;
                        /* component[] set by nopen_() */
        Inumber i;
            assert(fp);
            assert(Finode(fp));
            assert(isdir_(FImode(fp)));
            Uerror = "permission denied";
            Uerror = "i/o error in directory";

    File * nopen_(name, dirp)
                        /* file ptr for existing name */
        char * name;
        register File ** dirp;
                            /* set to directory or 0 */
            assert(dirp);
            Uerror = "permission denied";
            Uerror = "directory not found";
            Uerror = "i/o error in directory";
            Uerror = "not a directory";
            Uerror = "cannot open directory";
            Uerror = "open error";

    int nprot_(fp, mode)   /* != 0: permission denied */
        File * fp;
        Mode mode;     /* S_IREAD | S_IWRITE | S_IEXEC */
            assert(fp);
            assert(Finode(fp));
            Uerror = "permission denied";
```

```
NAME(K)                 Minx Kernel Manual              NAME(K)

SVC
     int creatM(name, mode)
         char * name;
         int mode;
             Uerror = "invalid 'mode' for creat";
             Uerror = "no more file descriptors";
             Uerror = "permission denied";
             Uerror = "directory not found";
             Uerror = "i/o error in directory";
             Uerror = "not a directory";
             Uerror = "cannot open directory";
             Uerror = "open error";
             Uerror = "directory";
             Uerror = "no such device";
             Uerror = "invalid inode";
             error_("creatM: dev %d/%d inode %d mode 0%06o",..
             Uerror = "creat error";

     int openM(name, rw)
         char * name;
         int rw;
             Uerror = "invalid 'rw' for open";
             Uerror = "no more file descriptors";
             Uerror = "permission denied";
             Uerror = "directory not found";
             Uerror = "i/o error in directory";
             Uerror = "not a directory";
             Uerror = "cannot open directory";
             Uerror = "open error";
             Uerror = "directory";
             Uerror = "no such device";
             Uerror = "invalid inode";
             error_("openM: dev %d/%d inode %d mode 0%06o",..

     int unlinkM(name)
         char * name;
             Uerror = "permission denied";
             Uerror = "directory not found";
             Uerror = "i/o error in directory";
             Uerror = "not a directory";
             Uerror = "cannot open directory";
             Uerror = "open error";
```

```
SVC(K)                    Minx Kernel Manual                    SVC(K)

LOCAL
     static int status(fp, buf)
                              /* dirty work for stat/fstat */
          register File * fp;
          register Stat * buf;
              assert(Finode(fp));

SVC
     int accessM(name, mode)
          char * name;
          int mode;
              Uerror = "invalid 'mode' for access";
              Uerror = "permission denied";
              Uerror = "directory not found";
              Uerror = "i/o error in directory";
              Uerror = "not a directory";
              Uerror = "cannot open directory";
              Uerror = "open error";

     int chdirM(name)
          register char * name;
              assert(Uwork);
              Uerror = "permission denied";
              Uerror = "directory not found";
              Uerror = "i/o error in directory";
              Uerror = "not a directory";
              Uerror = "cannot open directory";
              Uerror = "open error";

     int chmodM(name, mode)
          register char * name;
          int mode;
              Uerror = "invalid 'mode' for chmod";
              Uerror = "not owner";
              Uerror = "permission denied";
              Uerror = "directory not found";
              Uerror = "i/o error in directory";
              Uerror = "not a directory";
              Uerror = "cannot open directory";
              Uerror = "open error";
```

```
    int chownM(name, owner, group)
        register char * name;
        int owner, group;
            Uerror = "not super user";
            Uerror = "permission denied";
            Uerror = "directory not found";
            Uerror = "i/o error in directory";
            Uerror = "not a directory";
            Uerror = "cannot open directory";
            Uerror = "open error";

    int chrootM(name)
        register char * name;
            assert(Uroot);
            Uerror = "not super user";
            Uerror = "permission denied";
            Uerror = "directory not found";
            Uerror = "i/o error in directory";
            Uerror = "not a directory";
            Uerror = "cannot open directory";
            Uerror = "open error";

    int fstatM(fd, buf)
        Fd fd;
        Stat * buf;
            Uerror = "file descriptor not open";
            Uerror = "file descriptor out of bounds";

    int linkM(name, newname)
        char * name, * newname;
            Uerror = "permission denied";
            Uerror = "directory not found";
            Uerror = "i/o error in directory";
            Uerror = "not a directory";
            Uerror = "cannot open directory";
            Uerror = "open error";
            Uerror = "not super user";
            Uerror = "new name exists";
            Uerror = "cross-device link";
```

```
      SVC(K)                Minx Kernel Manual            SVC(K)

          int mknodM(name, mode, addr)
              register char * name;
              int mode;
              int addr;
                  Uerror = "not super user";
                  Uerror = "permission denied";
                  Uerror = "directory not found";
                  Uerror = "i/o error in directory";
                  Uerror = "not a directory";
                  Uerror = "cannot open directory";
                  Uerror = "open error";
                  Uerror = "file exists";
                  Uerror = "mknod error";

          int mountM(blk, name)      /* flag argument unused */
              char * blk;
              char * name;
                  Uerror = "permission denied";
                  Uerror = "directory not found";
                  Uerror = "i/o error in directory";
                  Uerror = "not a directory";
                  Uerror = "cannot open directory";
                  Uerror = "open error";
                  Uerror = "not a block device";
                  Uerror = "directory busy";
                  Uerror = "mount device busy";
                  Uerror = "device not available";
                  Uerror = "mount error";

          int statM(name, buf)
              char * name;
              Stat * buf;
                  Uerror = "permission denied";
                  Uerror = "directory not found";
                  Uerror = "i/o error in directory";
                  Uerror = "not a directory";
                  Uerror = "cannot open directory";
                  Uerror = "open error";
```

```
SVC(K)                 Minx Kernel Manual               SVC(K)

      int umountM(blk)
         char * blk;
               Uerror = "permission denied";
               Uerror = "directory not found";
               Uerror = "i/o error in directory";
               Uerror = "not a directory";
               Uerror = "cannot open directory";
               Uerror = "open error";
               Uerror = "not a block device";
               Uerror = "device not mounted";
               Uerror = "mount device busy";
```

```
TRACE(K)              Minx Kernel Manual            TRACE(K)

SYNOPSIS
     minx [-+!~] [-0..-z] [- buf inode file io name svc]
     set [-+!~] [-0..-z] [- buf inode file io name svc]
     sh [-+!~] [-0..-z] [- buf inode file io name svc]

DESCRIPTION
     Trace flags can be manipulated when calling the minx
     system (minx), for the current shell (set), or when
     starting a new shell (sh).  Flags can be set (+),
     reset (!), or complemented (~).  Default is to set
     the flags.

     For convenience, all flags can be manipulated with
     the argument -.  Arguments can also be specified to
     influence flags for a particular module or for all
     system calls.  These arguments may be abbreviated.

     Certain options cause an immediate display of minx
     storage areas: -7 shows open files for the current
     process, -8 shows the inode cache, -9 shows the
     buffer cache.

FLAGS
     0   fpy.c        ms-dos/venix bare disk block driver
     1   mem.c        memory block driver
     2   null.c       null character driver, c.c stubs
     3   std.c        stdio terminal character driver

     4   name.c       additionally show name scan
     5   trace.c      show Uerror if not null
     6   tfil_        also show inode and data buffer
     7   fshow_       show open files
     8   ishow_       show inode cache contents
     9   bshow_       show buffer cache contents

     A   balloc_      calloc next free block to cache
     B   bcache_      block to cache
     C   bclose_      end using device
     D   bdone_       release block in cache
     E   bfree_       add block to free list
     F   blockio      perform i/o for buffer
     G   bopen_       begin using device
     H   bwrite_      mark block to be written
```

```
TRACE(K)                  Minx Kernel Manual              TRACE(K)

     I   ialloc_      get free inode, set link count to 1
     J   icache_      inode to cache
     K   idone_       release inode in cache
     L   inodeio      perform i/o for inode
     M   imount_      mount dev onto dp
     N   itrunc_      cut inode to size zero
     O   iumount_     dismount dev
     P   iunlink_     reduce link count
     Q   iwrite_      mark inode to be written

     R   fclose_      release file
     S   fcreat_      file from next free inode
     T   fd_          unused file descriptor
     U   fopen_       file from existing inode
     V   fp_          convert file descriptor to open file
     W   ftrunc_      cut file to size zero

     X   ifread_      read file
     Y   ifseek_      position file
     Z   ifwrite_     write file

     a   nchdir_      dirty work for chdir/chroot
     b   nlink_       write i,component[] into fp
     c   nopen_       file pointer for existing name
     d   nprot_       check protection

     e   access    p   link
     f   chdir     q   lseek
     g   chmod     r   mknod
     h   chown     s   mount
     i   chroot    t   open
     j   close     u   read
     k   creat     v   stat
     l   dup       w   sync
     m   dup2      x   umount
     n   exit      y   unlink
     o   fstat     z   write
```

Quellen

[Bel82a] und [Bel82b] beziehen sich auf die Dokumentation, die bei einem UNIX System normalerweise zum Lieferumfang gehört. Die ursprünglichen Texte sind aber auch als Bücher erschienen.

BSTJ ist das *Bell System Technical Journal*, das 1978 und 1984 jeweils eine Ausgabe ganz UNIX gewidmet hat. Beide Hefte bieten ausgezeichnete Übersichten über UNIX in Forschung und Entwicklung.

DDJ ist *Dr. Dobb's Journal*, das im Dezember 1984 eine Reihe von Artikeln mit vielen, schwer zugänglichen Literaturangaben über UNIX enthielt, und das allgemein eine nützliche Quelle für Programmierung im Zusammenhang mit C und UNIX ist.

[Ban82a]   M. F. Banahan, A. Rutter *UNIX – the Book* Wiley, 1982. (Deutsch *UNIX Lernen, verstehen, anwenden* Hanser, 1984.)

[Bas84a]   J. L. Bass "UNIX Device Drivers" *DDJ* Dezember 1984.

[Bel82a]   Bell Laboratories *UNIX Programmer's Manual* Vol. 1, Holt, Rinehart and Winston, 1982.

[Bel82b]   Bell Laboratories *UNIX Programmer's Manual* Vol. 2, Holt, Rinehart and Winston, 1982.

[Bou83a]   S. R. Bourne *The UNIX System* Addison-Wesley, 1983. (Deutsch Addison-Wesley, 1985.)

[Com84a]   D. Comer *Operating System Design – The XINU Approach* Prentice-Hall, 1984.

[Dah72a]   O. J. Dahl, E. W. Dijkstra, C. A. R. Hoare *Structured Programming* Academic Press, 1972.

[Dij68a]   E. W. Dijkstra "The Structure of the THE Multiprogramming System" *CACM* Mai 1968.

[Dij72a]   E. W. Dijkstra "Notes on Structured Programming" in [Dah72a].

[For84a]   M. Forstenhäusler *Die Funktionen und Aufgaben eines Gerätetreibers* Diplomarbeit, Sektion Informatik, Universität Ulm, 1984.

[Gai84a]   J. Gait "Semaphores Outside the Kernel" *SIGPLAN Notices* Oktober 1984.

[Hen84a]   J. E. Hendrix *The Small-C Handbook* Reston, 1984.

[Hen84b]   J. E. Hendrix, L. E. Payne "A New Library for Small-C" *DDJ* Mai und Juni 1984.

[Hoa73a]   C. A. R. Hoare *Hints on Programming Language Design* Stanford Artificial Intelligence Laboratory AIM 224, Computer Science Department Report CS-403, 1973.

[Hol83a]   R. C. Holt *Concurrent Euclid, UNIX and Tunis* Addison-Wesley, 1983.

[Hol84a]   A. Holub "grep.c – A UNIX-like, Generalized, Regular Expression Parser in C" *DDJ* Oktober 1984.

[Ker76a]   B. W. Kernighan, P. J. Plauger *Software Tools* Addison-Wesley, 1976.

[Ker77a]   B. W. Kernighan, D. M. Ritchie *The C Programming Language* Prentice-Hall, 1977. (Deutsch *Programmieren in C* Hanser, 1983.)

[Ker84a]   B. W. Kernighan, R. Pike *The UNIX Programming Environment* Prentice-Hall 1984. (Deutsch bei Hanser, 1986.)

[Knu68a]   D. E. Knuth *The Art of Computer Programming* Vol. 1, Addison-Wesley, 1968.

[Lio77a]   J. Lions *A Commentary on the UNIX System* (Version 6) Bell Laboratories, 1977.

[Nor81a]   D. A. Norman "The Trouble with UNIX" *Datamation* Nov. 1981, 139-150.

[Ric79a]   M. Richards "A Compact Function for Regular Expression Pattern Matching" *Software – Practice and Experience* 1979.

[Rit74a]   D. M. Ritchie, K. Thompson "The UNIX Time-Sharing System" *CACM* Juli 1974, *BSTJ* Juli-August 1978 und in [Bel82b].

[Rit78a]   D. M. Ritchie "The UNIX I/O System" in [Bel82b].

[Sch84a]   A. T. Schreiner "UNIX Sprechstunde" *unix/mail* 3, Hanser, 1984.

[Sch84b]   A. T. Schreiner *Edition VII Driver Manual* Interchange, Perkin-Elmer, 1984.

[Sch84c]   A. T. Schreiner "UNIX Sprechstunde" *unix/mail* 4, Hanser, 1984.

[Sch85a]   A. T. Schreiner "UNIX Sprechstunde" *unix/mail* 1, Hanser, 1985.

[Tho78a]   K. Thompson "UNIX Implementation" *BSTJ* Juli-August 1978 und in [Bel82b].

Sachregister

Unter den Stichworten *Algorithmus, Beispiel, Büchereifunktion, Definitionsdatei, Implementierung, Kommando und Systemaufruf* enthält dieses Sachregister wesentliche Übersichten über Definitionen, Implementierung und Verwendung von vielen UNIX Funktionen und Kommandos. Verweise auf die Manualseiten befinden sich zusätzlich im Anschluß an das Inhaltsverzeichnis.

Die internen Funktionen des *minx*-Filemanagers sind im Sachregister *nicht* alphabetisch erfaßt. Die *minx*-Manualseiten im Anhang 2 bilden eine Kurzbeschreibung aller globalen und lokalen Funktionen des Systems. Über ihre Zugehörigkeit zu Modulen können sie mit dem Inhaltsverzeichnis leicht aufgefunden werden. Auch die Datenstrukturen und Definitionsdateien des *minx*-Kerns sind über das Inhaltsverzeichnis erreichbar.

Teubner Studienbücher

Informatik

Berstel: **Transductions and Context-Free Languages**
278 Seiten. DM 38,– (LAMM)

Beth: **Verfahren der schnellen Fourier-Transformation**
316 Seiten. DM 34,– (LAMM)

Bolch/Akyildiz: **Analyse von Rechensystemen**
Analytische Methoden zur Leistungsbewertung und Leistungsvorhersage
269 Seiten. DM 29,80

Dal Cin: **Fehlertolerante Systeme**
206 Seiten. DM 24,80 (LAMM)

Ehrig et al.: **Universal Theory of Automata**
A Categorical Approach. 240 Seiten. DM 24,80

Giloi: **Principles of Continuous System Simulation**
Analog, Digital and Hybrid Simulation in a Computer Science Perspective
172 Seiten. DM 25,80 (LAMM)

Kupka/Wilsing: **Dialogsprachen**
168 Seiten. DM 21,80 (LAMM)

Maurer: **Datenstrukturen und Programmierverfahren**
222 Seiten. DM 26,80 (LAMM)

Oberschelp/Wille: **Mathematischer Einführungskurs für Informatiker**
Diskrete Strukturen. 236 Seiten. DM 24,80 (LAMM)

Paul: **Komplexitätstheorie**
247 Seiten. DM 26,80 (LAMM)

Richter: **Logikkalküle**
232 Seiten. DM 24,80 (LAMM)

Schlageter/Stucky: **Datenbanksysteme: Konzepte und Modelle**
2. Aufl. 368 Seiten. DM 34,– (LAMM)

Schnorr: **Rekursive Funktionen und ihre Komplexität**
191 Seiten. DM 25,80 (LAMM)

Spaniol: **Arithmetik in Rechenanlagen**
Logik und Entwurf. 208 Seiten. DM 24,80 (LAMM)

Vollmar: **Algorithmen in Zellularautomaten**
Eine Einführung. 192 Seiten. DM 23,80 (LAMM)

Weck: **Prinzipien und Realisierung von Betriebssystemen**
2. Aufl. 299 Seiten. DM 34,– (LAMM)

Wirth: **Compilerbau**
Eine Einführung. 4. Aufl. 117 Seiten. DM 17,80 (LAMM)

Wirth: **Systematisches Programmieren**
Eine Einführung. 5. Aufl. 160 Seiten. DM 23,80 (LAMM)

Preisänderungen vorbehalten

 B. G. Teubner Stuttgart

Made in United States
Orlando, FL
22 March 2026

79556415R00227